第 **2** 版

李艳 张蓓蓓

编著

AN INTRODUCTION TO INDUSTRIAL DESIGN

Design is the transformation of existing conditions into preferred ones.

工业设计概论

化学工业出版社

·北京·

内 容 简 介

本书详细介绍了工业设计的概念，发展历程，基本原理和方法，相关的工程基础，表现基础，视觉传达知识，产品设计，主要相关学科（如人机工程学、设计心理学、与环境相关的设计问题），工业设计与市场，工业设计与文化，工业设计的未来发展趋势等内容。全书理论体系完整、清晰，既包括经典概念和原理，又体现学科发展的前沿探索和思想。为便于读者学习，选用了丰富精美的图例，并列举大量生动经典的案例对理论进行阐述。

本书既适用于高校工业设计、产品设计专业作为授课教材，也适合企业界和社会各界关心工业设计与创新发展的朋友作为系统学习工业设计基础知识的入门读本。

图书在版编目（CIP）数据

工业设计概论 / 李艳，张蓓蓓编著. —2版. —北京：
化学工业出版社，2022.1（2023.9重印）
ISBN 978-7-122-40148-9

Ⅰ.①工… Ⅱ.①李… ②张… Ⅲ.①工业设计-高
等学校-教材 Ⅳ.①TB47

中国版本图书馆CIP数据核字（2021）第214243号

责任编辑：王　烨　陈　喆　　　　　　　　装帧设计：王晓宇
责任校对：宋　玮

出版发行：化学工业出版社（北京市东城区青年湖南街 13 号　邮政编码 100011）
印　　装：北京机工印刷厂有限公司
787mm×1092mm　1/16　印张 23¾　字数 523 千字　　2023 年 9 月北京第 2 版第 2 次印刷

购书咨询：010-64518888　　　　　　　　　售后服务：010-64518899
网　　址：http://www.cip.com.cn
凡购买本书，如有缺损质量问题，本社销售中心负责调换。

定　　价：89.00元

An Introduction to Industrial Design

21 世纪，人类已经从以机械化为特征的工业时代迈入网络化、信息化、数字化、智能化时代。人们的需求、欲望和价值观越来越复杂和多样化，这种巨变造成人类社会技术特征的变化，硬件、软件和服务相互融合成为趋势，这种趋势也对社会、经济、文化等各个方面产生了深远的影响。世界时局风云变幻，全球化进程阻力重重，更多的不确定性带来了更多的危机和考验，但是，优秀的设计往往意味着更好的商业表现，拥有知名品牌的公司常常能够摆脱经济危机的羁绊，这已是历史验证过的答案。

人们对美好生活日益增长的渴望与发展的不平衡、不充分之间的矛盾是当下我国社会需要解决的主要问题，因此，当务之急是在继续推动发展的基础上大力提升发展的质量和效益。工业设计能够充分挖掘、深刻把握社会需求，并通过设计研究、设计方法和技术手段为社会提供更加优良的产品和服务满足这些需求，实现创造美好生活的使命。作为集成科学技术并融合商业、文化、艺术进行创新的核心方法，工业设计已经被视为创新的生产力并且上升成为国家层面的战略资源。

世界范围内，设计创新的力量也在加速崛起，DMI（Design Management Institute，国际设计管理协会）的一项研究就显示：以设计为驱动力的企业在过去 10 年间的商业表现力和在资本市场受到认可的程度比处于标准普尔指数平均值的企业高出 228%。显然，将设计作为核心竞争力的企业，在赢得市场的同时，也能创造更大的价值，获得长期的回报。设计创新，正在成为很多企业难以模仿、不可复制的内驱力量，成为企业有关美学、艺术、思想的动态护城河。

利用设计力，提升品牌力；利用品牌力，提升经济力。工业设计同样被我国政府作为创新驱动战略的重要内容和转变经济增长方式、提升竞争实力、大力发展现代制造业的重要手段，被视为我国未来产业转型和创新发展的核心竞争力。对于我国企业而言，唯有创新，才能走向强者之路；唯有重视设计，才能令"中国制造"向"中国创造""中国质量""中国品牌"迈进。

当前，我国工业设计受到了来自"工业4.0"和"智能制造2025"的呼唤和挑战，正经历着前所未有的历史性变化，企业更加重视为用户提供全方位的体验，设计对象的深度和广度不断延伸和扩展，设计的方法、手段不断改善和进步，设计与商业、工程的关系也越来越紧密。伴随着理念的更新，对工业设计师的要求也在不断刷新和提升。他们不仅要具备扎实全面的设计知识，还要具有敏锐的市场观察力、商业运作能力，了解从材料、工艺到文化、环境等各个领域的知识，并能够站在多种学科的交叉区域进行深度研究，通过跨界融合实现突破创新，对未来开展前瞻性思考。

人们所追求的生活必然是健康、安全、美好和富有品位的，人们期待的社会必定是向善、向好、和谐，并且远离战乱、瘟疫和不安的。随着社会文明的进步，人们将更加关注生态、环境、可持续发展等与人类整体命运相关的问题，对待消费的态度越来越理性，以设计思维驱动的共享商业模式正在成为经济发展的新引擎。同时，设计在解决社会问题中所起的"四两拨千斤"的作用越来越受到重视。随着设计思维与相关产业及文化领域的深度融合，创新产品、跨界的商业模式以及社会创新服务纷纷涌现，创新设计成为催生新经济、新业态的重要驱动力。

《庄子·天下》中有这样一句话，"判天地之美，析万物之理，察古人之全"。用这句话来描述"工业设计概论"这门课对于工业设计专业的作用可谓恰如其分。作为专业重要的先导性理论基础课程，其目的是引领学生纵横捭阖地从各个侧面全方位地了解专业，从而明确专业学习方向，培养对专业的兴趣和信心，不断提升文化素养和审美品位，继往开来为人类创造更美好的生活。信息时代是创新、创造加速的时代，也是设计的时代。设计的对象、方法、工具、思维方式快速演进，传统工业设计的概念正在消解，新的设计概念正在聚合，人工智能开始以崭新的方式激发人类独有的创造力和智慧。新时代要求重新思考工业设计的学科定位和重新审视《工业设计概论》的理论体系，不断丰富、更新课程内容，探索、实践新的教学方法。本书是在化学工业出版社2017年出版的版本基础上进行的修订。笔者在对工业设计的多年研究和教学过程中，始终高度关注国内外工业设计理论发展和企业界的设计实践，并深切地感受到我国企业界、设计界从认知到实践的巨大进步，这种进步所带来的全面提升令人感慨、感动。10余年来，我们对《工业设计概论》的书稿不断进行调整和丰富，始终注重在夯实基础理论框架的基础上引入最新的思考和实践，以求保持内容的经典性、全面性和先进性。大量新颖而富有代表性的案例是本书最显著的特点之一，这些案例均来自于全球产业界的实践，它们深入浅出，生动活泼，体现了理论与实际之间密切的关系，便于读者更好地理解理论。在多年学习、写作的过程中，令笔者感触最深的是，可以用作教科书案例的国内企业的成功实践不断增多，这也充分反映了我国设计产业的进步和设计水平的提升。本书得到了海尔、小米、大疆、红旗、普瑞特、浪尖、广汽丰田、太火鸟等企业的案例支持，在此对实践在设计创新一线的各位专家、同行致以诚挚的敬意和感谢。

设计包罗万象、日新月异，而"化繁为简"是本书写作过程中始终追求的目标和坚守的原则。全书内容共包括 11 章，向读者介绍工业设计的概念，发展简史，基本原理和方法，相关的工程基础，表现基础，视觉传达知识，产品设计，主要相关学科（如人机工程学、设计心理学、与环境相关的设计问题），工业设计与市场，工业设计与文化，工业设计的未来发展趋势等内容。本书在每个章节的前面有重点内容提示，后面有复习参考题，同时配备课件方便教学。本书内容兼顾工业设计专业和产品设计专业的需求，不同专业可以根据自己的情况选择授课内容。本书也可以作为工业设计的通识读本，供企业界的朋友和社会各界关心工业设计和创新发展的朋友阅读、使用。

本书由李艳、张蓓蓓编著，李艳统稿，其中李艳负责编写第 1、3、4、7、8、9、11 章，张蓓蓓负责编写第 2、5、6 章，第 10 章由李艳和张蓓蓓共同执笔。本书是笔者多年从事工业设计教学和研究的成果、经验和心得的结晶。在写作本书的过程中，得到行业内很多老师、专家和朋友的指导和帮助，在此表示真诚的感谢！也感谢我们的学生王蒙、李新颖、魏长帅、赵长川、李薇、刘秀、罗莹奥、王亚利、岳志鹏、田真、姜桐、李小东、贺腾、毕壹、刘晓凤等所做的辅助性工作。在本书写作过程中，参考了大量文献，特向文献作者表示感谢！书中所引用的案例和图片来自于企业和网络，在此对相关企业和作者表示感谢！

最后，受到笔者学力和时间限制，加之学科仍处于快速发展变化之中，不足之处在所难免，诚挚欢迎设计业同行、老师们、朋友们和同学们予以批评指正、切磋交流。

编著者
2021 年 6 月于凤凰山下

目录

第1章

设计与工业设计 / 001

1.1 设计概述 / 001
　1.1.1 设计的定义 / 002
　1.1.2 设计的目的 / 002
　1.1.3 设计的本质 / 003
　1.1.4 设计的类别 / 003

1.2 工业设计的定义 / 006
　1.2.1 美国工业设计师协会对工业设计的定义 / 007
　1.2.2 加拿大魁北克工业设计师协会对工业设计的定义 / 007
　1.2.3 国际设计组织（WDO）对工业设计的定义 / 008

1.3 工业设计的形成与发展 / 009

1.4 工业设计的特点、作用和地位 / 010
　1.4.1 工业设计的特点 / 011
　1.4.2 工业设计的作用和地位 / 012
　案例 1-1　设计创新，小米之道 / 015
　案例 1-2　苹果公司，设计是人类创造物的根本灵魂 / 016

1.5 工业设计师的教育和成长 / 017
　1.5.1 约翰·拉斯金对设计教育的思考 / 017
　1.5.2 包豪斯学校对现代设计教育的影响 / 018
　1.5.3 现代工业设计师的技能和知识结构 / 019
　1.5.4 高校对工业设计专业学生的培养教育 / 020
　1.5.5 企业对设计师的再教育 / 021
　案例 1-3　韩国三星电子对设计师的再教育 / 023
　案例 1-4　海尔集团对设计师的培养和教育 / 024
　1.5.6 设计师的自我学习和教育 / 024

第2章

工业设计简史 / 028

2.1 工业设计的萌芽 / 029

2.1.1　工业革命前的手工艺设计　　　　　　　　　　／029

2.1.2　工业革命　　　　　　　　　　　　　　　　　／030

2.1.3　商业与设计　　　　　　　　　　　　　　　　／030

2.2　现代工业设计的探索与酝酿　　　　　　　　　　　／031

2.2.1　工艺美术运动　　　　　　　　　　　　　　　／031

2.2.2　新艺术运动　　　　　　　　　　　　　　　　／033

2.3　现代工业设计的形成与发展　　　　　　　　　　　／035

2.3.1　德意志制造联盟　　　　　　　　　　　　　　／035

2.3.2　包豪斯　　　　　　　　　　　　　　　　　　／036

2.3.3　现代主义　　　　　　　　　　　　　　　　　／038

2.3.4　美国工业设计师职业化与工业设计发展风格　　／038

2.4　工业设计思想和体系全面形成与发展　　　　　　　／040

2.4.1　第二次世界大战后欧洲的工业设计　　　　　　／040

2.4.2　第二次世界大战后美国的工业设计　　　　　　／046

2.4.3　第二次世界大战后日本的工业设计　　　　　　／047

2.5　工业设计多元化格局的形成　　　　　　　　　　　／048

2.5.1　新现代主义与高技术风格　　　　　　　　　　／048

2.5.2　波普风格　　　　　　　　　　　　　　　　　／049

2.5.3　理性主义与"无名性"设计　　　　　　　　　　／049

2.5.4　后现代主义　　　　　　　　　　　　　　　　／050

2.5.5　解构主义　　　　　　　　　　　　　　　　　／050

2.6　走向未来的工业设计　　　　　　　　　　　　　　／050

2.6.1　计算机技术与工业设计　　　　　　　　　　　／051

2.6.2　可持续设计　　　　　　　　　　　　　　　　／051

2.7　中国工业设计发展　　　　　　　　　　　　　　　／051

案例 2-1　从"红旗"轿车的设计发展看中国早期工业设计　／052

案例 2-2　大疆，科技、设计双创新的标杆企业　　　　　／053

第3章
工业设计的基本原理和方法　　　／057

3.1　工业设计的基本原理　　　　　　　　　　　　　　／057

3.1.1　工业设计"以人为本"的原理　　　　　　　　／058

3.1.2　工业设计的美学原理　　　　　　　　　　　　／066

案例 3-1　STARCK V 水龙头　　　　　　　　　　　　／072

案例 3-2　火柴设计　　　　　　　　　　　　　　　　　／073

3.1.3　工业设计的经济性原理　　　　　　　　　　　　　／074

案例 3-3　瑞典宜家公司的低成本设计　　　　　　　　　／074

3.2　创造性思维与设计方法　　　　　　　　　　　　　／077

3.2.1　创造性思维　　　　　　　　　　　　　　　　　／078

案例 3-4　逆向思维在设计中的应用——仿陶罐不锈钢酒罐设计　／083

3.2.2　设计方法概述　　　　　　　　　　　　　　　　／084

3.3　设计研究　　　　　　　　　　　　　　　　　　　／085

3.3.1　定性研究　　　　　　　　　　　　　　　　　　／086

3.3.2　定量研究　　　　　　　　　　　　　　　　　　／086

3.3.3　视觉研究　　　　　　　　　　　　　　　　　　／087

3.3.4　应用研究　　　　　　　　　　　　　　　　　　／087

第4章

工业设计工程基础　　　　　　　　　　　　　／089

4.1　工业设计常用材料与工艺　　　　　　　　　　　　／089

4.1.1　金属　　　　　　　　　　　　　　　　　　　　／090

案例 4-1　全铝机身徕卡Ｔ相机　　　　　　　　　　　　／094

4.1.2　塑料　　　　　　　　　　　　　　　　　　　　／095

4.1.3　木材　　　　　　　　　　　　　　　　　　　　／098

4.1.4　陶瓷　　　　　　　　　　　　　　　　　　　　／100

4.1.5　玻璃　　　　　　　　　　　　　　　　　　　　／101

4.1.6　其他新型材料　　　　　　　　　　　　　　　　／102

4.2　设计与制造技术概述　　　　　　　　　　　　　　／105

4.2.1　机械设计与制造基础知识　　　　　　　　　　　／106

4.2.2　先进设计与制造技术概述　　　　　　　　　　　／107

4.2.3　新兴设计与制造技术　　　　　　　　　　　　　／111

4.3　模型　　　　　　　　　　　　　　　　　　　　　／114

4.3.1　模型概述　　　　　　　　　　　　　　　　　　／115

4.3.2　产品模型的种类　　　　　　　　　　　　　　　／115

4.3.3　模型制作的方法、材料及工艺简介　　　　　　　／117

第5章

工业设计表现基础　　　　　　　　　　　　　／122

5.1　三大构成　　　　　　　　　　　　　　　　　　　／122

5.1.1　平面构成　　　　　　　　　　　　　　　　　　／123

　　　5.1.2　色彩构成　　　　　　　　　　　　　　　　　　　　　　/ 123
　　　5.1.3　立体构成　　　　　　　　　　　　　　　　　　　　　　/ 125
　　5.2　设计表现　　　　　　　　　　　　　　　　　　　　　　　/ 125
　　　5.2.1　工业设计表现所需基础知识　　　　　　　　　　　　　　/ 125
　　　5.2.2　工业设计中常用的设计表现图　　　　　　　　　　　　　/ 129

第6章

工业设计与视觉传达　　　　　　　　　　　　/ 136

　　6.1　信息传播与视觉传达　　　　　　　　　　　　　　　　　　/ 137
　　6.2　视觉传达设计概述　　　　　　　　　　　　　　　　　　　/ 137
　　6.3　视觉传达设计的基本构成要素　　　　　　　　　　　　　　/ 138
　　　6.3.1　文字　　　　　　　　　　　　　　　　　　　　　　　/ 138
　　　6.3.2　图形　　　　　　　　　　　　　　　　　　　　　　　/ 138
　　　6.3.3　色彩　　　　　　　　　　　　　　　　　　　　　　　/ 138
　　6.4　视觉传达设计的特点　　　　　　　　　　　　　　　　　　/ 138
　　　6.4.1　符号性　　　　　　　　　　　　　　　　　　　　　　/ 138
　　　6.4.2　沟通性　　　　　　　　　　　　　　　　　　　　　　/ 139
　　　6.4.3　交叉性　　　　　　　　　　　　　　　　　　　　　　/ 139
　　　6.4.4　时代性　　　　　　　　　　　　　　　　　　　　　　/ 139
　　6.5　视觉传达设计与产品设计的关系　　　　　　　　　　　　　/ 140
　　6.6　视觉传达设计的应用领域　　　　　　　　　　　　　　　　/ 140
　　　6.6.1　字体设计　　　　　　　　　　　　　　　　　　　　　/ 140
　　　6.6.2　标志设计　　　　　　　　　　　　　　　　　　　　　/ 141
　　　案例6-1　扁平化设计风格对 LOGO 设计的影响　　　　　　　/ 144
　　　6.6.3　包装设计　　　　　　　　　　　　　　　　　　　　　/ 144
　　　6.6.4　VI 设计　　　　　　　　　　　　　　　　　　　　　 / 147
　　　6.6.5　广告设计　　　　　　　　　　　　　　　　　　　　　/ 149
　　　6.6.6　网页设计　　　　　　　　　　　　　　　　　　　　　/ 150
　　　6.6.7　数据可视化设计　　　　　　　　　　　　　　　　　　/ 151
　　　案例6-2　数据可视化助力疫情防控　　　　　　　　　　　　 / 151

第7章

工业产品设计　　　　　　　　　　　　　　　/ 153

　　7.1　概述　　　　　　　　　　　　　　　　　　　　　　　　　/ 153

7.1.1 广义的产品和产品设计 / 154

7.1.2 狭义的产品和产品设计 / 154

7.1.3 产品的基础要素 / 155

案例 7-1 HUBB 机油滤清器 / 155

案例 7-2 单钢轮压路机 / 156

7.2 产品造型设计 / 157

7.2.1 产品造型设计的定义 / 157

7.2.2 产品造型设计的基本原则 / 157

7.2.3 产品造型设计的要素 / 158

案例 7-3 轻巧与稳定：两轮站立不倒的电动摩托车
LIT Motors C1 / 160

案例 7-4 "我的世界是圆的"——卢易吉·克拉尼的仿生设计 / 164

7.3 产品设计的程序 / 174

7.3.1 设计的准备阶段 / 174

7.3.2 设计展开 / 175

7.3.3 制作设计报告 / 177

7.3.4 生产准备与投放市场 / 177

7.4 产品的生命周期与相应的产品设计策略 / 178

7.4.1 产品的生命周期 / 178

7.4.2 与产品生命周期对应的产品设计类型 / 179

7.5 产品创新设计 / 180

7.5.1 产品创新的方式 / 181

案例 7-5 雷克萨斯 LFA 超级跑车对新材料的应用 / 182

7.5.2 创造突破性产品 / 183

案例 7-6 美国 ZIPPO 打火机的价值机会分析 / 186

第8章

工业设计与主要相关学科 / 189

8.1 人机工程学 / 189

8.1.1 人机工程学概述 / 190

8.1.2 人机工程学的起源与发展 / 190

案例 8-1 电影《摩登时代》对人与机器关系的描述 / 191

8.1.3 人机系统的主要构成要素 / 192

案例 8-2 可以调节高度的小学生桌椅 / 196

8.1.4 人机工程学的研究方法 / 197

案例 8-3　贝尔公司 500 型电话的人机工程学设计　　　　　　　/ 198

8.1.5　人机工程学与工业设计　　　　　　　/ 200

8.2　设计心理学　　　　　　　/ 201

8.2.1　设计心理学概述　　　　　　　/ 201

8.2.2　消费者心理　　　　　　　/ 202

8.2.3　影响产品设计的心理学因素　　　　　　　/ 205

案例 8-4　2007 年甲壳虫汽车设计　　　　　　　/ 206

8.2.4　产品语义设计　　　　　　　/ 208

8.2.5　设计师心理学　　　　　　　/ 212

8.2.6　设计心理学常用的研究方法　　　　　　　/ 212

8.3　与环境相关的设计问题　　　　　　　/ 215

8.3.1　环境概述　　　　　　　/ 215

8.3.2　工业设计中的环境对策　　　　　　　/ 218

案例 8-5　汽车的绿色设计从使用绿色能源开始　　　　　　　/ 222

案例 8-6　丰田的电池回收利用流程　　　　　　　/ 225

案例 8-7　阿迪达斯的"FUTURECRAFT.LOOP"的 100% 可循环高性能运动跑鞋　　　　　　　/ 226

8.3.3　其他针对环境问题的具体设计对策　　　　　　　/ 227

案例 8-8　物的八分目——来自无印良品 MUJI 的观点　　　　　　　/ 230

8.4　环境设计　　　　　　　/ 232

8.4.1　环境设计概述　　　　　　　/ 232

8.4.2　环境设计的种类　　　　　　　/ 233

8.4.3　环境设计的特征　　　　　　　/ 235

案例 8-9　苹果公司新总部 Apple Park 园区　　　　　　　/ 237

第9章

工业设计与市场　　　　　　　/ 239

9.1　市场相关理论概述　　　　　　　/ 240

9.1.1　市场　　　　　　　/ 240

9.1.2　市场推销、市场营销与产品设计　　　　　　　/ 240

9.2　工业设计与市场、产品、企业的关系　　　　　　　/ 245

9.2.1　市场是工业设计的主导　　　　　　　/ 245

案例 9-1　"宅"生活给体育产业带来的设计创新机会　　　　　　　/ 247

9.2.2　工业设计在市场中的作用　　　　　　　/ 249

案例 9-2　网络营销和设计创新助推国产化妆品品牌快速崛起　　　　　　　/ 252

案例 9-3　设计创新成就的瑞士 Swatch 手表　／254

　　9.2.3　工业设计师要对设计的商业化持正确态度　／255

9.3　设计管理　／256

　　9.3.1　设计管理的定义　／256

　　9.3.2　设计管理的形成与发展　／257

案例 9-4　"蓝色巨人"IBM 的品牌形象　／257

　　9.3.3　设计管理的内容　／259

案例 9-5　浪尖设计有限公司的设计流程　／260

案例 9-6　九阳豆浆机的知识产权管理　／261

案例 9-7　西门子 Xelibri 配饰手机，一个创新的意外死亡　／262

　　9.3.4　设计管理的作用　／262

案例 9-8　广汽 MagicBox 智能移动服务平台的创新设计管理　／264

第10章
工业设计与文化　／267

10.1　文化概述　／268

　　10.1.1　文化概念的界定以及文化的分类　／268

　　10.1.2　文化的特征　／269

　　10.1.3　文化的作用　／269

　　10.1.4　当代中国文化概况　／271

10.2　文化与设计的关系　／272

10.3　传统文化对设计的影响　／273

　　10.3.1　英国、意大利、日本等国传统文化对设计的影响　／275

案例 10-1　英国传统茶俗对英国茶具设计的影响　／275

案例 10-2　Alfa Romeo Spider —— 意大利设计文化的典型代表　／276

案例 10-3　日本工业设计的文化特征　／276

　　10.3.2　我国传统文化对我国古代设计的影响　／278

案例 10-4　中国传统文化在设计中的体现　／280

案例 10-5　将物转化为生活境界——明代《长物志》所倡导的
　　　　　　雅致生活　／281

　　10.3.3　传统文化对我国工业设计的影响　／282

案例 10-6　凤凰纹样在现代设计中的应用　／283

案例 10-7　丰番农品的"双鱼礼"包装设计　／286

　　10.3.4　当代文化对工业设计的影响　／286

10.4　提升中国设计的文化力　　　　　　　　　　　　　　　　　/ 295

10.5　工业设计、品牌和文化　　　　　　　　　　　　　　　　　/ 297
　10.5.1　工业设计、品牌、文化之间的关系　　　　　　　　　　/ 297
　10.5.2　设计富有文化内涵的品牌名称和品牌标志　　　　　　　/ 299
　10.5.3　提升产品文化　　　　　　　　　　　　　　　　　　　/ 300
　10.5.4　塑造和引领美好生活方式　　　　　　　　　　　　　　/ 302
　10.5.5　设计符合民族文化心理的品牌形象　　　　　　　　　　/ 303
　案例 10-8　万宝龙（Montblanc），打造像勃朗峰般
　　　　　　　书写艺术的高峰　　　　　　　　　　　　　　　　/ 303
　10.5.6　建设独具个性的品牌文化　　　　　　　　　　　　　　/ 304
　10.5.7　借力设计和文化营销，推广品牌　　　　　　　　　　　/ 305
　10.5.8　"国潮"品牌的兴起及设计特征分析　　　　　　　　　　/ 305

10.6　以教育提升整个社会的设计文化　　　　　　　　　　　　　/ 308
　10.6.1　提升设计师的文化品位　　　　　　　　　　　　　　　/ 309
　10.6.2　消费者的设计教育　　　　　　　　　　　　　　　　　/ 310

第11章
工业设计的发展趋势　　　　　　　　　　　　　　　　　　　/ 314

11.1　设计技术快速进步　　　　　　　　　　　　　　　　　　　/ 315
　11.1.1　VR/AR/MR 进一步更新设计手段　　　　　　　　　　　/ 315
　案例 11-1　宝马公司 BMW 运用 VR 技术开展汽车研发　　　　/ 317
　案例 11-2　耐克公司与 AR 技术相关的设计专利申请　　　　　/ 318
　11.1.2　大数据技术改进设计模式　　　　　　　　　　　　　　/ 318
　11.1.3　人工智能化设计引发新思考　　　　　　　　　　　　　/ 319

11.2　设计思维运用的深度和广度不断扩展　　　　　　　　　　　/ 322
　11.2.1　设计思维的定义和特点　　　　　　　　　　　　　　　/ 323
　11.2.2　设计思维的应用领域　　　　　　　　　　　　　　　　/ 325
　案例 11-3　芬兰政府免费派送给新生儿家庭的大纸箱　　　　　/ 327
　案例 11-4　阿里云以数字化转型设计赋能社会效率提升　　　　/ 328
　案例 11-5　新加坡政府借助设计思维促进创新发展　　　　　　/ 330

11.3　未来设计方向的发展趋势　　　　　　　　　　　　　　　　/ 331
　11.3.1　交互设计大行其道　　　　　　　　　　　　　　　　　/ 332
　案例 11-6　YIBU，一款需要跨界交互的游戏　　　　　　　　　/ 333
　11.3.2　智能化产品的设计成为主流　　　　　　　　　　　　　/ 333
　案例 11-7　智能助老机器人　　　　　　　　　　　　　　　　/ 336

11.3.3　体验设计内涵日益扩展 / 337

案例 11-8　物联网时代，海尔智家从家电品牌向场景品牌的转型 / 340

11.3.4　人机一体化指日可待 / 341

11.3.5　服务设计引领潮流 / 343

案例 11-9　苹果公司产品服务体系铸就的成功 / 345

案例 11-10　爱彼迎 Airbnb，创新旅行住宿的民宿共享服务模式 / 347

案例 11-11　产品即服务——滴滴专门定制网约车 / 348

案例 11-12　从红领西服到酷特智能，传统服装企业的数字化
转型 / 351

案例 11-13　罗尔斯·罗伊斯（Rolls-Royce）以服务型
制造变革商业模式 / 352

11.3.6　生态设计任重道远 / 353

案例 11-14　特斯拉（Tesla）的电动汽车与太阳能屋顶 / 354

11.3.7　人性化设计——永恒的主题 / 355

案例 11-15　罗伯特·布伦纳：人们到底想从生活中获得什么 / 356

11.4　我国工业设计发展展望 / 357

参考文献 / 361

第1章
设计与工业设计

本章重点：
◀ 设计与工业设计的定义。
◀ 设计的目的、本质和类别。
◀ 工业设计的形成和发展。
◀ 工业设计的作用和地位。
◀ 工业设计师的教育和成长。

学习目的：
通过本章学习，对设计、工业设计的定义、发展历程、代表思想、地位以及作用等形成初步了解，为今后各个章节的学习奠定基础。

1.1 设计概述

有人说，设计是造物；有人说，设计是谋事；还有人说，设计是解决问题的方法论……翻开设计史的卷册，对设计的描述仍林林总总，至今仍未有定论，这种现象既说明了设计功能的多样性，也表明学科本身仍处在不断发展变化之中，想来这也是设计的魅力所在吧。

1.1.1　设计的定义

今天，设计如同空气与土壤一般存在于人们的生活中：家具家电、交通工具、办公用品、服饰妆容、美食美器、室内外空间环境、信息资讯、服务流程……不论是锅碗瓢勺等日常小物，还是雄伟的三峡大坝；不论是喜庆的婚礼、恢宏的奥运会开幕式还是奇妙的太空之旅——从静态的物品到动态的过程，从有形的产品到无形的服务和体验，凡是与人相关的事物与过程，绝大多数是设计的产物。

可以说：设计无所不在，它像一种综合性的计划，强有力地影响着人们的生活方式和生活形态。每个人在享受别人设计的同时，自己也是"设计师"——让生活更加符合自己的理想，并按照自己期待的方式进行。

那什么是设计呢？如果从名词的角度解释，设计最广泛、基本的意义是"计划"，即为实现某一目的而建立的方案。德国包豪斯设计学院（Bauhaus，1919—1933年）创始人、第一任校长瓦尔特·格罗皮乌斯（Walter Gropius，1883—1969年）对设计有过如下描述："一般来说，设计这个词包括了我们周围的所有物品，或者说包容了人的双手创造出来的所有物品（从简单的日常用具到整个城市的全部设施）的整个轨迹。"格罗皮乌斯的这个定义可以被称为广义的设计，它几乎涵盖了人类有史以来的一切文明创造活动以及其中所蕴涵着的构思和创造性的行为过程。

设计所涉及的内容和范围极为广泛，不同的人站在不同角度对它的认识和理解有所不同，但就本质而言，仍有相同的内涵。设计的故事发生在综合的社会大背景下，与经济、政治、技术、文化、社会、心理、伦理及全球生态系统等在内的其他各种力量共同塑造了现代生活。可以说，设计因其在技术、商业、人文和社会多角度不同的价值成为人类文明的支柱之一。

1.1.2　设计的目的

人类作为一种高级动物，拥有动物所共有的各种生物性本能，然而，人与动物的本质区别在于人类能够制造工具，这是人类独一无二的能力。在远古时代，人类的祖先赤手空拳，既没有羚羊那样的奔跑速度，也不像狮、虎那般凶猛敏捷，在极度蛮荒恶劣的生存环境中他们随时会遭遇各种威胁，不得不为生存而战。因此，不完美的生理能力成为人类创造工具的内在驱动力，这便是设计的源起。能够制造工具标志着人类的诞生，人类从此不断创造各种工具去改造自然、改善生活，创造工具的历史和人类的历史不可分割。可以说，设计的目的一开始就为人服务，如图1-1所示。

图1-1　旧石器时代的敲砸石器

设计是人类有意识的活动，围绕"人"这个中心构建问题和解决问题，它的最终目的是为

"人"。人既是生物的人，又是社会的人，因此，人的需求包括生理需求和心理需求两个方面，这些需求又都是多层次、复杂和动态的。设计为人，就是以设计为手段，满足人的需求。设计的创造，体现了人们认识自然、改造自然的过程和生活更新变化的过程。人是设计的核心，设计为人，就是要以人 - 物 - 环境的和谐为目的，为人创造一个更加合理、更加理想的生活和工作环境，为人类创造更美好的明天，这是设计的最终目的，也是设计工作者必须承担的职责。

1.1.3 设计的本质

首先，设计是人的一种有目的、有预见的行为。人们需要进行某种行为之前，在思想中就已经具有明确的目的。蜜蜂构筑的蜂巢拥有巧妙的结构，让建筑师们深感惭愧，但是，即使最拙劣的建筑师也比最灵巧的蜜蜂高明，因为如果让建筑师来制造蜂房，他在着手工作之前，就会在头脑中把蜂房的样貌结构提前想好——蜜蜂的工作来自于遗传的本能，而建筑师的工作则是设计——这就是人与动物的本质区别。卡尔·马克思（卡尔·海因里希·马克思，Karl Heinrich Marx，1818—1883 年）在《1844 年经济学哲学手稿》中写道："动物只是按照它所属的那个种的尺度和需要来建造，而人却懂得按照任何尺度来进行生产，并且懂得怎样处处都把内在的尺度运用到对象上去，因此，人也按照美的规律来创造。"因此，可以说设计是人类一种有意识的创造活动，是"人的本质力量的对象化"。

第二，设计是人类自觉的、合规律的活动。设计活动是人在认识和把握客观规律的基础上从事的高度自觉的活动。人确定设计目标和达到这个目标时的一切活动，都必须自觉地服从客观世界和人体自身的规律。

第三，设计对实践具有指向性和指导性。设计是设想和计划，有其所预想的目的，必然会对人的行为产生特定的指引和指挥作用。"设计—实践—再设计—再实践"的反复和循环构成了人有目的地改造客观世界的复杂过程。

最后，设计是生产力。生产力是人类征服自然、改造自然的能力，从这个意义上说，设计是生产力的组成要素之一，而且是最积极、最活跃的要素。劳动者、生产工具和生产资料是生产力的三个构成要素，其中，生产工具和生产资料属于"物"的范畴，它们只有通过"人"的要素才能变成创造价值、生产财富的生产力。只能从事简单劳动的劳动者和能够从事复杂劳动的劳动者之间的差别，主要表现在创造力上。富有创造力的人带着"设计"的品格参与生产过程，从而创造更多的财富。从经济意义上来讲，设计的水平和能力也是一个地区、一个国家创新能力和竞争能力的决定性因素。

综上所述，我们可以把设计看作是人类改变原有事物、构思和解决问题的过程，它是人类一切有目的、有创造性的活动。

1.1.4 设计的类别

在设计领域，对设计分类问题还没有形成统一的认识。通常而言，按照构成形态，可将设计分为平面设计、立体设计和时空设计；按照设计的目的，可将设计分为视觉传达设计、产品设计和环境设计。

1.1.4.1 按照构成形态分类

从构成形态的角度，设计包括平面设计、立体设计和时空设计三大类。

平面设计是一门视觉艺术，研究的是二维图形的组合问题，是点、线、面（形）等造型要素通过多种方式进行有意识的编排、组合，产生新的视觉效果，招贴、摄影、标志、字体等都属于平面设计，见图 1-2。

图1-2 平面图形

立体设计是三维空间的造型活动，是一种空间艺术，它对空间各种形态和形态美要素，通过分析、分割、还原到最基本的点、线、面和块体，然后按照一定原则重新组合成新的立体形态，见图 1-3。立体设计依托于立体构成，一旦构成的结果符合产品构成的要求，那么构成就是设计，包装、陈列、展示的设计均属于立体设计。立体构成是造型设计的基础训练之一，它的技术性很强，为空间艺术的设计带来了广阔的创意天地（详见第 5 章）。

图1-3 各种立体形态

人类生存的空间是三维的，但如果把时间作为一种物质因素再加上，则逻辑上认为增加了一个参数面，它就是四维的了。四维时空设计既是立体的，又是设计跟随情节的发展在时间上的延伸，当运用时空表意语言，在任何空间展示形态在不同空间方位的转折时，就会像影视"蒙太奇"（法语译音，一种电影剪辑理论）那样，出现和空间体量同步率的时间性转折，从而构成具有"时空方位"的四维时空设计。时空设计是一个涉及领域广泛并随着时代的发展而不断发展的设计类型，如展示设计（图 1-4）、服务设计、舞台设计、电影演播、动画、游戏等。

1.1.4.2　按照设计目的分类

随着设计领域的不断扩展，学术界更倾向于按照构成世界的三个要素：人 - 自然 - 社会为坐标，依据设计的目的，将整个设计领域分为三大部分，即产品设计、视觉传达设计和环境设计，见图 1-5。

图1-4　展示设计　　　　　　　　　　　　　　图1-5　设计的分类

从图 1-5 可以看出，产品设计是要制造适当的产品，作为人与自然之间的媒介；视觉传达设计，是要对人与人之间实现信息传递的信号、符号进行设计，生产媒体信息，作为人与所属社会之间的精神媒介；环境设计，则是要通过对和谐空间的规划，建立自然与社会之间的物质媒介。

这三大类设计的每一类子项内容丰富，进一步细分，视觉传达设计包括包装装潢、广告设计和商标标志设计等；产品设计包括手工业产品设计和工业产品设计；而环境设计包括城市规划、建筑、室内外设计和园林设计等，见图 1-6 ～图 1-13。产品设计、环境设计、视觉传达设计三大应用领域的设计各有侧重又彼此交叉，本书将介绍产品设计、产品与环境的关系以及视觉传达设计在产业领域的应用情况。

图1-6　产品设计

图1-7　建筑设计

图1-8　标志设计　　　　　　　　　图1-9　服装设计

图1-10　室外设计　　　　　　　　图1-11　室内设计

图1-12　广告设计　　　　　　　　图1-13　机械设计

1.2　工业设计的定义

　　作为人类设计活动的延续和发展，工业设计的发源可以追溯到18世纪60年代的工业革命时期，然而，直到20世纪初期它才开始成为一门独立完整的现代学科。"工业设计"（Industrial Design）一词是由美国艺术家约瑟夫·西奈尔（Joseph Dinell，1903—1972年）在1919年首次提出的。

　　在设计发展的历程中，"变化"始终是其常态，人们的关注、思考和争议始终围绕着两个核心问题"设计是什么"和"设计做什么"。美国卡内基梅隆大学设计学院前院长乔治·理查德·布坎南（George Richard Buchanan）发表过这样的评论："坦白说，'设计'这东西最大的长处之一，就是我们还没有为设计定出单一不变的定义。那些已经明确定义的专业，多数已经了无生气、没有生命，甚至成为一潭死水，因为已经被称为真理的东西，任何质疑与讨论都无法动摇它的地位。"由此可见，"变化""不确定"也正是设计充满活力的迷人之处。随着时代的进步和科学技术的发展，"设计"不再仅仅被用于物品、视觉、空间等领域，它也成为解决特定问题的方法。现在，设计越来越关乎聆听、提问、理解以及构思新的可能性和替代性的落实方案，这正在成为趋势。在这个过程中，人类不断认识和创造着客观世界，并最终回归对人自身和认知的改造，让人类的身心更加完善。举例来说，现今很多设计师基于对未来的改善开展思考和工作，他们的工作包括了开发节能产品、优化流程、创建宜人的工作环境、鼓励人们参与政治，甚至包括降低犯罪率等，由此带来的结果是，设计作为一种思维方式，越来越多地在以前从未涉足的多种场合现身。

与工业设计随着社会发展的变迁相呼应，工业设计的概念也与时俱进不断变化，不同的组织和个人在不同的时期根据各自对工业设计不同的理解，给它赋予不同的定义，其中以世界设计组织（WDO）的定义最为主流和权威。

1.2.1　美国工业设计师协会对工业设计的定义

美国工业设计师协会（Industrial Designers Society of America,IDSA）是美国工业设计师的专业组织，1965年由美国三个与工业设计相关的组织合并而成。协会发行有《创新杂志》（Innovation Magazine）和《设计视角》（Design Perspectives）两份月刊，下设的IDSA奖是全球工业设计界重要的评奖活动之一。美国工业设计师协会对工业设计的定义如下：

工业设计是一项专门的服务性工作，为使用者和生产者双方的利益而对产品和产品外形、功能和使用价值进行优选。这种服务性的工作是在经常与开发组织的其他成员协作下进行的。典型的开发组织包括经营管理、销售、技术工程、制造等专业机构。工业设计师特别注重人的特征、需求和兴趣，而这些又需要对视觉、触觉、安全、使用标准等各方面有详细的了解。工业设计师就是把对这些方面的考虑与生产过程中的技术要求，包括销售机遇、流动和维修等有机地结合起来。工业设计师是在保护公众的安全和利益、尊重现实环境和遵守职业道德的前提下进行工作的。

这个概念除了阐明工业设计的性质外，还谈到了工业设计与其他专业的联系，以及进行工业设计所必须考虑的问题。

1.2.2　加拿大魁北克工业设计师协会对工业设计的定义

加拿大魁北克工业设计师协会（The Association of Industrial Designers of Québec，ADIQ）对工业设计的定义如下：

工业设计包括提出问题和解决问题两个过程。既然设计就是为了给特定的功能寻求最佳形式，这个形式又受功能条件的制约，那么形式和使用功能相互作用的最佳辩证关系就是工业设计。工业设计并不需要产生个人的艺术作品和产生天才，也不受时间、空间和人的目的控制，它只是为了满足设计师本人和他们所属社会的人们某种物质上和精神上的需要而进行的人类活动。这种活动是在特定的时间、特定的社会环境中进行的。因此，它必然会受到生存环境内起作用的各种物质力量的冲击，受到各种有形的和无形的影响和压力。工业设计采取的形式要影响到心理和精神、物质和自然环境。

这个概念指出工业设计并不需要艺术作品和富有个性的设计天才，其实质是解决产品外形和功能的最佳辩证关系。

1.2.3　国际设计组织（WDO）对工业设计的定义

"国际工业设计协会"（The International Council of Societies of Industrial Design，ICSID，总部位于芬兰赫尔辛基）成立于 1957 年，是"国际设计组织"（World Design Organization，WDO）的前身。目前该组织拥有 50 多个国家的设计师协会作为会员单位，共同致力于推广工业设计的理论和实践，通过优秀的设计来提高商业竞争力，在各国间进行设计交流和合作，促进社会发展和人类生活状况的改良。

随着科学技术和经济的发展，国际工业设计协会曾多次对工业设计的定义进行修订，可将这一过程描述为：由产品的表征设计发展为人的生存方式的设计；由对产品外在形式的研究发展为对特定社会形态中人的行为方式和需求的研究；关注的重点也转移到人的生存方式、人的价值以及生命意义。其中三个关键性的、调整比较大的定义版本包括 1980 年、2006 年和 2015 年三个版本。

1980 年 ICSID 对工业设计的定义：就批量生产的工业产品而言，凭借训练、技术知识、经验及视觉感受，而赋予材料、结构、构造、形态、色彩、表面加工、装饰以新的品质和规格。

2006 年 ICSID 对工业设计的定义：一种创造性的活动，其目的是为物品、过程、服务以及它们在整个生命周期中构成的系统建立起多方面的品质。

2015 年 10 月，国际工业设计协会 ICSID 正式更名为"国际设计组织"（WDO）并提出工业设计的最新定义，这也是迄今被公认的工业设计主流定义："（工业）设计旨在引导创新、促发商业成功及提供更好质量的生活，是一种将策略性解决问题的过程，应用于产品、系统、服务及体验的设计活动。它是一种跨学科的专业，将创新、技术、商业、研究及消费者紧密联系在一起，共同进行创造性活动，并将需解决的问题、提出的解决方案进行可视化，重新解构问题，并将其作为建立更好的产品、系统、服务、体验或商业网络的机会，提供新的价值以及竞争优势。（工业）设计是通过其输出物对社会、经济、环境及伦理方面问题进行回应，旨在创造一个更好的世界。"

这个概念重新确定了工业设计的对象，工业设计的内涵和外延得到新的、极大的丰富和拓展，工业设计的创新性和商业性得到进一步加强和凸显。这个定义体现了工业社会创新求变的核心特征，也体现了工业设计自身的综合性和复杂性。

通过上面几个有代表性的定义可以看出，狭义的工业设计单指从人的需要出发，以批量化生产的工业产品为主要对象的设计活动。然而今天的工业设计的作用已经不仅仅是设计出几款产品并鼓动人们购买、使用，而是要去主动探索、解决人类在生活、生产中的各种问题，为人类创造一种更为合理的生存（生活）方式和生活形态，达到"人－物（产品）－环境"相互和谐是一项创造性活动。广义的工业设计逐渐洗脱"工业"的标签，它是以综合跨界的思维方式针对某一特定目的进行构思，建立合理可行的实施方案，并用明确的手段表示出来的系列过程和行为，包括一切使用现代手段进行的生产、服务设计。

1.3 工业设计的形成与发展

人类设计活动的历史大体可以划分为三个阶段，即设计的萌芽阶段、手工艺设计阶段和工业设计阶段。设计的萌芽阶段可以追溯到旧石器时代，原始人类制作石器时已有了明确的目的性和一定程度的标准化，人类的设计概念由此萌发。到了新石器时期，陶器的发明标志着人类开始了通过化学变化改变材料特性的创造性活动，也标志着人类手工艺设计阶段的开端。

顾名思义，工业设计与工业密不可分，它的孕育、诞生和发展与技术进步和工业发展息息相关。人类历史上先后经历了四次大的工业革命，生产工具的变革和生产力的发展与工业设计的发展相互促进，共同进步，见图1-14。18世纪60年代从英国发起的技术革命被称为第一次工业革命，标志是以蒸汽机作为动力机，这场伟大的革命不仅开创了以机器代替手工劳动的新时代，更是一场深刻的社会变革，也孕育了工业设计，传统手工艺设计开始向工业设计过渡，工业化方法批量生产的产品成为设计的对象，由此，设计活动便进入了一个崭新的阶段——工业设计阶段。从19世纪70年代开始的第二次工业革命以电力和计算机的发明和应用为标志，它促使人类进入了电气时代。20世纪四五十年代开始的第三次工业革命以原子能、计算机技术的发明和应用为标志，将人类带入信息化时代。当下，以5G、万物互联和人工智能为主导的第四次工业革命正引领科技井喷式发展，人类进入了智能化时代，先进制造技术突飞猛进，经济日益繁荣，设计服务的对象，设计的内容、方法、手段也在快速演进，设计的定义、内涵和外延又经历了新的变化。

与四次工业革命相伴，工业设计的发展可以大致划分为以下三个不同的时期：

第一个时期是自18世纪下半叶至20世纪初期，这是工业设计的酝酿和探索阶段。在此期间，新旧设计思想开始交锋，设计改革运动使传统的手工艺设计逐步向工业设计过渡，并为现代工业设计的发展探索出道路。工业革命后出现了机器生产、劳动分工和商业的发展，同时也促成了社会和文化的重大变化，这些均对此工业设计的发展产生了深刻的影响。

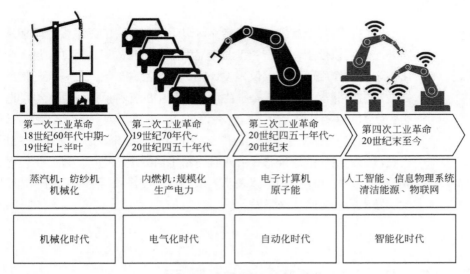

第一次工业革命 18世纪60年代中期~ 19世纪上半叶	第二次工业革命 19世纪70年代~ 20世纪四五十年代	第三次工业革命 20世纪四五十年代~ 20世纪末	第四次工业革命 20世纪末至今
蒸汽机；纺纱机 机械化	内燃机；规模化 生产电力	电子计算机 原子能	人工智能、信息物理系统 清洁能源、物联网
机械化时代	电气化时代	自动化时代	智能化时代

图1-14　四次工业革命

第二个时期是在 20 世纪的两次世界大战之间，这是现代工业设计形成与发展的时期。其间工业设计形成了系统的理论，并在世界范围内得到传播。1919 年德国包豪斯学校成立，进一步从理论上、实践上和教育体制上推动了工业设计的发展。尽管工业设计孕育于英国，却是在美国诞生的。1929 年，美国华尔街股票市场的大崩溃和接踵而来的经济大萧条，使工业设计成为企业生存的必要手段，以雷蒙德·罗维（Raymond Loewy，1893—1986 年）为代表的第一代职业工业设计师在这样的背景下出现。在他们的努力下，工业设计作为一门独立的现代学科得到了社会的广泛认可，并确立了它在工业界的重要地位。

第三个时期是在第二次世界大战之后，这一时期工业设计与工业生产和科学技术紧密结合。第二次世界大战后美国工业设计的方法广泛影响了欧洲及其他地区。无论是在欧洲老牌工业技术国家，还是在苏联、日本等新兴工业化的国家，工业设计都受到高度重视。日本在国际市场上竞争的成功，在很大程度上得益于对于设计的关注。20 世纪 70 年代末以来，工业设计在我国开始受到重视。20 世纪 80 年代设计进入多元化时期，被称为"设计师的十年"。20 世纪 90 年代，设计的光环继续熠熠生辉。进入 21 世纪，信息技术、网络技术、人工智能技术飞速发展，设计也在快速发展、分化，不同设计门类之间的疆域被打开和融合，设计的目的是通过为消费者提供更加多元化、多样化、个性化的产品以及更加系统化、便捷化的服务，通过创新设计满足人们的体验，来提升人们生活的品质和心灵的幸福感。设计更多地进入企业战略和系统设计、社会创新设计以及对人类未来的规划中，这些都反映了当下时代的特征。

1.4　工业设计的特点、作用和地位

工业发展和劳动分工所带来的工业设计，与其他的艺术活动、生产活动、工艺制作等都有着明显的不同，它是各种学科、技术和审美观念交叉融合的产物。

1.4.1 工业设计的特点

① 时代性。随着现代科学技术的飞速发展，新材料、新工艺、新技术不断涌现，极大地推进了经济发展和社会进步。计算机和网络技术、纳米技术、航天技术为现代工业设计提供了日益宽广的平台。工业设计与时代发展的脉动互相契合，互相促进。

② 创新性。设计就是创新，创新是工业设计的灵魂和永远不变的主题。设计不仅仅是对现有社会的需求提供一个直接而短暂的答案，更要去发掘潜在的、不易觉察的社会需求，并且有针对性地提出具有前瞻性的解决方案。现代企业面临的竞争往往是国际化的，没有创新性的设计就没有市场竞争力，最终将被市场淘汰。约瑟夫·熊彼特（Joseph Alois Schumpeter，1883—1950 年）是现代创新理论的提出者和主要代表人物，人们将他提出的创新的五种情况归纳为五个创新，依次对应产品创新、工艺创新、市场创新、资源配置创新、组织创新。而工业设计是一种能将上述创新囊括于一身的综合性的创新，而且是一种成本相对低廉的创新方式。

③ 市场性。工业设计是现代化大生产的产物，要满足的是现代社会的需求，它不是侧重个人表达的纯艺术，而是有着明确的商业目的，是企业在市场竞争中必须采用的策略、商业行为和必要方式。尽管拥有创新技术可以在激烈的市场竞争中占有优势，但技术的开发非常艰难、周期长、代价大、费用昂贵。相比之下，依靠工业设计进行综合创新，则可在现有技术的基础上用较低的费用增强产品和品牌的竞争能力，提高企业的经济效益。例如，众所周知，把电视机的显示方式由阴极射线式（CRT）的变成液晶式（LCD），是一个巨大而艰难的技术进步，但对电视机的结构、外观造型、色彩、表面材质等进行设计和调整则相对简便，如果这些设计能够与消费者的需求相契合，就能收到很好的市场效果，因此，这些非核心技术方面的工业设计要素也成为现今国际市场商品竞争的焦点。

④ 组织性。现代工业设计是有组织的活动。工业时代的生产，批量大、技术性强，不可能由一个人单独完成。为了把需求、设计、生产和销售协同起来，就必须进行有组织的活动，发挥团队优势和进行合理化的专业分工提高效率，更好地完成满足社会需求的最高目标。现代产品的高科技性和复杂性也决定了产品设计必须以团队合作的方式进行。

⑤ 系统性。设计的根本目的是满足人的需求，或者说"以人为本"，要将人、产品（人造物）、人所生存生活的环境作为一个有机联系的整体来统一考虑，使人安全、高效、舒适、健康和经济地使用（或操作）产品（或机器），同时考虑资源保护和环境的可持续发展，使人-产品（人造物）-环境之间协调发展。特别是面对越来越严峻的生态环境和社会问题的挑战，诸如气候变暖、能源危机、竞争国际化等，企业要在竞争中生存并赢得胜利，必先谋定而后动，设计因此显现出前所未有的重要性。工业设计是人-产品-环境的中介，工业设计的基本思想之一就是协调与统一，它不仅寻求产品本身（例如功能与美感）的统一，而且更寻求产品与人、产品与环境的协调一致。树立"以人为本"的设计理念，运用先进的设计解决方案，不仅能够成就企业的创新和可持续发展，还能为整个世界可持续发展提供保障。

⑥ 经济性。工业设计在工业化大批量生产基础之上，更多地关注经济实惠和更多人的利益。它是一种综合性、系统性的创新，可以大大缩短商业化的周期，降低整体研发投入，提高产品转化率，对产业也具有显著的带动作用。宏碁创始人施振荣曾说："全世界最便宜的创新就是工业设计，在讲求创新的时代里，确实更应该去做。"工业设计在增强产品附加值和品牌的市场竞争力的过程中时常发挥出"四两拨千金"的作用，是一条尤其适用中小企业进行产品创新、升级转型的捷径。

1.4.2　工业设计的作用和地位

工业设计的作用可以总结为满足人们的需求，促进工业化生产方式，促进科学技术的转化，满足市场需求，提升产品附加值，提高企业效益，促进可持续发展和提升国家竞争力等。

（1）满足人们的需求

首先，满足人们对产品功能的需求。工业设计侧重于解决人与物之间的关系，既倾向于满足人们的直接需要，又要保证产品生产过程的安全性、产品的易用性、制造成本的低廉性等，使产品的造型、功能、结构科学合理，符合使用需要。

其次，满足人们对美的需求。爱美是人类的天性，工业设计既创造艺术美，又体现技术美，实现技术与艺术的完美结合。通过工业设计不仅能够提高产品造型的艺术性，还能够通过对产品各部件的合理布局，增强产品自身的形体和与环境协调的功能美。通过对产品的使用流程和交互方式进行设计，使用户在操作过程中获得体验美。

再次，满足人们的精神需求。随着生活质量的提高，人们在获得物质功能满足的同时想要追求更多的精神功能，更加注重产品风格差异和精神、文化享受，重视产品所带来的全面而有意义的用户体验，通过设计与用户的生活方式更紧密的结合，既能给用户新鲜感，又要为用户创造价值。如图1-15所示意大利阿莱西公司生产的果盘，造型取自海底的珊瑚，极富生命力的张扬线条和激情四溢的红色，使它如同燃烧的火焰，给人带来视觉和精神上的双重美感。产品除了具有功能性外，还具备"品牌"这一价值符号属性。所谓品牌就是企业通过长期持续的经营和塑造而形成的固定印象，它通过标榜和张扬某种价值观和生活方式，获得特定消费群体的认同和接受。当消费者接触

图1-15　阿莱西ALESSI公司生产的ESI01红珊瑚果盘

到品牌产品时，品牌的各种形式要素将唤醒他们精神、情感或功利性内容的愉悦感受，这也是消费者喜欢追逐名牌的原因。

（2）促进机械化大生产

工业设计源于大生产，并以批量生产的产品为设计对象，所以进行标准化、系列化，加快大批量生产为人们提供更多更好的产品，是其目的之一。除此之外，工业设计还有使

产品便于包装、贮存、运输、维修，使产品便于回收、降低环境污染等作用。我国改革开放 40 余年来，中国制造已跻身全球三甲，惠及全球消费者，并成为中国经济的核心助推力量，中国已成为名副其实的世界制造业大国。党的十九大报告提出加快建设制造强国，加快发展先进制造业。做大做强制造业，不仅需要提高制造业自主创新能力，还需要以创新设计引领制造业升级，以满足人民日益增长的美好生活需要。

（3）促进科学技术的转化，满足市场需要

据估算，在整个研发新产品过程中，技术方面的投入占 80% ～ 90%，设计方面的投入占 10% ～ 20%，但设计方面的投入往往对技术方面投入的成败起决定性作用。一方面，工业设计可促进科技成果的商品化。长期以来，把科技成果转化成商品一直是人们关注的问题，例如，微波技术转变成微波炉、石英技术转变成石英表、超导技术转变为选矿设备等。在新产品开发过程中，技术研究与实验的成功仅仅是完成了一半的工作，只有经过工业设计将科技成果转化为生产力，才能为企业创造经济效益。因此，有人将工业设计称为连接"实验室和市场的桥梁"。工业设计还决定着技术的商品化程度、市场占有率和对销售利润的贡献。企业开发新产品的实力不仅表现在技术进步、产品质量和生产效率的提高上，还表现在对于动态市场需求的把握和把技术成果转化成商品的能力上，也就是说企业在技术方面和工业设计两方面的综合能力，才能反映一个企业开发新产品的实力。另一方面，工业设计创新水平直接影响技术创新水平，好的设计创意会极大地推动企业技术创新的发展。

（4）提升产品附加值，提高企业经济效益

工业设计是提高产品附加值的有效手段。经过工业设计师精心设计的产品，容易受到消费者的喜爱，同时也将给生产企业带来更大的利润空间。产品的生产成本、运输费用等都是固定的价值，但是产品的功能、色彩、形态和它带给人的心理感觉是很难计算出来的，它们都可以给产品带来很大的附加值，为企业创造更多的财富。因此通过优良设计创造新价值将成为未来市场潮流的重要特征。从日本的经验来看，设计在产品的差异化战略和提高产品的附加值、市场占有率以及品牌内涵方面所产生的影响已超过 70%。美国一项研究表明，根据企业的不同规模，在设计上每投入 1 美元，销售收入可以增加 2500 ～ 4000 美元。

设计不仅设计产品，同时设计着企业本身。通过工业设计还可以实现对企业形象的重塑，一个重视设计的企业会将设计作为一项重要的资源，对产品开发设计、广告宣传、展览、包装、建筑、企业识别系统、网站以及企业经营的其它项目等进行综合观察与思考，进行统一的策划和设计，在激烈的市场竞争中树立突出的、有公信力的、不断开拓进取的企业形象。现代企业都把企业形象战略视为崭新而又具体的经营要素，通过工业设计提升企业形象，引导消费潮流，促进产品的销售。另外，工业设计也是企业文化的重要组成部分。

设计创新是保持企业旺盛生命力和竞争力的重要手段，当今世界企业之间的竞争已由产品价格和质量的竞争转入品牌的竞争，而设计是成就企业品牌的重要因素。通过设计不断创新，不断推出新产品，使企业在市场上保持旺盛的生命力。正如索尼公司前总裁盛田昭夫所说："我们相信今后我们的竞争对手将会和我们拥有基本相同的技术，类似的产品性能，乃至市场价格，而唯有设计才能让我们区别于竞争对手。"设计驱动创新是全球经济发展至今的必然选择，背后则是知识经济崛起的趋势。各国企业界纷纷认识到，设计力就是竞争力，众多企业迅速调整结构，将产品开发设计作为头等大事来抓，设计的竞争正成为现代企业间竞争的重心。我国要全面提升中国制造的品质，就要努力打造具有世界级声誉的中国品牌，而知识、创意密度极高的设计力则是全球领先品牌的共性。"十三五"规划纲要中也提及，要以产业升级和提升效率为导向，发展工业设计产业。

（5）促进可持续发展

可持续发展是指既满足当代人的需求，又不危及后代人满足其需求的发展。服务于大工业生产的工业设计在为人类创造现代生活方式和生活环境的同时，也加速了资源、能源的消耗，并对地球的生态造成了极大的破坏。这些都引起了设计师的反思，设计师从最初关注人与物的关系发展到开始关注人与环境及环境自身的存在，可持续发展的设计观逐渐被设计界广泛认可。

（6）提升国家竞争力

美国麻省理工斯隆管理学院院长莱斯特·卢梭在其新著《知识经济时代》中指出："21世纪企业成功元素已经由土地、黄金和石油转为除文化和数码之外的另一个极其重要的元素——设计"。如今，工业设计被称为"创造之神""富国之源"，一直被经济发达国家或地区作为核心战略予以普及与推广。

发达国家发展的实践表明，工业设计已成为制造业竞争的源泉和核心动力之一。尤其是在经济全球化日趋深入、国际市场竞争激烈的情况下，产品的国际竞争力将首先取决于产品的设计开发能力。英国、美国、德国、芬兰、日本、韩国、新加坡、泰国等从国家和政府层面上高度重视工业设计，推动工业设计水平的提升。例如，第二次世界大战后，岛国日本一无资源，二无市场，但其产品凭借质量、设计和装饰击败许多强大的西方工业国的同类产品，像潮水般地涌向世界，猛烈地冲击了各国市场，根本的原因是日本人懂得及时用自己的工业设计思想开发新产品，占领市场，取得竞争的优势。对日本政府而言，设计具有振兴国家经济、弘扬国家文明的作用。德国著名杂志《形态》这样评价："日本的经济力＝设计力"。

设计是搭建在人类无穷无尽的创意和有意义、有价值的产品或服务之间的桥梁。著名科学家杨振宁博士指出："21世纪将是工业设计世纪，一个不重视工业设计的国家将是落伍者。"随着人们对工业设计作用的认识不断深入，企业界趋向于将现代工业设计的作用划分为产品设计、品牌设计和产业设计三个层次。当前，工业设计所成就的价值是企业、品牌和产品最显性的价值，优秀的工业设计已经成为企业成功乃至产业革命的必经之路，设计创新成为提升企业竞争力、保持可持续发展的必由之路，可以说，设计创新就是一种生产力，它对一个国家和地区的经济发展，具有至关重要的作用，设计竞争将在未来国际市场竞争中占据重要地位。政府对工业设计的重视和政策支持是推进工业设计发展的关键性因素，为了帮助企业在全球市场中成功参与竞争，许多国家和政府对工业设计的兴趣和重视程度越来越高，将其视为产品、服务和业务流程创新的发动机。正是由于工业设计在产业振兴与发展中的特殊地位和作用，许多国家已经把它作为国家创新战略的重要组成部分。为了加速该产业的发展，包括英国、芬兰、韩国、日本、法国、德国、泰国、新加坡等在内的许多国家设置专门的管理部门，投入巨大资金，并在产业政策上给予扶持，这些振兴工业设计的措施同时也大力推动了各国的工业水平。进入 21 世纪以来，我国政府和企业也越来越认识到工业设计的重要性，特别是进入"十三五"以后，国家出台大量的政策从不同层面和角度推进工业设计的发展，为我国企业创新提供了新的原动力，也为我国工业设计产业自身的发展提供了机遇。

案例1-1 设计创新，小米之道

成立于 2010 年 3 月的小米科技有限责任公司是一家专注于智能硬件和电子产品研发的全球化移动互联网企业，同时也是一家主营高端智能手机、互联网电视及智能家居生态链建设的创新型科技企业。小米自创立以来就极其重视设计，集团的八位创始人中有两位是设计师。小米始终将"用好设计改善更多人的生活"作为使命，"为发烧而生"是其产品概念，"让每个人都能享受科技的乐趣"是其愿景。平价好设计为用户带来全新的生活方式和体验，小米的智能产品也正走进千家万户，满足着消费升级时代用户的需求。经过多年的设计实践和科学的设计管理，小米的设计已经形成了统一的产品风格，形成了被誉为"Mi-look"独特的品牌形象。小米设计不仅在市场上经受了消费者的考验，也得到了国际权威机构的认可。截止到 2020 年 4 月，小米集团及生态链体系获得近 600 项国际及国内设计大奖。第一代小米 MIX 拉开了整个手机行业全面屏时代的序幕，全陶瓷机身的设计成为小米的独家标签，获得了美国 IDEA 设计金奖，一系列生态链优质产品获得了 iF 金奖、Good Design Best 100、红点 Best of the Best 三大设计大奖，更是在 2017 年一年内实现了世界四大工业设计奖项顶级奖项的"大满贯"。小米的设计在考虑功能、美观、性价比的同时，也体现了自身在环保、可持续等方面高度的社会责任感。以包装设计为例，小米的包装采用"一纸盒"，也就是说，只使用一张卡纸或瓦楞纸板折叠就会形成一个包装盒，内部不需要其他多余的支撑辅料。"一纸盒"的设计比传统包装成本降低了近 40%，有效地避免了过度包装造成的浪费。在设计创新的同时，小米的技术研发和创新也不断进步，截至 2020 年，小米申请专利总数超过了 33000 件，AI 领域的专利数量位于全球前列。2019 年 6 月，成立仅 10 个年头的小米入选"2019 福布斯中国最具创新力企业榜"和"2019 福布斯全球数字经济 100 强"，2019 年、2020 年连续上榜《财富》"世界 500 强"排行榜，2020 年入选《德温特 2020 年度全球百强创新机构》名单。"设计创新"成为小米成功的不二法门，被业界称为"小米之道"，也被国内企业作为转型升级的经典案例，见图 1-16~ 图 1-18。2021 年 3 月，小米推出邀请日本著名平面设计师原研哉设计的以"Alive"（生命感）为理念的新 LOGO 替代了老 LOGO，同时推出的还有小米首款折叠屏手机 MIX FOLD 以及进军智能电动汽车领域的宣言。

图1-16　小米生态链的部分产品

图1-17　与小米设计创新相关书籍

图1-18　更换新LOGO的北京小米科技园，2021年3月30日

案例1-2　苹果公司，设计是人类创造物的根本灵魂

美国苹果公司经过40余年的发展，通过iPhone、iMac、iPod、iWatch、iTunes为代表的电子产品和服务极大地改变了现代人的生活方式，公司自身也获得了长足的发展。苹果公司的股票总市值多次荣登世界第一的宝座。2020年8月19日，更是实现了总市值2万亿美元的突破（注：现全球仅7

个国家 GDP 超过两万亿美元）。苹果公司始终认为："设计是人类创造物的根本灵魂，而这个灵魂最终通过产品或服务的外在连续表现出来。"苹果公司所有的产品和设计，包括商业模式的设计，都是回归到怎样真正回应人，回应人的需求，满足人的成长。如今的苹果公司硬件、服务业务全面发展，已成为集移动通信设备、可穿戴设备、服务、配件、支付、金融以及体验于一体的公司，见图1-19。

图1-19　位于世界各地的苹果零售店

1.5　工业设计师的教育和成长

世界著名设计公司青蛙设计（Frog Design）创始人哈特莫特·艾斯林格（Hartmut Esslinger，1944—　）曾说："改变世界的不是设计，而是设计师。"国际工业设计协会联合会（ICSID，现在的国际设计组织 WDO）对工业设计师的定义如下："工业设计师是受过训练，具有技术知识、经验和鉴赏能力的人；他能决定工业生产过程中产品的材料、结构、机构、形状、色彩和表面修饰等。设计师可能还要具备解决包装、广告、展览和市场等问题的技术知识和经验。"

随着时代的发展，设计内涵外延的扩展，设计师从事的工作越来越丰富多样，这要求设计师的知识结构也必须能够满足新时代的需求。设计师必须树立终生学习的信念，广泛地汲取新知，丰富自身知识结构，提升审美品位和设计素养。设计师的教育包括学校教育、企业对设计师的再教育以及设计师的自我教育。学校提供的设计教育必须为未来的设计师们准备好必要的、适当的设计技能和方法，以便他们更好地适应未来的职业生涯。

1.5.1　约翰·拉斯金对设计教育的思考

英国 19 世纪作家、艺术家、艺术评论家、设计思想家约翰·拉斯金（John Ruskin，1819—1900 年，见图 1-20）认为：脑、手、心三方面的全面发展对塑造一个完美的设计师是不可缺少的，对年轻设计师的教育应该始终贯穿对脑、心、手的全面教育。

脑的教育：脑的作用是从事研究，对设计理论进行研究和对设计进行反思；

手的教育：手的作用是掌握工艺技能，接触材料，并亲自体验制作过程；

心的教育：心的作用是发挥设计师的个体创造精神，了解他将面临的社会文化发展趋势。

拉斯金还说："设计必须由最精巧的机械，即人类的双手来完成。至今我们没有设计出，以后也不可能设计出任何能像人类手指那样灵巧的机械。最好的设计源于心，又融合了所有情感，这种结合优于脑与情感的结合；而两者又分别优于手与情感的结合。如此造就出完整的人。"

图1-20 约翰·拉斯金（John Ruskin，1819—1900年）

约翰·拉斯金是在19世纪60年代写下以上这段话的，当时能够被设计师利用的技术还处于发展的初级阶段，对心理学、生理学、人类学以及文化理论等学科的研究还未充分展开，因此，他说这句话时受到种种主客观条件的制约，有一定局限性，但我们应该承认，他的观点在今天依然像在维多利亚时代一样是有价值和指导意义的。设计师出身的本田公司原常任理事，现著名学者岩仓弥信在其著书中写到"所谓设计师，就是要首先学会用'手'，其次用'脑'，再次用'心'，最后全部都用上"。这段话可以说是再次印证了拉斯金在19世纪中叶提出的教育观点。

1.5.2　包豪斯学校对现代设计教育的影响

1919年成立的包豪斯学校，是世界上第一所完全为发展设计教育而建立的学校，被誉为"现代设计的摇篮"，它的诞生也为现代设计教育的发展开创了一个新的里程碑，详见第2章。它的办学历史仅为14年，但却深刻影响了现代设计教育体系的建构与发展，尤其是它的教育思想和教学模式，已成为现代艺术设计院校的参照范例和构架基础。

包豪斯的办学宗旨是培养一批未来社会的建设者，他们既能认清20世纪工业时代的潮流和需要，又能充分运用他们的科学技术知识，创造一个具有高度精神文明与物质文明的新环境。包豪斯建立了一整套的设计艺术教学方法和教学体系，给后来的工业设计科学体系的建立、发展奠定了基础，并对后来设计领域中的平面设计、产品设计、建筑设计产生了深刻影响，形成了后来设计艺术教育的平面构成、立体构成、色彩构成的主体课程框架，这一框架在20世纪的设计艺术教学中被作为基本框架，一直沿用。包豪斯的教育模式是在基础课上，把平面与立体结合的研究、材料的研究、色彩的研究独立起来，并牢固建立在科学的基础上。在设计中采用现代材料，以批量生产为目的，创造性地开展具有现代主义特征的工业产品设计教育。包豪斯进行了平面设计的功能探索，并且采用了手工工作室制度。包豪斯的创造人、第一任校长瓦尔特·格罗皮乌斯（Walter Gropius，1883—1969年）有个问题：包豪斯最宝贵的教育经验是什么？他认为是培养学生的独立性、独创性和创新意识。他在1924年出版的《包豪斯的观念和结构》一书中阐述预科的教育思想时，要求学生自觉地摒弃对任何一种固定风格和流派的模仿。尽管包豪斯教师们的艺术风格很不一样，然而他们都认为：最重要的不是向学生传授自己的创作方法，而是让学生探索个人的道路；不是把某个风格强加于人，而是发展学生的独立思维能力。格罗皮乌斯一直毫不退让地否认所谓包豪斯风格存在，并且强调，包豪斯并不想发展出一种千人一面的形象特征，它所追求的是一种对创造力的态度，它的目的是要造就多样性。虽然 1933 年包豪斯被纳粹政府以莫须有的罪名强行关闭，但是格罗皮乌斯所创立的教育理论和教学方式却影响了全世界的设计教育，并且使所有的设计师意识到为大众设计和为工业化设计才是设计的真正目的。

1.5.3 现代工业设计师的技能和知识结构

1998 年 9 月澳大利亚工业设计顾问委员会就堪培拉大学工业设计系进行的一项调查指出，工业设计专业毕业生应具备以下 10 项技能：

① 应有优秀的草图和徒手作画的能力。②有很好的制作模型的技术。③必须掌握一种矢量绘图软件和一种像素绘图软件。④至少能够使用一种三维造型软件。⑤具有二维绘图软件应用能力。⑥能够独当一面，具有优秀的表达能力及与人交往的技巧（能站在客户的角度看待问题和理解概念），具备写作设计报告的能力（在设计细节进行探讨并记录设计方案的决策过程），有制造业方面的工作经验则更好。⑦在形态方面具有很好的鉴赏力，对正负空间的架构有敏锐的感受能力。⑧拿出的设计图样从流畅的草图到细致的刻画到三维渲染一应俱全。至少具有细节完备、公差尺寸精细的图稿和制作精良的模型照片。⑨对产品从设计制造到走向市场的全过程应有足够的了解，如果能在工业制造技术方面懂得更多则更好。⑩在设计流程的时间安排上要十分精确，三维渲染、制模、精细图样的绘制等应规定明确的时段。这 10 项技能传统而务实，是成为一名合格的工业设计师的基础条件，侧重解决的问题是产品设计中的造型问题。

工业设计师的角色和工作内容随着时代的发展而变，光有高超的技巧水平和强烈的设计风格不足以让初出茅庐的设计师在这个已经饱和的专业领域脱颖而出。今天的设计师应通过自身的设计引导和创新人类的生活方式，通过创新设计为企业带来利润的增长，为企业的健康发展提供原动力，为此，有必要对工业设计工作重新进行描述。工业设计师不仅是产品的设计者，还是设计的策划者、组织者。现代设计师应该具备从更高层次上认识设计本质、运作设计过程的素质。设计与市场、管理、创新、商业的关系越来越紧密，设计师不仅要掌握设计的技能，还应该对产品从设计制造到走向市场的全过程有足够的了解，如果能在工业制造技术方面懂得更多则更好，因此，国外对工业设计师的知识结构的描述如图 1-21 所示。

艺术家也是能够创造出美的作品的人，但是，艺术创作的目的是为了表达自我，而设计创作的目的

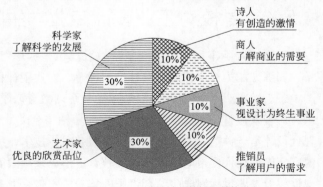

图1-21 工业设计师的知识结构

在于服务大众，这是二者本质的不同。设计与艺术经常相互影响、彼此交叉，就像一些艺术性的创作常常被用到产品上一样。例如，路易·威登（LV）曾将艺术家村上隆（图1-22）、Julie Verhoeven 以及草间弥生的作品印到箱包上获得了几亿美元的进账。

图1-22　日本艺术家村上隆为路易·威登设计的樱桃包

当下，社会对两类设计人才的需求比较集中，一类是侧重设计实践，通过解决各种各样的问题导出产品或服务来创造商业价值的人。他们从事的是艺术与商业结合的工作，已经从造型专家转向与企业各部门有机联系的协调师，从专业人员向企业管理者或具备二者素质的人才方向发展。另一类是侧重设计理论和研究，能够通过设计形成新概念、为社会创造更多可能性的人。这两类人才的知识体系有很多共同之处，但这两类人才给社会带来的价值却无法相互取代。随着企业的发展，认知也在进化，未来需要的也不仅仅是纯商业设计师，同样也会需要更多能带来新的可能性的设计人才。当下来看，第二类人才，也就是那些能够开展研究、引领理论、创造概念、为社会开启更多可能性的设计人才的竞争力日益彰显。彼得·康顿在其2013年所著《设计研究》一书中写道："设计是一种探索方式，一种产生认知的方式，这意味着，设计是一种研究方式。"设计需要分析问题、质疑旧方案，需要从"解决问题"发展到"寻找和发现问题"再到"预测问题"。因此，新型设计师必须掌握研究技能，使得自身在设计领域内外都具备竞争力。要具备以批判性思维和非传统方式进行思考的能力，这些正超越技巧性的技能。尤其是对于那些想要体现自己的设计所创造的意义、有能力为商业和社会做出贡献的人来说，研究能力变得尤其重要。

在网络化、信息化、数字化、智能化时代，设计师应该发挥其强烈的责任感和归属感，成为发现问题和制造课题的人，以跨学科合作的方式寻找合作与共存的平衡点，尊重历史和传统，应用技术优势，以更为人性化、情感化的设计思维直面今天的技术进步。否则，他们将故步自封于狭窄的一隅，执行着简单重复的工作，不仅发展受限，而且终将会被人工智能取代。对未来的设计师而言，更重要的是具备创造力、能引导未来变化的洞察力以及沟通交流能力，此外，还要具备创业精神。

1.5.4　高校对工业设计专业学生的培养教育

为适应国际市场的激烈竞争，教育界也积极思考和变革，以新的教学理念、课程体系、训练方法为社会输送具有社会责任感、创业精神和创新能力的新型工业设计人才，见图1-23。为此，各国高等院校都通过一系列教育教学改革，更新教育思想，提高教育质量。对现代设计师来说，知识结构的完备性与合理性也许比精通某一具体专业更为重要，现代设计是一种理念、一种方法，有关艺术、技术、经济、管理、人文、社会学等领域的内容都应该划入此范畴，因此设计教育也不应该局限于具体的艺术表现技法及结构设计等课程，而是要重视对学生综合素质的培养，积极采取多种措施培养复合型、跨学科的创新设计人才。例如，斯坦福大学设计研究所、伊利诺工学院的设计研究所等少数设计学院已将商业营销和企业管理类课程列入学习环节；卡耐基·梅隆大学组织设计学院与工程学院、经济管理学院的学生共同完成设计项目；2020年，从"以人为本"的理念出发，代尔夫特大学的工业设计系更名为人本设计系（Human-Centred Design）。

我国的工业设计教育起步较晚，随着时代的发展，对专业认识水平也不断深刻，专业名称从工业美术设计发展到工业造型设计、工业设计（文科类别为"产品设计"）。1960年，无锡轻工业学院（现江南大学）创建了"轻工日用品造型美术设计专业"，这是我国首个工业设计类专业的前身，1983年扩建为工业设计系；1984年中央美术学院的工业设计系成立。在此后的几十年里，我国的工业设计教育在数量和质量上不断发展，取得了一定的成效。目前，中国约有十几万名在校专、本、硕学生就读工业设计、产品设计专业，每年的专、本、硕毕

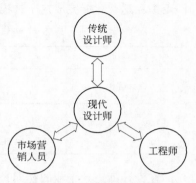

图1-23　现代设计师的地位

业生近5万人。这些人才活跃在国民经济的各个领域，不同产业、行业都涌现了一大批设计水平较高的产品，创造了显著的经济效益。但另一方面，由于现代工业设计教育在我国的历史较短，在教育思想和方法、师资队伍，课程体系和教学内容、产学研结合等方面还需要继续提升以满足时代的需求。经济的迅速发展和企业竞争力的增加要求设计教育更多引入研究的内容，理论的价值开始受到重视。设计管理、产品计划、市场调查和生活形态研究作为新的课程正在开始被设计院校接受和认可，复合型的创造性人才成为面向未来培养的主力。

人工智能时代对设计教育提出了新的要求，高校设计教育应从知识传授、能力培养、价值塑造三方面构建全面立体的知识体系。知识传授要培养学生掌握设计的方法、原则和工具，能够从跨学科的角度整合设计、工程、技术、文化、环境、商业等要素，提出创新性的产品和服务解决方案；能力培养要引导学生基于自身专业特长，构建设计创新思维、产品设计能力、造型艺术素养和设计管理意识，能运用设计技能输出创新概念和界定创新机会，为特定项目提出创造性的规划方案，并能对产品、服务和用户体验进行功能原型研究、生产工艺制作、产品原理测试等工作从而实现设计的预想；价值塑造要注意培养学生的设计思维和战略思考能力，使之能够制定和实施应对全球化挑战的高级别战略，从事复杂的设计创新项目管理工作，为学生在特定设计专业领域的发展提供更广阔的人文视野、综合性的创意能力、设计管理的领导力，借助设计手段构建人类命运共同体。

总之，在经济全球化的背景下，中国的工业化将对世界产生重大的影响，中国的设计教育体系要立足本国，培养出满足中国经济发展、适应中国企业和社会需要的设计人才，中国的设计教育体系也要走出自己独特的道路，发展出自己的特色研究方法和研究体系。

1.5.5　企业对设计师的再教育

对于一个刚刚跨出校门的本科毕业生来说，尽管通过学校教育掌握了部分设计知识和

技能，但是目前学校的设计教育与企业对设计师的实际要求之间还存在着相当大的差距，表1-1列出了院校与企业对设计过程要求和设计结果的不同要求。学生设计的是作品，设计师设计的是商品，从设计作品到设计商品，从学生到成熟的设计师都要经过痛苦的蜕变，当下单纯依靠学校教育难以完成这个过程，学生只能在毕业进入社会后经过不断的实践反馈和迭代才能完成这个过程。

表1-1　院校与企业间设计要求比较表

项目	设计过程的重点	设计结果
设计院校	概念设计 形态设计	效果图 概念模型
公司企业	产品形态设计 决定形态实现的材料 决定形态实现的方法	上市新产品

在设计师进入企业的初期，企业对他们的要求是能完成基本设计任务，因此，这一阶段设计师个人的设计能力中较为重要的是执行能力；随着设计师的成长，执行能力在其整体能力的构成中所占的比重呈明显下降趋势，而团队精神、创新能力和管理能力成为了更主要的考核因素——这也反映设计师们通常所经历的成长过程，见图1-24。

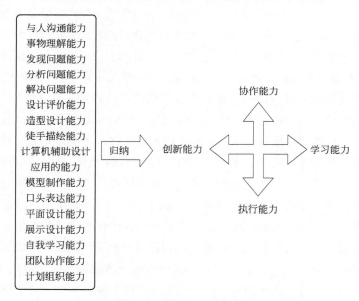

图1-24　设计师的职业能力

从一名毕业生成长为合格的设计师还需要培养对市场和商业的感觉，而这需要较长时间的历练，要成为能够直接与客户及公司高层沟通的独立设计师，在一个拥有再教育机会的专业环境中学习3～5年时间是合情合理的，汽车行业则需10～15年以上长期训练。

社会、经济、技术的迅速发展对设计师的知识构架不断提出新要求，企业为了保持和提升自身的设计创新能力、提升竞争力，也要为自己的设计师营造良好的成长环境和条件，对他们开展继续教育，提高设计团队的素养和技能，这也是企业的责任之一。企业的设计教育与院校的设计教育有着较大的不同，更切合企业和社会的实际需求。根据企业条件的不同，可以综合采用师傅传帮带徒弟、把设计师送出去培训、请专家来讲课、自办设计学院等多种方式，有计划、有目的地为年轻设计师提供开阔视野的机会。企业通过有计划的业务培训，可以增强年轻设计师对企业的认同感，使他们形成与企业一致的价值观，培养他们终生学习的习惯和能力。

英国设计管理专家 Peter Gorb 曾说过："设计师需要学习的最重要的事情，就是商业世界的语言。只有学会那种语言，你才能有效地为设计辩护"。随着市场竞争的加剧，设计受到的重视与日俱增，随着参与项目的增多，很多设计师逐渐成为设计项目负责人、设计经理、设计总监甚至公司副总裁、总裁，在耐克、苹果、IBM、惠普、现代、联想、小米等大公司都有设计师出身的高管。如今，企业对设计的重视程度越来越高，对掌握管理、营销知识，具有领导才能的设计师的需求量急剧增长，但单纯依靠学校教育，很难培养出这样的设计人才。企业要及时为他们提供管理和商业方面的培训。所以，企业可以采用内部或外部培训的方法，尽量使设计师们掌握一定的商业知识和技能，使他们进一步理解公司的整体战略和运营，进而发挥更大的作用。对于普通设计师，除了为他们提供技能培训外，还要对他们进行设计战略、设计管理方面的培训，让他们更深入地理解企业经营，更全面地理解设计问题，见案例 1-3、案例 1-4。

案例1-3 韩国三星电子对设计师的再教育

1994 年，韩国三星电子为了吸引更多年轻的设计人才，将设计中心从一个不起眼的小镇搬到了汉城。同年，选派 17 名核心干部走进美国加利福尼亚州的巴沙狄那艺术中心设计学院（Art Center College of Design）参观学习，筹建三星设计学院并聘用了著名的设计咨询师高登·布鲁斯 (Cordon Bruce) 和詹姆士·美和 (James Miho) 讲学。1995 年，三星建立了三星创新设计实验室（IDS，Innovative Design of Samsung，见图 1-25），来自美国一流设计机构的设计师先后到实验室供职。三星还成立了设计学院，所聘请的师资 90% 是具有设计工作经验的设计师，每年与海外学校共同合作进行市场调查工作与训练，与美国的八个学校合作，提供学生为期一年的到美国研习的机会等。三星的设计人员也被派往埃及、印度、巴黎、法兰克福、纽约和华盛顿去参观各地的博物馆，造访标志性的现代建筑，同时探寻古迹的奥秘。从 2003 年起，三星公司开始将设计人员派往国外，让他们在时装商店、化妆品专业公司或设计咨询机构待上数月，以便了解其他行业的发展潮流。多年不懈的努力，使得三星公司成为国际市场上利用设计提高品牌价值和扩大市场份额的典范。

图1-25 三星创新实验室IDS

海尔集团是我国最大的白电集团，在全球家电市场享有盛誉。为了不断提升自身的创新能力，海尔尤其注重培养自主创新设计团队及国际竞争力的本土设计师。海尔创新设计中心（海高公司）成立于1994年，是国内企业成立的第一家设计中心，也是目前设计实力最强的设计公司之一。为了开发全球有竞争力的产品，海尔在全球已建设了五大综合研究中心和十个设计中心，广泛分布于欧洲、美国、日本、韩国等世界各区域，建立了覆盖全球的当地化设计网络。海尔打造了一个以开发有竞争力产品为目标的设计团队，成员并不仅仅包括设计人员，还包含信息人员、企划人员、市场人员、生产人员、开发人员、工艺人员、采购人员等产品各环节的人员。派驻国内自己的设计人员和聘请当地设计人员，以具有当地市场竞争力产品为目标进行当地化设计，在此过程中培养起具有国际化思维和国际竞争力的本土设计师。海尔设计学院隶属于海尔全球创新设计中心，创建于2016年，是针对设计专业大三和研二准毕业生开设的培训实习平台，目的是尽可能早地吸引优秀的学生。学生通过笔试和面试通过后会进入设计学院并进行2~3个月的培训，培训结束经过再次选拔合格后才能入职。设计学院的师资以设计中心的专家和总监为主，同时也会邀请国际领先的设计机构和大学教授作为客座老师。培训课程分为两大模块：第一个模块以授课为主，例如企业的设计流程和方法，设计经验和思想的传授以及设计趋势；第二个模块主要以完成特定的课题为主。经过几年的努力，海尔设计学院不仅大大缩短了校招设计师进入企业后的适应期，源源不断地为海尔设计团队注入了高质量的新鲜血液，使海尔的设计始终保持在世界先进水平，同时也在年轻的设计学子心目中树立了良好的形象，海尔设计中心（海高）成为年轻的未来设计师们心目中向往的地方。

1.5.6　设计师的自我学习和教育

设计是一种职业，而选择设计作为终生的职业则需要持续不断地学习。如果将设计狭隘地理解为画出炫目的效果图，熟练掌握电脑软件，掌握与产品相关的知识，那只要肯花费一定的时间，一般人都能够掌握。但是，仅仅关注外观、色彩的时代已经过去，娴熟掌握以上技术并不等同于会设计。有知识没文化、重技能轻素养，这种糟糕的现象已经引起全社会的反思。对设计师而言，素养与技能二者之间的均衡发展更是同等重要。

时代的变革始终影响着设计师的职能。信息时代，数字技术深刻地改变着社会，与工业化时代相比，对设计师的知识结构的要求又发生了巨大的变化，他们的职能更侧重于作为设计创意工作的组织者和联络者，跨领域的协作能力的重要性日益凸显，见表1-2。美国著名未来学家、趋势专家丹尼尔·平克（Daniel H.Pink）在其所著《全新思维——决胜未来的6大能力》一书中指出，人类社会已经步入"右脑时代"，知识不再是人们依赖的唯一力量。未来属于那些拥有与众不同思维的人，设计感、娱乐感、意义感、故事力、交响力、共情力是右脑时代六种全新思维能力，高概念力、高感性和高共情能力成为未来所需要的几种重要能力，这些能力对于面向未来的设计师而言尤为重要。

表1-2　时代与设计师角色的变迁

时代	手工艺	工业化	信息化
设计师	手工艺人	设计师 / 团队	设计协作体
设计师的职能	自我意志的文化表达者	面向生活与生产的产品造型与体验创造者	面向问题的跨领域协作的组织者

现代设计是一种理念、方法，广泛涉及技术、艺术、经济、管理、人文、社会学等不同领域的知识。知识面狭窄、审美品位局限、综合素质较差的设计师在工作一段时间后很容易陷入思想枯竭、力不从心的窘境。同时，时代飞速发展，生长在变革时代的一线设计师更要不断自觉进行知识更新，从而应对时代的挑战而避免落伍，因此，养成终生学习的习惯非常重要，要坚持不懈地从技能、素养、情感、道德、文化等多个方面提升自己，使自己具备艺术家的创造激情、工程师的严谨思想、旅行家的丰富阅历、科幻作家的想象力、管理者的经营理念和财务专家的成本意识。

另外，随着"设计"这一概念内涵的不断扩展，各个专业的设计之间尽管存在差异，但界限日趋模糊，而是相互渗透，相辅相成（例如，很多成功的产品出自建筑设计大师设计或平面设计大师之手，一个给人们带来美好体验的家居场景往往是建筑设计、室内设计、产品设计等的综合），因此，设计师要将自己培养成"多面手"和"杂家"，成为一名能够跨界融合的创新者。除了在实践中不断提高自己的专业水平外，还必须提高和加强个人的综合素质和艺术修养，做足设计以外的功夫。

随着人们生活水平和受教育程度的不断提高，产品和服务也不能仅要具备科技之美，还要具备文化之美。来自于文化的体验在整个产品和服务里越来越占据重要的地位。把文化和科技二者恰当地融合起来，将文化的传承与创新融入到产品和服务中，才能让用户获得更高层次的愉悦和满足。设计师要熟悉和了解本民族文化和世界文化，善于融汇多种文化元素，提取不同文化的精髓，广泛汲取各种知识，厚积而薄发。为此，设计师要多读书、多行走，热爱文化，体验社会民风民俗，参观博物馆、展会，多与各行各业的人士交谈，不断丰富自己的阅历，拓展自己的视野。无论哪个行业的设计师，深厚的文化修养是必备的。设计师品位的高低直接影响着他的产品，所以，一个出色的设计师应该广泛地涉猎各种知识，有意识地进行知识积累，培养自己对于美的感受能力，在设计时才能触类旁通。只有能够发现美、欣赏美、享受美、感悟美的人，才能够创造美。工业设计师要热爱生活，对艺术、工艺美术、建筑设计、时装设计、文学等领域进行广泛涉猎。做一个真正热爱生活的"杂家"。平时也要多注意"练眼"，从生活中积极寻找、发现和感悟生活中美好的事物，培养自己对美与情感的感悟和鉴赏能力，有意识地提升自己的品位。

设计需要有灵感，灵感的产生最主要是靠洞察力和创造力。创新是设计的灵魂，真正优秀的设计来自于对人类的关爱之心和智慧的大脑，设计的根本目的是提升和改善人们的生活、工作环境，为人类创造更加美好的生活。设计师的设计水平和创新能力很大程度上

来 源于他对生活的体悟。要做设计师，先做"生活家"，要热爱生活、观察生活，在生活当中去理解事物，进行有目的的思考和创造。保持"空杯"心态，对万事万物永远充满好奇，在磨砺技能的同时，提升自己学习、发现、整合、创新能力，对新知识、新科技、新动态、新时尚始终保持敏锐的洞察力；用户是设计灵感的重要来源之一，为创造出新的产品，既要观察人们既存的生活方式，又要善于分析和预测人们未来的生活方式。

设计师应该对产品从设计制造到走向市场的全过程有足够的了解，如果能在工业制造技术方面懂得更多则更好。设计师并不是把设计图交给生产部门就无事可干了，他的职责还应该延伸到生产和销售部门。要多了解生产部门的运作情况，多和销售部门沟通，接触市场信息。此外，还要懂得如何展示自己设计的产品，懂得运用灯光、场地、颜色、配件等营造气氛，以达到最佳效果。经营与设计结合正成为企业竞争力的核心要素，设计经营是把设计作为经营战略性手段来灵活运用，实现创新，以前完全不懂经营的设计师在设计开发上和创意上越来越难，因此，现代设计师也要注重提升自己的经营管理能力和商业运作能力，培养沟通能力、协商能力、弹性和适应性，建立设计领导力。同时应该看到，越来越多的设计师开始创业，开办设计公司或是将自己的设计转化为商品，这就需要设计师掌握更多的理论知识和在实践中获得更多的经验。

过去人们常说，优秀的工业设计人才应该是"T"型人才，也就是说，要有专业深度，能在设计领域开展深度思考，但同时涉猎广泛，有综合性学科基础和思维广度，能进行跨界探索，从系统的角度寻求设计解决方案的人才。现在面对层出不穷的更为复杂化、系统化的问题，又有人提出，优秀的工业设计人才应该具有"梳"型的知识结构。这个说法强调的是对多学科进行更加纵深的研究和跨界思考，具有敏锐的跨学科视野，随时发现设计的可能性，以设计思维为主导发现综合性解决方案的能力。

好的设计师，还要有良好的沟通能力、协作能力，对事物满怀好奇，对工作充满热情，勇于探索实验，同时擅长通过模拟、表演和讲故事的方法表达自己的思想，也就是具有良好的表达能力。

□ 小结

在经济环境不甚景气的情况下，工业设计常常被描绘为"神奇的魔法"或是"点石成金术"，被赋予激活滞销的商品、拯救垂死企业、为消费者带来难忘的体验、让设计师名利双收的神奇魔力；但是，设计的神话一旦越过必要的界限，就将成为可怕的巫术。在日益严重的资源危机、环境恶化、贫富对峙、消费骗局以及无序的现实面前，通过千奇百怪的"设计"无节制地为物质产品的生产与消耗升温的时代应当结束，设计的目的在于以科学合理的方式为人们创造美好的生活。设计以人为本，提升设计道德先从设计师做起。设计师要具备高尚的道德、美好的心灵、开放的思想和对人与生灵关爱的情怀，以"敬天爱人"之心发现和满足人们显性和隐性的各种需求，建立同理心，并且通过反省自身的职责，提升职业素养，维护产品与消费的有序发展，以科学的态度担当未来生活方式的引导者。

**复习
思考题**

1.工业设计的定义是什么？如何理解工业设计的本质？

2.工业设计有什么特点？

3.工业设计在今天的作用和地位如何？

4.工业设计师个人应从哪些方面丰富和完善自我？

An Introduction
to
Industrial
Design

第2章
工业设计简史

本章重点:

◀ 工业革命以来设计发展演变的脉络,包括各种学派、设计风格、著名设计师及其作品。

◀ 结合时代背景分析设计重大历史事件产生的原因及其对后世的影响。

◀ 学习和掌握我国工业设计发展概况。

学习目的:

通过本章的学习,学会从社会、文化、技术的角度看待、分析工业设计史中的人物、组织、事件和作品。指导学生理解工业设计发展的动力来源,正确把握工业设计未来发展方向。

"历史是一个过滤器",对工业设计的历史和过程进行研究,就是梳理与工业设计相关的事件、组织、人物和制品,从中筛选出对历史各阶段起"转折点"作用的关键要素。人类总是在对历史的继承中走向未来,熟悉和掌握工业设计发展的历史,有助于处理当今的设计问题及把握未来设计的发展方向。

2.1 工业设计的萌芽

工业设计是以工业化大批量生产为条件发展起来的，尽管工业社会之前的设计被归属于设计的萌芽阶段，但很多工业设计的准则早在工业社会来临之前就已经建立。

2.1.1 工业革命前的手工艺设计

距今七八千年前，人类出现了第一次社会分工，从采集、渔猎过渡到以农业为基础的经济生活，并开始进行物品交换。在这一时期，人类发明了制陶、炼铜的方法，这是人类最早利用人工的方法，通过化学变化将一种物质改变成另一种物质的创造性活动。随着新材料的出现，各种生活用品和工具也不断被创造出来满足人类生产生活的需要，这些都为人类设计开辟了广阔的新领域，使人类的设计活动日益丰富并走向手工艺设计的新阶段。

手工艺设计阶段从原始社会后期开始，经过奴隶社会、封建社会一直延续到工业革命前。在数千年漫长的发展历程中，人类创造了辉煌的手工艺设计文明，各地区、各民族都形成了具有鲜明特色的设计传统。在设计的各个领域（如建筑、金属制品、陶瓷、家具、装饰、交通工具等）都留下了无数的杰作，积淀了丰富的设计文化，形成了今天工业设计发展的重要源泉（见图2-1～图2-5）。

图2-1 汉代长信宫灯 　　　　　　　图2-2 吐坦哈蒙的法老王座

图2-3 古希腊陶瓶 　　图2-4 庞贝出土的铜制器皿 　　图2-5 庞贝出土的铜制头盔

手工艺设计阶段有两个重要的特点：一是受生活方式和生产力水平的限制，设计的产品大多是功能较简单的生活用品，如陶瓷制品、家具以及各种工具，生产方式主要依靠手工劳动，一般是以个人或封闭式小作坊为生产单位，生产者通常就是设计者，自由发挥的余地较大，生产的产品具有丰富的个性和特征；二是由于设计、生产、销售一体化，设计者与消费者直接接触、彼此了解，这就在设计者与使用者之间建立了一种信任感，使设计者对产品和使用者具有责任心，努力满足不同消费者的需要，因而产生了众多优秀的设计作品。

2.1.2 工业革命

工业革命（The Industrial Revolution），又称产业革命，指资本主义工业化的早期历程，即资本主义生产完成了从工场手工业向机器大工业过渡的阶段，是以机器生产逐步取代手工劳动，以大规模工厂化生产取代个体工场手工生产的一场生产与科技革命，后来又扩充到其他行业。

工业革命开始于 1750 年，1765 年珍妮纺纱机的出现标志着工业革命在英国乃至世界

图2-6　珍妮纺纱机

的爆发，见图 2-6。18 世纪中叶，英国人詹姆斯·瓦特（James Watt，1736—1819 年）改良蒸汽机之后，一系列技术革命引起了从手工劳动向动力机器生产转变的重大飞跃，这种由手工生产向动力机器生产的转变随后扩展到英格兰和整个欧洲大陆，19 世纪推进到北美地区及世界各国。工业革命确立了产品机械化、大批量的生产方式，促使产品的设计与制作过程相互分离，设计成为一个独立的部分，因此，以工业化批量生产为前提条件发展起来的工业设计是工业时代的产物。

2.1.3 商业与设计

现代工业设计最大的推动力是工业革命所带来的批量生产与大众消费。18 世纪开始于英国的商业化是工业设计发展的起点，新的工业方法是在诸如染织、陶瓷等消费产业中产生的。随着机械化和劳动分工的出现，商品日益丰富，从而刺激了消费，如何增强市场竞争力成了生产者面临的巨大挑战。设计作为商业竞争的有效手段，成为商品生产过程中一个重要的部分，这反过来又促进了设计的发展。正是在商业化条件下，市场迅速扩展，设计的重要性日益凸显。

2.2 现代工业设计的探索与酝酿

18世纪中叶至20世纪20年代（1750—1914年）是现代工业设计的酝酿和探索阶段，现代工业设计的基础在这期间逐步建立，并完成了由传统的手工艺向工业设计的过渡。由于现代工业设计是在西方国家产生和发展起来的，因此，主要以欧美国家为线索分析工业设计的演变与形成过程。

2.2.1 工艺美术运动

工艺美术运动是英国19世纪末最主要的艺术运动。"水晶宫"国际工业博览会的展品引起了当时艺术评论者的不满，为工艺美术运动的发生埋下了伏笔。

2.2.1.1 水晶宫博览会

1851年英国在伦敦海德公园举行了世界上第一次国际工业博览会(The Great Exhibition of 1851)。英国举办博览会的目的既是为炫耀英国工业革命后的伟大成就，也是试图改善公众的审美情趣，从而制止对旧有风格无节制的模仿。帕金、柯尔等人的思想和活动对于促成举办这次国际博览会起了重要的推动作用。由于博览会是在由园艺家帕克斯顿（Joseph Paxton，1803—1865年）设计的"水晶宫"展览馆中举行的，故又称之为"水晶宫"国际工业博览会，见图2-7、图2-8。这次博览会在工业设计史上具有重要意义，它既较为全面地展示了欧洲和美国工业发展的成就，又暴露了当时的产品在设计方面所存在的问题，尽管与举办这次博览会的初衷相反，却对设计变革起到了刺激作用。

图2-7　水晶宫外景　　　　　　　　　　　图2-8　水晶宫内景

展览会场馆"水晶宫"是20世纪现代建筑的先声，是指向未来的一个标志，是世界上第一座用金属和玻璃建造起来的大型建筑，并采用了重复化生产的标准预制单元构件，与19世纪其他的工程杰作一样，在现代设计的发展进程中占有重要地位，但"水晶宫"中所展示的内容却与这座建筑本身形成了鲜明的对比。各国选送的展品大多数是机械制造产品，其中不少是为参展而特制的。展品中有各种各样的历史式样，普遍反映出一种为装饰而装饰的热情，漠视任何基本的设计原则，其滥用装饰的程度甚至超过了为市场生产的商品，见图 2-9。

在这次展览中也有一些设计简朴的产品，如美国送展的农机和军械等，这些产品风格朴实，真实地反映了机器生产的特点和既定的功能。不过，从总体上来说，这次展览在美学上是失败的。出于对设计与艺术严重脱节的深恶痛绝，一些有责任感的艺术家、设计师、批评家开始了理论与实践的探索，英国"工艺美术运动"由此而产生。

图2-9 "水晶宫"博览会展出的工作台

2.2.1.2 工艺美术运动

工艺美术运动（The Arts & Crafts Movement）是起源于 19 世纪下半叶英国的一场设计改良运动，其产生受艺术评论家约翰·拉斯金（John Ruskin，1819—1900 年）等人的影响，参考了中世纪的行会制度。工艺美术运动的时间大约从 1859 年至 1910 年，得名于 1888 年成立的艺术与手工艺展览协会。

拉斯金反感"水晶宫"博览会中毫无节制的过度设计，但他将粗制滥造的原因归罪于机械化批量生产，因而极力指责工业及其产品。他的思想主要基于对手工艺文化的怀旧和对机器的否定，而不是努力去认识机械化生产的发展趋势并改善所处的局面。他力图通过完全否定技术和机器生产，恢复艺术和手工艺的联系来解决技术与艺术之间的矛盾。拉斯金并不反对技术本身，而是反对伴随技术所产生的资源严重消耗和自然环境的破坏。拉斯金为建筑和产品设计提出了若干准则，这成为后来工艺美术运动的重要理论基础。这些准则主要是：①师承自然，从大自然中汲取营养，而不是盲目地抄袭旧有的样式。②使用传统的自然材料，反对使用钢铁、玻璃等工业材料。拉斯金厌恶新材料，曾以辞职来抗议在牛津博物馆建筑中使用铁，他反对"水晶宫"也是出于同一理由。③忠实于材料本身的特点，反映材料的真实质感。拉斯金抗拒用廉价、易加工的材料来模仿高级材料，将其斥之为犯罪而不是简单的失误、缺乏良好意识或用材不当。

图2-10 威廉·莫里斯（William Morris，1834—1896年）

威廉·莫里斯（William Morris，1834—1896 年，图 2-10）是拉斯金思想最直接的传人，他身体力行地用自己的作品来宣传设计改革并带动工艺美术运动在英国轰轰烈烈地开展起来。莫里斯将他的设计思想在自己的婚房——"红屋"的设计过程中进行了首次尝试，他亲自设计了"红屋"内的所有用品，这些用品具有统一的哥特式风格。在工艺美术运动过程中还出现了一些重要的设计行会，如"世纪行会""手工艺行会"等，这些行会为推进承载工艺美术运动精神的产品进入人们的生活提供了条件。

工艺美术运动是进入现代工业社会后第一次有广泛影响的设计运动，对设计改革具有重要贡献。工艺美术运动提出了"美与技术结合"的原则，主张美术家从事设计，反对"纯艺术"，强调设计要"师承自然"，忠实于材料，适应使用目的，从而创造出了一批朴素而适用的作品。但工艺美术运动对工业化的反对、对机械的否定、对大批量生产的否定，都是其先天不足的地方，导致它没有成为领导潮流的主流风格。它将手工艺推向了工业化的对立面，这无疑是违背历史发展潮流的，英国设计也由此走了弯路（英国是最早工业化和最早意识到设计重要性的国家，但却未能最先建立起现代工业设计体系，原因正在于此）。

2.2.2　新艺术运动

新艺术运动（Art Nouveau）是 19 世纪末 20 世纪初在欧洲和美国产生并发展的一次影响面大、涉及内容广泛的设计运动，是设计史上具有相当大的影响力的形式主义运动，在 1890—1910 年间达到了高潮，后逐步被现代主义运动和装饰艺术运动取代。新艺术运动完全放弃了任何一种传统装饰风格，抛弃了旧有风格的元素，努力创造出具有青春活力和现代感的新风格。新艺术运动拒绝对自然进行奴隶般的模仿，而是提倡综合、提炼，用更自由和更富想象力的方式来表现自然。新艺术运动中最典型的纹样都是从自然草木中提取、抽象而来，形态流动多姿，线条蜿蜒交织，充满了勃勃生机和热烈而旺盛的活力，见图 2-11、图 2-12。

图2-11　新艺术风格的花瓶设计　　　　图 2-12　新艺术风格的金饰设计

新艺术运动历时 10 余年，以法国、比利时为中心，影响到西班牙、德国、美国等很多欧美国家，几乎席卷建筑、家具、产品、平面设计、雕塑、绘画等各个领域。它对自然花纹与曲线的抽象处理是现代设计简化和净化过程中的重要步骤之一。新艺术运动在不同的国家形成了不同的特点、风格和学派，出现了如法国的赫克多·吉玛德（Hector Guimard，1867—1942年）、比利时的维克多·霍尔塔 (Victor Horta，1867—1949年)、西班牙的安东尼奥·高迪 (Antonio Gaudi，1852—1926年)等一批著名的设计大师，他们的作品带给人们不同感受的艺术盛宴，在设计史中占据着重要的位置，见图2-13～图2-18。

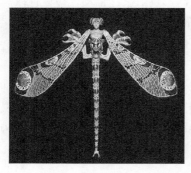

图2-13　新艺术运动中的珠宝吊坠设计（美国）

图2-14　法国巴黎地铁入口　设计师：赫克多·吉玛德

图2-15　咖啡椅　设计师：赫克多·吉玛德

图2-16　布鲁塞尔都灵路12号住宅　设计师：维克多·霍尔塔

图2-17　米拉公寓外景（局部）　设计师：安东尼奥·高迪

图2-18　德国1912年生产的挂钟

2.3 现代工业设计的形成与发展

两次世界大战之间（1915—1939年）是现代工业设计在经历了漫长的酝酿阶段之后走向成熟的年代。在这期间，设计流派纷纭，杰出人物辈出，从而推动了现代工业设计的形成与发展，并为第二次世界大战后工业设计的繁荣奠定了基础。

2.3.1 德意志制造联盟

无论是英国的工艺美术运动，还是欧洲大陆的新艺术运动，都没摆脱拉斯金等人否定机器生产的思想，更谈不上将设计与工业有机地结合。工业设计真正实现理论与实践的突破，源于1907年成立的德意志制造联盟（Deutscher Werkbund）。

德意志制造联盟是由艺术家、建筑师、设计师、企业家和政治家组成，可以视为是艺术和工业、艺术家和工业家的联盟。联盟的基本目的是追求产品质量以及体现这种质量的最优形式。联盟对于工业持肯定和支持态度，其成立宣言表明了该组织的目标："通过艺术、工业与手工艺的合作，用教育、宣传及对有关问题采取联合行动的方式来提高工业劳动的地位。"德意志制造联盟于1934年解散，后又于1947年重新建立。它注重宣传工作，希望将标准化与批量生产引入工业设计中，对德国和欧洲工业设计发展起了很重要的作用。

彼得·贝伦斯（Peter Behrens，1868—1940年，图2-19）是联盟中最著名的设计师，他是建筑家、艺术设计师和现代艺术设计的奠基人。1907年，他受聘担任德国通用电器公司AEG的艺术顾问，开始了工业设计师的职业生涯，全面负责公司的建筑设计、视觉传达设计及产品设计，为这家大公司建立起统一的、鲜明的企业形象，并开创了现代公司识别的先河。贝伦斯还是一位杰出的设计教育家，他的学生瓦尔特·格罗皮乌斯（Walter Gropius，1883—1969年）、米斯·凡·德洛（Mies van der Rohe，1886—1969年）和柯布西埃（Le Corbusier，1887—1965年）均为20世纪伟大的建筑师和设计师。作为现代工业设计的先驱，贝伦斯的作品朴素实用，成功体现了功能、加工工艺和所用材料的完美结合，见图2-20、图2-21。

图2-19 彼得·贝伦斯（Peter Behrens，1868—1940年）

图2-20　电风扇　设计师：彼得·贝伦斯　　　　图2-21　电水壶　设计师：彼得·贝伦斯

2.3.2　包豪斯

1919 年 4 月，著名的建筑师、设计师瓦尔特·格罗皮乌斯（Walter Gropius，1883—1969 年，图 2-22）在德国魏玛将当时的魏玛艺术学校和工艺学校合并创建了 Staatliches Bauhaus（国立建筑学校），简称 Bauhause。"包豪斯"是德语 Bauhaus 的译音，由德语 Hausbau（房屋建筑）一词倒置而成，借指新的设计体系，其目的是培养新型设计人才。包豪斯是世界上第一所真正为发展现代设计教育而建立的学校，它培养了新一代的现代建筑和设计人才，也培育出一个时代的现代建筑和工艺设计风格，被人们称为"现代设计的摇篮"。

由于当时的德国政局动荡，包豪斯经历了三次校址变化：魏玛（1919—1925 年）、德绍（1925—1932 年）、柏林（1932—1933 年）。瓦尔特·格罗皮乌斯、汉内斯·迈耶（Hannes Meyer，1889—1954 年）和米斯·凡·德洛（Mies van der Rohe，1886—1969 年）先后担任包豪斯校长。

尽管包豪斯的历史仅有短短的 14 年，但却一直是世界公认的 20 世纪最具影响力和最具有争议的艺术院校。它最重要的影响之一是创建了现代设计的教育理念，取得了在艺术教育理论和实践方面无可辩驳的卓越成就，它的很多设计教育的观念至今还在设计教学中广为应用。在设计理论上，包豪斯提出了三个基本观点：艺术与技术的新统一、设计的目的是人而不是产品、设计必须遵循自然与客观的法则。这些观点对于工业设计的发展起到了积极作用，使现代设计逐步由理想主义走向现实主义，即使用理性、科学的思想来代替艺术上的自我表现和浪漫主义。

图2-22　瓦尔特·格罗皮乌斯
（Walter Gropius，1883—1969年）

包豪斯在德绍的校舍是现代建筑的杰作，在建筑史上有重要地位，见图2-23、图2-24。不同功能的教室、实习车间、学生宿舍等被自由组合在一起，形成一个类似风车状的平面，功能处理分合明确，方便实用；立面造型充分体现新材料和新结构特色，完全打破了古典主义的建筑设计传统，简洁而清新。

图2-23　包豪斯校舍外部　　　　　　　　图2-24　部分原德骚包豪斯师生重聚的合影，1976年

　　如同校舍的建筑风格一样，包豪斯的平面设计和产品均具有简洁的特征，如图2-25所示为1923年"德国包豪斯学院设计作品展"的招贴广告。包豪斯的金属制品与家具设计造型、功能都较为完美，大多数能够批量生产，例如玛丽安·布兰德（Marianne Brandt，1893—1983年，图2-26）设计的"康登"台灯，见图2-27。1925年马歇·布劳耶（Marcel Breuer，1902—1981年）设计的"瓦西里椅"被称为"世界第一把钢管椅"，具有划时代意义——标志着钢管家具正式进入现代主义设计的行列，见图2-28。米斯·凡·德洛在1929年设计的一款由金属支架和两块长方形皮垫组成的沙发，外形美观，功能实用，在巴塞罗那世博会上引起轰动，大受欢迎，因而被称为"巴塞罗那椅"，该椅在当时的地位类似于现在的概念产品，堪称现代家具设计的经典。

图2-25　1923年"德国包豪斯学院设计　　　图2-26　玛丽安·布兰德
　　　　　作品展"招贴广告　　　　　　　　（Marianne Brandt，1893—1983年）

图2-27　玛丽安·布兰德在包豪斯设计量产的"康登"台灯

图2-28　瓦西里椅　设计师：马歇·布劳耶

　　包豪斯对于现代工业设计贡献巨大，它使设计获得了全新的内涵，奠定了现代设计教育的基础，其教学方式也成为世界众多学校艺术教育的范本，所培养的杰出建筑师和设计师将现代建筑与设计推向了新的高度。但包豪斯也有局限性，例如为了追求工业时代的表现形式，在设计中过分强调抽象的几何图形，突出功能及材料的表现而忽视产品与人之间的感情交流与和谐等。包豪斯解散后，包括格罗皮乌斯在内的部分设计精英移民至美国和其他欧洲国家从事设计或任教，将包豪斯的思想进一步发扬光大并传播开来。

2.3.3　现代主义

　　现代主义设计兴起于 20 世纪 20 年代的欧洲。现代主义首先是对机器的承认：机器不仅是以批量生产方式产生理性现代设计的源泉，其本身也是一种进步的象征。现代主义主张创造新的形式，反对沿袭传统的样式和附加的装饰，从而突破了历史主义和折中主义的框架，为发挥新材料、新技术和新功能在造型上的潜力开辟了道路。现代主义设计是影响人类物质文明的重要设计活动，通过几十年的发展，特别是在第二次世界大战以后格罗皮乌斯、米斯等一批欧洲现代主义的重要人物移民至美国后，将现代主义带到了美国，使美国的现代主义迅速发展，最终在世界范围内形成影响。

2.3.4　美国工业设计师职业化与工业设计发展风格

　　尽管第一代职业设计师有着不同的教育背景和社会阅历，但是他们都经历过激烈市场竞争的"淘汰赛"。同时，他们的工作使工业设计真正与大工业生产结合起来，并且推动了各种设计风格的形成。

2.3.4.1 美国工业设计师职业化

在两次世界大战之间，工业设计作为一种正式的职业出现并得到了社会的承认，设计不再是理想主义者的空谈，而是商业竞争的手段，这一点在美国体现得尤为明显。

"工业设计"一词在美国最早出现于 1919 年，当时一位名叫约瑟夫·西奈尔（Joseph Sinel，1889—1975 年）的设计师开设了自己的事务所，并在自己的信封上印上了"工业设计"这个词。美国第一批职业工业设计师大致可以分为两种：一种是驻厂设计师，一种是自由独立的设计师。第一批职业工业设计师中较著名的有雷蒙德·罗维（Raymond Loewy，1893—1986 年，图 2-29）、哈利·厄尔 (Harley Earl，1893—1969 年)、沃尔特·提革 (Walter Darwin Teaque，1883—1960 年) 等。

图2-29 雷蒙德·罗维
（Raymond Loewy，1893—1986年）

雷蒙德·罗维是第一代自由设计师中最负盛名的，也是第一位登上美国《时代》（Time）周刊封面的设计师，在该刊列举的"形成美国的一百件大事"中，罗维 1929 年在纽约开设的设计事务所被列为第 87 件，影响巨大。罗维凭借敏锐的商业意识、无限的想象力与卓越的设计天才为现代工业的发展注入鲜活的生命。他在 1935 年设计的 "Coldspot" 牌电冰箱，改变了传统冰箱的结构，简洁的箱体造型引领了冰箱设计的新潮流，见图 2-30。1937 年，为宾夕法尼亚铁路公司设计了 K45/S-1 型机车，不但减少了 1/3 的风阻，而且创造出一种象征高速运动的现代感，是一件典型的流线型风格的作品，见图 2-31。罗维职业生涯恢宏而多彩，其设计数目之多、范围之广令人瞠目：大到飞机、轮船、火车、宇宙飞船和空间站，小到邮票、口红、标志和可乐瓶子，参与的项目多达数千个，成功案例无数，获取了惊人的商业利润。雷蒙德·罗维认为，新产品需要具有吸引力，但不能过分标新立异。为了解决这个矛盾，他提出了 MAYA 原则（Most Advanced Yet Acceptable，意为极度先进却能为人所接受），也就是说要适度控制产品的时尚性和新颖程度。如果超过这个度，过于新颖，不但不会激起消费者的消费欲望，反而会对新产品产生排斥心理。

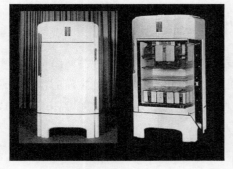

图2-30 "可德斯波特"（Cold-Spot，冷点)牌电冰箱
设计师：雷蒙德·罗维

图2-31 雷蒙德·罗维与他设计的
流线型机车

2.3.4.2　20世纪20~30年代美国工业设计发展风格

20世纪20～30年代，美国工业设计的主要风格是流线型。流线型设计用来描述表面圆滑、线条流畅的物体形状，这种形状能减少物体在高速运动时的风阻（见图2-32）。在工业设计中，它成了一种象征速度和时代精神的造型语言，甚至还渗入到家用产品领域中，成为20世纪30～40年代最流行的产品风格，普遍出现在电熨斗、烤面包机到电冰箱等的设计中，不少产品采用流线型完全是出于其象征意义，而非产品功能所必需。1936年，由欧勒·赫勒尔（Orlo Heller，1897—1911年）设计的订书机就是典型的例子，将表示速度的流线型用到静止的产品上，显示了流线型作为现代化符号的强大象征作用，见图2-33。作为美国文化的象征元素，流线型风格通过出版物、电影等传播媒介流行到世界各地。

图2-32　克莱斯勒生产的"气流"小汽车，1934年　　　图2-33　订书机　设计师：欧勒·赫勒尔

2.4　工业设计思想和体系全面形成与发展

第二次世界大战之后，为了尽快使本国国力从战争的创伤中恢复，西方各国纷纷提高本国的工业化水平，从而带动了工业设计的发展。战后，世界经济的重心由欧洲转移到美国，工业设计发展的格局也发生了根本变化，德国、法国不再占据主导地位。同时，每个国家都形成了自己特有的设计理论和形式语言。20世纪50年代，国际交往频繁，市场的国界逐渐消失，产生了国际化的设计趋势，形成了"国际式"现代风格。20世纪60年代后期"后现代主义"等流派应运而生，加之日本和意大利设计的异军突起，形成了设计多元化的局面。

2.4.1　第二次世界大战后欧洲的工业设计

战后工业设计的重建有两种方式：一种是技术性的，一种是艺术性的，而这两种重建方式在欧洲国家都有体现，例如德国发展强调机器效率的设计风格，把生产的重点放在技术产品上，而意大利和斯堪的纳维亚则试图通过产品设计创造稳定的、能够体现个人成就又被大众认同的生活和工作环境。

2.4.1.1　第二次世界大战后的德国设计

德国是现代设计的发源地之一，其工业设计在第二次世界大战前就有坚实的基础。第三帝国时期，由于纳粹政权的反对和压制，德国的现代设计运动基本结束，加之第二次世界大战爆发后德国的设计大师纷纷离开德国，对德国的设计造成巨大的打击。第二次世界大战后德国分裂为东德和西德两个部分，东德的设计发展相对落后，因此本书仅讨论西德设计。

战后德国经历了一个很长的恢复期，到 20 世纪 60 年代以后，德国设计才得以全面恢复。由于德意志制造联盟促进艺术与工业结合的理想和包豪斯的机器美学仍影响着战后的工业设计，因此德国形成了一种以强调技术表现为特征的工业设计风格。1953 年成立的乌尔姆造型学院 (Ulm Institute of Design) 是战后德国能够把理性设计与技术美学思想变成现实的关键。乌尔姆造型学院是一所培养工业设计人才的高等学府，是德国战后设计思想与理论集大成的中心，其指导思想是培养科学的合作者，即在生产领域内熟练掌握研究、技术、加工、市场销售以及美学技能的全面人才，而不是高高在上的艺术家。乌尔姆造型学院的影响十分广泛，它所培养的大批设计人才在工作中取得了显著的经济效益，促进了乌尔姆设计方法的普及与实施，使得联邦德国的设计有了合理的、统一的表现，真实地反映了德国发达的技术文化。

德国设计史上的另外一个里程碑是发展了以系统思维为基础的系统设计方法，它以产品功能单元为中心，通过其组合实现产品功能的灵活性来满足不同的需要。系统设计的奠基人是乌尔姆造型学院产品设计系主任汉斯·古戈洛特（Hans Gugelot，1920—1965年）和博朗（Braun，也有称为布劳恩）股份公司的设计师迪特·拉姆斯（Dieter Rams，1932—，图 2-34，"设计十诫"提出者）。1956 年他们联手设计了一种收音机和唱机的组合装置，被称为"白雪公主之匣"，其中的电唱机和收音机是任意分合的标准部件，使用十分方便，这种积木式的设计成为以后高保真音响设备设计的开端，见图 2-35。到了 20世纪 70 年代，这种积木式的组合体系在设计中获得了广泛的应用。

图2-34 迪特·拉姆斯（Dieter Rams，1932—　） 图2-35 "白雪公主之匣" 博朗公司

德国乌尔姆造型学院与博朗公司的合作是设计直接服务于工业的典范。这种合作产生了丰硕的成果，不仅使乌尔姆的理性主义设计风格成为战后联邦德国的设计风格，而且使博朗的设计至今仍被视为优良产品造型的代表和德国文化的成就之一。在乌尔姆造型学院教师的参与协助下，博朗公司设计制造了大量优秀产品，并成为世界上家用电器领域著名的生产厂家之一。博朗生产的一系列产品，都具有均衡、精练和无装饰的特点，造型简明能直接反映出产品的功能和结构特征，色彩多采用黑、白、灰，一致化的设计语言形成了博朗产品的独有风格，见图 2-36、图 2-37。如果说包豪斯代表了现代设计的艺术化体系，乌尔姆造型学校

则发展了工业设计中的科学化体系，它对工业设计体系的影响不亚于包豪斯的影响。

图2-36　电动剃须刀　博朗公司

图2-37　电风扇　博朗公司

2.4.1.2　意大利设计

　　意大利能够在第二次世界大战的废墟上利用半个世纪的时间将自己打造成工业大国，设计扮演了重要的角色，现在的意大利设计是杰出设计的同义词。意大利设计蕴含着一致性的文化特征，融汇在产品、服装、汽车、办公用品、家具等诸多设计领域中，这种设计文化根植于意大利悠久而丰富多彩的艺术传统，反映了意大利民族热情奔放的性格特征。意大利设计的特征是通过形式的创新造就与众不同的风格和个性，设计师将现代与传统相结合，创造出纯粹的意大利式设计。意大利设计中心米兰举办的三年一度的展览在国际设计界令人瞩目，借助展览既便于吸收世界各国的设计精华，也有助于传播意大利的设计文化。1951年的"米兰三年展"第一次向世界宣告：意大利开始正式展开自己的设计运动。

　　生产办公机械和设备的奥利维蒂（Olivetti）公司是当时意大利的工业设计中心，几乎每一位著名的意大利工业设计师都为其工作过。1948年尼佐里（Macello Nizzoli，1887—1969年）为该公司设计了略带流线型的雕塑形式的"拉克西康80"型打字机，见图2-38。1950年他又从工程、材料、人机工程以及外观等各方面考虑，设计了"拉特拉22"型手提打字机，这款打字机机身扁平、键盘清晰、外形优美，见图2-39。

图2-38　"拉克西康80"型打字机
　　　　设计师：尼佐里

图2-39　"拉特拉22"型手提打字机
　　　　设计师：尼佐里

20 世纪 50 年代，许多设计师与特定的厂家结合，形成了工业与艺术富有生命力的联姻。1936 年，尼佐里为尼奇缝纫机公司设计了"米里拉"牌缝纫机（图 2-40），机身线条光滑、形态优美，被誉为战后意大利重建时期典型的工业设计产品。意大利的公司喜欢采用新材料、探索新的形式，这种特别的企业习惯形成了意大利独特的生产方式——设计引导型生产方式。例如，1948 年皮列里（Pirelli）公司要求扎努索（Marco Zanuso，1916—2001 年）利用新材料泡沫塑料设计新产品，设计成功后，该公司特意为新产品的生产制造成立了分公司。

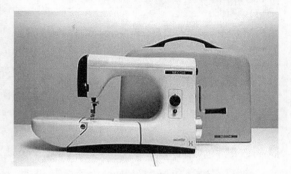

图2-40　"米里拉"牌缝纫机　设计师：尼佐里

艾托瑞·索特萨斯（Ettore Sottsass，1917—2007 年，图 2-41）是另一位 20 世纪 60 年代以来的意大利设计明星，他的设计经历了从严格的功能主义向更为人性化和色彩斑斓风格的转变。1969 年他为奥利维蒂公司设计的"情人节"打字机采用大红色塑料机壳和提箱，将严肃的办公机器装扮得颇有情趣，与其他公司办公设备冷峻严肃的形象形成鲜明对比，见图 2-42。

意大利汽车工业在战后有很大的新发展，工业设计师们为汽车产业设计了大量优秀的汽车。平尼法里那（Pinifarina）设计公司曾设计了阿尔法·罗密欧（Alfa Romeo）、菲亚特（FIAT）等诸多名车。1972 年，公司开始启用风洞试验研究空气动力学及车身造型。平尼法里那公司最有影响的设计是法拉利 (Ferrari) 牌系列赛车，见图 2-43。法拉利赛车的设计将意大利车身造型的魅力发挥到了极致，每一个细节都透射出豪华气息与超强的速度感，体现出意大利汽车文化独有的浪漫与激情的特征。

图2-41　艾托瑞·索特萨斯（Ettore Sottsass，1917—2007年）

图2-42　"情人节"打字机，1970年　设计师：艾托瑞·索特萨斯

图2-43 法拉利赛车

由工业设计师乔治亚罗（Giorgo Giugiaro，1938— ）与工程师门托凡尼（Aldo Mantovani）在 1968 年共同创建的意大利设计公司（Italdesign）是一个国际性的设计中心，成功的产品包括大众高尔夫、菲亚特熊猫、阿尔法·罗密欧、奥迪 80、沙巴 9000、BMW-MI 等世界名车，其中不少车型是为国外公司设计的，标志着意大利设计开始引领世界潮流。

2.4.1.3 斯堪的纳维亚设计

斯堪的纳维亚国家包括芬兰、挪威、瑞典、丹麦、冰岛五个国家，其中以瑞典、丹麦、芬兰在设计领域的发展最为稳健和迅速。自 1935 年以来，这几个国家的设计伴随工业发展迅速。从 1954—1957 年间，名为"斯堪的纳维亚设计"的展览在北美 22 个城市巡回展出，使"斯堪的纳维亚设计"的形象在国际间广为流行。与美国设计着眼未来、发展出流线型风格不同，斯堪的纳维亚设计比较注重传统风格，在功能主义的基础上，将现代工业设计的理性原则与本地的传统文化特征相融合，同时充分结合当地的自然资源与资源特色，形成了具有民族特色和富有人情味的独特风格，在斯堪的纳维亚设计中几何形式被柔化了，常常被描述为"有机形"。

图2-44 电动打字机 设计师：艾格里和胡高

瑞典是北欧现代工业基础最雄厚的，也是最先发展工业设计的国家，拥有大批创造性天才人物，以适应新的工业需要。第二次世界大战后，瑞典的汽车、家用电器及通信等现代产业迅速发展，出现了许多优秀的工业设计产品，例如艾格里（Christoph Egli）和胡高（Hugo）为菲塞特电器公司设计的电动打字机，见图 2-44。

丹麦进入现代设计的时间较瑞典稍晚，丹麦的建筑设计、工业设计、家具设计、日用工艺品设计均体现出独特的设计理念，显示出周围环境对设计的影响。设计风格简练、轻巧、实用，将材料、功能和造型巧妙地融合在一起。汉斯·维纳（Hans Wegner，1914—2007 年）是丹麦战后最重要的设计师之一（图 2-45），他对家居的材料、质感、结构和工艺有深入的了解，所设计的产品转角处一般都处理成圆滑的曲线，给人以亲近感。维纳最著名的设计是名为"椅"（The Chair，1949 年）的扶手椅，它使得维纳的设计走向世界并成为丹麦家具的经典之作，见图 2-46。

建筑师、设计师阿诺·雅各布森（Arne Jacobsen，1902—1971 年）是丹麦具有国际性影响的另一位人物，他将刻板的功能主义转变成了精练而雅致的形式，充分体现了丹麦设计的特色。雅各布森的作品强调通过细节的推敲达到整体的完美。他在 20 世纪 50 年代采用仿生手法设计了三种座椅——"蚁"椅、"天鹅"椅和"蛋"椅，均采用热压胶合板整体成形，外形简洁而具有雕塑般的美感，堪称座椅设计的经典，见图 2-47。

图2-45 汉斯·维纳（Hans Wegner）

图 2-46 "椅"（The Chair） 设计师：汉斯·维纳

(a) "蚁"椅

(b) "天鹅"椅

(c) "蛋"椅

图2-47 丹麦设计师阿诺·雅各布森设计的椅子

　　除家具外，丹麦的灯具和玻璃制品也在世界上享有很高的声望。保罗·汉宁森（Poul Henningsen，1894—1967年）设计的PH灯照明原理科学，美学质量高，使用效果非常好，体现了斯堪的纳维亚工业设计的特色，是科学技术与艺术的完美统一，见图2-48。

图2-48 PH灯具 设计师：保罗·汉宁森

　　第二次世界大战后，芬兰、挪威的设计也大幅加快了发展步伐，其中芬兰的纺织品设计以其独特的大胆、强烈的色彩特征享誉世界。在家具设计领域，芬兰与其他邻国一样具有悠久的设计传统，家具设计简单明确并具有传统美感，功能性良好，是现代与传统结合的典范。但与丹麦不同的是，芬兰家具重视机械化批量生产，塑料产品光滑可人，强烈的现代感令世界各国对其刮目相看。

2.4.2 第二次世界大战后美国的工业设计

第二次世界大战后，世界工业设计的中心转移到了美国，这在很大程度上归功于早年包豪斯的领袖人物格罗皮乌斯等把战前欧洲的现代主义传播到了美国。成立于 1929 年的美国纽约现代艺术博物馆（The Museum of Modern Art，简称 MOMA）对美国战后工业设计的发展也起到了积极的作用。

图2-49　哈利·厄尔
（Harley Earl，1893—1969年）

20 世纪 30 年代末，为了促进工业设计的发展，现代艺术博物馆成立了工业设计部，工业设计部首位主任、著名工业设计师艾略特·诺伊斯（Eliot Noyes，1910—1977 年）和他的继任者埃德加·考夫曼（Edgar Kaufmann Jr.，1910—1989 年）都竭力推崇"优良设计"，反对商业性设计。美国商业性设计的核心是"有计划的商品废止制"，即通过人为的方式使产品在较短时间内失效，从而迫使消费者不断地购买新产品，把设计完全看作商业竞争的一种手段，产品改型不考虑功能因素或内部结构，只追求视觉上的新奇与刺激。商业性设计的本质是形式主义的，有时以牺牲部分使用功能为代价。随着经济的繁荣，20 世纪 50 年代美国出现了消费高潮，进一步刺激了商业性设计的发展。这

个时期的美国汽车设计是最典型的代表，通用（GM）、克莱斯勒（Chrysler）和福特（Ford Motor）等公司不断推出新奇、夸张的设计，以纯粹视觉化的手法来满足美国人对于权力、流动和速度的向往。哈利·厄尔（Harley Earl，1893—1969 年，图 2-49）将油泥材料引入汽车模型制作中，为汽车模型制作提供了便于操作的方式，为汽车车型设计提供了便利条件。通过年度换型计划，设计师们源源不断地推出时髦招摇的新车型，让原有车型很快在形式上过时，车主在一两年内就会考虑弃旧迎新，这一举措取得了巨大的商业成效，汽车的尾鳍设计是当时时代特点的写照，见图 2-50。在商品经济规律的支配下，现代主义的信条"形式追随功能"逐渐被"设计追随销售"所取代。

对于"有计划的商品废止制"存在两种截然不同的观点：厄尔等人认为这是对设计的最大鞭策，是经济发展的动力，并且在自己的设计活动中予以应用；另一些人，如诺伊斯等则认为这是对社会资源的浪费和对消费者的不负责任，因而是不道德的。随着经济的衰退、消费者权益意识的增强，"有计划的商品废止制"开始逐步退出历史舞台。20 世纪 50

图2-50　卡迪拉克"艾尔多拉多"汽车，
1955年　设计师：哈利·厄尔

年代末，美国商业性设计走向衰落，工业设计更加紧密地与行为学、经济学、生态学、人机工程学、材料科学及心理学等现代学科结合，逐步形成了以科学为基础的独立完整的学科，并开始由产品设计扩展到企业的视觉识别计划。工业设计师不再将追求新奇作为唯一的目标，而是更加重视设计中的宜人性、经济性、

功能性等因素。20 世纪 60 年代以来，美国工业设计师积极参与政府和国家的设计工作，同时向尖端科学领域发展。

2.4.3　第二次世界大战后日本的工业设计

第二次世界大战前，日本的民用工业和工业设计并不发达，众多工业产品直接模仿欧美设计，价廉质次。第二次世界大战后，作为战败国的日本迅速崛起，日本经济发展经历了恢复期、成长期和发展期三个阶段，快速追赶和超越了许多发达国家，工业设计在其中起了很大的作用。

第二次世界大战后，倾销被自由竞争取代，日本工业设计面临着这种压力，先是从模仿欧美产品入手打开市场。1951 年日本成立了隶属于日本通产省的日本出口贸易研究组织（现改名为日本对外贸易组织），该机构一方面为日本政府提供有关产品设计的情报，另外一方面选派日本学生到国外学习设计，并且负责邀请国外重要的设计专家来日本访问讲学。

日本是一个极擅长吸收别国成果的国家，在日本现代设计的开端，他们也照搬照抄欧美产品设计的式样，但很快，他们就注意到要在"拿来主义"的同时扬长避短，如日本汽车设计汲取了美国汽车设计发展过程中注重形式、忽视质量的教训，学习的是欧洲汽车讲究功能注重产品质量的发展道路。20 世纪 50 年代，他们频繁邀请欧美著名的设计师传授设计知识，其中包括世界上最著名的美国设计师雷蒙德·罗维。他们还举办欧美的设计作品展览，派遣学生到欧美学习或通过旅行搜集欧美的设计经验。20 世纪 60 年代，日本开始以主人翁的姿态出现在国际设计舞台上，通过举办国际设计会议、产品出口展览等活动逐渐将日本设计推向世界。日本的高科技产品如家用电器、汽车等以优良的品质、精美的外观和低廉的价格迅速打入国际市场。20 世纪 70 年代，欧美国家已明显感觉到了来自日本的威胁，纷纷采取措施促进销售，美国甚至以提高进口关税来阻挡日本汽车对美国汽车业的威胁。1981 年，日本成立了设计基金会，举办"国际设计双年大赛"和"大阪设计节"，继欧美之后，日本成为新的国际设计中心，日本设计也得到国际工业设计界的认可。

日本设计在紧随国际设计发展步伐的同时，也充分发展了其民族化的设计风格，这使日本设计独具特色。日本设计在处理传统与现代的关系中采用"双轨制"，设计在形式上与传统没有直接联系，但设计的基本思维还是受到传统美学观念的影响，产品设计注重小型化、多功能和对细节的关注等。高技术与传统文化在设计中平衡共存是日本现代设计的一个特色，如柳宗理（1915—2011 年）设计的蝴蝶椅，见图 2-51。

日本工业设计的成功首先在于日本工业设计界非常注重实务，整个设计界都和企业紧密地联系在一起。再者，日本设计界和社会的发展密切贴合，社会生活的变迁能够马上得到设计师的重视并形成探讨的课题，发展成理论。日本工业设计立足于自己的特色，放眼世界的需求，走出了一条属于自己的道路。

图2-51　蝴蝶椅　设计师：柳宗理

2.5 工业设计多元化格局的形成

20世纪60年代的设计开始出现了多元化的现象。在这种多元化的背景之下，设计不再有统一的标准和固定的原则，而是形成了一个开放的、各种风格并存的局面。现代主义在设计界一统天下的格局被打破，形形色色的设计风格和流派令人应接不暇。

2.5.1 新现代主义与高技术风格

新现代主义与高技术风格是平行发展的风格，它们都是在现代工业材料极大丰富和科学技术高速发展的背景下产生的。

2.5.1.1 新现代主义

图2-52 "筒系列"不锈钢器皿
设计师：安恩·雅各布森

20世纪60年代后，一些国家和地区出现了复兴20世纪20～30年代的现代主义、追求几何形式构图和机器风格的现象，从而形成了"新现代主义"。在产品设计中广泛应用不锈钢、镀铬金属、玻璃等工业材料，表面处理工艺着重体现材料本身的质感，产品形态多采用圆柱体、立方体等简单的几何形状。丹麦设计师安恩·雅各布森（Arne Jacobsen，1902—1971年）在1967年设计的"筒系列"不锈钢器皿就是其中的新现代主义的典型产品之一，见图2-52。

2.5.1.2 高技术风格

20世纪50年代末以电子工业为代表的高科技迅速发展，科技的进步有力地影响了整个社会生产的发展和人们的思想。"高技术风格"（High-Tech）正是在这种社会背景下应运而生。"高技术"风格最先在建筑学中得以充分发挥，并对工业设计产生重大影响。英国建筑师皮阿诺(Reuzo Piano)和理查德·罗杰斯(Richad Rogers)于1976年在巴黎建成的"蓬皮杜国家艺术与文化中心"（Le Centre national d'art et de culture Georges-Pompidou）是高技术风格建筑的典型代表。大楼外露的钢骨结构以及复杂的管线是其显著特点，外露的管线颜色遵循一定的规则：空调管路是蓝色、水管是绿色、电力管路是黄色而自动扶梯是红色，见图2-53。

图2-53 蓬皮杜国家艺术与文化中心

在室内设计、家具设计中，"高技术"风格的主要特征是直接利用工厂、实验室生产的产品或材料来象征高度发达的工业技术。在设计中大量使用类似于外科医生用的手推车、仓库用的金属支架、矿井用的安全灯、实验室用的橡胶地板等元素。色彩多以白、黑二色作为主色，强调技术信息的密集，电子产品的面板分布着繁多的控制键和显示仪表，满足了部分消费者向往高技术的心理。"高技术"风格在20世纪80年代初因缺乏人情味而被更富有表现力和更有趣味的设计语言所取代，消费者对产品的需求从"高技术"转向"高技术"与"高情趣"的结合。

2.5.2 波普风格

20世纪60年代的波普风格又称流行风格，"波普"（POP）来自英语单词"大众化"(Popular)的缩写。英国是波普运动的发源地，并成为波普运动的中心。波普风格并不是一种单纯的、一致性的风格，而是各种风格的混合，追求大众化的、通俗的趣味，强调新奇与独特，并大胆采用艳俗的色彩。同时，波普设计十分强调灵活性与消费性，认为产品应该以短暂的寿命来适应多变的社会文化环境，设计普遍具有游戏色彩，见图2-54、图2-55。

波普设计基本上是一场自发运动，没有系统的理论，也没有找到一种有效的手段来填平个性与批量生产之间的鸿沟，其本质是形式主义的，不符合工业生产中的经济法则和人机工程学等工业设计的基本原则，因而昙花一现后便销声匿迹了。但是波普设计在利用色彩和表现形式方面为设计领域打开了探索的空间，并对后来的后现代主义产生了重要影响。

图2-54　手型沙发　　　　　　　图2-55　纸质座椅

2.5.3 理性主义与"无名性"设计

理性主义是现代主义的延续和发展，是用设计科学来指导设计从而减少设计中主观意识的一种设计风格。它强调设计是一项集体活动，注重对设计过程的理性分析，而不追求任何表面的个人风格，因而体现出"无名性"的设计特征，见图2-56。

日趋复杂的技术要求设计越来越专业化，产品设计需要由多学科专家共同来完成，荷兰飞利浦公司（Royal Philips）、日本索尼公司（Sony）、德国的博朗公司（Braun）等纷纷建立了自己的设计部门，设计一般均按照特定的流程通过集体合作的方式完

图2-56　索尼公司的电视机

成。同时，企业为了长期发展，希望通过设计体现企业形象，因此要求产品必须体现出某种"一致性"，所以设计师们在进行设计时会尽量在产品风格上保持连续性，这些都推动了"无名性"设计的发展，而且这种设计方法至今仍具有影响。

2.5.4 后现代主义

图2-57 卡尔顿书架，1981年
设计师：埃托雷·索特萨斯

后现代主义源于 20 世纪 60 年代，是出现在欧美国家的反叛现代主义的文化思潮。现代主义遵循"功能决定形式"，而后现代主义则主张用装饰手法来丰富产品的视觉效果，提倡满足人的心理需求，注重历史文脉关系，设计中有明显的符号语言，同时增加了幽默和人性化的成分。

1980 年 12 月在意大利成立的名为"孟菲斯（Memphis）"的设计师集团是后现代主义在设计界最有影响力的组织，由著名设计师埃托·索特萨斯（Ettore Sottsass，1907—2007 年）和七名年轻设计师组成。"孟菲斯"强调设计中丰富的文化内涵，喜欢用明快、风趣、高纯度、高明度的色调，图 2-57 所示的卡尔顿书架是其代表作之一。"孟菲斯"还开创了无视一切模式和突破所有清规戒律的开放性设计思想，给人新的启迪，刺激了丰富多彩的意大利新潮设计。1988 年，索特萨斯宣布孟菲斯结束。

2.5.5 解构主义

作为一种设计风格的探索，解构主义兴起于 20 世纪 80 年代，它的形式实质是对于结构主义的破坏和分解。解构主义认为个体构件本身就是重要的，因而对单独个体的研究比对于整体结构的研究更重要。解构主义不仅否定了现代主义的重要组成部分之一的构成形式，而且也对古典的美学原则如和谐、统一、完美等提出了挑战。

弗兰克·盖里（Frank Owen Gehry，1929—）是解构主义最有影响力的建筑师，20 世纪 90 年代末完成的毕尔巴鄂古根海姆博物馆是其解构主义代表作，此建筑的设计更倾向于体块的分割与重构，几个粗重的建筑体块相互碰撞、穿插，形成了扭曲并极富体感的形态，见图 2-58。德国设计师英戈·莫端尔（Ingo Maurer，1932—）设计的名为波卡·米塞里亚的吊灯也是解构主义的经典作品，它以瓷器爆炸的慢动作影片为蓝本，将瓷器"解构"成为别具一格的灯罩，见图 2-59。

2.6 走向未来的工业设计

20 世纪 90 年代，随着电脑的普及和互联网的快速发展，"信息社会"悄然而至，"数字化"产品不仅自身更新换代迅速，对传统设计的影响与改造同样迅速与深刻。设计的对象、理念、方法和技术手段都发生了深刻的变化，体验设计、交互设计、服务设计、智能产品的设计方兴未艾，设计的发展趋势继续延续丰富多彩的多元化走向。

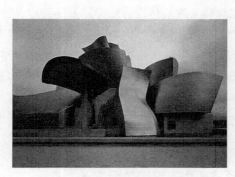

图2-58　毕尔巴鄂古根海姆博物馆
设计师：弗兰克·盖里

图2-59　波卡·米塞里亚吊灯
设计师：英戈·莫端尔

2.6.1　计算机技术与工业设计

20世纪40年代末50年代初，人类社会迎来了第三次科技革命。计算机技术的快速发展和普及以及因特网的迅猛发展，改变了人类社会的技术特征，也对人类的社会、经济和文化的多个方面产生了深远的影响。同时，计算机的应用极大地改变了工业设计的技术手段，改变了工业设计的程序与方法，工业设计产生了前所未有的重大变化。工业设计的主要方向也开始了战略性的转移，由传统的工业产品转向以计算机为代表的高新技术产品和服务，此时诞生了许多经典性的作品。先进的技术必须与优秀的设计结合起来，才能使技术人性化。美国的苹果（Apple）、微软（Microsoft）、日本的索尼（Sony）等公司不仅走在信息技术的前列，同样在工业设计领域各领风骚，使先前令人望而生畏的高科技产品进入日常工作和生活，成为人们不可缺少的伙伴。

2.6.2　可持续设计

可持续设计是围绕可持续发展理念诞生的一种设计指导思想和设计方向。可持续设计是可持续发展战略全局中的一个方面。很多国家以各种形式在可持续设计领域积极推行相关研究，涉及的问题包括立法的执行、生态创新、企业社会责任、产品服务体系、生态再设计、可拆卸设计、逆向制造等。

2.7　中国工业设计发展

中国近代工业起始于清朝末年，是在西方国家影响下的一种由"被动"慢慢转向"主动"

的过程，其类型主要包括了外国投资的在华企业、官办企业和民间资本企业等。因为工业设计发展与工业发展具有共时性，因此我国的工业设计起步远远晚于西方。总体而言，我国近代工业设计的发展是一个"西化"过程，从清朝末年到新中国成立前是我国工业设计发展的萌芽期。

新中国成立后，中国民族工业设计的思想和实践虽然没有与国际发展同步，但也没有完全隔绝和背离。新中国的工业设计受两个方面的影响，一方面是受苏联等的影响，另一方面是来自欧美的影响，见案例2-1。此阶段的工业设计开始注重外观与功能的平衡，着重提升人们的生活质量。代表性的产品有熊猫牌收音机、解放牌汽车、东方红拖拉机、北京牌电视机等，那个时代中国人民对经典产品的渴望、对美好生活的向往，总结起来就是"三转一响"（自行车、缝纫机、手表、收音机）。

案例2-1 从"红旗"轿车的设计发展看中国早期工业设计

红旗是大家耳熟能详的国车品牌，它的发展几乎与新中国发展同步。1949年新中国成立后，我国开始执行第一个五年计划，计划明确指出我国要建立独立自主的汽车产业。1958年5月，长春第一汽车制造厂本着"仿造为主，自主设计"的原则制造出我国第一辆小轿车——东风牌CA71，这是红旗汽车的前身。虽然这个时期并没有造型设计的独立概念，但中国开始拥有自主生产的汽车，是一个重要的起点。

东风CA71车身造型局部借鉴了法国西姆卡Vedetee的设计，车身颜色搭配上灰下红，汽车尾灯的设计结合了中国传统宫灯造型。"红旗"汽车品牌的特殊性质奠定了该品牌民族化设计的基础。1959年5月，在长春第一汽车制造厂设计师对整体车型进行多次改良调整后，红旗CA72轿车样车问世，这一突破式设计极大地增强了人们的民族荣誉感。1965年拥有三排座的CA770诞生，该款车型是以前一代红旗CA72型为基础改制设计的，更注重整车性能、操纵稳定性、乘坐舒适性、驾驶可靠性的提升，前脸格栅处重新进行了设计，车身延长，后窗扩大，整车更显庄重华丽。见图2-60～图2-62。

1969年4月，一汽为国家领导人专门研发的高级特种保险车型C772问世，虽然整体造型与CA770差别不大，但具有优异的保险、防盗功能，在当时被誉为世界上保险系数最高的轿车，红旗轿车逐渐凭借着优越的性能，大气的外观，具有中国特色的设计成为了驰名中外的汽车品牌，见图2-63。"红旗"牌汽车一直保持着在我国各类重大国事活动中的地位。

图2-60 东风CA71车型

图2-61 红旗CA72车型

图2-62　红旗CA770车型　　　　　　　　图2-63　红旗CA772

　　1998 年，高级轿车红旗"旗舰"投放市场，抢先占领中国国内高级轿车市场并于 2000 年将平台升级后的 CA7202E3 车型推向大众。除了先进技术的应用外，设计风格上和以往传统造型有了很大区别。2006 年，随着"红旗盛世"的上市，红旗豪华车路线正式重启。

　　总体而言，红旗品牌的设计实践为我们民族品牌的发展留下了可以探寻的珍贵痕迹，端庄典雅大气的全车形象和具有时代象征意义的设计特点也在后续的设计中得到了很好的传承和发展。

　　1978 年改革开放，中国从单一的计划经济走向多元化的市场经济，设计也出现生机勃勃的发展局面，企业将工业设计视为市场竞争的重要手段。1987 年 10 月 14 日，中国工业设计协会成立，知名家电企业海尔与美的分别在 1994 年与 1995 年成立了自己的工业设计公司，中国的工业设计迎来了第一个浪潮，并且家电行业开始着力打造国际性品牌，中国产品开始在国际市场上崭露头角。中国的工业设计教育也在这一时期兴起。以江南大学、中央工艺美术学院（现清华美院）等为代表的国内院校在这一时期设立了工业设计专业。截止到 20 世纪末，设计理论的发展领先于业界的实践。

　　21 世纪初至今是中国工业设计的上升期。海外产品在中国市场的扩张使中国企业受到巨大挑战，中国企业纷纷将工业设计作为本企业长期发展战略，互联网时代的到来促使各国经济、文化交流频繁，消费者的选择更为多样化，市场竞争日趋激烈，中国企业开始由"中国制造"向"中国设计"转变，这也使得中国工业设计百花齐放。由于国际合作的机会增多，中国设计越来越多地现身国内外市场，而且行业的领导者开始从 OEM（原始设备制造商）、ODM（原始设计制造商）向 OBM（原始品牌制造商）过渡。涌现出大量的本土设计公司，它们的实力不断增强，眼界也日益开阔，设计创新和服务能力与日俱增，为我国的创新事业和经济发展贡献出自己的力量。随着国际形势风云变幻，中国企业越来越认识到科技作为核心竞争力的重要性，科技创新与设计创新并举才是企业制胜的利器，大疆无人机等企业的创新实践为中国制造业树立了新的标杆。

案例2-2　大疆，科技、设计双创新的标杆企业

　　成立于 2006 年的大疆创新科技有限公司凭借着技术革新，开创了消费级的无人机市场，为用户提供了专业级的无人机航拍镜头，成为全球增长速度

最快的科技公司。从最初只有三人的创客企业到今天拥有 8000 余名员工的全球无人机领域的领跑者，大疆重塑了中国制造的新形象。

在大疆出现之前，世界范围内还没有消费级无人机的概念，但在今天无人机已不再是一些"发烧友"的专属，也逐渐成为普通大众手里的玩具。基于这样的消费洞察，大疆首创了消费级无人机，投入市场后得到了消费者极高的评价和市场反馈。在 2010 年 10 月，大疆推出 ACE ONE 飞行控制系统，这是大疆第一款面向消费者的飞控产品。另外，大疆攻克了云台技术难题，开发出的云台系统不但可以在飞行中调整方向，而且拍摄质量不会受到机身轻微摇晃的影响。到 2012 年底，大疆独立研发的第一款具有划时代意义的微型航拍一体机"精灵"Phantom 1 面市，见图 2-64。

图2-64　大疆第一代"精灵"无人机Phantom1，2012年

2014 年第 2 代大疆"精灵"面世，它配备了高性能相机，除了可以拍摄高清照片之外，还能实现录影实时回传，该款产品被《时代》周刊评选为"2014 年十大创新科技产品"之一。随后，大疆秉承自主研发的创新之路，推出了一系列高性能的产品，成为无人机市场的领军品牌。2016 年发布的精灵 4 代 Phantom 4 加入了"障碍感知""智能跟随""指点飞行"三项创新功能，实现了无人机与人工智能的结合，见图 2-65。

图2-65　大疆"精灵"第4代无人机Phantom 4，2016年

在重视技术创新的同时，大疆重视设计创新，关注产品体验，以敏锐的洞察力挖掘消费者的潜在需求，激发人们使用的欲望，开拓全新的市场领域。在大疆，文学艺术和科学技术时常碰撞出火花，品味是大疆人共同的追求，大疆也将塑造"中国品牌"作为自己的使命，产品命名多采用富有中国意象的名称，如"悟空""哪吒""筋斗云""禅思""风火轮"等。

通过对细节的苛求给用户带来美感和享受是大疆研发团队的动力来源，力争拿出的每一款产品都能得到用户的赞美和喜爱。2015 年 2 月，美国权威商业杂志《快公司》评选出 2015 年全球十大消费电子产品创新公司，大疆是唯一入选的中国本土企业，排名在谷歌和特斯拉之后，位列第三。通过不懈的努力，大疆以科技创新和设计创新赢得了消费者的喜爱，赢得了市场，也成为中国制造业技术和设计双创新的标杆企业。

历史是人类的镜子，研究历史的意义不仅仅在于鉴古知今来更好地把握现在，还要做到更好地创造未来。设计史是人类对以往设计历程的总结，它使我们了解人类造物发展的轨迹；也为我们思考和创造人类的未来奠定了基础。为了方便大家学习，将设计发展的脉络概括为图2-66。

图2-66　设计发展进程图

**复习
思考题**

1.简述工艺美术运动的历史意义。

2.简述新艺术运动的风格特征。

3.为什么说包豪斯奠定了现代设计教育的基础?

4.简述第二次世界大战后美国工业设计的特点。

5.日本如何将传统文化与现代设计结合?

6.列举4个高技术风格的产品。

7.简述解构主义的特点。

8.谈谈你对我国工业设计发展的认识。

9.研究整理两个我国企业工业设计发展状况的案例,思考其发展与我国社会、经济、技术发展的关系。

第3章
工业设计的基本原理和方法

本章重点:

◀ 工业设计的基本原理,包括"以人为本"的原理、美学
原理和经济性原理。
◀ 工业设计中常用的创造性思维的种类。
◀ 现代设计方法学的种类及其在设计中的应用。

学习目的:

通过本章的学习,掌握工业设计的三大基本原理,了解创
造性思维在工业设计中的应用,了解现代设计方法学的种
类,认识到设计是一种研究,能掌握和运用各种设计研究
方法和现代设计方法,能有意识地培养和训练自己的创造
性思维。

3.1 工业设计的基本原理

设计的根本目的是满足人的需求。人的需求是多角度、多层次的,既有生理的,又有
心理的;既有物质层面的,也有精神层面的。工业设计是面向大工业生产的,是现代企业
赢得市场和竞争的手段,了解人的需求并以其作为指引,不仅可以生产出令消费者满意的
产品,同时还能够提高企业自身的经济效益。

3.1.1　工业设计"以人为本"的原理

"以人为本"是工业设计的基本原理和方法，设计创造的成果，要能充分适应、满足人的需求。人群是具有共性的，人的需求也会形成某些共同的属性，例如，会按照一定的规律和层次发展、具有系统性、对"物"的要求可能不仅局限于功能层面还要追求精神内涵等。同时，作为独立的个体，每个人的背景、个性、教育程度千差万别，因而，人的需求也具多样性、个性和差异性。

"以人为本"是产生创造力的催化剂，创新设计从一开始就要将消费者对功能的诉求及其情感化的消费理念置于"人需要什么"这个思维的中心，一切始于消费者洞察，重视使用情境，善于提出"我们该怎样"等问题，除了产品本身的设计与技术等细节，更要关注影响人与产品或服务之间互动的因素，包括文化因素、社会因素、情感因素以及认知因素等，有效地获取洞察力，深入了解人们的需求，真心为用户着想，要具有长远的眼光，而且要不断创新产品，从而实现"以人为本的设计"。

3.1.1.1　人性化需求

所谓人性，是指人的秉性或本质特性，是所有人都具有的共性。人是产品设计的中心，产品设计首先要在内部结构和外部造型协调的基础上，逐级满足人们从操作使用到情感交流等各种层次的需求。设计的目的是人，"以人为本"是设计的三大原则之一，人性化设计就是通过设计满足每个人期盼得到他人的尊重、追求平等的需求。人性化的设计是具有人情味的设计，是通过设计向所有人表示关爱，不论是老人或者幼儿，不论其身体有无残疾以及存在障碍的程度如何等。人性化设计有以下 7 个主要特征：

图3-1　迷你灭火器

① 包容性。设计要尽可能顾及各类不同人群的特征，为所有人提供方便，送去关爱。产品设计既适合健全人使用，又适合存在不同障碍的残疾人、老年人、儿童等弱者使用。过于沉重的灭火器、拧不开的矿泉水瓶盖，诸如此类的问题好像是司空见惯，但又都是弱势人群在生活中时常遭遇的"痛点"，图 3-1 所示是由比利时设计师埃里克设计的世界上最小的灭火器，只有 14 厘米高、1 千克重，正常人、老人、小孩以及行动不变的人都能使用。图 3-2 是日本 Suntory 矿泉水公司开发的猫耳朵瓶盖，便于握力不足的人群轻松地拧开瓶盖。多年来，苹果公司始终把帮助视力残障、听力障碍、行动障碍和学习障碍的用户也可以轻松、快速地使用手机作为 iOS 的核心之一。早在 2009 年，苹果就在 iPhone 3GS 上增加了 Voice Over 读屏功能，2020 年苹果在 iOS 14.2 Beta 中引入的"人物探测器"（People Detection）新技术，帮助盲人和有视力障碍的人通过 iPhone 12 Pro 和 Pro Max，借助新的激光雷达传感器，可以判断与周围人的距离。激光雷达技术还有望集成到苹果的 AR 眼镜中，给视障人士提供更好的服务。苹果的 CEO 蒂姆·库

克（Timothy Donald Cook，1960—）曾说："我们不为特定人群生产产品，我们为每个人生产产品。让每一个人受益的科技，才是真正强大的科技。"借助苹果的技术和硬件创新，残障用户可以做到很多以前难以做到的事情，即使这些无障碍功能对普通用户毫无用处，甚至人们可能根本不知道这些功能，见图 3-3。

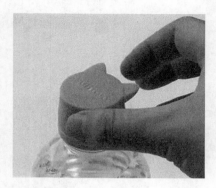

图3-2　Suntory猫耳朵矿泉水

(a)苹果iphone12配备激光雷达　　　　　　(b)ios14帮助听障人士的"声音识别"功能

图3-3　苹果的人性化细节

② 便利性。充分考虑人的行为能力，最简单、最省力、最安全、最准确地实现产品的功能，最大限度地满足人们的愿望，如物体的易操作性、防疲劳、易识别、舒适、空间宽敞、获得信息方便、身体障碍人士与正常人之间的交流等。例如，图 3-4 所示的是戴森公司的烘洗二合一（Airblade Wash+Dry）的水龙头，将烘干机和水龙头的两种功能有机地结合在一起，使人们在一个地点同时完成手部的清洗和烘干，该设备没有开关，所有操作通过感应完成，使用起来非常方便、卫生，省去了冗余动作，节省时间，而且产品的造型整体感很强，非常干净利落。图 3-5 所示是东芝公司设计的电梯楼层导航 / 目的地控制系统，允许用户在进入电梯之前指定想去的楼层，有效避免了用户进入拥挤的电梯后再去按压电梯内的按钮，令乘坐电梯的体验更为流畅。

③ 自立性。承认人的差异，尊重所有的人。对于有障碍的人群，尽量为他们提供必需的辅助用具及便于活动的空间，使他们能独立行动，通过必要的援助装置，帮助他们提高自身的机能去更好地适应环境，如图 3-6 所示针对盲人设计的衣服标签和图 3-7 所示针对腿脚不便人士设计的智能轮椅。

图3-4　烘洗二合一水龙头　制造商：戴森

图3-5　东芝公司设计的电梯楼层导航/目的地控制系统

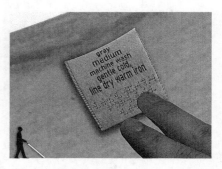

图3-6　方便视障人士的衣服标签

图3-7　Model Ci智能轮椅　WHILL公司，2018年

每个前轮都由24个独立的滚轮组成，转弯半径减小，快速可拆卸结构便于放入汽车后备厢，用户可用手机召唤它到身边。

④ 选择性。通过设计增加某一产品、某一空间的适用性。就整体而言，应提供满足不同需求的商品和活动空间，从而提供不同的选择，帮助有障碍的人排除障碍，同时要注意包容性和选择性之间的平衡。如图 3-8 的花瓶可以根据使用者的喜好或组合或分离使用。再如图 3-9 所示的三星 Sero 是一个旋转屏幕，专为匹配智能手机等移动设备而设计，可以根据手机屏幕的显示内容，实现屏幕横 / 竖圆滑旋转，成为旋转的智能电视，可以响应更多新的家庭使用场景。

⑤ 经济性。人性化设计的对象应包括相当一部分弱势人群，因此，要保持低成本、低价格、有良好的性能价格比。很多设计师致力于通过积极的设计实践改善极度贫困人群的生活品质，利用经济实用的设计作品抚平弱势与强势阶层的差距。例如，针对非洲一些

地区电力网络没有普及的现实，设计师提出了家用小型人力驱动洗衣机的概念，仅靠脚踏动力装置来使洗衣机转动，内筒取出以后还能用来盛放衣服，见图3-10。当几年前新能源汽车依靠国家补贴而销售火爆的时候，上通五菱就思考一个问题：是否能造出一辆不需要依靠补贴的电动车？甩掉补贴，成为一个刚性条件，逼迫设计师采用极限思维，去设计一辆超低成本的电动车。这一布局，使得企业在2020年新能源汽车销售显著滑坡的情况下受益明显。3万元的五菱宏光 Mini EV 电动汽车，不需要任何补贴，企业还能赚到钱，这是一个基于极致制造的战略选择。而低廉的价格、人性化的设计、基于互联网的营销方式也使得这款车迅速风靡，摆脱了传统微型电动汽车"老头乐"的形象，成为了年轻人喜爱的代步工具，见图3-11。

图3-8　花瓶　设计师：柴田文江，2019年

图3-9　三星Sero旋转屏幕，2020年

图3-10　小型人力驱动洗衣机

第3章　工业设计的基本原理和方法　　**061**

⑥ 舒适性。通过对形态、色彩等的设计处理，达到美的视觉效果和良好的触觉效果。例如，德国 HWEI 公司设计研发的把手，看似与一般把手无异，但摸上去非常轻软光滑，改变了人们对把手冰冷僵硬的印象，创新的材质，更容易让使用者感觉亲近。一字型把手的另一个显著的优点是即使两手都抱着重物，用手肘按压把手也可以把门打开，见图3-12。再如电子体温计，与传统水银玻璃体温计相比较，安全性强，更加温暖柔和，使用起来更加安全便捷，见图 3-13。

图3-11　五菱宏光Mini EV电动汽车　　　　图3-12　全新触觉的门把设计

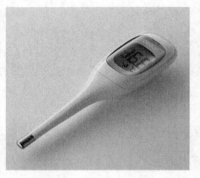
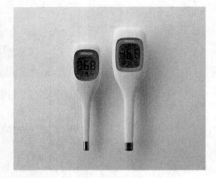

图3-13　欧姆龙Omron "i-Temp" 体温计　设计师：柴田文江
曾荣获德国权威设计大奖iF Product Design Award金奖

⑦ 互动性。产品一方面要适应环境，给人提供充分的便利，另一方面应尽量调动人自己的能动性、创造力，对产品进行再设计、再创造，让用户在使用产品的过程中，通过自己参与和动手，形成与产品良好的沟通，通过参与感，获得成就感和精神上的美好享受，如各种可以自由搭配的模块化家具、可以自如调整形状的产品、可以加上自己创意的产品等。图 3-14 是无印良品推出的黄麻包，没有任何图案和 LOGO，给用户提供了 DIY 创造发挥的空间，从而大受欢迎。无印良品推出的白色帆布包，利用销售现场摆放的若干印章也给购买者制造了一种自己参与完成最终产品的途径。当今，科技与人类的互动是一个必然的趋势，互动设计以使用者的需求与经验为出发点，创造出人与科技的完美结合，互动构成了产品与使用者之间的连接，随着技术的发展，人与产品之间交流互动的方式也从最初的开关仪表向触摸屏、手势、语音、体验和虚拟现实 VR 等多种方式转化，见图 3-15。

图3-14　无印良品的黄麻包及使用者的DIY发挥

图3-15　人和产品之间的多种互动方式

 小结　　　美国IDEO公司联合创始人比尔·莫格里奇（Bill Moggridge）说："如果有一个能整合所有事情且简单容易的设计原则，那么它可能就是从人开始。"设计为人，以人为中心，是设计的根本出发点和归宿。设计师要有仁爱心、同理心，细致观察生活，体悟人的需求和情感，用设计为人们解决问题，塑造更加美好的生活。

3.1.1.2　个性化和差异性需求

　　工业文明的长足进步，带给人们无比丰富的物质条件。当物质积累达到一定的程度，人们的需求开始呈现多样化和差异化的趋势，要求产品在满足功能的同时，能更好地体现自己的个性、符合个人习惯。未来市场竞争的主要趋势将是基于个性化的竞争，谁能更好地满足个体的需求，谁就更有可能在竞争中立于不败之地。以先进技术使产品发生差异化是最好的竞争策略，但重大技术突破的难度很大，因此，在各厂商的产品功能、价格、质量都类似的情况下，个性化设计越来越受到消费者的青睐，设计因素成为影响消费者选择的重要参数和企业增强自身竞争力的重要筹码。通过对造型、材质、色彩和装饰的精心设计，着力于对产品形式感的追求，塑造产品独特的气质和个性，甚至标新立异，努力满足消费者求新求异的心理，从而获得经济效益。例如，第1章提及的瑞士Swatch手表可以说是通过个性化和差异化的产品赢得消费者芳心的经典。再如，海尔集团多年来重视对消费者的研究，仅洗衣机一个品类就开发出适合洗小件内衣的"小小神童"洗衣机、满足农村用户的既能洗衣服又能洗地瓜的洗衣机以及上下双滚筒可以分区清洗的卡萨帝高端"双子云裳"洗衣机等，见图3-16。当然，不论是Swatch还是海尔，其个性化和差异化的产品得以实现，都是以雄厚而先进的制造能力和设计能力为基础的。

图3-16 海尔卡萨帝"双子云裳"洗衣机

3.1.1.3 情感化需求

情感是指人对周围和自身以及对自己行为的态度，它是人对客观事物的一种特殊反映形式，是主体对外界刺激给予肯定或否定的心理反应，也是对客观事物是否符合自己需求的态度和体验。在产品设计中情感是沟通设计师、产品与大众的一种高层次的信息传递过程。一旦人对产品建立某种"情感联系"，原本没有生命的产品就能够表现人的情趣和感受，变得栩栩如生，从而使人对产品产生依恋。例如，由迈克尔·格雷夫斯（Michael Graves，1934—2015）为意大利阿莱西Alessi公司设计的水壶，壶嘴处被设计成小鸟的

图3-17 小鸟水壶
设计师：迈克尔·格雷夫斯

形状，并且水沸腾时就会发出小鸟的叫声，把自然界富有生命意义的元素运用到设计中来，让用户在使用过程中感受到大自然的趣味，满足了人们热爱自然、亲近自然的情感需求，见图3-17。再如，图3-18是日本设计的"金婚"戒指。结婚50年，方为金婚，设计师在18K金戒指的表面做了薄薄的一层镀银，镀银层随着时间的流逝被慢慢磨损，18K金慢慢显现出来，让人们感受到爱情仿佛岁月的承诺，历久弥新，而婚姻的幸福则更加需要长久的陪伴。这个设计工艺简单，但是思路新颖，具有打动人心的力量。

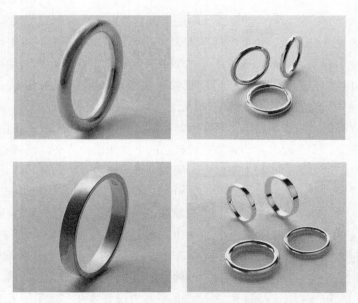

图3-18　金婚戒指　设计：日本TORAFU建筑设计事务所

3.1.1.4　设计的流行性

我们经常可以看到这样的情形，当一种新颖有创意的设计产品上市后或者一种设计特征（如色彩、材质、表面肌理等）引起关注和得到受众的认可，人们纷纷愿意拥有它或使用它的时候，便会形成一种时尚潮流或称为流行趋势。这种流行趋势直接影响人们对产品的喜好程度，其影响范围不仅仅局限在同一类产品中，有时可能波及各个领域的其他产品。例如，苹果公司自从推出透明电脑这个概念以来，整个设计界为之哗然，随后，各大厂商纷纷推出自己的"透明"产品：电视机、电冰箱、洗衣机，甚至一些女性使用的时尚饰物如手表、手提袋、伞也在一夜之间变成透明的了，见图 3-19、图 3-20。

图3-19　透明计算器　　　　　图3-20　联想的S800透明手机

创新是产品设计的生命。只有带给消费者全新的、超乎想象的设计，才能引领时尚潮流。流行趋势具有年代更替性，现在的市场变化迅速，消费者的品位也在不断提高，设计师不能单纯以个人的品位和兴趣进行设计，只有对人们使用产品的环境、期待的质量和价值进行理解，探求产品的流行风格和元素，抓住消费者审美眼光的变化，才能做出引导潮流的时尚产品。同时，流行趋势随着设计不断推陈出新，替换频率有加快趋势。这对于设计师来说，无疑是一种压力，谁能准确掌握未来几个月甚至几年内即将出现的流行趋势，谁才可能在商战中获胜。因此，设计工作的职业特点要求设计师要永远走在潮流的前端，要正确把握运用流行资讯、流行趋势，能够顺应潮流并争取引导潮流（参见第 10 章 10.5.8 "国潮" 品牌的兴起及设计特征分析）。

设计要顺应潮流，但却不意味着对潮流的盲从。在市场上，一些品牌之所以受到人们长久的关注和喜爱，正是因为它们能够坚持自己的个性和设计风格，消费者购买的不仅是一件产品，也是一种生活方式和人生信念。例如，奔驰作为一个知名品牌，有自己的核心价值：自信、活力、优雅、创新、安全、可靠和高质量等。奔驰的设计不追随短暂的潮流，而是注重产品的传承。每一款新的奔驰车型在必须具备自己个性的同时还要坚持奔驰品牌的共性。虽然奔驰汽车的星徽标志和散热器的设计发生了变化，但奔驰典型的设计风格始终保持。这种传承的设计理念使得奔驰在车型设计风格创新发展的同时，又能坚守奔驰品牌的核心价值和鲜明的个性，使得奔驰成为汽车设计经典之作，图 3-21 所示为 1954 年梅赛德斯·奔驰 300SL，超越时代的设计令人惊叹，使 300SL 成为奔驰历史上设计的巅峰之作，至今仍是收藏家们的最爱。

图3-21 1954年梅赛德斯·奔驰300SL

3.1.2 工业设计的美学原理

通常来说，美的事物都能通过人们的感官而引起愉悦，即审美的快感。在西方，古希腊毕达哥拉斯（Pythagoras，公元前约 580—公元前 500 年）认为 "美是和谐"。赫拉克利特（Herakleitos，公元前约 544—公元前 483 年）也赞成 "和谐说"，但他认为："互相排斥的东西结合在一起，不同的音调造成最美的和谐；一切都是斗争所产生的。" 同时他主张艺术模仿自然，指出："艺术也是这样造成和谐的，显然是由于摹仿自然。" 赫拉克利特把矛盾冲突的辩证观点引进了文艺美学之中。他还认为美与丑是相辅相成的，不存在绝对的美与丑。而苏格拉底（Socrates，约公元前 469—公元前 399 年）认为："美和善是一个东西，就是有用和有益。""任何一件东西如果它能很好地实现它在功用方面的目的，它就同时是善的又是美的，否则它就同时是恶的又是丑的。" 柏拉图（Plato，公元前 427—公元前 347 年）却提出 "理式" 才是一切美的事物的源泉，"有了它，那一切美的事物才成其为美"。圣·托马斯·阿奎那（Thomas Aquinas，约 1225—1274 年）则提出 "美的三要素"：第一是完整或完美，凡是不完整的东西就是丑的；第二是适当的比例或和谐；第三是鲜明。"鲜明的颜色是公认为美的。" 他还强调审美活动的直觉性，主张："凡是一眼见到就使人愉快的东西才叫做美的。"

具体到产品，美包括两个方面：一是能够通过人的视觉、触觉、听觉、嗅觉等机能感受到的感性美，二是设计创造的理性美。作为人的创造物，产品是人对世界认识的物质体现，其本质是它在使用过程中的功能。用户的使用过程是对产品真正的考验，优秀的产品就像是好友一样能够"理解"人，给使用者以精神上持久的愉悦。

3.1.2.1 功能美

① 实用功能之美。在工业设计中，功能是造物的首要目的，是产品存在的依据。产品的功能是指产品所具有的某种特定的功效和性能，由产品这种有用性功效在使用过程中给人们带来的愉悦感，称之为功能美。功能美是产品最基本、最普通的属性，是人们审美的物质基础，也是产品设计的核心。索尼公司产品设计和开发八大原则的第一原则就是产品必须具有良好的功能性。产品的功能性或者说产品的实用性，很大程度上是建立在科学技术基础上的，每个时代出现的新科学、新技术、新工艺都会给产品的功能美以新的影响。

② 环境功能之美。在赋予工业产品使用功能的同时，必须为人类创造良好的物质生活环境。随着社会的发展，工业设计应满足"产品 - 人 - 社会 - 环境"的统一协调。优良的产品设计首先应该体现产品和环境的和谐相处，并对环境产生积极的影响，产品所创造的人类的生活方式应该与环境和谐。

③ 社会功能之美。人类生活在一个被设计出来的环境中，设计的好坏与每个人的生活质量息息相关。今天，设计的对象不仅是单纯的产品本身，也是对人的生活方式、人的社会价值观念和对社会生存环境的设计，属于经济文化和社会道德伦理的层次。应使产品起到使用功能和美学功能"教科书"的作用。通过设计，引导人们树立正确的产品消费和使用观念，倡导积极向上、健康的生活方式和观念，引导社会和谐和可持续发展。例如我们国家是一个崇尚礼仪的国度，古人向来主张"站有站相、坐有坐相"，要做到"行如风、卧如弓、站如松、坐如钟"。历史上我国的"太师椅"屏背尺寸较大，造型厚重庄严，陈设在厅堂之上，坐上去后"正襟危坐"的庄重感油然而生，客观上起到了督促大家遵守礼道，对民族的传统礼仪也起到了很好的传承作用。

今天，设计所思考的问题已经从产品本身扩展到对人的生活方式、人的社会价值观念和社会生存环境，上升到了经济文化和社会道德伦理的层次。"好设计"在使用功能、美学功能、社会道德等层面都能起到教化作用，引导人们树立正确的产品消费和使用观念，倡导积极向上、健康的生活方式和观念，引导社会和谐和可持续发展。随着技术、经济和文化的发展，人们的生活方式也呈现多样化的趋势。互联网技术、快速物流技术使得世界仿佛就在人们眼前，人们足不出户就可以知晓外面的大事小情，动动手指就能获得应有尽有的生活必需品，家是个舒适窝，人们在其中或工作学习锻炼、或种植花花草草，或饲养宠物，也可以过"早晨从中午开始"的日子……，家如同一个壳子，把人从纷杂的外部世界中隔离出来，获得了身心相对的宁静和自由，因此，"宅"成了现代人喜欢的生活方式之一。2020 年新冠病毒 COVID-19 的肆虐使更多的人不得不"宅"在家里，"宅"使得包括交通、旅游、餐饮、制造业等实体经济遭受了巨大冲击的同时也促生了新的商业机会，例如网络购物、网上教育、远程医疗、网络游戏、宠物经济等获得了快速发展，同时也给设计打开了新的空间。消毒杀菌或是烹饪的小家电、宠物用品、教育办公 APP 等服务软件层出不穷，让人们能够精神愉快地宅在家中度过艰难时期，并助推整个社会相对平稳地向前发展，见图 3-22。

图3-22　阿里巴巴开发的智能移动办公平台钉钉（DingTalk）

总之，功能美是有第一位、决定性的意义，是本原美。设计师不可避免地会成为他们所处时代价值的表达者，每位设计师都有责任把设计真实而质朴的一面——功能美——展示给大家，用设计让生活更美好。

3.1.2.2　造型美

功能美是工业设计的重要因素，但只有功能美是远远不能满足人的审美需求的，产品的功能决定了产品的形式，工业设计要在侧重产品功能的同时重视其造型。

工业设计的造型美随科技的发展而发展。19 世纪下半叶以来，欧美各国完成了产业革命，以工业大机器生产出来的产品，首先考虑的是功能的实用性、结构和工艺的可行性，缺乏完美的产品整体设计，生产出大量粗制滥造的产品，其造型的审美显得不成熟，制作工艺也显得简单粗糙，虽然从实用功能上能满足人们的需要，但从审美的角度来看是远远不够的。1919 年德国包豪斯设计学院建立，主张"形式追随功能"，尊重结构自身的逻辑，强调几何造型的单纯明快，重视技术和工艺，促进标准化并考虑商业因素，对工业设计产生极大的影响。到了现代，工业产品造型的设计更是在其功能的基础上向人性化、合理化、审美化发展。

造型美是在符合实用要求的前提下发展的，只有成功地把功能效用与形式美感结合在一起，才能创造出优秀的产品。工业设计中产品的造型美是技术与科学共同发展的结果，它包含了人的经验、知识、技能、工具、材料等因素。造型美具有实用功能价值，不能与功能相矛盾，也不能为了造型而造型。造型的美感主要来自于构成造型的基本要素点、线、面的组合，以及这些组合产生的情感，主要以构成为主，要灵活运用以下美学原则：比例与尺度，对比与统一，对称与均衡，节奏与韵律，反复与连续等。如图 3-23 所示的潍柴股份所生产的工程机械主控阀中的一个高端液压件，虽然是一个不暴露在机器外部与用户直接接触的机械部件，但是无论是结构、比例、材质均能带给人美感，色彩采用了灰色和黄色搭配，暗喻企业发展追求"辉煌"的目标，和谐的色彩搭配也更好地凸显了产品的功能。

图3-23　液压部件

能够满足同一功能的形态并不是惟一的。在当前供大于求、各厂家的技术水平趋同的情况下，消费者尤其关注产品的形态。这种关注又反过来促进了形态的创新。应该尽量多创造丰富多样的形式结构，赋予产品多维的、文化的、美学的内涵，增加产品本身的可选择性。这既是设计活动本身的要求，也符合消费者的需要。位于北欧国家丹麦的 Bang & Olufsen 公司（简称 B&O）是以生产高品质音响产品著称的厂商，其产品将顶级的音质与富有艺术气息的独特造型结合在一起，实现功能与形式的完美结合，独具特色。其中，李维斯设计的"铅笔"形音箱尤为引人注目，见图3-24。李维斯的梦想是设计一种无形音箱，以达到纯乎其纯的音响效果，但这是不可能的，于是他尽量将音箱设计得小巧轻薄。"铅笔"形音箱的设计灵感来自教堂中的管风琴，给人丰富的联想，又极具美感。图3-25 所示的 B&O 灯塔造型的 Beolab 9 音箱从灯塔中汲取设计灵感，主音箱立于中央，像是指挥家的指挥台，两只圆锥状灯塔造型的落地音箱分立两侧，像是指挥台的两位守护者，简约而不简单，气质典雅而又高贵，延续了 B&O 公司一向的高水准。

图3-24　B&O公司的铅笔造型的音箱　　　　　图3-25　B&O公司的灯塔造型的音箱

3.1.2.3　材质美

现代工业产品在技术的表现上很大程度依靠对材料的运用和加工。先秦古籍《考工记》著曰："天有时，地有气，材有美，工有巧，合此四者，然后可以为良。"可见用材料的性能和特点来表现美的特征由来已久。选择合乎目的的材料体现技术产品所固有的功能特征，增加产品的美感，也是现代设计主要表现手段之一。

从广义上讲，工艺材料的表现是形式的内容之一，但它又具有自身的特点。因为每种材料的"品格"不同，所以其本身就可能蕴藏着构成美的特征。德国建筑师密斯说："所有的材料，不管是人工的或自然的都有其本身的性格。我们在处理这些材料之前，必须知道其性格。"工艺材料自身的性能来源于该材料的内部结构，包括原子以及原子在晶体中、分子中与邻近原子的结合方式与显微结构。不同的内在结构决定材料不同的物理与化学性能，从而决定了一定的制作方式及技术表现。日本美学家竹内敏雄认为："技术加工的劳动是唤醒在材料自身之中处于休眠状态的自然之美，把它从潜在形态引向显性形态。"设计师的重要工作之一就是挖掘材质本身蕴含的美感，因材施法，通过一定的制作方式和技术表现，创造和提升产品的美感。图3-26所示是被誉为"东方达·芬奇"的日本设计大师黑川雅之（1937— ）的一组作品，通过充分挖掘木、玻璃、铸铁、黄金、黑色橡胶与铂金搭配等不同材质的内在情感，给人带来不同的体验。

图3-26 不同材质的产品设计师：黑川雅之
依次为：木材、玻璃、铸铁、橡胶+铂金、黄金

不同的材质除了具备各自的物理、化学属性外，还在漫长的应用过程中在人们的心目中形成了自己独特的表情和语言，见表3-1。

表3-1 材料带给人们的心理感觉

材质	感觉
金属	工业、力量、沉重、精确
玻璃	整齐、光洁、锋利、艳丽
石材	古朴、沉稳、庄重、神秘
木材	自然、温馨、健康、典雅
陶瓷	光滑、洁净、时尚、古朴
塑料	温暖、光洁、柔韧、廉价

设计师在设计时必须要根据产品的内容或功能选用与之相符的材料，要尽量表现产品的自然属性，不能张冠李戴，乱点鸳鸯。例如，自行车的材料多为金属结构，如果车架等重要构件使用塑料材料，势必影响其安全性，破坏功能的发挥。现代科技发展的一大特点就是新材料、新技术在产品设计中的广泛应用。产品设计还可以将功能内容作为核心，在原有材料上改进，或采用与以往不同的材料代替、模拟。例如，早期冰箱基本由金属材料构成，但存在使用不便、重量过大等缺点，伴随着材料技术的发展后改用塑料材质，但还是模拟了金属材料的质感。很多新材料能给人以新奇的韵味，如图 3-27 所示为苹果 Power Mac G4，其外壳采用透明的亚克力材质给人一种晶莹剔透的美感。

图3-27 苹果Power Mac G4

一般说来，传统的自然材质朴实无华却富于细节，新兴的人造材质大多质地均匀，但缺少天然的细节和变化，天然材质的亲和力要优于新兴人造材质。设计在经历了现代科技主义风格后，开始逐步向现代的人文情趣风格转变，材质的审美标准也随之发生相应变化，"亲和美"重新被人们审视。例如，丹麦家具的设计大都非常简洁而实用，常选用木材、皮革、藤条等亲和力较强的天然材质，木质家具常常不上油漆，只采用磨光上蜡的工艺以保持木材的自然纹理与质感，这种自然的色彩与质感，给人一种温馨、宜人的亲和感受，为家庭成员度过漫长而寒冷的北欧严冬提供了重要的心理依托，因而广受欢迎，见图 3-28。

材质之美还在于其社会性，体现对人深层次的关心和爱护。绿色材质的美源于人们对于现代技术文化所引起的环境及生态破坏的反思，体现了设计师和使用者的道德和社会责任心的回归。选择产品材料时，不仅要尽量减少物质和能源的消耗、减少有害物质的排放，而且要使产品及零部件能够方便地分类回收并再生循环或重新利用。图 3-29 所示为 1994 年菲利普·斯塔克（Philippe Starck，1949— ）为沙巴法国公司设计的电视机，采用了一种回收的材料——高密度纤维模压成型的机壳，色彩也让人感到一种先天的自然性，该设计开创了绿色电器的先河。

图3-28 丹麦家具
设计师：汉斯·瓦格纳
（Hans Wegner，1914—2007年）

图3-29 电视机
设计师：菲利普·斯塔克
（Philippe Starck，1949— ）

综上所述，产品的材质美，主要体现在科技、自然和社会人文因素中。在产品设计中材质的美感有着重要作用，直接影响产品的艺术风格和人对产品的感受。优秀的设计离不开优美的材质，但这不是说材质的美感可以凌驾于其他设计美学要素之上，产品美感是形态、材质、功能、风格的平衡与和谐。

3.1.2.4 体验美

人们常将外界事物、情境所引起的内心感受、亲身的经历，称之为"体验"。产品最终是要拿来使用的，所有的美感要在接触和使用时得以体验。使用过程中愉快的体验也加深了人们对产品美的感受。

在现代主义的后期，人们对呆板的工业造型产生了厌倦，开始寻找一种新的满足需要的方式。在这个过程中，人们对工业设计有了一个重新的认识，不再认为它是简单地为产品增加价值，而是提出问题、解决问题，创造一种新的生活方式，让人们在使用产品的过程中获得情感的满足。1969年成立的青蛙"FROG"设计公司的设计哲学是"形式追随情感（Form follows emotion）"，这和路易斯·沙利文（Louis Sullivan，1856—1924年）在19世纪80年代提出的"形式服从功能（Form follows the function）"表达了不同时代对于设计的不同理解。青蛙的设计原则是跨越技术与美学的局限，更加关注消费者购买产品之后在使用过程中体验到的情趣。青蛙设计公司创始人艾斯林格（Hartmut Esslinger，1944— ）曾说："设计的目的是创造更为人性化的环境，我的目的一直是将主流产品作为艺术来设计"。即使是主流普通产品，青蛙公司同样可以通过对人深层次需求的研究、对情感的把握，创造出消费者乐于接受的新产品，令其变为艺术品。

能为产品增加美感体验的因素多种多样，既有视觉的，也有触觉的，甚至包括听觉的。例如，曾有一家饮料公司发现消费者不再喜欢喝他们的饮料，希望Conran and Partners公司的首席设计师欧康纳能够帮助他们解决这个问题，但是前提是不能改变他们饮料的口味。经过调研，欧康纳发现原来是消费者主观感觉这家公司的饮料不新鲜，非常不幸的是这家公司号称是当地生产新鲜饮料的惟一的公司，这原本应该是他们主要的卖点之一。他的办法是改变饮料的提供"界面"——饮料机，改进方案是让人们能够听到饮料流进杯里的声音，让哗哗流动声形成水果非常新鲜的印象。而在此之前，设计者们都在想方设法把饮料机做得足够静音。

消费者和产品进一步接触的时候会产生更多的体验，如心理上或情感上得到满足，这是深层体验。在使用的过程中，优秀的设计作品，以"润物细无声"的方式潜在地表达着设计师的理念和精神，不仅带给人们生活的便利，还会带给人美妙的精神享受，见案例3-1和案例3-2。

案例3-1 STARCK V水龙头

图3-30是法国设计师菲利普·斯塔克（Philippe Starck，1949— ）为德国著名卫浴品牌汉斯格雅Hansgrohe设计的水龙头STARCK V，灵感来源于

汉斯格雅二代接班人克劳斯·格雅（Klaus Grohe）对水的涡旋现象的探索，雕塑般的造型简单而又清爽，透明的塑料材质与螺旋上升式的出水方式也非常罕见，用户可以欣赏到整条迷人的水流，获得清泉涌动的享受，十分赏心悦目。

图3-30　STARCK V水龙头　设计师：菲利普·斯塔克 Philippe Starck

案例3-2　火柴设计

图 3-31 是日本设计师面出薰设计的火柴：将落在地下的小树枝进行适当修饰后，在尖端涂上发火剂。捡拾落在地上的小树枝何等优美，在回归自然之前通过燃烧又奉献最后的光辉——制造和使用的流程都能唤醒人们记忆中对自然、火、光明、温暖、情感的无数想象，即使不懂得设计的人也能从中感受到心灵的共鸣。

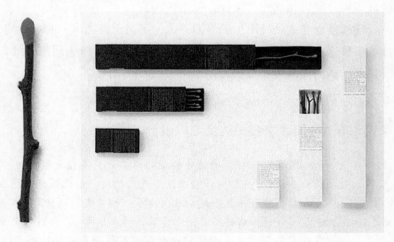

图3-31　火柴设计

"尽善尽美"是我国古代思想家、教育家孔子（公元前551年—公元前479年）的美学思想，他认为"尽善"并不等于"尽美"，美虽然能够给人以感官的愉快，但美必须具有善的内涵，美同善相比，善是更根本的。也就是说"美"以"善"为内容，"善"以"美"为形式，只有二者有机结合，才能形成一种完美的事物。产品造型的美学真谛就是"尽善尽美"，"善"就是功用，"美"就是赏心悦目。最终，我们应该认识到，美的境界并不在遥远的彼岸，它就在人们的生活之中，日常生活蕴含着最富有生气的美，期待着有心人去发现和领悟。

3.1.3　工业设计的经济性原理

设计的价值必须在社会经济活动中得以实现。随着世界经济一体化的加快，研究市场变化下的消费者与生产营销商间的互动关系，以"最经济的艺术设计之产品"来为生产营销商赢得最大利润和提高产品的市场占有率，以消费群体公认的且生产商能够实现的"美"来赢得消费者的芳心，是每一个生产营销商的追求。

3.1.3.1　设计的经济性

在产品设计过程中，要选择最合适的材料、加工工艺，以最省的用料和最少的时间生产制造出具有最高使用价值和最好审美价值的产品，即以最低的成本换取最大的经济效益，这就是工业设计的经济性原理。

在产品的生命周期中，产品设计是一个关键环节，它直接影响了产品的选材、工艺、储运等环节，对价格的影响很大。设计师在设计时要考虑到经济核算问题，考虑原材料的费用、生产成本、产品价格、运输、储藏、展示、推销等费用的合理性，力求以最小的成本获得最适用、美观和优质的设计，见案例3-3。

工业设计是创造商品高附加价值的方法，不同于纯艺术，它有一定的商业目的。利用现有技术，依靠工业设计，用较低的费用可以提高产品的功能与质量，使其更便于制造、更加美观，增强产品的市场竞争力，提高企业的经济效益。

案例3-3　瑞典宜家公司的低成本设计

瑞典宜家公司的低价格策略贯穿于产品设计的始终。宜家号称"最先设计的是价签"，即设计师在设计产品之前，就已经为该产品设定了较低的售价及成本，然后在这个成本之内，尽一切可能做到精美、实用。IKEA的设计理念是"同样价格的产品，比谁的设计成本更低"，因而设计师在设计中的竞争焦点常常集中在是否少用一个螺钉或能否更经济地利用一根铁棍上，这样不仅能有降低成本的好处，而且往往会产生杰出的创意。IKEA 发明了"模块"式家具设计方法（家具都是能拆分组装的，产品分成不同模块，分块设计，不同的模块可根据成本在不同地区生产；同时，某些模块在不同家具间也可通用）。1956 年，受到一位设计师把 Levet 桌子腿卸下来塞进私家车后备厢的启发，宜家推出了平板包装的家具，既方便运输，也减少了仓储和物流成本，见图 3-32。

图3-32　宜家家具的平板包装

3.1.3.2　设计与消费

设计与消费的关系是设计与经济关系的具体化，同时也是其关系最生动的体现之一。

首先，设计是一种消费品。设计是对物的创造，消费者直接消费的是物质化了的设计，实际上就是设计人员的劳动成果。

其次，设计为消费服务。消费是一切设计的动力与归宿，设计的目的是既要为消费服务，还要促进商品的流通。商品进入消费圈需要传达设计，利用一定的视觉化手段，达到更清晰、有效展示商品的目的，同时刺激销售。商品的保护、储运、宣传、销售需要大量的设计投入。

再次，设计刺激消费。设计可以扩大人类的欲望，从而创造出远远超过实际物质需要的消费欲。"流行"概念扩大了人的消费欲，从"流行"到"过时"也就是商品走向精神上报废的过程——伴随新设计的不断产生，人们会有意地淘汰旧的商品，即使它们在物理上还是有效的，这从客观上扩大了消费需求总量，例如苹果公司的 iPhone 手机、三星电子的 Galaxy 手机从推出至今都已推出多个代系，见图 3-33、图 3-34。此外，消费的多层次性要求同一类商品有不同的价值属性，通过设计创造附加价值满足各种消费层次的心理需求。总之，设计是最有效推动消费的方法，它触发了消费的动机，能够唤起隐性的消费欲望，也可以说，设计发掘并制造了消费需求。

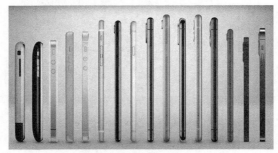

图3-33　苹果公司推出的iPhone手机（2007—2019年）

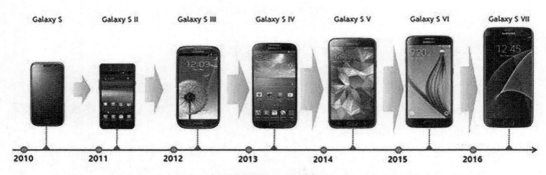

图3-34　三星电子公司推出的Galaxy系列手机（2010—2016年）

3.1.3.3　设计作为经济体的管理手段

随着现代企业对设计的重视程度不断提高，很多公司将设计作为核心战略，不论是成熟的企业还是初创企业都能从"设计驱动品牌"策略中获得良好的效益。以苹果、IBM、麦当劳为代表的著名跨国巨型企业，均是将设计作为他们的管理手段之一。设计的管理作用主要体现在两个方面，一是企业识别系统（Corporate Identity），二是利用设计塑造企业文化。如果设计缺失，公司的性质、机制和发展格局在人们的头脑中可能会不明确、不定型，而通过企业识别系统，公司的个性无论是在内对员工还是在外对公众都明确化了。CI不仅应用于跨国公司的管理，对于那些兼并和融资的大公司也不失为一种有效的管理方法。通过CI的实施可以帮助企业建立良好的企业形象，提高管理水平和员工素质，积极适应竞争激烈的国内外市场；有利于创造名牌产品和名牌企业；有助于提高企业所在地区的经济竞争能力，树立政府良好形象；有助于新的经济增长点的产生等。

3.1.3.4 设计作为促进经济发展的战略

英国前首相撒切尔夫人在分析英国经济状况和发展战略时指出：英国经济的振兴必须依靠设计。撒切尔夫人曾这样断言："设计是英国工业前途的根本。如果忘记优秀设计的重要性，英国工业将永远不具备竞争力，永远占领不了市场。然而，只有在最高管理部门具有了这种信念之后，设计才能起到它的作用。英国政府必须全力支持工业设计。"她甚至强调："工业设计对于英国来说，在一定程度上甚至比首相的工作更为重要。"英国的设计业在20世纪80年代初期和中期发展迅猛，为英国工业注入了大量活力。第二次世界大战以后，日本经济百废待兴，日本政府从20世纪50年代引入现代工业设计，将设计作为日本的基本国策和国民经济发展战略，从而实现了日本经济70年代的腾飞，使日本一跃而成为与美国和欧共体比肩的经济大国，国际经济界的分析认为"日本经济＝设计力"。

在过去的一段时间内，"贴牌生产"曾在中国迅速发展，"贴牌生产"的特征就是：技术在外，资本在外，市场在外，只有生产在内。然而，制造业除了加工制造外，还包括产品设计、原料采购、加工制造、仓储运输、订单处理、批发经营以及终端零售等其他6个环节，因此，可以将制造业称为"6+1"产业链，在这个产业链中，加工制造仅仅是其中的一个环节，而且是一个利润最低、消耗人力和资源最多、对环境造成的破坏最严重的环节。在当今世界的产业链中，研发、生产、流通诸环节的附加值曲线呈现两端高而中间低的形态，即研发和流通环节附加值高、制造加工环节附加值低，很像人笑时嘴的形状，俗称"微笑"曲线，见图3-35。在这个曲线中，一头是研发、设计，另一头是销售、服务，中间是加工生产。微笑曲线得到大量国际贸易数据的印证：在全球产业链中，高端环节获得的利润占整个产品利润的90%～95%，而低端环节只占5%～10%。目前，我国一些加工贸易企业获得的利润甚至只有1%～2%，因此，我国要实现产业升级和经济可持续发展，必须借助设计的力量。

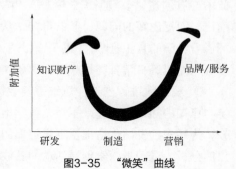

图3-35 "微笑"曲线

3.2 创造性思维与设计方法

设计的实质是发现问题，然后解决问题的过程，对工业设计师而言，就是要在设计产品的过程中对自己思维中的内容进行解释，因此，设计师要在设计中打破常规，从全新的视角出发，全方位多元化进行设计实践，这对设计师来说是非常重要的，需要设计师拥有创造性思维。实践证明，创造性思维是可以通过训练、积累形成的。

3.2.1　创造性思维

设计是造物活动，本质在于创造，而创造力的产生与发挥，则必须依赖于创造性思维的发散与收敛，可以说，创造性思维是设计的核心。设计者如果能了解创造性思维的特点、规律，将更有助于运用思维规律去激发创造的潜能，启发创造力的发挥，并能够创造性地发现问题、分析问题和解决问题，这是设计造物的本质和灵魂所在。

3.2.1.1　创造性思维的概念

创造性思维是一种"有创建的思维过程"，它既表现为产生完整的新发现、新发明的思维过程，也表现为在思考的方法、技巧、某些局部的结论及原则上具有新奇独到之处的思维活动。

3.2.1.2　创造性思维的特征

创造性活动是创造性思维产生的基础，同时，创造性思维所产生的新思想和新观念，对创造性活动的进行起指导作用。

① 求异性。人类在认识事物的过程中，特别关注客观事物间的不同性和特殊性，特别关注现象与本质、形式与内容之间的不一致性。这种心理状态常表现为对常见现象和已有权威结论的怀疑和批判，而不是盲从和轻信。在设计中常表现为勇于挑战固有、传统观念，敢于对所谓的成熟设计、经典设计、成功设计进行重新审视、否定和突破，提出全新概念。

② 想象丰富。想象是人类探索自然、认识自然的重要思维形式，可以说，没有想象就不会有创造。爱因斯坦曾说过："解决一个问题，也许仅仅是一个数学或实验上的技能而已，而提出新的问题、新的可能，从新的角度看旧的问题却需要创新性的想象力，而且标志着科学的真正进步。"锯子、雷达、飞机等若干人造物的发明均来自人们对类似小草、蝙蝠、蜻蜓等日常事物的观察和想象。

③ 观察敏锐。创造性思维需要敏锐的洞察力去观察和接触客观事实，并不断地将事实与已知的知识联系起来思考，科学地把握事物之间的相似性、重复性及特异性并加以比较，为后来的发明创造提供真实可靠的依据。因此，要特别留心意外现象，通过对意外现象的分析，进一步探索创造活动的新线索，促使创造活动早日成功。日本著名设计师原研哉曾经发表过这样的看法："设计不是一项技能，而是捕捉事物本质的感觉能力和洞察能力，设计师要时刻保持对社会的敏感度，顺应时代的变化。"设计师不仅要注重观察，还要善于模拟，就是把潜在的、新的产品模仿出来。通过观察用户的行为，发现用户有什么困难，有什么潜在的机会，去发生改变，发现灵感，灵感变成产品，最终让用户使用。在用户使用过程中，设计师进一步观察，发现问题、触发灵感、改造概念。这样做出来的产品会更好、更接近于用户的需求。

④ 灵感活跃。灵感是一种突发性的心理现象，是其他心理因素协调活动中涌现出的最佳心理状态。处于灵感状态中的创造性思维，表现为人们注意力的高度集中、想象活

跃、思维特别敏锐和情绪异常激昂。灵感是创造性思维的重要一环，也是发明创造成功的关键一环。爱因斯坦对创造性思维有着如下描述："我相信直觉和灵感，常常不知原因地确认自己是正确的。想象比知识更重要，因为知识是有限的，而想象则能涵盖整个世界。"灵感的产生通常需要以下条件过程：头脑中要有一个待解决的中心问题；要有足够的知识储备或观察资料积累；对于渴望解决的中心问题要反复、艰苦、长时间的思考，即要进行超出常规的过量思考；搁置；灵感产生。图 3-36 为爱因斯坦描述的灵感的产生过程。

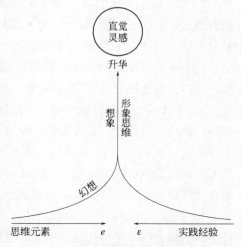

图3-36　爱因斯坦描述的灵感的产生过程

⑤ 表述新颖。新颖的表述是由创造性思维的本质决定的。新颖的表述反过来又可以更好地反映创造性思维的内容，从而加强新观点、新设想、新方案、新规则的说服力和感染力。设计师经常通过讲故事的方式，激发设计团队的创意，并能说服公司高层去开发创新性的产品。

⑥ 潜在性。潜在性是一种不自觉的、没有进入意识领域内的思维特性，它与一般思维的不同之处往往被人忽略。其实，潜在性思维往往在解决许多复杂问题中起着极为重要的作用。实践证明，只有在一定松弛的环境中，创造性思维才容易贯通。因此，娱乐与消遣常常是灵感的源泉。

3.2.1.3　创造性思维在工业设计中的几种常见应用方法

（1）发散思维方法

又称辐射思维法，它是从一个目标或思维起点出发，沿着不同方向，顺应各个角度，提出各种设想，寻找各种途径，解决具体问题的思维方法。该方法可以针对所要设计的产品所存在的问题，从结构、材料、功能、因果等方面展开，分析出尽量多的解决方案，而后经过筛选和比较，优化设计方案，见图 3-37。发散思维能培养设计师的创造能力，提高工作效率，打造具有创造性的设计环境。头脑风暴法、635 法、卡片式激励法和奥斯本设问法是发散思维在工业设计中几种具体的应用方法。

图3-37　发散式思维

1）头脑风暴法（Brain Storming），又称智力激励法，是由美国创造学家 A. F. 奥斯本于 1939 年首次提出、1953 年正式发表的一种激发性思维的方法。此法经各国创造学研究者的实践和发展，至今已经形成了一个发明技法群，深受众多企业和组织的青睐。头脑风暴在工业设计中的应用极为广泛，一般是团队以开会的方式在思维不受约束的情境下就某一案例进行天马行空的想象，各自说出自己的观点，然后在此基础之上互相交流，取长补短，进而产生具有创造性的设想。参与者一般不超过 10 人，时间最好控制在 1 小时之内，事先要有所准备。这种方法可获得大量的有价值的新设想，特别适用于对专门的案例进行设计探讨。团队在进行头脑风暴的过程中，往往会激荡迸发出意想不到的灵感。

2）635法，又称默写式头脑风暴法。与头脑风暴法原则上相同，其不同点在于，它把设想记录在卡上。所谓的"635"是指会议由6人参加，围坐一圈，每人5分钟之内在各自卡片上写出3个设想，然后按顺序传给旁边的人；每个人接到传递过来的卡片后，5分钟内再写出3个设想，完成后继续传递出去。如此传递6次，30分钟即可完成整个过程。这样，每张纸上写满18个设想，并且最终可产生108个设想。

3）卡片式激励法。这种思维方法源自日本，在明确要讨论的案例之后，以会议方式进行，参加人数以3～8人为宜，时间一般为60分钟，每人50张卡片，桌上另放200张卡片备用。在第一个10分钟内每个人填写各自的卡片，每张卡片填写一个设想。然后团队成员轮流介绍自己的设想，一次介绍一张卡片，用时30分钟。最后留下20分钟，来交流探讨各自的设想，进而诱发出新设想。

4）奥斯本九步检核设问创新法。发明创造的关键是能够发现问题，提出问题，要对任何事物都多问几个为什么。根据需要解决的问题，或创造的对象列出有关问题，逐个地核对、讨论，从中找到问题的解决方法或创造的设想，简要介绍如下：

① 能否他用：现有的事物有无他用；保持不变能否扩大用途；稍加改变有无其他用途。

② 能否借用：现有的事物能否借用别的经验；能否模仿别的东西；过去有无类似的发明创造；现有成果能否引入其他创新性设想。

③ 能否改变：现有事物能否做些改变，如：颜色、声音、味道、式样、花色、品种；改变后效果如何。

④ 能否扩大：现有事物可否扩大应用范围；能否增加使用功能；能否添加零部件；能否扩大或增加高度、强度、寿命、价值。

⑤ 能否缩小：现有事物能否减少、缩小或省略某些部分；能否浓缩化；能否微型化；能否短点、轻点、压缩、分割、简略。

⑥ 能否代用：现有事物能否用其他材料、元件能否用其他原理、方法、工艺；能否用其他结构、动力、设备。

⑦ 能否调整：能否调整已知布局；能否调整既定程序；能否调整日程计划；能否调整因果关系；能否从相反方向考虑。

⑧ 能否颠倒：作用能否颠倒；位置（上下、正反）能否颠倒。

⑨ 能否组合：现有事物能否组合；能否原理组合、方案组合、功能组合；能否形状组合、材料组合、部件组合。

例如，对一个普通的玻璃杯，如果利用奥斯本设问法，向各个方向进行发散性的思考，则它可用做花瓶、鱼缸；借用可以做自热磁疗杯；扩大可以做多层杯，缩小可以做伸缩杯等。

（2）收敛思维方法

收敛思维方法是指为了解决某一问题，尽可能调动已有的经验、知识和条件探索唯一正确的解决方案，具有封闭性、连续性、比较性，见图3-38。操作时有两种情况，一种情况是以某个思考对象为中心，充分运用已有的知识和经验，重新组织各种信息，从不同方面和不同角度将思维集中指向这一个中心点，从而达到解决问题的目的；另一种情况先进行发散思维，然后将发散思维的结果进行集中，从所得的若干方案中选出最佳方案，选择的同时注意将其它方案的优点添加进去，对最佳方案进一步创造、完善。

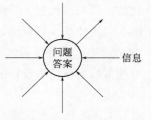

图3-38　收敛式思维

　　模块化设计的目的是以少变应多变，以尽可能少的投入生产尽可能多的产品，以最为经济的方法满足各种要求，寻找系统化、模块化的解决方案是思维收敛的过程，利用不同的模块组合出多样化产品的过程则是一个思维发散的过程。图 3-39 所示的德国家具制造商 Mobilia Collection 设计的多功能模块化沙发 LUDUS，沙发、床、书架的功能集中到模块化设计的 2 种规格的两层坐垫、1 层靠垫和模块化的书架上，这样的设计对于厂家来说自然具有简化生产、提高效率的优点，是收敛思维在产品设计中应用的成功范例。图 3-40 是 Heewoong Chai 设计的名为 Addition 的多功能冰箱系统，系列模块可根据使用者需要任意组合，功能和尺寸都可以随需求的增加而不断扩充。它还允许用户添加净水器、烤箱等模块，使之成为厨房整体解决方案。

图3-39　模块化设计的沙发

图3-40　Addition的多功能冰箱系统　设计师：Heewoong Chai

（3）联想思维法

　　利用联想思维进行创造的方法即为联想思维法，具有目的性、方向性、形象性和概括性等特点。类比法和移植法就是联想思维在设计中的应用。

1）类比法。类比法是把两种事物对比之后进行创新的技法。有仿生类比法、直接类比法、因果类比法、对称类比法等。比如工业设计中经常提到的仿生设计就是运用了其中的仿生类比法，可以通过形态、结构或功能的仿生获得富有情趣或创新功能的产品。鲁班发明锯子，莱特兄弟发明飞机，都是通过仿生设计的成功案例。1988年青蛙设计公司的罗技鼠标堪称仿生设计的经典之作，见图3-41。

图3-41　1988年青蛙设计公司的罗技鼠标是仿生设计的经典之作

仿生设计是很多汽车厂商喜欢采用的造型方法。尤其是被称为汽车灵魂的前大灯，更是通过仿生设计做得栩栩如生，使整辆车富有生气和神韵，起到了"画龙点睛"的作用。宝马5系轿车的前大灯模仿犀利的"鹰眼"，传达出了宝马品牌的精髓：豪华、凶猛、凛然不可侵犯的王者之风，见图3-42。

图3-42　宝马5系轿车的鹰眼大灯

2）移植法。将某一领域里成功的科技原理、方法、发明成果等应用到另一领域中去的创新技法即是移植法。现在，不同领域间科技的交叉和渗透已成为一种必然趋势，如果应用得当就可能获得具有突破性的创新设计。英国科学家贝弗里奇曾说："移植法是科学研究中最有效、最简单的方法，也是应用研究中运用最多的方法。"该法可以在原理、技术、方法、结构、功能和材料等方面进行"移植"，激发设计师产生新的创作灵感。例如，2000年9月底由夏普和日本沃达丰合作推出的J-SH04手机，将摄像头移植到手机上，诞生了世界上第一款照相手机，就此开拓了拍摄手机新领域，为手机的发展创造了新的道路，见图3-43。时至今日，摄像头已经成为手机的标准配备之一。再如，俄罗斯工程师德米特里·菇林设计的伏特加酒瓶盖，是把瓶盖和类似音乐贺卡中的小芯片进行组合，当打开酒瓶时，这个瓶盖能播放音乐，还能说14句祝福语，能够起到活跃气氛的作用。

图3-43　第一款带摄像头的手机——夏普J-SH04

（4）逆向思维法

逆向思维法是一种"反其道而思之"的思维方式，逆向思维可以突破思维定式，破除已经僵化的认识模式，从另一方面走向真理，出奇制胜。在工业设计过程中可以利用逆向思维，从与习惯思维相反的方向去思考，得到新的设计。逆向思维有无限多种形式，可以从产品的原理、结构、功能、属性、方向和观念等方面进行。比如，从软与硬、高与低等性质上对立的方面进行转换；从电或磁的转换过程中进行逆转；或者从结构上互换、上下左右的位置上颠倒等，空心砖、保湿化妆品等都是逆向思维的结果。

案例3-4　逆向思维在设计中的应用——仿陶罐不锈钢酒罐设计

在传统的白酒酿造工艺中，白酒的储存采用陶罐，因为陶罐壁结构的微小孔洞可以与外界大气连通，从而保证酒体中微生物的发酵功能，见图3-44。现代不锈钢材料制作的酒罐具有容量大、坚固、易加工、使用方便、安全、便于管理的优点，但是不易实现陶罐的生态微循环功能。图3-45所示为山东普瑞特研发的仿陶坛不锈钢酒罐。在不锈钢罐中插入陶管，陶管上部开口于空气，罐内的白酒可以通过陶管壁上的微孔隙与外界空气连通，酒内微生物就能像在陶罐内一样获得所需要的氧气。以往是通过酒外部的陶罐壁与外界连通，现在是通过插在酒内的陶管壁与空气连通——这不仅是储酒容器革命性的进步，也是逆向思维在设计实践中的成功应用。

图3-44　传统酿酒工艺使用的陶罐

图3-45 仿陶罐生态的不锈钢白酒储存设备
设计：山东普瑞特机械设备有限公司

□ 小结

创新思维方法很多，如何才能真正有效地提高设计创新能力才是研究这些思维的关键所在。人类的思维是世界上最活跃的能量，其本身就具有创新性。首先要敢于打破常规，其次，平时就注意养成认真观察、深入思考和善于想象的习惯。思维主导着人的行为，然而正确的思维来自有正确的认知，而正确的认知则来源于细致的观察和沟通。认真观察有时候是比较难的，需要不停转换视角。再次，要有意识地主动进行一些创新能力培训，发散思维，这样才会最大程度地提高创新思维能力。

3.2.2 设计方法概述

通俗地说，方法就是为了达到某种目的所使用的手段、工作程式以及可以被人们总结出来的规律性的东西。不同的科学门类存在着与之相适应的不同的方法论。对现代设计方法的探索始于 20 世纪 60 年代。1963 年，联邦德国机械工程协会召开了名为"关键在于设计"的全国性会议，会议指出，改变设计方法落后的状况已经到了刻不容缓的时候，必须研究新的设计方法和培养新型设计人才。设计界专家和大学教授经过实践和探索，终于形成了具有德语地区特色的新的设计方法体系——设计方法学。日本、英国也都在同一时期开始了设计方法学的研究，形成了具有各自特点的设计方法学。

3.2.2.1 现代设计方法的基本原理

现代设计方法学致力于调动设计者的积极性，充分利用设计者的高级思维活动和创新求异精神。到目前为止，这种高级思维活动和创新能力是任何先进的物质手段代替不了的。综合各种方法的基本特征，可以归结出以下设计方法的基本原理。

① 综合原理：将多种设计因素融为一体，以组合的形式或重新构筑新的综合体表达创造性。

② 移植原理：在现有材料和技术的基础上，移植类似的或非类似的因素，如形体、结构、功能、材质等，使设计获得崭新面貌。

③ 杂交原理：提取各个设计方案或现有状态的优势因素，依据设计目标进行组合配置和重新构筑，以取得超越现状的设计效果。

④ 改变原理：改变原有设计方案或将设计构思加以扩充，如增加其功能因素、附加价值、外观费用等。

⑤ 扩大原理：对设计物或设计构思加以扩充，如增加其功能因素、附加价值、外观费用等，基于原有状态的扩充内容，在构想过程中可引发新的创造性设想。

⑥ 缩小原理：与"扩大"相反，对设计的原有状态采取缩小、省略、减少、浓缩等手法，以取得新的设想。

⑦ 转换原理：转化设计物的不利因素或者以借助和模仿的形式解决问题。

⑧ 代替原理：尝试使用别的方法或构思途径。

⑨ 倒转原理：倒转、颠倒传统的解决问题的途径或设计形式来完成新的方案，如表里、上下、阴阳、正反的位置互换。

⑩ 重组原理：重新排列设计物的形状、结构、顺序和因果关系等内容，以取得意想不到的设计效果。

这 10 条基本原理的内容体现了现代设计方法的科学性、综合性、可控性、思辨性等特征，作为解决设计诸多问题的有效工具和手段，它的运用和发展奠定了设计方法论研究的基础。

3.2.2.2　设计方法论

设计方法论是对设计方法的再研究，是关于认识和改造广义设计的根本科学方法的学说，是设计领域最一般规律的科学，也是对设计领域的研究方式和方法的综合。通常所说的设计方法论主要包括信息论、系统论、控制论、优化论、对应论、智能论、寿命论、模糊论、离散论、突变论等，在设计与分析领域被称为"十大科学方法论"。这些设计方法具有很强的理论性和逻辑性、科学性，比较偏重于工程设计领域，并非适合于每项设计。但是，设计方法论作为设计学科崭新而又古老的研究领域，必将利用多种多样的个别领域的方法论研究成果不断得到充实和发展。

设计方法是打开并通向设计大门的钥匙，在经过了自身的发展历程后，还必须在人类文明的长河里不断充实和完善。同时，设计方法学这一新兴的学科，也正越来越受到人们的关注，特别是工业设计师，正在力图掌握它并将其应用到工业设计的创新实践中，同时不断实验和总结工业设计学科自身的方法，从而为设计创新提供理论工具。

3.3　设计研究

《牛津词典》对"研究"一词的解释是："（研究是）一种对素材和来源的系统调查和考察，目的是为了建立起事实，并得出新的结论。"保罗·D. 利迪（Paul D. Leedy）和珍妮·E. 奥姆罗德（Jeanne E. Ormrod）对研究的价值阐释如下：研究的目的是"为了学习之前从未知道过的东西；为了对先前尚无结论的重要议题提出建设性的问题；并且通过收集和阐释相关数据来找到那个问题的答案。"

设计是一种探索方式，也是一种生产认知和知识的方式，这意味着，设计是一种研究方式。过去，设计常常被视为一门以实践为主导的新兴学科，并且在决策性规划类的工作中，设计的影响力较小。大多数设计师并不反思自己的结论是否正确，他们更注重提交结果。然而，随着时代的进步，设计自身和它关注的对象事情在不断发展变化，设计师在商业和社会中扮演的角色也在随之变化。从 20 世纪五六十年代开始，设计关注的重点开始由技术和形式转向对人类需求和行为的思考，设计师越来越关注自身的社会角色，也就是说，设计师想要在商业和社会两个层面上都能做出贡献，有必要学会合理的提问，也需要学会研究，以便更好地解决这些问题。设计的对象也开始由具体的物转向社会和人文，由此，设计不断演变成为一种专业，发展成为一种思想和研究的领域。1969年，赫伯特·西蒙（Herbert A.Simon，1916—2001年，美国经济学家、政治学家、认知科学家，1978年诺贝尔经济学奖得主、1975年图灵奖得主）在其著作《人工智能科学》（The Sciences of the Artificial）中为设计赋予了全新的定义："设计是解决问题的过程。"这一定义高屋建瓴，把设计推广到涉及人类最广泛的行为、与所有的专业实践相关的"解决问题"，同时也把设计的高度提升到了"思维"的层面，思维科学尤其是批判式思维对创新的重要性得到强调和重视，研究成为设计重要的工作方法。

21世纪，设计所面对的挑战的范围远比20世纪复杂、丰富和广阔，设计师只凭借高超的技巧或强烈的设计风格已不足以在这个日渐饱和的领域中脱颖而出。如今，设计所要面对和处理的迫切问题已变成由若干个利益相关者和问题构成的复杂系统，设计创新的过程也由基于隐性知识、直觉、假设和个人偏好驱动转变成基于需求和研究来驱动。设计面对的挑战又常常牵扯到大量与技术相关的人和机构，不论是在传播、计算、运输方面，还是在医疗、教育、城市化和环境领域以及可持续、能源、经济、政治和总体福祉等方面均是如此。这就要求设计师必须具备分析新问题，质疑旧方案、以非传统方式思考的能力，与研究技能一样，他们的重要性正日益超越技巧性的设计技能。

乔柯·穆拉托夫斯基（Gjoko Muratovski）在其所著的《给设计师的研究指南——方法与实践》（同济大学出版社，2020年6月）一书中，将设计研究归结为以下四类：定性研究、定量研究、视觉研究以及应用研究。

这四种研究方法中，定性研究和定量研究是两种最为基础和常用的方法，二者的区别可以用一个简单的例子解释，例如，在一定的人群中开展对某种色彩偏好的调查，定量研究的结果会展示占比，而定性研究则会阐释背后的原因。

3.3.1　定性研究

定性研究是用于构思一般的研究问题，或针对已研究的现象提出一般的疑问，目的是为复杂的情境勾勒出一幅多彩而有意义的图画，主要是用于构建新理论的深度研究。定性研究从各种来源中收集各种各样的数据，也从多个角度检验数据，发掘问题的各个维度和层面。定性研究适用于需要对事务进行描述、阐释、证实和评估的时候，它检验的是个人观看和体会世界的方式。当设计师需要对某个特定问题获得新的或深度理解的时候，就应当使用定性研究。在处理陌生的情况或问题时，这种路径是最有用的。定性研究的结论常常是基于主观阐释得出，是常用来构建新理论的研究方法，其最经常使用的研究方法包括：案例研究、民族志研究、现象学、历史研究以及扎根理论等。

3.3.2　定量研究

定量研究是一种通过数值和可量化的数据来得出结论的实证研究，它主要是用来对事物进行描述、简化和分类。也就是说，这类研究所使用的数据是可以测量的，也是可以被单独验证的。与定性研究开发新理论的目的不同，定量研究的主要目的是根据系统观察或数值数据的收集来衡量态度、行为和观念。设计师使用定量研究，是为了就某个特定的人群（目标人群或消费者）得出结论，或者是为了测试各种设计特性。定量研究可以被用于进行各类设计或市场研究目的的调查，也可以用来为新产品或新应用进行用户测试。它更加专注于更为具体的事物，也就是能被衡量或量化的事物。以数值的方式将研究结果呈现给企业客户，常常使商业机构更好地理解设计，并将设计视为一种战略投资。

定量研究的方法很多，最重要的两种是：调查和实验。这两种方法均涉及场景和抽样两个关键事项。场景：也就是你身在何处，以何种方式进行研究；因为不可能对所有人群进行数据收集，故而定量研究测试的是相关人群中的随机样本。测试完成后，以统计学方式对结果进行分析得出结论。抽样：也就是如何选择参与者。场景和抽样的选择都会对研究结果产生很大的影响。 在所进行的实验性研究中，UCD（User-Centred Design）研究是经常采用的、被证明行之有效的实验性研究。它是一种由设计用户方生成的信息来驱动的设计流程。设计驱动的公司使用 UCD 研究来发现人与产品互动的直观方式，他们关注的一直是如何解决产品的使用问题。它能够在设计的早期阶段就找出用户相关的潜在问题，并及时做出调整，从而避免后期产生不必要的损失，同时还可以提升用户满意度。

定量研究常用于生成新的统计数据、描述特定的现象或者辨识因果关系，使用数据数值和可量化的数据来得出结论，所以定量研究常常被描述成是"独立的"和"客观的"。以数值的形式呈现研究结果，也常常使得设计容易被理解，从而便于企业将设计视为一种战略投资。

3.3.3 视觉研究

视觉研究是一种在视觉和物质文化中对图像、形式、物体进行考察的研究，这些图像、形式和物体是已经存在或已经收集到的。视觉研究使得设计师有能力寻找各种介质（包括视觉和物质）的模式和意义；而对于从插图、摄像、影视、广告到产品、时尚、建筑等不论是二维的还是三维的各种图像、形式、物体，都能够做出批判性的检验。视觉研究可以分别配合定性或定量研究使用，也可以三者共同配合使用。

3.3.4 应用研究

应用研究使实践者可以对自己的工作进行考察、反思和评估。应用研究适用于多种不同的学科，设计亦然。定性研究、定量研究和视觉研究的路径都是外向的，通过这些路径，研究者可以对研究问题相关的外部因素产生新的理解，而应用研究则是指向内部的，其目标是产生文化上全新的理解，不仅对设计师和客户是全新的，对整个设计领域也是新的，同时能够达到改善设计师自己的创作或是设计实践的目的。应用研究包括两个大的研究方向：基于实践的研究和实践引导的研究。基于实践的研究是将创造性的人造物作为考察的基础；实践引导的研究，主要是为了对设计实践本身有新的理解。这两类研究都能够让追求进步的设计师进行系统化的考察，便于将自己的实践转化成知识界和公众能理解的理论。行动研究是最受欢迎的一类应用研究，这类研究检验的是实践操作者在工作期间及之后反思自己行动的方式。行动研究可以说是导向改进与改革的探究性过程，可以很容易地融入设计实践中，是设计专业中启动变革的有力工具。

小结

科学的方法与奇妙的灵感并不矛盾。设计方法和设计研究都是为了让设计师利用这些方法和手段更好地打开直觉，与用户共情，设计师应该通过设计方法和设计研究去激发更富有创造力和更加合理的想象力，而不是单纯追求设计方法和研究的规范或是精妙却对真实的生活体验充耳不闻，这样就又步入了形而上的误区，对设计创新将毫无裨益。所谓法无定法，理论与实践相结合才是设计成功的不二法门。

复习思考题

1. 工业设计的基本原理是什么？如何理解这些基本原理？
2. 谈谈设计与消费的关系。
3. 人性化设计的定义是什么？人性化设计有哪些特征？
4. 什么是创造性思维？创造性思维有什么特征？
5. 举例说明创造性思维在工业设计中的应用。
6. 现代设计方法学的基本原理有哪些？举例说明其在产品设计中的应用。
7. 设计研究的方法有哪些？各适用于什么场合？

第4章
工业设计工程基础

本章重点:
◀ 工业设计常用材料的种类及每种常用材料的特性和加工工艺。
◀ 现代先进设计和制造技术,如CAD、CAM、CAE、RE、VR、NC、RPM等。
◀ 产品模型的种类、材料及制作工艺。

学习目的:
通过本章的学习,掌握工业设计工程基础理论,了解新材料、新工艺、新技术方面的内容,如快速成型技术、逆向工程技术和虚拟现实技术等,了解应用技术的最新发展,掌握模型制作相关基础知识。

4.1 工业设计常用材料与工艺

　　材料是工业设计中一个非常重要的环节,对材料的认识和掌握是实现产品设计的前提和保证。包豪斯学校的教师伊顿对于材料的重要性有过如下表述:"当学生们陆续发现可以利用各种材料时,他们就能创造出更具有独特材质感的作品。"工业设计的主体是产品设计,现代产品设计必须符合现代批量生产的基本要求,工业设计师必须了解材料的性能及其对应的加工工艺。在工业设计中经常使用的材料包括:金属、塑料、木材、玻璃和陶瓷五大类。

4.1.1　金属

　　金属是一种具有光泽、富有延展性、容易导电、导热的物质。金属材料具有一系列优良的力学性能、加工性能和独特的表面特征。金属材料不仅能保证产品的使用功能，还可赋予产品呈现出现代风格的结构美、造型美和材质美，因此，是产品设计中应用非常广泛的重要材料。

　　按照分子结构，可以将金属分为纯金属和合金两种：纯金属材料由同一元素的原子组成，合金包括至少一种金属元素，由两种或两种以上的金属或非金属元素组成。按照冶金方法，可以将金属分为黑色金属和有色金属。黑色金属主要是钢铁材料，是铁-碳二元合金基础体系的金属材料，根据对性能和用途的不同要求，常加入其他各种合金元素以改变和提高钢的性能。根据钢铁材料的成分、组织结构与用途，钢铁材料可以分为铸铁、碳素钢、合金钢等。有色金属可包括轻金属（密度< 4.5g/cm³ 的金属，例如铝、镁及其合金），重金属（密度> 4.5g/cm³ 的金属，例如铜、锌、铅及其合金），稀有金属（如钛、钨、钼等）。与黑色金属相比较，有色金属的力学性能和物理性能的范围宽、熔点范围大、成本和性能的差异性大，在航空、航海、汽车、石化、电力、建筑装饰、五金、家电等领域有着广泛的应用。

　　金属材料常用的成型工艺包括液态成型、塑性成型、固态成型三大类。现分别简介如下：

　　（1）液态成型

　　也称为铸造成型，是将熔炼的金属液浇入铸型内，经冷却凝固获得所需形状和性能的零件的制作过程。铸造主要工艺过程包括：金属熔炼、模型制造、浇注凝固和脱模清理等，这是获得复杂金属形体最经济的方法。铸造等工艺流程见图4-1，铸造获得的制品称为铸件，如图4-2、图4-3所示。铸造是常用的制造方法，优点是制造成本低，工艺灵活性大，可以获得复杂形状和大型的铸件。铸件的形状、尺寸接近零件的最终要求，后续加工量小，因此，在产品制造中占有很大的比重，如机床占 60% ～ 80%，汽车占 25%，拖拉机占 50% ～ 60%。但同时也存在着工序较多，铸件内部容易出现缩松、气孔、砂眼和夹杂等缺陷。

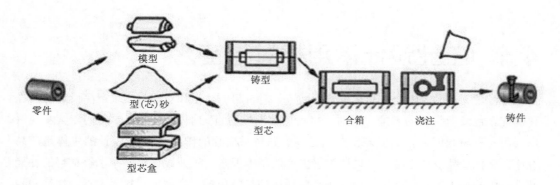

图4-1　砂型铸造的流程

图4-2　铸件：发动机缸体　　　　　　　　图4-3　铸铁锅　品牌：归味

（2）塑性成型

也称为压力加工，是在常温或加热的情况下，利用外力作用，使金属产生塑性变形，从而加工成所需形状和尺寸工件的加工方法。塑性成型加工不仅使金属成型为特定的形态，同时也改善了金属内部的晶体结构，使材料的性能发生相应的变化。

常用的金属塑性成型工艺包括锻造、冲压、挤压、轧制等几种。

1）锻造，是对棒状或块状金属施加压力，迫使其发生塑性变形，以达到所要求形状的一种成型工艺，是最常用的塑性成型工艺。铁匠打铁就是典型的锻造成型过程。锻造须将金属加热到较高的温度，属于热加工，锻造可分为自由锻、模型锻造和胎模锻造，见图4-4。

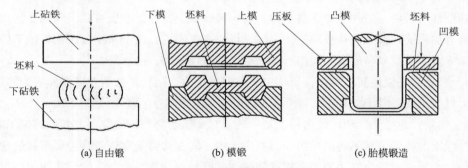

(a) 自由锻　　　　　　　(b) 模锻　　　　　　　(c) 胎模锻造

图4-4　三种锻造方法示意图

2）冲压，是利用外力通过模具使板材塑性成型以获得制品的工艺方法。全世界的钢材中，有60%～70%是板材，其中大部分是经过冲压制成成品。汽车的车身、底盘、油箱、散热器片，锅炉的汽包、容器的壳体、电机、电器的铁芯硅钢片等都是冲压加工的。仪器仪表、家用电器、自行车、办公机械、生活器皿等产品中，也有大量冲压件。冲压和锻造同属塑性加工（或称压力加工），合称锻压。冲压的坯料主要是热轧和冷轧的钢板和钢带，大多数是在常温下进行的，属于冷加工。冲压具有材料利用率高、可加工形状复杂的薄壁零件、加工精度高、生产效率高等优点，但由于冲压模具造价高，不适于小批量生产。

冲压按工艺分类，可分为分离工序和成型工序两大类。分离工序也称冲裁（图4-5），其目的是使冲压件沿一定轮廓线从板料上分离，同时满足分离断面的质量要求。成型工序的目的是使板料在不破坏的条件下发生塑性变形，制成所需形状和尺寸的工件，图4-6所示为冲压方法获得的不锈钢水槽；图4-7所示是设计师张永和为阿莱西品牌设计的不锈钢托盘"一片荷"，也是用冲压工艺加工成型的。

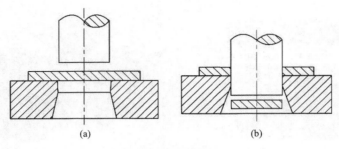

图4-5 冲裁示意图

图4-6 不锈钢水槽

图4-7 一片荷 设计师：张永和

　　冲压件与铸件、锻件相比，具有薄、匀、轻、强的特点。冲压可制出其他方法难以制造的带有加强筋、肋、起伏或翻边的工件，以提高其刚性。由于采用精密模具，工件精度可达微米级，且重复精度高、规格一致，可以冲压出孔窝、凸台等。

　　3）挤压，是使金属坯料在挤压模中受三向强压力作用，产生塑性变形而成型的工艺。挤压可以制造出各种形状复杂、深孔、薄壁的容器和零件，示意图见图4-8。

　　4）轧制，包括热轧和冷轧两种，是用轧辊对金属坯料进行连续压力变形的加工方法。轧制过程同时改善了材料的晶粒组织。在生产中，轧制常常是制造各种金属型材的初级加工手段，金属液被铸成锭块或采用连续铸造制成厚板、圆坯或方坯，然后轧制成型材、板材和管材，通过进一步加工，或者直接成型为产品，示意图如图4-9所示。

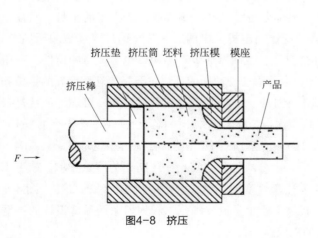

图4-8 挤压

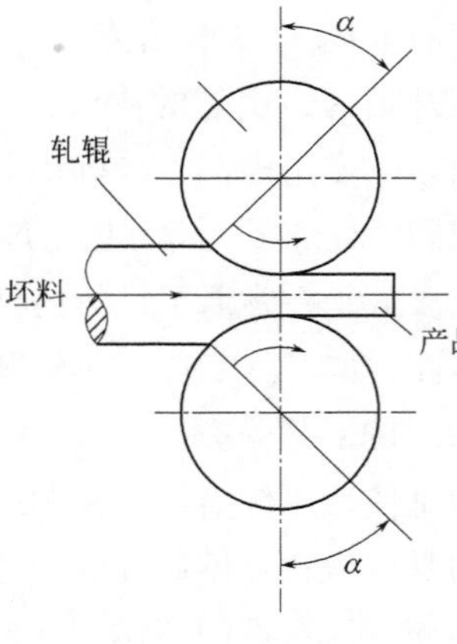

图4-9 轧制

5）拉拔，是指坯料在牵引力作用下通过模孔拉出使之产生塑性变形而得到截面小、长度增加的工艺，示意图见图4-10。

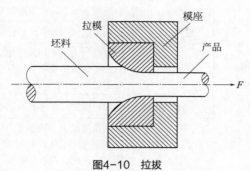

图4-10 拉拔

（3）固态成型

通常用于板材、棒材和管材（见图4-11），并在高温下进行。固态成型的加工方法包括纯弯曲成型、连接成型、切削成型三大类，详见表4-1。对工业设计师而言，板材、棒材、线材和管材的成型十分重要，在汽车、运输工具、工业、医疗和科研设备的外壳、家用器具、住宅和办公室家具以及商业用陈列橱和展柜中大量使用金属钣金件，尤其是易于产生高温的地方，如炊具、烤箱和照明器材等。

图4-11 棒材、管材和板材

表4-1 固态金属成型方法

固态成型方法	定义	子类	说明
纯弯曲成型	将板材、管材和棒材在弯矩作用下加工成具有一定曲率和角度的制件的加工方法	金属板材弯折	用板材成型机弯曲、折边，以加工出所需要的形状
		金属线材和管材弯曲成型	用弯管机完成，并能防止管材弯曲过程中的凹陷
连接成型	将若干部件通过一定工艺方法实现不可拆连接的整体构件的成型方法	铆接	使用铆钉连接两件或两件以上的工件
		焊接	在适当温度下将两种材料的连接部分加热到熔化或半熔化状态后，用填料或加压使之达到原子结合的加工方法，包括熔焊、压力焊和钎焊等

固态成型方法	定义	子类	说明
切削成型	在特定机床上，利用切削刀具，在被加工工件上去除材料使之成型的方法	车削	利用车床完成对回转类零件的切削成型
		铣削	利用铣床进行平面和开槽等铣削加工
		刨和镗	刨削加工主要用刨床完成平面加工，镗床用于在中空的工件或由铸造等其他工艺制造的孔内，精加工圆柱形的内壁
		拉削和磨削	用于精加工零件的内外表面
		加工中心	是机械加工中的最重要的进步，将切削工具移向工件而不是将工件移向切削工具，由计算机控制，一次能完成多项加工，速度高、准确性好
		钻/锯	用于钻孔和下料

案例4-1　全铝机身徕卡T相机

　　著名的徕卡相机是德国徕茨公司生产的。用金属制造相机是徕卡一直坚持的传统，坚固、耐用、性能优异是它的特点。为摆脱金属相机"蠢笨"的形象和更加时尚，2014年，徕卡设计团队和奥迪设计团队开展合作推出以全铝机身作为独特卖点的徕卡T相机。机身由一块完整的铝材进行切割和铣制，造型兼顾了镜头功能、抓握手感和按键操作感受。在此基础上，设计尽可能地将所有功能按键和旋钮都安放到机身平面之中，让整个机身看起来尽可能平整，见图4-12。奥迪在多年汽车设计和制造中，对铝合金的设计特性和制造特性有非常深刻的理解，不仅熟悉各种铝合金，并且对其生产、制造、回收以及铝合金与其他材质之间的衔接工艺的研究都处于世界领先位置，对徕卡T尤其是在制造工艺上给予了有力的支持。徕卡T这种设计理念好似在向奥迪100车型致敬，因为奥迪100是世界上第一款将前后灯和车门把手都融入车身造型平面的车型。这种设计方式也最大限度地保证了设计的简洁，见图4-13。

图4-12　徕卡T相机，2014年

图4-13　奥迪A8的全铝车身

4.1.2　塑料

塑料广泛用于描述树脂和聚合物高分子材料，是以树脂（或在加工过程中用单体直接聚合）为主要成分，用增塑剂、填充剂、润滑剂、着色剂等添加剂作为辅助成分，在加工过程中能流动成型、由许多较小而结构简单的小分子借共价键来组合而成的材料，见图 4-14。

图4-14　塑料颗粒

塑料的种类很多，每一种都有其特有的性能，但通常来说，此类材料普遍具有以下共同的属性：①大多数塑料质轻，化学性稳定，不会锈蚀；②耐冲击性好；③具有较好的透明性和耐磨耗性；④绝缘性好，导热性低；⑤一般成型性、着色性好，加工成本低；⑥大部分塑料耐热性差，热膨胀率大，易燃烧；⑦尺寸稳定性差，容易变形；⑧多数塑料耐低温性差，低温下变脆；⑨容易老化；⑩某些塑料易溶于溶剂。

塑料通用性强，在很多应用场合可以与木材、金属、陶瓷及玻璃等材质媲美。与其他材料相比，塑料在性能、价格或性价比等方面具有特殊的优势，塑料与其它材料比有如下特性：①耐化学侵蚀；②具有光泽，部分透明或半透明；③大部分为良好的绝缘体；④重量轻且坚固；⑤易于成型加工，可大量生产，价格便宜；⑥用途广泛、效用多、着色性好、部分耐高温、耐化学腐蚀性好。

按照加工性能的行为特征可以将塑料分为热塑性和热固性两大类。前者可以重新塑造使用，后者无法重复生产。热塑性塑料受热时软化流动，冷却后固化定型，并且，这一过程可以重复。主要的热塑性塑料有聚乙烯、聚丙烯、聚苯乙烯、聚甲基丙烯酸甲酯、聚氯乙烯、尼龙、聚碳酸酯、聚氨酯、聚四氟乙烯（特富龙）、聚对苯二甲酸乙二醇酯等。

　　塑料的成型加工是指由树脂聚合物制成最终塑料制品的过程。加工方法（通常称为塑料的一次加工）包括吸塑、压塑（模压成型）、挤塑（挤出成型）、注塑（注射成型）、吹塑（中空成型）、压延、发泡成型等。

　　（1）吸塑

　　用吸塑机将片材加热到一定温度后，通过真空泵产生负压将塑料片材吸附到模型表面上，经冷却定型而转变成不同形状的泡罩或泡壳，见图4-15，图4-16、图4-17所示为吸塑制品。

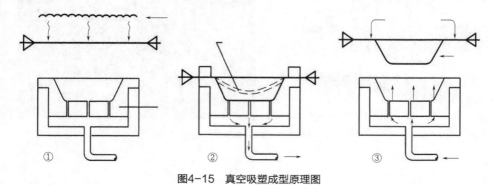

图4-15　真空吸塑成型原理图

图4-16　吸塑板

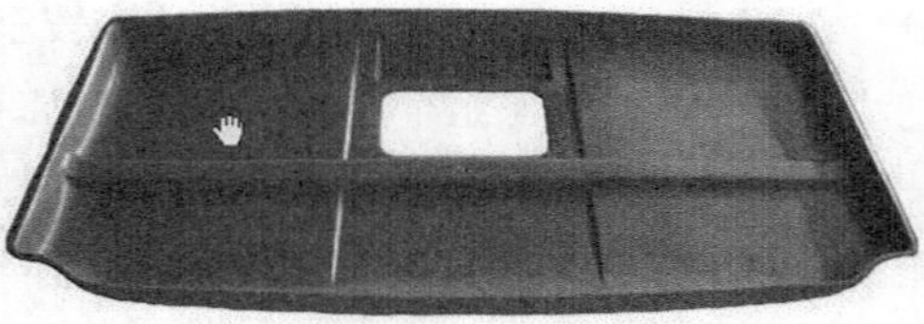

图4-17　汽车吸塑顶

　　（2）压塑

　　压塑也称模压成型或压制成型，压塑主要用于酚醛树脂、脲醛树脂、不饱和聚酯树脂等热固性塑料的成型，图4-18为压塑成型原理图。

　　（3）挤塑

　　挤塑又称挤出成型，是使用挤塑机（挤出机）将加热的树脂连续通过模具，挤出所需形状制品的方法，见图4-19、图4-20。挤

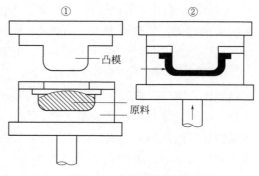

图4-18　压塑成型原理图

塑有时也用于热固性塑料的成型，并可用于泡沫塑料的成型。挤塑的优点是可挤出各种形状的制品，生产效率高，可自动化、连续化生产；缺点是热固性塑料不能广泛采用此法加工，制品尺寸容易产生偏差。

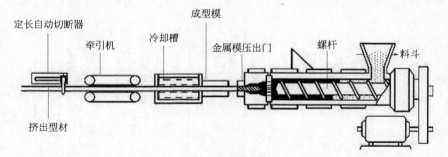

图4-19　挤出成型原理图

图4-20　挤出成型件

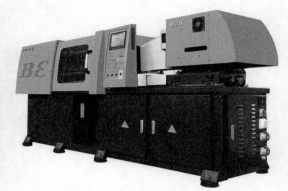

图4-21　卧式注塑机

（4）注塑

　　注塑又称注射成型，是使用注塑机（或称注射机，见图4-21）将热塑性塑料熔体在高压下注入到模具内经冷却、固化获得产品的方法。注塑也能用于热固性塑料及泡沫塑料的成型。注塑的优点是生产速度快、效率高，操作可自动化，可以制成形状复杂的零件，特别适合批量生产。缺点是设备及模具成本高，注塑机清理较困难等，图4-22为注塑原理图。

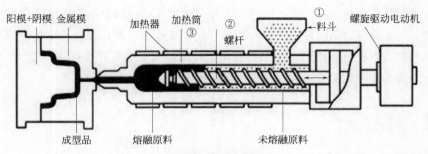

图4-22　注塑原理图

（5）吹塑

吹塑又称中空吹塑或中空成型。吹塑是借助压缩空气的压力使闭合在模具中的热的树脂型坯吹胀为空心制品的一种方法，见图4-23。吹塑包括吹塑薄膜及吹塑中空制品两种方法。用吹塑法可生产薄膜制品、各种瓶、桶、壶类容器及儿童玩具等，见图4-24。

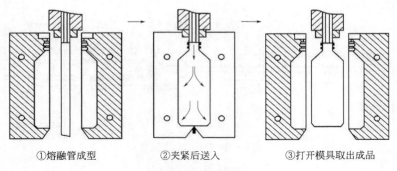

①熔融管成型　　　②夹紧后送入　　　③打开模具取出成品

图4-23　吹塑成型原理

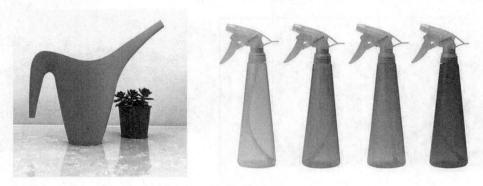

图4-24　浇花水壶 制造商：宜家

（6）压延

压延是利用压延机的两个或多个转向相反的压延辊的间隙将经过预处理（捏合、过滤等）后的树脂或添加剂加工成薄膜或片材，随后从压延机辊筒上剥离下来，再经冷却定型的一种成型方法。压延主要用于聚氯乙烯树脂的成型方法，能制造薄膜、片材、板材、人造革、地板砖等制品。

（7）发泡成型

发泡成型是发泡材料（PVC、PE 和 PS 等）中加入适当的发泡剂，使塑料产生微孔结构的过程。几乎所有的热固性和热塑性塑料都能制成泡沫塑料。按泡孔结构分为开孔泡沫塑料（绝大多数气孔互相连通）和闭孔泡沫塑料（绝大多数气孔是互相分隔的），这主要是由制造方法（分为化学发泡、物理发泡和机械发泡）决定的。

4.1.3　木材

木材的使用历史悠久，木材资源蓄积量大、分布广，广泛用于建筑、工业、交通、民用、农业等多个领域。

常用的木材主要包括原木（图4-25）和人造板材。原木是指伐倒的树干，经过去枝去皮后按规格锯成一定长度的木料。原木又分为直接使用的原木和加工使用的原木两种。加工使用的原木是作为原材料加工用的，它是将原木按一定的规格和质量经过纵向锯割后的木材，又称为锯材，锯材又可以分为板材（图4-26）和方材（图4-27）。

图4-25　原木

图4-26　板材

图4-27　方材

人造板材是利用木材在加工过程中产生的边角废料，混合其他纤维制作成的板材。人造板材种类很多，常用的有刨花板、中密度板、细木工板（大芯板）、胶合板以及防火板等装饰型人造板，见图4-28～图4-30。因为它们有各自不同的特点，所以被应用于不同的家具制造领域。

图4-28　胶合板　　　　　　图4-29　刨花板　　　　　　图4-30　细木工板

与其他材料相比，木材具有多孔性、各向异性、湿胀干缩性、易燃性和生物降解性等独特性质。木材的其他特性包括：①易加工、易连接；②导电、导热及声音传导性小于钢材，热胀冷缩性能优于钢材；③具有天然的纹理、色泽和装饰性；④易解离（例如：刨花板、纤维板）；⑤具有天然缺陷，易腐蚀、虫蛀。

木材还具有很好的力学性质，但木材是有机各向异性材料，顺纹方向与横纹方向的力学性质有很大差别，见图4-31、图4-32。木材的顺纹抗拉和抗压强度均较高，木材单位质量的强度（顺纹强度）要高于钢材，但横纹抗拉和抗压强度较低。木材强度还因树种而异，并受木材缺陷、荷载作用时间、含水率及温度等因素的影响，其中以木材缺陷及荷载作用时间两者的影响最大。因木节尺寸和位置不同、受力性质（拉或压）不同，有节木材的强度比无节木材可降低30%～60%。在荷载长期作用下，木材的长期强度几乎只有瞬时强度的一半。

图4-31　木材的横纹

图4-32　木材的顺纹

　　将木材原料通过木工手工工具或木工机械设备加工成构件，并将其组装成制品，再经过表面处理、涂饰，最后形成一件完整的木制品的技术过程，称为木材制品的加工工艺，木制品的加工一般包括配料的加工、构件的加工、装配和表面涂饰四个步骤。

　　木材的加工方法包括锯割、刨削、铣削、凿削等，可借助木工加工机械或手工木工工具完成。

　　木材因天然尺寸有限，或结构构造的需要，而用拼合、接长和节点连接等方法，将木料连接成结构和构件。连接是木结构的关键部位，设计与施工的要求应严格，传力应明确，韧性和紧密性良好，构造简单，检查和制作方便。常见的连接方法有：卯榫连接（图4-33）、螺栓连接、钉连接、胶连接、齿连接、键连接等。

图4-33　卯榫连接

4.1.4　陶瓷

　　陶瓷是以黏土为主要原料以及各种天然矿物经过粉碎混炼、成型和煅烧制得的材料以及各种制品。一般陶瓷加工是指以黏土为主要原料，经如图4-34所示的几个步骤制取陶器、瓷器等陶瓷制品的过程。

　　由于近代非金属材料科学的发展，陶瓷制品的原材料已经不再局限于传统的天然矿物质材料，因而，从广义上说，

图4-34　传统陶瓷加工过程

陶瓷材料的加工既可以包括传统陶瓷的加工，也包括一些含少量黏土，甚至不含黏土而使用人工合成材料的特种陶瓷制品的加工，例如高铝质瓷、镁质瓷、金属陶瓷、纳米陶瓷等。特种陶瓷制品与普通陶瓷制品的制造工艺基本相同，生产流程比较复杂，但一般都包括原料配制、坯料成型和窑炉烧结三个主要工序。这些特种陶瓷具有优良的性能，不仅可以制作生活用的厨刀，甚至可以用在机床上切削金属，见图4-35、图4-36。

图4-35　陶瓷厨刀　　　　　图4-36　机床用陶瓷金属切削刀具

4.1.5　玻璃

　　玻璃是一种透明、强度及硬度颇高，不透气的物料。玻璃在日常环境中呈化学惰性，也不会与生物起作用，因此用途非常广泛。玻璃一般不溶于酸（例外：氢氟酸与玻璃反应生成 SiF_4，从而导致玻璃的腐蚀）；但溶于强碱，例如氢氧化钠。

　　玻璃的加工工艺视制品的种类而定，过程基本上分为配料、熔化、成型、后期处理 4 个阶段，有些还需要二次加工。成型后的玻璃制品，除了极少数能够直接符合要求（例如，瓶、罐等），大多数需要二次加工才能得到最终的制成品。二次加工的方法包括切割、腐蚀、黏合、雕刻、研磨、抛光、喷砂、钻孔与热加工等。玻璃种类繁多，表现力强，与其他材料复合会呈现出独特的性能和视觉效果，它不仅被制成生活中的艺术品、容器、家具等，还在电子产品、交通工具、建筑中大放异彩，图4-37～图4-39所示为玻璃的应用。

图4-37　酱油瓶　设计师：荣久　　　图4-38　森海塞尔　　　图4-39　电动城市客车曼狮城E
　　庵宪司（1929 — 2015年）　　　　HD820耳机　　　　　　（Lion's City E）

4.1.6　其他新型材料

因为传统的材料在应用领域和造型极限方面绝大多数已经得到充分的挖掘，在产品设计中较难实现有效的创新性突破，因此，新材料的出现和发展对设计师来说成为灵感的重要源泉之一。新材料是指采用新工艺、新技术合成的具有各种特殊机能（光、电、声、磁、力、超导、超塑等）或者比传统材料在性能上有重大突破（如超强、超硬、耐高温等）的一类材料。

新材料发展的标志：

① 引起生产力的大发展，推动社会进步。从石器、陶瓷器、青铜，铸铁、钢、塑料到各种新材料的出现，都标志着一个相应经济发展的历史时期。例如，单晶硅的问世，导致以计算机为主体的微电子工业的迅猛发展；光导纤维的出现，使整个通信业起了质的变化；莱卡面料的出现，提高了各种衣物的舒适感和合身感，使服装业呈现出新的活力。

② 根据需要设计新材料，一改以往根据产品功能来选择材料的方式，而是建立一种由材料来设计产品的新思路。这种材料设计可以从组成、结构和工艺来实现设计产品的想法，更重要的一点是：一种新材料已经不是只具有某一单一功能，在一定条件下可能具有多种功能，从而使材料为高新技术产品的智能化、微型化提供基础。例如 OLED 材料的广泛应用不仅拓展了新的产品品类，也给用户带来了体验的巨大提升（注：OLED，Organic Light-Emitting Diode，又称为有机电激光显示、有机发光半导体）。图 4-40～图 4-42 均是依托 OLED 显示技术为基础的材料进行的创新设计。

图4-40　三星的折叠手机

图4-41　小米的OLED透明电视

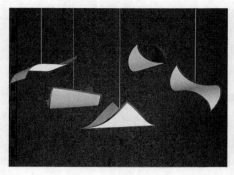

图4-42　LG的OLED照明灯和自动门

　　一般认为，新材料的研究与开发主要包括四方面的内容：新材料的发现或研制；已知材料新功能、新性质的发现和应用；已知材料功能、性质的改善；新材料评价技术的开发。可以看出，新材料的研究与开发主要围绕着材料本身的功能和性质这一主题，但是，一种新材料的出现是否对人类文明产生深刻影响，是否能满足人类生活的需求，仅考虑上述问题则不够，还必须考虑新材料的产业化、商品化，这样才能使人们享受到实惠，对人类文明产生促进作用。以近些年兴起的碳纤维材料为例，它是由化纤和石油经特殊工艺制成的纤维，具有优异的物理性能，被广泛应用于航天、航空等领域。随着技术的发展，碳纤维的成本不断降低，已经逐渐进入人们的日常生活产品领域，例如自行车、体育器材、家具等，见图 4-43 、图 4-44。

图4-43　Flying Chair　　上下品牌

图4-44　宝马公司为残奥会运动员开发碳纤维材质的轮椅

材料产业化必须重视如下问题：原料的自然分布，材料的成型与加工性能，材料的可回收率和环境保护。从可持续发展的角度看综合考虑上述几方面因素所获得的效益应该是最优的。

（1）基础材料的开发

基础材料是指金属、木材、玻璃、陶瓷、塑料等常见材料，这些材料由于其特性的限制，不能在更多的领域中应用。因此新材料的开发往往是对基础材料的性能进行改良开发，进一步探索材料的组成、结构的性能，以提高或替代原有材料的特性为具体目标，使材料扬长避短，从而获得期望的材料特性，扩大材料的使用范围。尽管我们日常生活与设计实践中几乎离不开塑料，但是它也受到自身某些特性的局限，所以就对高分子材料的性能提出了新的要求，如表4-2和表4-3所示。

表4-2　新型塑料所期望的特性

通用塑料的性能	新型特种塑料的性能
轻而硬	重而软
易成形	不易变形
不耐热、高温下会变形	耐热、高温下也不变形
不导电、不传热	能导电、传热
易燃	不会燃烧
不锈不腐	能腐

表4-3　新型塑料的替代机能

类陶瓷塑料	难燃、耐磨、高弹性、高耐热塑料
类金属塑料	高强度、高导电、高结晶化塑料
类玻璃性塑料	透明、耐磨光纤
类生物塑料	人造皮革、变色树脂、吸水性树脂、除臭树脂、飘香树脂、保湿树脂、形状记忆树脂、防虫纤维、离子交换纤维等
特殊个性塑料	磁性纤维、超导纤维、感性树脂

（2）复合材料的开发

复合材料是指两种或两种以上不同化学性质或不同组织结构的材料，通过不同的工艺方法组成的多相材料，它具有单一素材无法取得的机能。这些机能包括：各素材所保持的机能；在复合与成型过程中形成的机能；由复合结构特征产生的机能；复合效应所致的机能。

由于可用于复合的素材种类繁多，所以组合成的复合材料也不计其数。如将之归类，至少可能有如图4-45所示的10类，其中每一条线的两端指示一种可能的组合。

图4-45　可能复合的素材组合方式

开发复合材料的目的：弥补某些有用材料的缺点，以更好地发挥有用的机能；利用具有某些特性的材料以构成单一材料无法实现的特性；产生从未有的新机能。

（3）纳米材料与纳米技术

纳米材料与纳米技术是一种基于全新概念而形成的材料和材料加工技术，是当前国际前沿研究课题之一。纳米材料是由纳米级原子团组成的，由于其独有的体积和表面效应，它从宏观上显示出许多奇妙的特征。

① 体积效应：当粒径减小到一定值时，材料的许多物性都与晶粒尺寸有敏感的依赖关系，表现出奇异的小尺寸效应或量子尺寸效应。例如，当金属颗粒减小到纳米量级时，电导率已降得非常低，原来的良导体实际上已完全转变为绝缘体。

② 表面效应：纳米材料的许多物性主要是由表面决定的，大量的界面为原子扩散提供了高密度的短程快扩散路径。例如，普通陶瓷在室温下不具有可塑性，而许多纳米陶瓷在室温下就可以发生塑性变形。纳米材料的塑性变形主要是通过晶粒之间的相对滑移实现的。正是由于这些快扩散过程，纳米材料形变过程中一些初发微裂纹得以迅速弥合，从而在一定程度上避免了脆性断裂。

纳米加工技术的核心是原子或分子位置的控制、具有特殊功能的原子或分子集团的自复制和自组装。科技界认为，纳米材料与纳米技术可能引发下一场新的技术革命和产业革命，成为21世纪科学技术发展的前沿。它们不仅是信息产业的关键之一，也是先进制造业最主要的发展方向之一。正如美国科学家阿莫斯特朗在20世纪所说："正像20世纪70年代微电子技术引发了信息革命一样，纳米科学技术将成为下世纪信息时代的核心。"纳米材料和纳米技术在21世纪的发展前景和影响是不言而喻的，图4-46为纳米材料在产品中的应用。

图4-46　纳米洁具

4.2　设计与制造技术概述

制造是企业中所涉及产品设计、物料选择、生产计划、生产质量保证、经营管理、市场营销和服务等一系列相关活动的总称。制造业是将有关的制造资源（原材料、设备、工具、能源、资金、人才、技术以及信息）转化为有价值的、可供人们利用和消费的产品与服务的行业。制造业是国民经济和综合国力的支柱产业，工业化国家60%～80%的社会财富来自它。在国际贸易总额中，制造业占比达75%，所以制造业的水平反映了一个国家的经济实力、科技和生活水平，代表一个国家的综合实力。制造技术是与制造业相关的一系列技术的总和。产品设计成本约占产品成本的10%，但却决定了产品制造成本的70%～80%，在产品质量事故中，约有50%是由于不良设计造成的，所以设计在制造技术中的作用和地位举足轻重。

4.2.1 机械设计与制造基础知识

　　一件产品的设计、加工制造、销售、使用、报废和回收，是一个复杂的过程。机械设计是根据使用要求对机械的工作原理、结构、运动方式、力和能量的传递方式、各个零件的材料和形状尺寸、润滑方法等进行构思、分析和计算并将其转化为具体的描述来作为制造依据的工作过程。它是机械工程的重要组成部分，是机械生产的第一步，是决定机械性能的最主要的因素。机械制造是指依据机械设计的信息将原材料和半成品转变为产品的过程，包括材料的选择、毛坯的成型、零件的切削加工、热处理、部件和产品的装配等，见图 4-47。

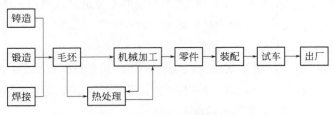

图4-47　机械制造过程简图

　　机械产品是产品中非常大的一个品类，主要靠机械加工实现，其他品类的产品也与机械加工有着千丝万缕的联系。合格的机械产品来自于优良的设计、合理的选材、正确的加工三者的共同作用。根据使用要求的不同，各种机械零件需要选用不同的材料制造，并且要达到不同的精度和表面质量。因此，要加工出各种零件，就要采用不同的机床，使用不同的加工方法。

　　所谓机械加工就是把金属毛坯零件加工成具有所需要形状和精度（包括形状精度和几何精度）两个方面的特性，能完成机械加工功能的设备叫做机床，切削机床（简称机床）是机械制造的主要设备。机床在机械制造中占据着极其重要的地位，在一般机器制造厂中，机器总制造量的 40% ～ 60% 是由机床完成的。机床的技术性能直接影响着机械制造业的产品质量和劳动生产率。机床的技术水平也是随着科学技术的进步而发展的，并始终围绕着提高生产效率、加工精度、自动化程度和降低生产成本、提高企业生产经营效益进行。机床分类的主要依据是加工方法和所用刀具，根据国家制订的机床型号编制方法，机床可以分为车床、铣床、钻床、镗床、磨床、刨床、电加工机床、切断机床、其他机床等12 大类。

　　工业设计与机械设计之间可以说是既不能相互替代，又相辅相成、共同促进的关系。机械设计的目标是在各种限定的条件（如材料、加工能力、理论知识和计算手段等）下设计出最好的机械，它可以使工业设计产品更加科学、合理；工业设计则是强调创新，涉及多种学科知识的综合性学科。它可以促使机械设计的产品更好地服务于人们的生活，具有更好的市场表现。机械加工制造过程以严格的技术为特征，对产品的形态、结构具有约束作用，会反向影响工业设计。只有达到工业设计、机械设计、机械制造三者之间的和谐才会让产品兼具实用性、经济性和美观性。

4.2.2　先进设计与制造技术概述

在计算机技术普及应用之前，制造业中的机械设计主要依赖机械设计工程师构思、计算和手工绘制工程图；加工过程依靠工艺设计师手工编制工艺卡片，机械加工主要是靠工人以人工方式操控各种普通机床。设计水平和制造品质主要依赖人的智力水平、专业训练程度和体力强弱，品质稳定性和效率都较为低下。计算机技术的进步极大变革了制造业，从设计到制造，技术发生了飞速的进步和迭代。

以 CAD 来说，计算机使设计师从使用丁字尺、圆规、三角板进行手工绘图的时代，发展到计算机辅助绘图（Computer Aided Drafting），再到计算机辅助设计（Computer Aided Design），然后到计算机自动化设计（Computer Automated Design），甚至到如今借助 AI（Artificial Intelligence，人工智能）等技术手段进行设计，效率与效果大胜从前。大量的跨平台交互设计软件的推出和更新，从虚拟现实、增强现实（Augmented Reality，AR）、混合现实（Mix Reality，MR）到全方位、全时段沉浸式设备的应用，都将促进工业产品更加具有交互性、开放性和共享性。设计师不仅可以用快速原型技术来替代油泥模型，还可以用 VR、AR、MR 来进行产品的仿真演示等。

先进制造技术是在传统制造技术的基础上发展起来的，时间分界线大体是在 20 世纪50 年代，主要标志是电子计算机、数控机床、工业机器人的出现。现代制造业信息化发展趋势明显，网络化、集成化、智能化、数字化以及虚拟化将成为主要内容。更重要的，凭借计算机的强大能力建立起将设计、工程分析、制造三者集中到一起的优化、集成的并行化计算机辅助设计系统，不同专业的人员可以通过该系统及时进行信息的沟通和反馈，从而缩短开发周期，降低设计风险，并保证设计、制造的高质量。具有强大数据管理能力的先进工程软件如 Pro/E、UG、AutoCAD、SolidWorks 等打通了设计与制造，使得建立在数控机床、加工中心基础上的柔性制造、黑灯（无人）工厂成为现实。

4.2.2.1　计算机辅助设计（CAD，Computer Aided Design）

20 世纪 80 年代以来，计算机在硬件及软件方面都产生了巨大的飞跃，计算机辅助工业设计也因其快捷、高效、准确、精密和便于储存、交流及修改的优势而广泛应用于工业设计的各个领域，大大提高了设计的效率。在如今的工业制造领域，设计人员可以在计算机的帮助下绘制各种类型的工程图纸，并在显示器上看到动态的三维立体图后，直接修改设计图稿，极大地提高了绘图的质量和效率。此外，设计人员还可以通过工程分析和模拟测试等方法，利用计算机进行逻辑模拟，从而代替产品的测试模型（样机），降低产品试制成本，缩短产品设计周期。目前，CAD 技术已经广泛应用于机械、电子、航空、船舶、汽车、纺织、服装、化工以及建筑等行业，成为现代计算机应用中最为活跃的技术领域之一。

4.2.2.2　计算机辅助制造（CAM，Computer Aided Manufacturing）

利用计算机控制设备完成产品制造的技术。借助 CAM 技术，在生产零件时只需使用编程语言对工件的形状和设备的运行进行描述后，便可以通过计算机生成包含加工参数

（如走刀速度和切削深度）的数控加工程序，并以此来代替人工控制机床的操作。这样不仅提高了效率和产品质量，还降低了生产难度，在批量小、品种多、零件形状复杂的飞机、轮船等制造业中备受欢迎。

4.2.2.3　计算机辅助工程（CAE，Computer Aided Engineering）

　　CAE 是用计算机辅助求解复杂工程和产品结构强度、刚度、屈曲稳定性、动力响应、热传导、三维多体接触、弹塑性等力学性能的分析计算以及结构性能的优化设计等问题的一种近似数值分析方法。CAE 从 20 世纪 60 年代初在工程上开始应用到今天，已经历了 50 多年的发展历史，其理论和算法都经历了从蓬勃发展到日趋成熟的过程，现已成为工程和产品结构分析中（如航空、航天、机械、土木结构等领域）必不可少的数值计算工具，同时也是分析连续力学各类问题的一种重要手段。随着计算机技术的普及和不断提高，CAE 系统的功能和计算精度都有很大改善，各种基于产品数字建模的 CAE 系统应运而生，并已成为结构分析和优化的重要工具，同时也是计算机辅助 4C 系统（CAD/CAE/CAPP/CAM）的重要环节。

　　有限元分析技术是最重要的工程分析技术之一，有限元法在各个工程领域中的应用不断深入，现已遍及宇航工业、核工业、机电、建筑等领域，是对设计对象进行动、静、热特性分析的重要手段。目前，有限元法仍在不断发展，各种有限元软件功能越来越强大，使用也越来越方便，见图 4-48。

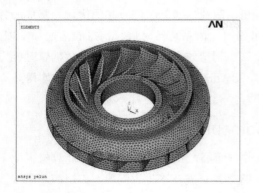
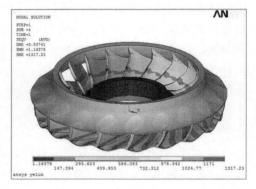
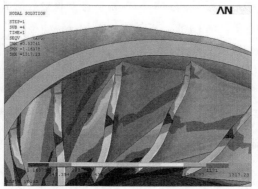

图4-48　对零件（凸轮）进行有限元分析

4.2.2.4 数控加工技术（NC，Numerical Control）

数字控制技术，简称数控技术，是在机床或仪表领域中，采用数字信号对机床或数字仪表的运动过程进行控制的技术。数控加工技术，是采用被数字控制技术进行控制的机床对零件进行加工的高效的自动化加工工艺方法，它能严格按照加工要求，自动完成对被加工零件的加工，如图4-49和图4-50所示。

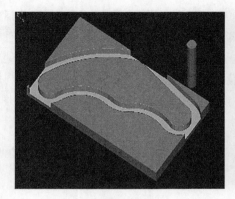 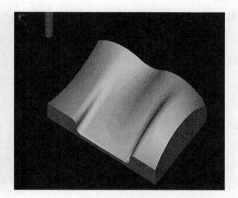

图4-49　平面类零件加工　　　　　　　　　图4-50　曲面类零件加工

数控技术是制造自动化和柔性化的一项重要基础技术，广泛用于各类数控机床。按照工艺用途分类，数控机床包括数控镗铣床、数控车床、数控镗床、数控磨床、数控钻床、数控线切割机床等，见图4-51、图4-52。数控机床的数量和技术水平的高低，是衡量一个国家机械制造水平的重要标志，数控化率越高，机械制造水平也越高。现在，数控技术已成为制造业实现自动化、柔性化、集成化生产的基础技术，现代的 CAD/CAM、柔性制造系统（FMS）、分布式数控（DNC）、现代计算机集成制造系统（CIMS）、虚拟制造（VM）、敏捷制造（AM）等先进制造模式均是建立在数控技术基础上。

 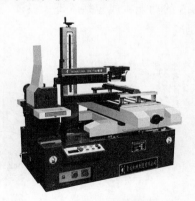

图4-51　卧式数控镗铣床　　　　　　　　图4-52　数控线切割机床

4.2.2.5 计算机辅助工艺设计（CAPP，Computer Aided Process Planning）

计算机辅助工艺设计是连接 CAD 和 CAE 系统的桥梁，在产品设计和制造整个过程中担任着至关重要的角色，是工艺人员通过计算机辅助技术采用系统化、标准化的方法确定零件或产品从毛坯到成品的制造方法的技术。CAPP 的一般过程是通过向计算机输入被加工零件的几何信息（形状、尺寸等）和工艺信息（材料、热处理、批量等），由计算机自动输出零件的工艺路线和工序内容等工艺文件。

4.2.2.6 柔性制造（FM，Flexible Manufacturing）

柔性制造是指在计算机支持下，能适应加工对象变化的制造系统。柔性制造包括柔性制造单元（FMC）、柔性制造系统（FMS）、柔性自动生产线三种类型。柔性制造系统是一种技术复杂、高度自动化的系统，它将微电子学、计算机和系统工程等技术有机地结合起来，理想和圆满地解决了机械制造高自动化与高柔性化之间的矛盾，具有设备利用率高、产品应变能力大、质量高、运行灵活、生产能力相对稳定、在制品少、经济效益显著等优点。

4.2.2.7 计算机集成制造系统（CIMS，Computer Integrated Manufacturing System）

CIMS 是集设计、制造、管理三大功能于一体的现代化工厂生产系统，具有生产效率高、生产周期短等特点，是 20 世纪制造工业的主要生产模式。在现代化的企业管理中，CIMS 的目标是将企业内部所有环节和各个层次的人员全都用计算机网络连接起来，形成一个能够协调统一和高速运行的制造系统。

计算机集成制造系统是一种集市场分析、产品设计、加工制造、经营管理、售后服务于一体，借助计算机的控制与信息处理功能，使企业运作的信息流、物质流、价值流和人力资源有机融合，实现产品快速更新、生产率大幅提高、质量稳定、资金有效利用、损耗降低、人员合理配置、市场快速反馈和良好服务的全新的企业生产模式。

CIMS 的功能构成包括管理、设计、制造、质量控制功能、集成控制与网络功能，如图 4-53 所示。

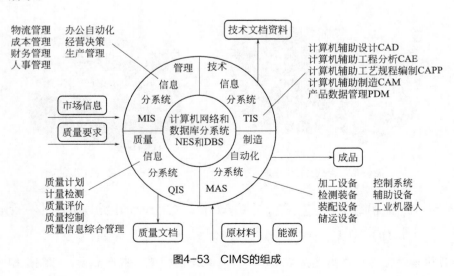

图4-53　CIMS的组成

CIMS 是目前最高级别的自动化制造系统，但这并不意味着 CIMS 是完全自动化的制造系统。事实上，目前意义上 CIMS 的自动化程度甚至比柔性制造系统还要低。CIMS 强调的主要是信息集成，而不是制造过程物流的自动化。CIMS 的主要特点是系统十分庞大，包括的内容很多，要在一个企业完全实现难度很大，但可以采取部分集成的方式，逐步实现整个企业的信息及功能集成。

4.2.3　新兴设计与制造技术

4.2.3.1　逆向工程技术（RE，Reverse Engineering）

逆向工程是根据实物模型的测量数据，建立数字模型或修改原有设计，然后将这些模型和表征用于产品的分析和加工过程中，是通过重构产品的三维模型，对原型进行修改和再设计，是工业设计的一种有效手段。逆向工程目前最广泛的应用是进行产品的复制和仿制。

在工程技术人员的一般概念中，产品设计过程是一个从无到有的过程：设计人员首先构思产品的外形、性能和大致的技术参数等，然后利用 CAD 技术建立产品的三维数字化模型，最终将这个模型转入制造流程，完成产品的整个设计制造周期。这样的产品设计过程我们可以称之为"正向设计"，见图 4-54。逆向工程则是一个"从有到无"的过程。简单地说，逆向工程就是根据已经存在的产品模型，反向推出产品的设计数据（包括设计图纸或数字模型）的过程，见图 4-55。

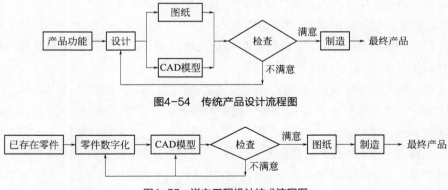

图4-54　传统产品设计流程图

图4-55　逆向工程设计技术流程图

随着计算机技术在制造领域的广泛应用，特别是数字化测量技术的迅猛发展，基于测量数据的产品造型技术成为逆向工程技术关注的主要对象。通过数字化测量设备（如坐标测量机、激光测量设备等，如图 4-56 所示）获取的物体表面的空间数据，需要经过逆向工程技术的处理才能获得产品的数字模型，进而输送到 CAM 系统完成产品的制造。因此，逆向工程技术可以认为是

图4-56　便携式三维数字化仪

"将产品样件转化为 CAD 模型的相关数字化技术和几何模型重建技术"的总称。

4.2.3.2 快速成型技术（RP，Rapid Prototype）

快速成型技术 RP 也叫做快速成型制造技术（RPM，Rapid Prototype Manufacturing），是在现代 CAD/CAM 技术、激光技术、计算机数控技术、精密伺服驱动技术以及新材料技术的基础上集成发展起来的。不同种类的快速成型系统因所用成型材料不同，成型原理和系统特点也各有不同，但其基本原理都是一样的，那就是"分层制造，逐层叠加"，类似于数学上的积分过程。形象地讲，快速成型系统就像是一台以增材制造为原理的"立体打印机"。RP 技术的优越性显而易见，它可以在无需准备任何模具、刀具和工装卡具的情况下，直接接受产品设计（CAD）数据，快速制造出新产品的样件、模具或模型。因此，RP 技术的推广应用可以大大缩短新产品开发周期、降低开发成本、提高开发质量，见图 4-57。

图4-57 用快速成型机制作模型

由传统的"去除法"到今天的"增长法"，由"有模制造"到"无模制造"，这就是 RP 技术对制造业产生的革命性意义。RP 技术将一个实体的复杂的三维加工离散成一系列层片的加工，大大降低了加工难度，具有如下特点：

- 成型过程的快速性，适合现代激烈的产品市场。
- 可以制造任意复杂形状的三维实体。
- 用 CAD 模型直接驱动，实现设计与制造高度一体化，其直观性和易改性为产品的完美设计提供了优良的设计环境。
- 成型过程无需专用夹具、模具、刀具，既节省了费用，又缩短了制作周期。
- 技术的高度集成性，既是现代科学技术发展的必然产物，也是对它们的综合应用，带有鲜明的高新技术特征。

由以上特点可见 RP 技术的突破性在于改变了传统工业的加工方法，可快速实现复杂结构的成型等。它主要适合于新产品开发，快速单件及小批量零件制造，复杂形状零件的制造，模具与模型设计与制造，也适合于难加工材料的制造，外形设计检查，装配检验和快速逆向工程等。作为一种革命性成型方法，在复杂结构成型和快速加工成型领域例如汽车和飞机行业获得了广泛的应用。目前民间习惯把快速成型技术叫做"3D 打印"或者"三维打印"，但是实际上，"3D 打印"或者"三维打印"只是快速成型技术的一个分支，只能代表部分快速成型工艺。3D 打印的批量化生产，离不开可以支持这一趋势实现的设备，随着技术的进步，3D 打印批量化制造速度慢、成本高等瓶颈会被逐一打破，基于该技术批量化制造会越来越多，见图 4-58、图 4-59。宝马汽车公司不仅借助 RP 技术提高制造速度，还用于生产已停产的古董车的零件或是用传统工艺制作不出来的定制、高度复杂的特殊零件，特别是在原型车开发、车体验证和车辆道路测试等方面，可以达到降低成本并实现轻量化的目的，见图 4-60。2020 年新冠疫情暴发期间，意大利一家公司使用 3D 打印机生产出呼吸阀门，将潜水面罩改装成简易的呼吸机，以解决医院燃眉之急，见图 4-61。

图4-58　阿迪达斯公司用Carbon 3D打印机能在19分钟完成一只运动鞋鞋底的制造

图 4-59　香奈儿公司利用3D打印生产的睫毛刷

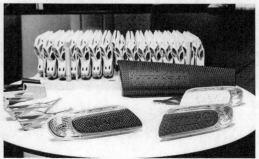

图4-60　宝马公司对快速成型技术的应用

图4-61　用3D打印机生产出呼吸阀门改装用于救治新冠肺炎患者的简易呼吸机

概括而言，快速成型技术正在给制造业带来巨大的变化。它使大规模定制成为可能，能以较低的成本和较快的速度生产前所未有的复杂零件。这种新的生产技术的发展，同时会促进材料技术的发展。现在先进的快速成型技术已经能够实现金属、塑料、玻璃等不同类别的材料的融合打印。快速成型累加的成型原理，相较于传统制造切削的加工方法，减少了资源浪费，更加经济环保，同时也不需要经历复杂耗时耗钱的模具构造阶段。这种新型的生产方式的普及推广也会促使企业或产业供应链和供应方式向更适应快速成型的方向发展。

4.2.3.3 虚拟现实技术VR（VR，Virtual Reality）

虚拟现实技术是借助于计算机技术及硬件设备，实现一种人们可以通过视、听、触、嗅等手段所感受的虚拟环境，计算机所创造的三维虚拟环境能使参与者得以全身心地置入该环境中体验，并通过专用设备（立体显示系统、头盔显示器、跟踪定位器、3D MOUSE、数据服、力反馈数据手套等）实现人类自然技能对虚拟环境中实体的交互考察与操作。虚拟现实系统具有三个重要特征：临境性、交互性和想象性。虚拟现实技术广泛应用于军事仿真、娱乐、游戏、教育、医学和制造业等领域，其在制造业应用包括虚拟设计、虚拟制造和虚拟装配等。虚拟设计突破物理空间和时间的限制，用虚拟的人体模型模拟产品使

图4-62 宝马公司BMW运用VR技术开展汽车研发

用、维修情况或对产品进行虚拟的加工、装配和评价等。用数据头盔、数据手套等设备对产品进行身临其境的体验，进而避免设计缺陷，同时降低产品的开发成本和制造成本，更好地在新产品开发中提升设计创新思维能力与产品设计水平，增强科学性、可靠性，减少盲目性，及时发现和纠正错误，使开发的产品更加符合最终用户的需求，见图4-62。

虚拟设计技术能够提供很强的沉浸感和无限的可能性，具有巨大的商业价值，符合现代设计技术发展的大趋势，是工业设计发展的主流方向。

4.2.3.4 其他新兴制造技术

随着技术的发展，新的设计与制造方法不断出现，例如"再制造"设计与制造技术（详见第8章）、人工智能设计与制造技术（详见第11章）。不远的未来，5G技术的广泛应用也将给设计与制造带来更大的变革，更加智能化、自动化、高效可靠的美好画卷正在徐徐展开。

4.3 模型

产品模型制作与表现为产品造型设计提供了一种重要的设计表现手法，是现代工业设计过程中的关键环节。

4.3.1　模型概述

模型制作是工业产品设计的主要表现形式之一，它用立体的形态表达特定的创意，以实际的形体、线条、体量、材质、色彩等元素表达设计思想，把设计思想转化为看得见、摸得着，接近真实形态的设计方案。产品模型是验证产品造型方案是否实用、经济、美观、安全和舒适的有效手段。产品模型作为表达设计的一种重要手段，能够直观、形象地表达设计者的构思，并能在模型制作过程中对设计构思进行验证和不断完善，具有不可替代的实际意义。

产品模型的特点及作用：

① 模型是用立体表达设计的方法。用三维形体来充分表现设计构思，客观、真实地从各个方向、角度、位置来展示产品的形态、结构、尺寸、色彩、肌理、材质等。立体模型与草图等平面表现相比，虽然制作时间较长，但设计者可以亲自动手，从各个方向观察、操作以及与其他物品进行组合设计等，是一种直观的立体表达手法。

② 模型制作是完善设计的过程。通过研究处理设计草图和效果图中不能充分表达或无法表达的地方，可以研讨构思草图中不可能解决的产品形体上很多具体的空间问题。模型制作过程中就可以弥补平面设计中表现的不足。在模型制作过程中不断发现问题、分析问题、解决问题，使设计更加合理。因此可以说模型制作过程也是完善设计的过程。

③ 模型是展示、评价、验证设计的实物依据。通过实际的感官触摸检验产品造型与人的人机适应性、操作性和环境关系，获得合理的人机效果。

④ 模型为设计交流提供一种实体语言，便于研讨、分析、协调和决策，把握将来真实产品的设计方向。为产品投产提供依据，如产品性能测试，确定加工成型方法和工艺条件，材料选择，生产成本及周期预测，市场分析及广告宣传等。

4.3.2　产品模型的种类

产品模型的分类方法很多。在工业设计领域，从物质材料角度来考虑，其所涉及的物质模型大致可以分为非金属模型、金属模型和计算机模型；按照制作的比例将产品模型可以分为原尺模型、放尺模型和缩尺模型；按照用途可以将产品模型分为研究模型、展示模型、功能模型和样机模型。

4.3.2.1　按照物质材料进行分类

① 非金属模型：包括无机类模型和有机类模型，而在工业设计中常用的无机类包括泥（包括陶泥、黏土、油泥等）、石膏等制作而成的模型；有机类包括纸、塑料（有热固性和热塑性两种类型）、木材和硅胶等制作而成的模型。

② 金属模型：包括黑色金属和有色金属两种，通过铸造、钳工、钣金、铆焊等手工加工方式或者车、铣、刨等机械加工方式制作而成。

③ 计算机模型：是一种以计算机技术为基础进行模拟和仿真的新的模型形式，它具

有便于存储和修改的特点，并能缩短设计周期、降低设计成本。但是在设计中，不应仅依靠计算机模型，还应该将计算机模型与其他模型相结合，亲身制作所设计产品的实体模型，这样才能更深刻地了解产品的工艺和结构等。

4.3.2.2　按照制作的比例分类

① 原尺模型：全比例模型，与真实产品尺寸相同的模型，也是造型设计常用的模型。根据设计要求、制作方法和所用材料，有简单型和精细型之分，主要用作展示模型、工作模型。

② 放尺模型：放大的比例模型，常采用的比例为 2:1、4:1、5:1。

③ 缩尺模型：缩小的比例模型，常采用的比例为 1:2、1:5、1:10、1:15 和 1:20。

4.3.2.3　按照用途分类

① 研究模型：又称草案模型、粗制模型、构思模型或速写模型。根据设计者的设计创意，在构思草图基础上，制作能表达产品形态基本体面关系的模型，多用来研讨产品的基本形态、尺度、比例和体面关系。注重产品的整体造型，具有大概的长宽高和粗略的凹凸面关系，不过多追求细部。构思模型多采用易加工、易反复修改的材料制作，如黏土、纸板、泡沫塑料、油泥等，见图 4-63。

图4-63　构思模型

② 展示模型：又称外观模型、仿真模型或方案模型。展示模型主要用于表现完整的外观设计，具有展示、宣传、交流、评价的作用，是设计方案确定过程中较多的采用立体表现形式。当完整的设计方案确定以后，展示模型应按照外观设计要求充分表现出产品的形态、色彩、肌理和材质效果等外部特征，但通常不反映产品的内部结构。展示模型制作要求外部每个细节都要进行精细处理以保证完整的外观形式美感，增强视觉效果。展示模型外观逼真、真实感强、具有良好的可触性，为后续工作提供较完美的立体形象及依据。展示模型制作的材料通常选用加工性好的油泥、石膏、木材、塑料及金属等，见图 4-64。

③ 功能模型：主要用来表达、研究产品的各种构造性能、力学性能以及人和产品之间的关系。同时可作为分析检验产品的依据。强调产品机能构造的效用性和合理性，各组件的相互配合关系严格按设计要求设计制作。通过功能模型可以进行整体和局部的功能试验，测量必要的技术数据，获得准确的设计指标反馈，进而继续修正设计，见图 4-65。

④ 样机模型：样机模型是产品设计的最高表现形式，严格按设计要求制作，充分体现产品外观特征和内部结构的模型。样机模型常用于试制样品阶段，以研究和测试产品结构、技术性能、工艺条件以及人机关系，具有实际操作使用的功能。借助样机模型，设计者可以进一步校对、验证设计的合理性，审核产品尺寸的正确性。在选用材料、结构方

式、工艺方法、表面装饰等方面都应以批量生产要求为依据，见图4-66。

图4-64　展示模型

图4-65　功能模型

图4-66　样机模型

4.3.3　模型制作的方法、材料及工艺简介

模型制作是实现工业设计创意中艺术与科技相结合的设计手段，是工业设计产品的功能、技术与艺术在高度融合中的最为关键的一步，并且整个模型制作的过程与设计过程间有着不可分割的内在关系，因此，作为一个产品造型设计者或是工业设计师，都必须了解设计中的重要方法——模型制作。通过熟练地掌握模型技术，将它运用于设计中，为人们设计出更好的产品，通过设计来提升人们的生活质量，使产品设计能够真正做到"以人为本"。

4.3.3.1　模型制作的方法

产品模型是由多种相同或不同材料采用加法、减法或者综合成型法加工制作而成的实体。模型制作的方法可归纳为加法成型、减法成型和混合成型三种。

① 加法成型：加法成型是通过增加材料，扩充造型体量来进行立体造型的一种手法，其特点是由内向外逐步添加造型体量。将造型形体先制成分散的几何体，通过堆砌、比较、确定相互位置，达到适合体量关系后采用拼合方式组成新的造型实体。加法成型通常

采用木材、黏土、油泥、石膏、硬质泡沫塑料等材料来制作，多用于制作外形较复杂的产品模型。

② 减法成型：减法成型正好与加法成型相反，减法成型是采用切割、切削等方式，在基本几何形体上进行体量的剔除。去掉与造型设计意图不相吻合的多余体积，以获得构思所需要的正确形体。其特点是由外向里，这种成型法通常是用较易成型的黏土、油泥、石膏、硬质泡沫塑料等为基础材料，多以手工方式切割、雕塑、刨、刮削等成型方式，适用于较简单的产品模型。

③ 混合成型：混合成型是一种综合成型方法，是加法成型和减法成型的结合使用的方法。一般采用木材、塑料型材、金属合金材料等制作，多用于制作结构复杂的产品模型。

4.3.3.2　模型制作的材料与工艺简介

由于制作模型的材料不同（见表 4-4）、模型的功能不同，模型的制作工艺也有较大的不同，但不论何种类型的模型，一般制作流程均包括以下几个步骤：构思草图方案，从中选取最佳方案；绘制三视图，必须表达清楚细节；选择（或者配置）材料；粗略制作模型的大型；精加工，完成细节；表面处理（如上蜡、抛光、喷漆贴花等）。

表4-4　通用模型材料重要造型特性对比

材料名称	性　能						
	材料价格	加工成本	塑型	表面处理	工作量	工时	保存时间
石膏	低	较高	较难	易	大	长	长
木材	低	较高	较难	易	大	长	适中
油泥	较高	适中	易	难	较大	适中	长
陶土	低	较高	易	较难	较大	较长	长
热塑性塑料	适中	较高	较难	难	大	长	长
发泡塑料	适中	低	易	难	小	短	长
纸材	低	低	易	易	小	短	短

下面对每种材料的特性和制作工艺简要进行介绍：

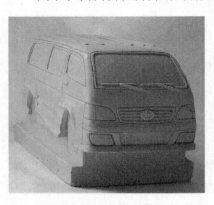

图4-67　面包车石膏模型

① 石膏。石膏是传统的模型材料。优点：具有一定强度，不易变形走样，成型容易，雕刻方便，易涂饰着色，可修改细小部分，价格低廉，便于较长时间保存。缺点：较重，怕碰撞挤压。一般用于制作形态不太大，细部刻画不太多，形状也不太复杂的产品模型（图 4-67），石膏模型的制作工艺见图 4-68。

图4-68　石膏模型的制作工艺

② 木材。木材也是传统的模型材料。优点：材料价格低廉，密度小，质轻易搬动，便于表面装饰处理，细小部件不易损坏。缺点：材质各向异性明显，塑形工作量较大、工时较长，故加工成本较高；木材随湿度变化会出现裂纹和弯曲变形等情况，不易较长时间保存；加工时所需的设备要求高，加工难度较大，图4-69所示为照相机的木模型。

③ 陶土。陶土曾是传统的模型材料。优点：材料价格低廉，便于塑形，烧制模型能长期保存。缺点：易开裂，烧制变形大，难以表面装饰处理，模型尺寸准确性难以把握，不能制作细小部件，工时长、烧制成本较高。图4-70为部分制作陶土模型所需工具。

图4-69 相机木模型

图4-70 制作陶土模型的工具

④ 油泥。油泥是制作模型的普通用材，适用于大型模型的制作。优点：可塑性强，不易开裂，能反复使用，能长期保存。缺点：材料价格较高，表面装饰处理工时长，模型尺寸准确性难以把握。陶土类与油泥类材料的加工，加工工艺及部分加工工具见图4-71～图4-75。

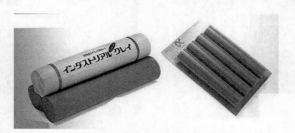

图4-71 进口油泥棒

(a)相机油泥模型

(b)汽车油泥模型

图4-72 油泥模型

粗型的塑造 → 进一步塑造加工 → 总体调整布局加工

图4-73 陶土和油泥模型的制作工艺

图4-74 部分油泥加工工具

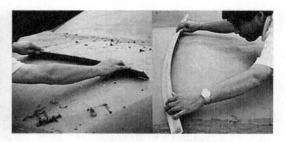

图4-75 制作汽车油泥模型

⑤ 热塑性塑料。热塑性塑料中的 ABS 塑料、PVC 塑料、有机玻璃板材和型材是常用的模型材料，见图 4-76。优点：机加工性能好，制作包容性模型效果好，易粘接，易把握模型尺寸准确性，细小部件不易损坏，能长期保存。缺点：曲面加工较难、难以进行表面装饰处理、加工工序多、工时长，故成本较高。

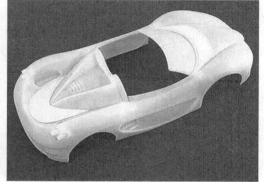

图4-76 塑料模型

⑥ 泡沫塑料。泡沫塑料是以树脂为基料，加入发泡剂、催化剂等辅助成分在模具中发泡而得，其内部具有无数微小的气孔，见图 4-77。常见的泡沫塑料有聚苯乙烯（PS）、聚乙烯（PE）、聚氨酯（PU）、聚氯乙烯、酚醛、脲醛泡沫塑料等。优点：具有质轻（密度一般在 0.01 ～ 0.5g/cm³ 范围内）、隔热、吸音、耐潮湿等特点，用于模型制作的泡沫塑料薄板和块材。可塑性强、不易开裂、塑形工作量小、工时短，加工成本低。可进行锯、钻、裁等形式的加工，是制作模型的好材料。缺点：

图4-77 泡沫模型

难以进行表面装饰处理，细小部件易损坏。泡沫模型的制作流程见图4-78。

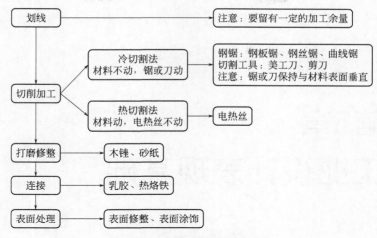

图4-78 泡沫模型的制作工艺

⑦ 纸材。选用不同厚度的白卡纸、铜版纸、硬纸板等作为原材料。优点：取材容易，制作简便，但强度不高，重量较轻，价格低廉，多制成缩尺模型。同时充分利用不同纸材的色彩、肌理、纹饰，而减少繁杂的后期处理。缺点：不能受压，怕潮，易产生弹性变形。较大的纸材模型，内部需要作支撑骨架，增强其受力强度，一般用来制作平面或立体形状单纯、曲面变化不大的模型，可用来制作草模或室内家具、建筑模型，见图4-79。

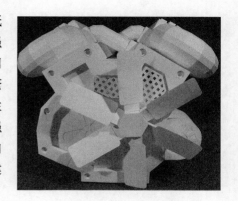

图4-79 发动机引擎纸模型

□ 复习
  思考题

1.工业设计中常用的材料有哪几种？它们各自有什么特性？

2.工业设计中常用材料的加工工艺是什么？

3.机械设计的定义是什么？机械制造的定义是什么？机床包括哪些种类？

4.常用的先进设计和制造技术有哪些？新型设计和制造技术有哪些？

5.简要说明模型的作用和种类。

6.制作模型常用的材料有哪些？它们各自有什么特点？

第5章
工业设计表现基础

本章重点:

◀ 三大构成:平面构成、色彩构成、立体构成。

◀ 设计表达:包括设计表现基础知识、设计表现的种类和应用阶段。

学习目的:

通过本章学习了解与工业设计表达技术有关的知识和技能,了解与设计表达相关的主要设计软件。

5.1 三大构成

所谓"构成"是一种造型概念,其含义是将不同形态的几个以上的单元重新组合成一个新的单元。三大构成,即:平面构成、色彩构成与立体构成,是现代设计基础的重要组成部分。

5.1.1 平面构成

平面构成是对平面图形的创造，将图形的物质要素按照感情、意义和美学原则，在二维平面上进行组合，形成一个新的满足需要的图形。它是理性与感性相结合的产物，作品富有极强的抽象性和形式感。在实际设计运用之前必须学会运用视觉的艺术语言，以便进行视觉方面的创造，了解造型观念，训练各种构成技巧和表现方法，培养审美观及美的修养和感觉，提高创作能力和造型能力，活跃构思，见图 5-1。

图5-1　平面构成作品

5.1.2 色彩构成

色彩构成是从人对色彩的知觉和心理效果出发，用科学分析的方法，把复杂的色彩现象还原为基本要素，利用色彩在空间、量与质上的可变幻性，按照一定的规律去组合，再创造出新的色彩效果的过程，如图 5-2 所示。

图5-2　色彩构成作品

（1）色彩属性

除了黑、白、灰，所有色彩都同时具有三种属性，即色相、纯度、明度。它们是色彩中重要的三个要素，三个属性之间既相对独立又相互关联、相互制约。

① 色相，是色彩的基本相貌，是不同波长的光波给人形成的某种不同的特定感觉，

光谱色中色相的数目无穷无尽，红、橙、黄、绿、蓝、紫为基本色相。日常生活中，人们用特定的名称给不同的颜色命名，用来描述特定的色彩印象，例如玫红、大红、朱红、橘红等。

② 纯度，是指色彩的纯净程度，有时也称为彩度。

③ 明度，是指色彩的明暗程度，也可称为亮度。同一个颜色加白或加黑后所形成的色彩差异，即为明度差别。明度往往与纯度有直接关系，它们当中一个发生改变会引起另一个改变。

（2）色彩心理

运用色彩的最终目的是传递感情。色彩感情是人对色彩的一种心理感受，例如高明度色彩刺眼，使人心慌；低明度色彩使人感到沉闷。色彩感情与人的联想有密切关系，有些色彩容易让人产生强烈、复杂的心理联想，如饱和的红色，它与印象中的火、血、红旗等概念相关联，很容易让人联想到战争、伤痛、革命等。详见表5-1。

表5-1　克拉因色彩感情价值表

色彩	客观感觉	生理感觉	联想	心理感觉
红	辉煌、激动、豪华、跳跃（动）	热、兴奋、刺激、极端	战争、血、大火、仪式、圆号、长号、小号、罂粟花	威胁、警惕、热情、勇敢、庸俗、激怒、野蛮、革命
橙红	辉煌、激动、豪华、跳跃（动）	烦恼、热、兴奋	最高仪式、小号	急躁、诱惑、生命、气势
橙	辉煌、激动、豪华、跳跃（动）	兴奋（轻度）	日落、秋、落叶、橙子	朝阳、兴奋、愉快、欢乐
橙黄	闪耀、豪华（动）	温暖、灼热	日出、日落、夏、路灯、金子	兴奋、幸福、生命、营养
黄	闪耀、高尚（动）	灼热	东方、硫黄、柠檬、水仙	光明、希望、嫉妒、欺骗
黄绿	闪耀（动）	稍热	春、新苗、腐败	希望、不愉快、衰弱
绿	不稳定（中性）	凉快（轻度）	植物、草原、海	和平、理想、宁静、悠闲、道德、健全
蓝绿	不稳定、呼应（静）	凉快	海、湖、水池、玉石、玻璃、铜、埃及、孔雀	异国情调、迷惑、神秘、茫然
蓝	静、退缩	严冷、安静、镇静	蓝天、远山、海、池水、眼睛、小提琴（高音）	灵魂、天堂、真实、高尚、优美、透明、忧郁、悲哀、流畅、回忆、冷淡
紫蓝	静、退缩、阴湿	严冷（轻度）、镇静	夜、教堂窗户、海、竖琴	天堂、庄重、高尚、公正、无情
紫	阴湿、退缩、离散（中性）	稍热、屈服	葬礼、死、仪式、地丁花、大提琴、低音号	华美、尊严、高尚、庄重、宗教、帝王、幽灵、豪绅、悲哀、神秘、温存
紫红	阴湿、沉重（动）	热、跳动的、抑制、屈服	东方、牡丹、三色地丁花	安逸、肉欲、冶艳、绚丽、华丽、傲慢、隐瞒
玫瑰	豪华、突出、激烈、刺眼、跳动（动）	兴奋、苦恼	深红礼服、蔷薇、法衣	安逸、虚荣、好色、喜悦、庸俗、粗野、轻率、热闹、爱好华丽、唯物的

5.1.3 立体构成

立体构成也称为空间构成，是利用一定的材料，以视觉为基础、力学为依据，将造型要素按照一定的构成原则，组合成美好的形体。立体构成所研究的是立体形态和空间形态的创造规律，通过立体构成的学习、训练，可以了解造型观念，培养抽象构成能力，见图5-3。

图5-3　立体构成作品

5.2　设计表现

成功的工业设计师除了具备良好的创造能力，还要能根据设计阶段的需要使用各种不同的表现方式来清晰地传达自己的设计理念。设计师通过各类表现方式来记录、表达自己的构思，与观者进行交流和沟通，推进产品的每一步研发。随着科学技术的发展，工业设计的表现形式也越来越丰富，常见的表现形式包括：设计草图、设计效果图、计算机辅助设计图、计算机三维模型。

5.2.1　工业设计表现所需基础知识

工业设计是一个综合学科，要求设计师具备多种相关基础知识和能力，从设计表现的角度来说，设计者必须具备结构推敲、透视表现和良好的色彩感觉与设计表现能力等。

5.2.1.1　透视

透视方法的使用可以帮助画者在二维的纸面上绘制出符合人们视觉习惯的三维效果图，给人以亲切而真实的感觉，具有较强的立体感和真实感。要掌握透视图的画法，首先就要了解透视图的形成、基本知识及透视投影的规律。

（1）透视图的形成

透视图起源于绘画，早期的画家通过透明的玻璃观看物体，将物体的轮廓描绘在玻璃上形成图像，这种图像与照片相似，具有近大远小的特征。

（2）透视图的种类

物体的透视根据消失点（也称"灭点"）的数量分为一点透视、两点透视和三点透视。

1）一点透视。一点透视又称平行透视，物体上的轮廓线有两组方向与画面平行，且只有一个消失点。这种透视图由于物体上有一个主要面平行于画面，所以也称为"平行透视"。

一点透视的优点是所绘制的平面与画面平行，其透视是自身的相似形，作图比较简单，适用于表现一些功能均设置在物体的前表面上的产品，如手机、仪表、操作界面等，如图5-4所示。但使用一点透视画出来的透视图立体感较差，形象呆板。

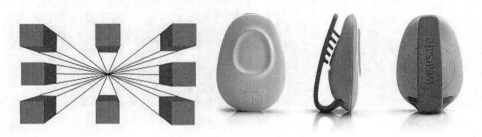

图5-4　一点透视

2）两点透视。两点透视又称成角透视。如果物体上有两组方向的轮廓线与画面相交，这样在画面上就会形成两个方向的消失点，且两个消失点均在视平线上，这样画出的透视图称为两点透视。由于物体上的两个面均与画面成一定的偏角，故又称为成角透视。

两点透视符合人的视觉习惯，能较为全面反映物体几个方向表面的特征，画面效果比较形象、生动活泼，如图5-5所示。但是，如果角度选择不恰当，容易使得物体产生变形。

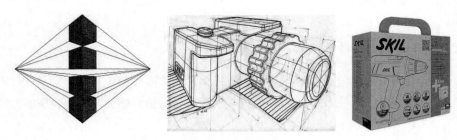

图5-5　两点透视

3）三点透视。三点透视又称斜透视。物体上的三组轮廓线均与画面相交，所以三个方向都有主向消失点，故称为三点透视，又称斜透视，如图5-6所示。

由于三点透视绘图复杂，且呈倾斜状，所以在产品效果图中应用的较少。一般情况下多用于加强透视纵深感，如表示高大雄伟的建筑物等。

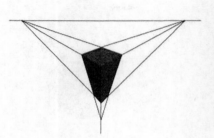

图5-6　三点透视

（3）产品效果图透视理论的一般规律

1）近大远小，包括物体的大小、面的大小、线的粗细。

2）近实远虚，包括线的深浅，色彩的深浅、冷暖变化等。

3）视点距物体的距离越近，透视图的变化越平缓，反之变化就越快。

5.2.1.2　色彩的设计表现

在工业设计中，色彩是重要的表现手段，是设计表现中不可缺少的重要因素，对于色彩的分析和研究是设计的基础和前提。在设计表现中，要适当运用色彩知识，使画面色彩既丰富又有明确的关系，能够准确表达产品的色彩特点。

① 色彩的对比。画面色彩的对比主要包括色相对比、明度对比、纯度对比。在产品设计表现中，与其他对比因素相比较而言，色彩的明度对比对画面效果的影响是最大的，比如暗色需要亮色的对比才能凸显。如果画面缺少明暗对比，整体效果就会比较沉闷。

② 色彩的统一。画面要有统一明确的主色调，色彩之间要有呼应和联系。统一明确的色调是指要有明确的色彩基本倾向，例如单一色彩的产品就选择其固有色作为主色调，在其明度上做变化。

③ 色彩的衬托。利用色彩的互相衬托可以达到突出产品的目的。同时，运用色彩的互衬还可以增加画面的层次感和美感，提高画面的艺术观赏性。

④ 色彩的省略。对主要部分进行色彩的细致描绘，次要部分的色彩可以适当省略。必要的色彩省略可以提高画面的虚实效果。

5.2.1.3　材质的设计表现

材料质感的表现是工业设计表现的一个非常重要的组成部分。事物都有其自身特有的材料特性，材料的质地有光滑、粗糙，坚硬、柔软，轻盈、沉重，透明、不透明，干燥、湿润等。在效果图绘画中，可以使用不同笔触以及材料本身的色彩关系来表现它们的材质。把握好物体透光和反射程度的描绘，可以使画面的材质表现更加生动。每一种材料的质感可以通过材料表面效果体现出来。工业设计中常见的材料，大致归为以下五类：

① 塑料材质。塑料材质基本分为两种，高反光塑料和低反光塑料（磨砂效果）。高反光塑料高光效果明显且突出，过渡效果硬朗，见图5-7。低反光塑料（磨砂效果）高光区域模糊，过渡柔和，见图5-8。

图5-7 高反光塑料效果

图5-8 低反光塑料效果

② 金属材质。金属材质按照表面特点大致分为高反射镀铬材料、低反射柔和拉丝材料两大类。镀铬是一种常见的金属材料表面处理方式，具有类似镜子的高反射特性，因此通常外表面镀铬的产品看上去具有强烈的反光效果，如图 5-9 所示。

③ 玻璃材质。玻璃材质最明显特征是透明，透明效果可以通过简单勾勒出其"后面"的物体或者借助周围环境中的物体反映透明质感，如图 5-10 所示。玻璃材料使用底色画法比较多，即在底色画纸上勾画产品明暗关系，点上高光即可，其反光区域的形状根据不同的结构而定。

图5-9 不锈钢产品反光效果

图5-10 玻璃材质产品

④ 木材质。木材的表面不反光，高光较弱，纹理虽然比较清晰，但是排列不规则，且方向不一致，绘画时可以使用蘸取颜料的干笔来突出纹理、结疤等材质特征，如图 5-11 所示。

⑤ 软材质。软材质材料包括海绵、高密织物、皮革等，如图 5-12 所示。特性是吸光均匀、表面有材料纹理。表现这类材料时用笔要含蓄均匀，线条流畅，不能过分强调高光。把握其肌理的主要特征，加以提炼概画。

图5-11 木材质产品

图5-12 软材质提包产品

5.2.2　工业设计中常用的设计表现图

一个产品从创意形成到研发量产上市，需要一种能够将设计思想在不同专业人员之间进行沟通的载体，设计图稿以其直观、形象、易懂等优势成为普遍认可的沟通载体。在整个工业设计流程中，不同的设计阶段需要不同的设计图稿来进行表现，见图5-13。

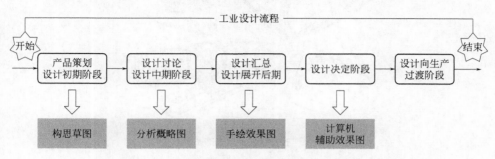

图5-13　设计图稿与工业产品开发流程的关系示意图

在设计程序初期的创意、展开阶段产生的创意会随时以构思草图的方式记录下来，然后用分析概略图进行设计展开和造型确认。设计展开阶段后期到设计讨论、汇总阶段需要描绘多种手绘效果图来进行设计展开与讨论。计算机辅助设计效果图主要是用在设计决定阶段的展示汇报。

5.2.2.1　构思草图

构思草图是在设计构思阶段徒手绘制的简略的产品图形，见图5-14。其显著特点在于快速灵活、简单易做、记录性强。由于它不要求特别精确或拘泥于细节，因而可塑性强，有利于快速记录设计者灵感，扩展设计思路，产生设计方案。

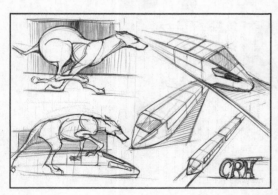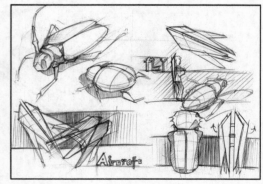

图5-14　仿生设计训练设计草图

构思草图在整个产品设计研发过程中起着十分重要的作用，因为设计过程是解决问题的过程。在这一个过程中，设计师将头脑中无序的构思和想法用图解的方式记录下来，进行整理、推敲，寻找解决问题的办法。构思草图的即时性记录只是其作用之一，更重要的作用是记录设计师对一些结构的分析推敲，以及对整个形态的把握和一些细部处理的思考，所以，绘制草图的过程也是图解思考的过程，见图5-15。

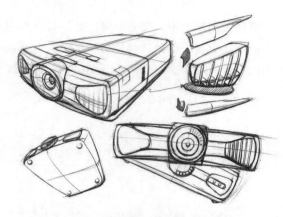

图5-15　投影仪设计草图的图解思考

5.2.2.2　分析概略图

　　分析概略图是设计师以设计主题为基础反复进行设计的展开、论证和确认，通过讨论得出多种方案的分析说明图。此类图稿从设计的造型、构造、色彩及材质等方面做到让他人能够充分理解，通常以透视图来表现。使用工具比构思草图丰富，除了各种绘制线条的笔类，还可以使用色粉、水彩等色彩表现工具，见图5-16。

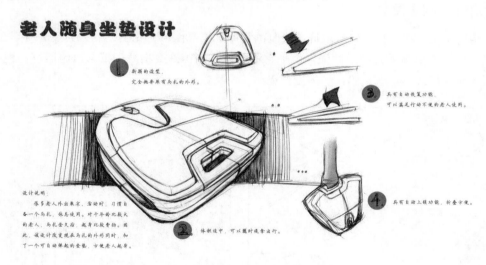

图5-16　分析概略草图

5.2.2.3　手绘效果图

　　设计方案中，产品设计的主要信息，包括外观形态特征、内部结构、加工工艺和材料等都大致确定后，为了让其他相关人员如技术员、销售员等更清楚地了解设计方案，有必要将方案绘制成更为详细的表现图，即手绘效果图。

　　手绘效果图是设计表达构思与创意的表现工具，绘制清晰严谨的效果图是设计师不可缺少的基本功。手绘效果图应具备以下特点：

① 真实性。通过色彩、质感表现和艺术的刻画达到产品的真实效果。效果图最重要的意义在于传达正确的信息，让人们了解到新产品的各种特性和在一定环境下产生的效果，使各种人员都能看懂并理解。

② 说明性。"一张图胜过百句话"，简单的图形比单纯的语言文字更富有直观的说明性，效果图具有高度的说明性，不仅能充分表现产品的形态、结构、色彩、质量等，还能传达无形的韵律、形态性格、美感等抽象的内容。

③ 美观性。设计效果图虽不是纯艺术品，但是本身要有一定的美感，使观者产生兴趣和共鸣。

④ 便捷性。无论设计师独自设计还是向客户推销其设计，还是在推敲设计创意时，常会互相交流，提出建议，此时设计师必须要将建议记录下来或者以图形表示出来，使用效果图可以在相对较短的时间内做到这一点，所以它较模型以及文字等表达方式更具便捷性。

5.2.2.4　手绘效果图的分类

根据使用工具的不同，手绘效果图分为水粉画法、彩色铅笔画法、色粉画法、马克笔画法等。其中色粉与马克笔经常搭配使用，共同完成效果图的绘制。

① 水粉画法。水粉颜料色泽丰富、鲜艳、不透明，具有良好的覆盖能力，比较适合反复修改，所以比较容易掌握。水粉画法表现力强，适合各种不同感觉、不同材质的产品表现，能将产品的造型特征精致而准确地表现出来，常用于绘制较精细的效果图，见图5-17。

② 彩色铅笔画法。彩色铅笔的表现一般是以线条的排列来形成画面，画面效果清淡。彩色铅笔本身含有蜡质，色与色不能相混，只能一层一层的叠加，线条稀疏的部分会透出前面绘制的线条色彩，以达到色彩在空间的混合。水溶性彩色铅笔是彩色铅笔的一种，在绘画中较为常用。当水溶性彩铅画好后，用水和毛笔在绘制的彩铅位置处理后能产生类似于水彩画的效果，但比水彩画法更容易掌握，见图5-18。

图5-17　箱包产品水粉画法

图5-18　文具组合产品彩色铅笔画法

③ 马克笔与色粉画法。马克笔和色粉是设计表现图中常用工具，可以实现无水作图。马克笔的优势是干净、透明、简洁、明快，缺点是过渡不够自然，在表现细部微妙变化的方面稍有不足；色粉表现的优势是细腻，过渡自然，缺点是明度、纯度低。因此两种绘画工具结合使用，可以优势互补，见图5-19。

④ 其他画法。除了上述几种较为典型的画法外，在设计表现的实践中还会用到喷绘画法、色纸剪贴法、平涂画法等。随着计算机的发展，表现手法进一步丰富，手绘效果图也常和计算机辅助设计结合以增强表现效果，见图5-20。

图5-19　玻璃水瓶产品马克笔与色粉画法效果图　　　图5-20　汽车产品手绘、计算机综合画法

5.2.2.5　计算机辅助工业设计

随着计算机软件的不断丰富，计算机辅助工业设计（Computer Aided Industrial Design，CAID）的范围越来越广，它不再只是设计表达中的一个技法，而是在整个产品设计中具有举足轻重地位的环节，对传统的设计方式已经产生了质的影响，是所有现代化的制造企业或设计公司必不可少的方法和工具。借助计算机高速运算能力、逻辑判断能力、巨大的存储能力，设计师的创作灵感得到更大的释放空间和自由。

产品设计表现是CAID应用的一个分支，主要是利用计算机生成接近真实图像的视觉方案来传达设计师构思的理念，使设计方案达到科学严谨的可评估化的要求。设计者的理念产生之后，借助草图、手绘表现图表现和传达其设计思想时，往往由于各种局限导致概念传达不完整或者细节表达不到位、不精确。因此，借助计算机辅助设计来推敲产品的细节、尺寸、材质等因素可增强其说明性，起到准确传达的作用。常用的CAID软件分为三大类：大型的CAD/CAM/CAE软件系统、微机版造型软件系统和专业三维造型设计系统。本书将对院校学生在工业设计表现中经常使用的一些软件进行简单介绍。

（1）计算机二维辅助设计

在工业设计领域，常用的计算机二维辅助设计软件包括Photoshop、CorelDraw、Illustrator、AutoCAD等。在产品设计的表现中，可以将手绘稿用二维辅助设计软件加以处理，来表现产品的主要视图、色彩、细节、展示效果等，如图5-21、图5-22所示为效果的比较。

图5-21　未使用Photoshop处理的汽车手绘稿效果　　图5-22　手绘稿使用Photoshop处理后的汽车效果

（2）计算机三维辅助设计

对于产品设计来讲，无论是简单的实体还是复杂的曲面，精确的尺度、严谨的形体是最基本的要求，造型软件需要有一定的精确度。目前，业界常用的基于个人计算机系统的造型软件主要有 Alias studio tools、Rhinoceros。但也可以使用一些具有强大建模功能的 CG 动画软件进行工业产品建模，如 3ds Max、Maya 等，见图 5-23、图 5-24。Autodesk Maya 支持建模、粒子系统、毛发生成、植物创建、衣料仿真一体化等。虽然这些 CG 动画软件并不是为工业设计开发的软件，不具有专业级别的尺度功能与分析校准功能，在建模方面只能达到"准工业"的水平，但是由于易用性与兼容性都很高，所以和 Alias studio tools、Rhinoceros 等专业造型软件一样也被很多设计工作室与专业院校作为主要建模工具。

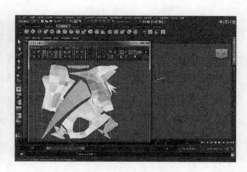

图5-23　Maya开启界面　　　　　　　　图5-24　Maya操作界面

① Autodesk Alias Studiotools，简称 Alias，是目前世界上最先进的工业造型设计软件，也是全球汽车、消费品造型设计的行业标准设计工具。Alias 软件包括 Studio/Paint、Design/Studio、Studio、Surface/Studio 和 Auto Studio 等 5 个版本，提供了从早期的草图绘制、造型、建模、渲染、视觉评审，一直到制作可供工业采用的最终模型的各个阶段的设计工具。该软件也提供了一个外围支持的数字化软件 Digitizing，它可轻易地将已有的二维图形或草图转化为数字数据，继而创建三维图形，见图 5-25、图 5-26。

② Rhinoceros，简称 Rhino（犀牛），是由美国 Robert McNeel & Assoc 开发的专业 3D 建模软件，广泛应用于三维动画制作、工业设计、科学研究以及机械设计等领域。Rhino 是世界上第一套将 NURBS 曲面引进 Windows 作业系统的 3D 电脑辅助工业造型软件，可

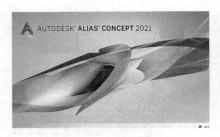

图5-25　Alias开启界面

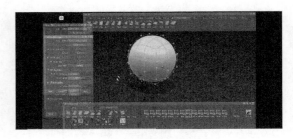

图5-26　Alias操作界面

以轻松应对要求精细、弹性与复杂的3D NURBS模型，并且提供的曲面工具可以精确地制作所有用来作为渲染表现、动画、工程图、分析评估以及生产用的模型。它也是一套功能强大、易学易用以及投资成本低廉的3D/CAID软件。Rhino与Alias Studio tools一样使用工业标准NURBS建模方式，见图5-27、图5-28。

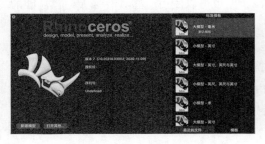

图5-27　Rhino开启界面

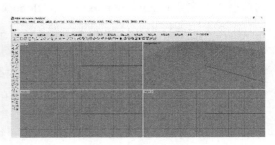

图5-28　Rhino操作界面

③ 3ds Max。3ds Max 是当前世界上销售量最大的三维软件。它主要用于三维建模、动画及渲染等，最大特色是拥有众多的支持插件，Substance2 贴图支持多达 8k 的纹理，还有 PBR 材质，能轻松使灯光与曲面实现物理上准确地交互，虽然本身欠缺一些功能，但几乎都有强大的插件进行补充，好的插件还经常被整合到下一个版本中。同时它拥有很多技术先进的渲染插件，如 Brazil、Vray、FinalRender、Mentalray 等，见图 5-29、图 5-30。

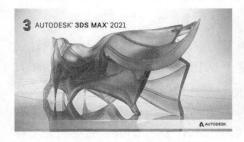

图5-29　3ds Max开启界面

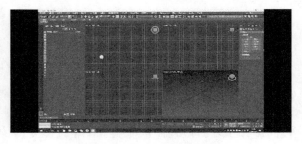

图5-30　3ds Max操作界面

④ Pro/Engineer，简称 ProE，是第一个提出参数化设计概念的软件，并且采用单一数据库来解决特征的相关性问题。它采用模块化方式，可以分别进行草图绘制、零件制作、装配设计、钣金设计、加工处理等。Pro E 是基于特征的实体模型化系统，工程设计人员采用具有智能特性的基于特征的功能去生成模型，如腔、壳、倒角及圆角。它的参数化设

计功能可以把复杂的几何模型分解成有限数量的构成特征，使每一个特征都可以用有限的参数完全约束。因为它是建立在统一基层上的数据库且是单一数据库，所以在整个设计过程中的任何一处发生改动时，也可以前后反映在整个设计过程的相关环节上，这一特点使得设计更加优化，产品质量更高，见图 5-31、图 5-32。

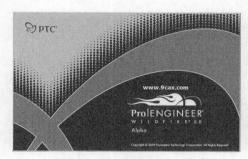

图5-31　Pro E 开启界面

图5-32　Pro E 操作界面

小结

　　在工业设计表现基础中，这些前期的手绘稿和电脑图稿都是为了表现作者意图和传达设计理念，配合后期的模型制作可以进一步展示设计和分析设计的合理性（模型制作相关内容详见本书第 4 章）。

　　除以上介绍的几种常用软件以外，AutoCAD、UG、SolidWorks 等工程设计软件所包含的工业设计模块也是工业设计师经常用到的，这些软件的功能丰富而强大，与工程运算、制造加工、信息管理等密切相连，在此不一一赘述。

复习思考题

1.设计素描与基础素描的区别是什么？

2.三大构成的内容是什么？各自如何定义？

3.产品效果图有哪些特点？

4.目前，工业设计界广泛使用的三维软件有哪些？

5.3ds Max的主要功能有哪些？分析为什么该软件是目前市面上销售量最大的软件？

第6章
工业设计与视觉传达

本章重点：

◄ 视觉传达设计的概念。

◄ 视觉传达设计的特点。

◄ 视觉传达设计的主要领域。

学习目的：

通过本章的学习，掌握视觉传达设计的
基本知识，理解视觉传达设计与工业设
计的关系。

　　视觉传达设计是工业设计的重要组成部分之一，它与工业设计的其他两个领域环境设
计和产品设计都有渗透，例如，环境设计领域中的导识系统设计和展示设计，产品设计领
域中工业产品的说明书、包装、宣传等设计都有视觉传达设计的身影。随着视觉传达领域
的不断扩大，它与工业产品设计的结合现象也越来越多。

6.1 信息传播与视觉传达

　　信息是对客观事物的反映，从本质上看，信息是以物质为载体，传递和反映社会、自然界的各种事物的现象、本质、规律、存在方式及运动状态等，人通过获得、识别自然界和社会的不同信息来区别不同事物，得以认识和改造世界。信息传播是利用各种符号进行信息交流的过程，人类社会从古至今一直存在信息传播，传播的媒介从早期的象形符号、鼓声、结绳、烟火到如今的报纸、杂志、广播、电视、互联网等，信息传播也在各种设计中普遍存在。今天，人类已进入"信息社会"，信息成为经济发展的重要资源，其载体形式也日趋丰富。

　　传播活动因媒介的不同可分成以声音为媒介的听觉传播、以语言文字为媒介的语言传播、以图像为媒介的视觉传播。视觉传播的任务，就是将发布者所需要传达的信息转换成由色彩、造型、文字等元素构成的视觉符号，通过载体传达出去，使受众接收，这一过程即视觉传达过程，由此可以看出，视觉传达是把人们对外界的感知，通过信息符号的摄入，对它们进行分析、归纳、整理和再处理，然后储存或输出的过程，它以人为起点，最终传达给人。通过这样的传达，人们不断地认识世界，实现相互交流与合作。在由人的各种信息通道（包括视觉、听觉、嗅觉、味觉、触觉等）获得的信息中，通过由眼睛、视神经和大脑视觉中枢构成的视觉通道获得的视觉信息占人从外界获得各种信息总量的80%左右，因此，视觉传达是信息传达的最主要的方式之一。

6.2 视觉传达设计概述

　　视觉传达设计（Visual Communication Design），简称为视觉设计，是指利用视觉符号来传递各种信息的设计。其中，设计师是信息的发送者，传达对象是信息的接受者。国际上流行的视觉传达设计是指"具有视觉传达功能的设计"。简而言之，视觉传达设计是给人看的设计、告知的设计。

　　视觉传达设计可以通过各种载体把相关信息传达给接收者，载体既可以是传统印刷媒体，如标志、平面广告、包装、书籍、图形、图表等；也可以是影视媒体，如摄影、电影、电视等；还可以是数字化媒体的方式。无论是二维的、三维的、四维的，只要使视觉语言达到准确传达信息的目的就是视觉传达设计。本章主要围绕以传统印刷媒体为载体的视觉传达设计展开讨论。

　　以传统印刷媒体为载体的设计被称为平面设计，其基本构成要素包括文字、图形和色彩，它们按照一定的构图方式组合到一起，形成具有某种意义的内容来传达给观者，见图6-1。

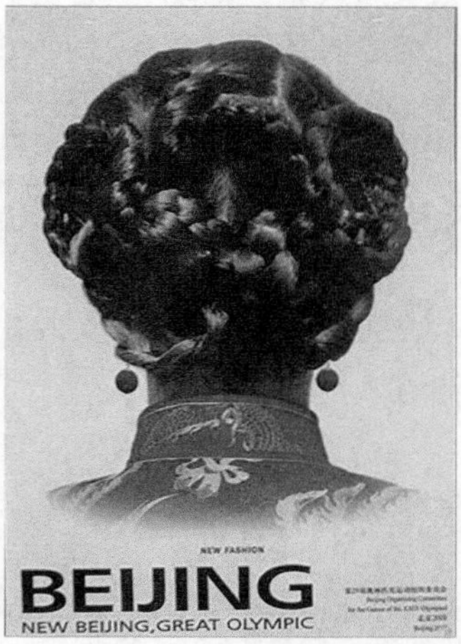

图6-1　北京2008年奥运会海报设计

6.3　视觉传达设计的基本构成要素

视觉传达设计的基本要素包括文字、图形和色彩；随着时代的发展，视觉传达设计的领域不断拓展，并呈现出新的特点。

6.3.1　文字

文字是视觉传达设计中最常使用的造型要素，是信息得以有效传达的基础，只有准确运用文字构成要素，才能将视觉传达设计的艺术性、表现性和功能性体现出来，达到较完美的效果，同时获得信息接受者对信息的认知和反馈。

6.3.2　图形

图形是视觉传达设计的最基础构成要素之一，具有语言信息的表达特征，可以实现对理念的视觉化、形象化、信息化表达。作为一种视觉形态，图形本身就具有语言信息的传达特征，不同特征的图形本身可以给人不同的视觉感受，传递特定的信息，例如，锐角三角形，有好斗、顽强之感；六边形介于方圆之间，有平稳和灵活之感；圆形给人饱满、运动之感；而正方形四平八稳，表现出庄重、静止的特征。一个图形可以代表一个客观形象，而一组图形则可说明一个故事、一个事件、一个完整的包含时空深度和广度的思维概念。

6.3.3　色彩

在视觉传达过程中，色彩是第一刺激信息，人对色彩的感知和反应是最敏感和最强烈的，人们会在 0.7 秒内产生对色彩的第一印象。在视觉传达设计中如何运用色彩，是设计成败的关键。因此，研究和探索色彩的运用，不仅要学习色彩基本知识、色彩应用原理，更重要的是认识和掌握色彩的理念，充分发挥色彩在视觉传达中的作用和功能。

6.4　视觉传达设计的特点

视觉传达设计包含的内容很多，涉及的领域也比较广泛，但一般表现出以下 4 个特点。

6.4.1　符号性

在现代设计领域里，视觉传达设计主要是以视觉形象承载着信息传递的职能进行文化沟通。作为一种特殊的符号，既有抽象功能，又有表现性，是一种深受个人情绪影响、反映审美意识的认知。通过视觉传达设计艺术的符号化表现特征，可以充分发挥图形在视觉传达中的作用。在设计和使用过程中，可以通过图像视觉符号、视觉规律、视觉感受等来寻求和创造个性化和风格化。

6.4.2　沟通性

视觉传达设计是信息发出者将信息通过大众媒体传递给目标受众，以求说服、诱导人们接收某种信息的沟通方式。只有当目标受众接收了信息（即认为信息是真实、可信的，并同意传播者所传递的观点时），信息才能真正发挥作用，从而实现沟通的过程。

6.4.3　交叉性

视觉传达设计包含内容很多，与其他学科关系密切，因而在设计对象、设计方法上时常发生交叉，是一门交叉性很强的设计学科。例如包装设计就是视觉传达设计与产品设计的交叉，环境标识设计是视觉传达设计与环境设计的交叉。这就要求设计师不仅要有图形设计的基本功，还要学习其他学科的知识，提高自己的创作能力和创作水平。

6.4.4　时代性

视觉传达设计的时代性表现多样，在表现内容和制作形式上尤为明显，如图6-2、图6-3是MG名爵汽车在不同时代所做广告的对比。在物质生活和精神生活丰富的今天，设计师更应紧追时代特点和时尚潮流，表现内容既要符合大众需求，又要反映时代审美特征。在制作形式上，利用现代计算机技术，可以轻松完成从前手绘完成的工作，并能实现手绘无法达到的效果。

图6-2　20世纪初的MG汽车广告

图6-3　21世纪初的MG汽车广告

随着移动互联网的普及和数字化技术的广泛应用，"扁平化"成为视觉传达设计的一个重要特点和趋势。扁平化风格采用简单的图形以及单色块，舒适的配色和清晰的文字信息，区别以往的拟物化设计，更好地使用简化构图、简单线条来凸显传达的核心内容。这样可以有效减少人体的视觉疲劳，用清晰、简洁的图形突出主要元素，在有效引导用户视觉、视线的同时也大大增强设计的干练、一目了然之感。扁平化设计的特点被广泛应用于网页、UI、手机界面、包装、海报等设计上，见案例 6-1。此外，由于生活节奏日趋变快，人们开始对生活、工作的效率和品质有了更高的要求，对数据传递精准性及时效性的要求也愈加提高。

6.5　视觉传达设计与产品设计的关系

在产品设计中，设计师要处理好以下三方面的关系：产品的功能与形态之间的关系、产品结构中物与物之间的关系以及人 - 产品 - 环境之间的关系。视觉传达设计是架设在人与产品之间的桥梁，让产品最大限度地被大众认识、接受，从而更好地使用。其中，商标设计可以使产品更好地被识别和销售；VI（Visual Identity, 视觉识别）设计则从多角度体现企业的规模、管理、信誉度等整体形象。包装设计可以将产品的外部形态、内部功能从多角度进行展示说明；设计师在视觉传达设计中，要针对不同产品的不同使用目的和功能，运用不同的视觉符号和元素进行构思和设计，从而达到说明、包装和宣传的目的。

6.6　视觉传达设计的应用领域

随着科学技术的进步，视觉传达的领域在日益扩大，并与其他的设计领域相互交叉，有时甚至很难明确其划分界线，可以说只要是运用视觉语言传达信息的形式，都可以归为视觉传达的领域，它涵盖了从二维到四维的多种空间。本篇所探讨的视觉传达设计范围主要是在工业设计中对各类产品的外观形象和功能识别进行设计，其次是以产品储运、包装、销售、宣传为对象所做的一系列设计，如字体设计、标志和商标设计、包装设计、CI设计、广告设计、网页设计等。

6.6.1　字体设计

字体设计是平面视觉传达设计的重要组成部分，与图形、色彩一起构成平面视觉传达设计的核心。字体设计依附于书籍、报纸、杂志、说明书、招贴、标志、包装、电影镜头、影视广告、网页等不同形式的载体，以字体的实用性为出发点，运用夸张、明暗、增减笔画、装饰等手法对字体进行艺术性的处理，重新构成字形，增强文字的特征，丰富文字的内涵。字体设计的主要目标是使字体的意义能够表达得形象鲜明，做到准确、易认。若在设计中破坏字体本身的完整性和鲜明性，使之难以辨识，则偏离了字体设计的目标。字体设计是服务于以上各种视觉传达设计，使所应用的对象能以更佳的方式呈现出来。通过恰当的字体设计可以使图文阅读顺畅、舒适。

字体设计的变化方式十分丰富，如外形变化、变异笔画、字图结合等基本的变化手法，而且这几种变化方式可以同时使用，见图6-4、图6-5。

图6-4　变异笔画的设计

图6-5　文图结合的设计

6.6.2　标志设计

标志是一种大众传播符号，以简单的图解传达一种特定的信息，有助于克服文字上的障碍。标志是一种特定的视觉符号，其构成一般运用象形或会意的手法。由于标志的功能性远超语言和文字，所以在社会生活的各个方面获得了广泛的应用。依据标志的应用主体和目的，可以将其划分为社会组织机构类、公共信息服务类和商业品牌类三大类。

（1）社会组织机构类

此类标志主要是指国家、地区、机关、学校、团体、大型活动等非营利性的组织机构类标志，见图6-6～图6-8。这类标志在各类社会活动中代表着各种组织机构的形象，反映其文明程度、文化底蕴和精神面貌等。对于一些政治性和大型活动的标志，还需更多考虑标志的文化含义如民族性、时代性等。

图6-6　香港特别行政区区徽

图6-7　世界卫生组织

图6-8　中华慈善国际联合会

（2）公共信息服务类

公共信息服务类标志是指用于公共场所的指示符号，其目的在于给人们提供准确、快速、方便易识的公共场所用途或指令的信息。这类标志一般应用于交通路口、生产场地、人口密集的公共场所等处，见图6-9、图6-10。设计原则是内涵明确、造型简洁、个性突出、易于识别。除了国际或者国家已颁发的必须严格按照标准使用的标志外，其他标志可以根据需要自行设计，见图6-11、图6-12。

图6-9　包装运输标志

图6-10　公共场所指示标志　　　　　　　　图6-11　国际电工CB认证标志

图6-12　国家颁布的交通标志

（3）商业品牌类

商业品牌类标志包括企业品牌标志和商标。企业品牌标志是企业形象的体现方式之一。企业品牌标志可以向公众传达企业的理念、规模、性质以及产品特性等信息，是企业信誉、观念和行为等的象征。

商标是企业为了区别其他制造或经营某种商品的质量、规格和特点而采用的标志。商标主要用于产品的包装、广告、销售等方面，其设计形式分为象征图型、文字型、文字与图形综合型三大类。商标通常要经国家商标管理机关注册登记才能取得专用权，而且一旦注册成功，会受法律保护。商标多应用于商品上，但有些企业品牌标志和生产的产品商标一样，既是商品商标又是本企业的标志。这种统一商标的策略能节省大量的广告宣传费，也便于将新产品推入市场，还能通过商品的知名度来提升企业的形象。

优秀的商标设计应该具有个性、准确性、永久性、标准性、合法性。对于消费者来说，商标是识别企业商品的依据，对于企业来说，商标代表一种信誉。对于企业而言，商标主要有以下具体意义和作用：

1）便于企业与竞争者相区别，并保护自己的优势。如某企业产品拥有某种特别的优点，那么商标的存在就可以将竞争者区分开，并通过申请注册的方式来保护自己的优势。

2）有利于培养顾客的忠诚度。一种商品一旦在市场上获得成功后，消费者往往由认识该商品的品牌发展到对该商标的信任。

3）品牌代表企业的形象。优秀的商标有助于树立良好的企业形象，有助于新产品被人们所认识。

4）宣传、美化商品。恰当的名称和完美的图案可以刺激消费者的购买欲望，提高消费者的购物效率和复购率。

消费者总希望在最短的时间内买到质量好而又美观实用的产品，而商标就成了人们挑选辨认商品的唯一标志，成了商品信息的媒介物。与一般的图案设计不同，商标设计必须在方寸之间体现出企业独有的精神特征、文化积淀和经营思想等。我国最早的商标是北宋时期山东济南的一家"刘家功夫针铺"，它用自家门前的白兔作为商品标志，并注明"认门前白兔儿为记"的字样，图文并茂，很具有代表性，见图6-13。

商标是一种极具商业价值的无形资产，它代表着商标持有人生产或经营的质量信誉和企业信誉、形象，商标所有人通过商标的创意、设计、申请注册、广告宣传及使用，使商标具有了价值，也增加了商品的附加值。例如世界名牌饮料可口可乐的基本诉求点"可口可乐令……满意，可口可乐使人愉快，是美味、健康的饮料"，在一个多世纪以来保持着稳定性。品牌名字采用流畅的手写体，与众不同的白色斯宾塞体草书"Coca-Cola"在鲜红的底色上悠然跃动，连贯、流线而又飘逸，红白相间的用色，传统、古朴、典雅而又生机勃勃充满活力，见图6-14。

图6-13　北宋"白兔"字样

图6-14　可口可乐商标

案例6-1　扁平化设计风格对LOGO设计的影响

在 2010 年左右，由苹果公司引领的拟物化设计风格流行颇广，但是随着 iOS7 和 Android 的发布，苹果设计又以新颖的扁平化风格引领风潮。简约的线条配合醒目的色彩取代了逼真的纹理、多样的渐变、繁复的细节以及阴影和立体效果，这些特征更能适应屏面和存储空间较小的移动互联设备。由移动互联网的交互设计发端，扁平化风格逐渐向其他视觉传达设计领域蔓延，例如品牌 LOGO、书籍封面、网站页面等，见图 6-15、图 6-16（注：图 6-15 中所示品牌依次为摄影与录像 APP "instagram"、奥迪、惠普、施华洛世奇以及 58 同城）。

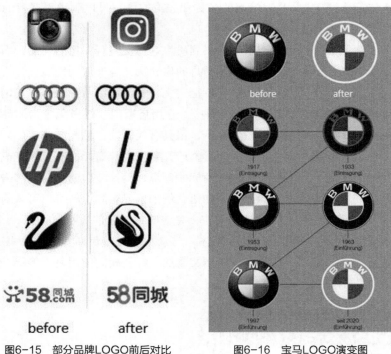

图6-15　部分品牌LOGO前后对比　　图6-16　宝马LOGO演变图

6.6.3　包装设计

包装设计是一门以文化为本、以生活需求为基础、以现代科技为支撑条件的设计学科，它主要是指对用来盛放制品的容器、包装箱、包装纸等的设计，它是视觉传达设计的重要组成部分，是人们生活和生产中必不可少的设计门类。

包装发展至今，经历了非商品阶段和商品阶段，即从用果壳、草叶等天然物质来单纯地用以包裹、盛装物品的初级状态（图 6-17），发展成为具有科技成分和商品附加值并综合了物质和精神概念的商品阶段。产品的包装设计必须具有以下功能：保护商品；能够鲜明地区别于竞争商品；展示商品相关信息；激发购买欲；运输和储存等。无论怎样，"内容决定形式"是构思包装设计的基本原则，从不同消费者的不同需求出发，使包装设计满足消费者的需求。包装设计不仅是图案、纹样、色彩、文字的设计，还要对功能进行综合研究，选择合适的材料、造型、结构等进行设计，如图6-18、图6-19所示。

图6-17　选用天然材料的包装

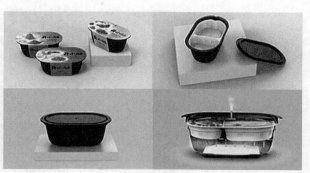

图6-18　自加热米饭包装设计

图6-19　健达奇趣蛋

随着自助式销售方式以及网络购物方式的普及，包装作为"无声的促销员"将发挥更为重要的作用。包装设计首先要考虑对内部产品品质的说明和展示，其次各种相关的信息要完善齐备，再次要充分考虑消费者的心理、审美、文化需求，为消费者塑造具有美好视觉、触觉甚至听觉的"开箱体验"。

现代包装设计顺应绿色设计的倡导，"绿色包装"的理念也相应提出，即包装对生态环境和人体健康无害，而且能循环复用和再生利用的包装，例如，瑞典宜家公司（IKEA）对家具运输采用"扁平封装"。扁平封装增加了产品单位包装数量，减轻了对环境的破坏。一辆装载扁平封装椅子的运货车，其装运量等同于6辆装载完全组装好的椅子的运货车。宜家表示："我们不能运送二氧化碳。"宜家在包装上实施绿色包装设计，优化包装结构，减少包装材料，考虑包装材料的回收、处理和循环使用，运输中尽量减少能耗。宜家对包装材料所采取的环保措施十分复杂：要求包装材料可以回收利用，或两次重复使用。日本无印良品品牌（MUJI）则尽量使用简单的、透明的、甚至接近于无包装方式，减少对资源的浪费，见图 6-20。

图6-20　无印良品的纺织品接近于无的包装

　　包装的种类和形式有很多。按照包装功能划分，分为运输包装和销售包装。运输包装也俗称大包装，在产品的运输或储藏过程中起保护作用，一般不直接与消费者接触；销售包装相对于大包装也可称为小包装，它直接与消费者接触，主要作用是容纳商品并对商品进行说明、美化和宣传促销，见图 6-21 。按照包装形状状态划分，可分为软包装和硬包装。软包装是指在填充或取出内装物质后，包装容器形状发生变形的包装，见图 6-22；硬包装则是在取出或者填充后，包装容器的形状不发生变化，见图 6-23。

图6-21　啤酒产品的运输包装与　　　图6-22　台湾Filter017设计的　　　图6-23　苹果手机包装（硬包装）
　　　　　销售包装　　　　　　　　　　　　　服装包装（软包装）

　　包装的分类形式和标准很多。按照包装材料可分为纸制品包装、金属制品包装、木制包装、瓷器包装、塑料包装、复合材料包装等；按照消费方式，可分为日常生活用品包装（图 6-24）、纪念性包装（图 6-25）、礼品性包装（图 6-26、图 6-27）等。此外，还可以依据存放空间的方式、产品属性、包装容器形态、档次、结构、保护作用进行分类。由于分类角度不同，一个包装可能会同时具备几种分类的特点。例如，茶叶罐可以分为不同的消费方式用不同的材质等。因此，进行包装设计时需以产品特性为基础，才能定位准确。

图6-24　生活用品包装

图6-25　可口可乐1992年巴塞罗那奥
运会的运动系列纪念性包装

图6-26　耐克运动鞋的礼品性包装设计

图6-27　台湾大米礼品性包装设计

　　随着人们对个性化商品的需求日益增加，国内外贸易的发展以及商品竞争日益激烈，包装的作用显得越来越重要。而且，现代包装设计必须从企业管理、市场营销、消费心理等因素出发，服从企业形象战略（CIS），配合企业的营销策略。包装设计从构思的第一步开始直至包装模型最终成型的过程，包含多方面的因素。因此包装设计师在进行包装设计过程中，既要选择适当的包装材料、又要控制生产成本，还要考虑市场趋势、顾客喜好等因素，通过造型、色彩、文字、图形、肌理等手段的综合运用，才能制作出能够提升商品附加值的好包装，并充分满足消费者的需求。

6.6.4　VI设计

　　VI设计（Visual Identify，视觉识别）全称为"视觉形象识别系统设计"，是CI的一部分。CI，也称CIS，是英文Corporate Identity System的缩写，目前一般译为"企业识别系统"，它是指为了创造理想的经营环境而有计划地创造出企业新的形象和传达系统的经营战略，并将展示企业存在的所有媒体加以视觉的统一。CI系统是由MI(Mind Identify，理念识别）、BI（Behavior Identify，行为识别）和VI三部分所构成。其中，MI是CI的灵魂所在，它的作用像是国家的宪法，奠定了整个系统的理论基础和行为准则，包括经营理念、企业文化、标语口号、方针策略等。BI是企业行为规范，如同国家的各项法律，规定了公民的行为规范，即指在企业理念指导下的领导及全体员工的行为准则和表现，直接反映企业理念的个性和特殊性。VI 是指具有一定规则的、统一的视觉图形设计系统，它就像国家的国旗、国徽，代表企业形象。

VI 设计包括基本要素和应用系统两大部分的设计。基本要素部分包括命名、标志、标准字体、标准色、吉祥物等的设计。应用系统主要包括办公事务用品系列、徽章系列、包装系列、广告系列、环境系列、旗帜系列、交通系列、公关礼品系列、服装系列、网络传播及其他系列等。每个系列有很多具体项目，设计师要根据企业的具体要求在符合基本要素的规范中加以规划，这样方便进行整体规范的统一设计。

在 VI 的应用体系中，办公事务用品设计是整个体系中涉及最多的项目，由于其传播速度快、扩散面广、作用时间长等特点，成为企业重要的视觉传达载体。办公事务用品具有使用和视觉识别双重功能，在各种活动或交往中能够起到重要的宣传作用。同时，办公事务用品还会直接影响企业风貌与员工的责任感、荣誉感等心理。办公事务用品设计一般包括对名片、信封、信纸、便签、工作证、记事本、公文夹、档案袋、证书、礼品、贺卡、请柬、电脑磁盘标签、报价单、预算书，以及各种票据、报表等的设计。办公事务用品设计要规范，能够给人以整体感、美感和时代感。

在工业设计过程中，企业的 VI 设计能够有效地利用商标、字体、色彩等要素，将广告宣传物、产品包装、使用说明书、建筑物、车辆、信笺、名片、工作服、办公用品，甚至包括账册传票等进行统一设计，以此来达到树立鲜明的企业形象，增强社会大众对企业形象的记忆和对企业产品的认购率，使企业产品更为畅销，为企业带来更好的经营效益和社会效益，见图 6-28。

图6-28　石油能源集团ENHANCED DRILLING公司VI设计

6.6.5　广告设计

广告设计是视觉传达艺术设计的一种，是一种广而告之的艺术。对工业产品而言，其价值在于把产品载体的功能特点通过一定的方式转换成视觉因素，使之更直观地面对消费者，达到宣传产品、促进销售的目的。按照媒介物分类，广告设计可分为平面广告、立体广告和多媒体广告。平面广告是指那些静止型的（例如报纸、刊物、招贴、宣传卡等）与印刷有着密切关系的媒体。平面广告最大的优势是易于保存、成本低廉、制作简便、受众可重复观看。例如产品说明书是平面广告的形式之一，它主要用于展览会、展销会和商店中，是洽谈业务、交流技术、宣传产品及推销产品的一种媒介。某种意义上说，产品说明书起到了流动式的小广告的作用，甚至比一般的广告宣传效果还要好，因为它能详尽地介绍产品，并指导消费者使用产品。由于产品说明书在消费者购物后可长期保留，无形中会起到向消费者推荐该产品的作用。立体广告也称为三维广告，如橱窗、展览会等，它既可以是静态的，又可以是动态的。立体广告具有一定的体量感和真实性。多媒体广告是借助于目前的多媒体技术和传播途径进行传播的，例如影视广告、网络广告等。本书重点介绍产品设计领域使用较为普遍的平面广告中的招贴（海报）设计。因为它也是其他广告设计的基础。

招贴（海报）的英文名字叫"poster"，在牛津英语词典里意指"展示于公共场所的告示 (Placard displayed in a public place)。"在伦敦国际教科书出版公司出版的广告词典里，poster 意指"张贴于纸板、墙、大木板或车辆上的印刷广告，或以其他方式展示的印刷广告"。招贴按其中文字义解释即"为招引注意而进行张贴"。招贴多数是用印刷方式制成，用于在公共场所和商店内外张贴。印刷招贴可分为公共招贴和商业招贴两大类，公共招贴是以纳税、戒烟、优生、献血、交通安全、环境保护、和平、文体活动宣传等社会公益性问题为题材，见图 6-29；商业招贴则以促销商品、满足消费者需要的内容为题材，见图6-30。在市场经济的现代社会，商业招贴应用范围激增。当然，也有一些出于临时性目的的招贴，不用印刷，只以手绘完成，此类招贴属 POP 性质，如商品临时降价优惠等。这

图6-29　防治雾霾的公益海报

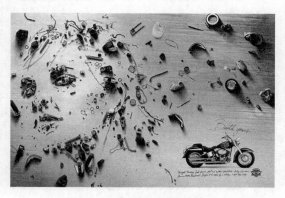

图6-30　哈雷摩托的产品海报

第 6 章　工业设计与视觉传达　　**149**

种即兴手绘式招贴，大多以手绘美术字为主，有时兼有插图，并且较为随意、快捷，它虽然没有印刷招贴构图严谨，但传播信息及时，成本低，制作简便，所以在现代商业中应用也较为广泛。

20世纪80年代以后随着计算机平面绘图软件的出现，具备了视觉传达设计绝大多数基本构成要素的招贴设计创造了比以往任何时候都更引人注目的表现语言，进一步丰富了人们的生活、购物环境。

6.6.6 网页设计

随着信息技术的发展，互联网作为一种新的媒体形式走进了工厂企业和千家万户。同报纸、广播、电视等媒介一样，互联网能够广泛地传递信息，国际上已把它纳入六大媒介中，并将其称为继报纸、广播、电视之后的"第四大众传媒"。它的最大优点是在于改变了传统信息传播途径的单向性，能够实现信息传播的互动、开放和共享。网页设计是视觉传达设计向网络媒体的延伸，世界各地的企业为了宣传公司形象，都相继建立自己的网站，设计精美网页，来传达自己的公司理念、产品形象等重要信息，见图6-31。对于产品宣传而言，网页具有迅捷、及时、价廉、交互性好、传播面广的优点，能达到常规广告无法企及的促销效果，更能激发人们的潜在购买欲望和兴趣，以"褚橙""完美日记""黄太吉煎饼"等为代表的互联网品牌以令人惊愕的速度纷纷崛起，充分展示了互联网的力量。

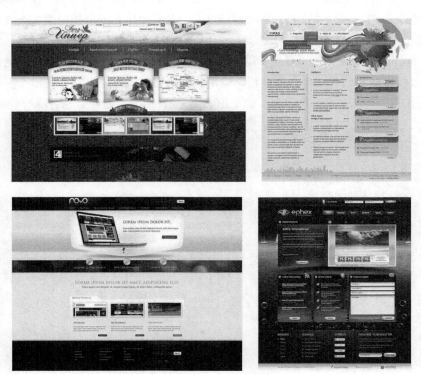

图6-31 各类网页版面设计

6.6.7　数据可视化设计

在信息化高速发展的今天，"大数据"成为了一个新兴的热点话题。面对庞大而又复杂的数据，数据可视化成为了当今信息化时代下的常见处理数据呈现方式。数据可视化是将数据加工处理后，运用图形的视觉形式来进行构建，转化为更加方便、清晰的视觉，形象地让人们获取信息和沟通交流。"一张图等于千百句话"，通过视觉传达的各种表达方式将枯燥的数据转化为图形，可以直观、准确、有效地传达相关信息。人们通过数据可视化比使用其他方式快速找到所需信息的可能性高28%。数据可视化可以实现快速查询所需信息，并且帮助用户在大量的信息中发现机会，快速识别事物的变化，预测发展趋势，见图6-32。

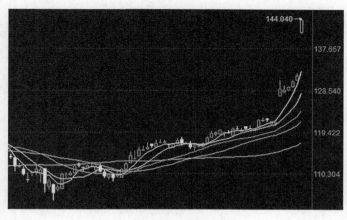

图6-32　股市K线图

数据可视化设计不仅仅是一种计算方法，也不仅仅是给用户展示漂亮的图片，而是既要考虑数据逻辑又要兼顾视觉美学的一项技术。在基于正确数据逻辑的完美表达之上，合理地利用视觉元素进行艺术修饰。

国内外现阶段的数据可视化技术发展已较为成熟，许多国际知名的新闻机构如BBC、ABC、华盛顿邮报等，都通过信息数据的可视化来提高信息传播的效率，提升自身的形象。国内数据可视化随之发展，不仅传媒领域，企业界也越来越重视数据可视化的应用与设计，例如，阿里巴巴的淘宝指数、360平台的"360星图"等。数据可视化与其他学科、行业之间交叉应用会创造出更多的可能，数据可视化在未来会获得越来越广的应用。

案例6-2　数据可视化助力疫情防控

2020年，突如其来的新型冠状病毒让世人措手不及，在没有特效药和疫苗的情况下，疫情防控的关键在于切断传播途径，这就需要加强对人的流动性的控制。在百年不遇的疫情面前，人流监管如果出现疏漏或是缺失，都可能造成疫情的反复甚至加剧。2020年2月，浙江省利用大数据、移动互联网等技术加强疫情防控，推出的"二维码"和"五色图"效果明显并很快在全国得到推广应用。"健康码"以简单的二维码为不同人群提供动态化数字凭证；"五色图"则将浙江90个县（市、区）根据不同的疫情风险等级分为高、较高、中、较低、低共5个等级，并在地图上相应采用红、橙、黄、蓝、绿五色表示。根据新发病例数和聚集性疫情发生情况，即时动态评估各县（市、区）疫情等级，为公众生活工作和出行提供参考，为政府和公共医疗防疫机构提供科学精准的依据，也作为全省复工复产有效的参考指标，同时也有效缓解疏导了民众紧张的情绪。可以说，先进技术支持下的数据可视化为精准抗击新冠疫情发挥了至关重要的作用。

复习
思考题

1.什么是视觉传达设计？视觉传达设计的特点是什么？
2.视觉传达设计的主要领域有哪些？
3.理解商标设计的作用，列举两个成功商标设计的实例。
4.结合现实生活中的实例，阐述网页设计在产品宣传中所起的作用。
5.什么是数据可视化？其作用是什么？

第7章
工业产品设计

本章重点：

◀ 工业产品、工业产品设计、工业产品造型设计、产品的生命周期。

◀ 构成产品的基础要素。

◀ 与产品生命周期相应的产品设计策略和产品设计类型。

◀ 产品造型设计的基本要素和基本原则。

◀ 产品设计的程序。

◀ 产品创新设计的方式。

◀ 如何创造突破性产品。

学习目的：

通过本章的学习，掌握与产品设计相关的基础概念和理论，熟悉产品设计的程序，了解产品创新设计的方式和方法，加强观察和思考，训练和提高学生的产品创新能力。

7.1　概述

随着时代的发展，设计的内涵也不断发展，变得更加广泛和深入，现代工业设计可以划分为两个层次：广义的工业设计和狭义的工业设计。广义的工业设计包含了一切使用现代化手段进行生产和服务的设计过程，狭义工业设计单指产品设计，即针对人与自然的关联中产生的物质性工具装备需求进行的相应设计，包括对维持和发展人类生存、生活所需的诸如工具、器械与产品等进行的设计。产品设计的核心是产品对使用者的身心具有良好的亲和性、匹配性。

7.1.1　广义的产品和产品设计

产品一词已经广泛存在于各行各业中，不论是高铁、客机，还是电脑、手机、洗衣机、家具、服装鞋袜，还是某种特定的基金、理财服务，或者是旅游项目、在线游戏等，可以说，凡是人类为了生活而创造生产出来的物品，都可以被称为产品。它既包括有形的物品，也包含无形的服务、组织、观念或它们的组合。产品概念分为实质层、实体层和延伸层三个层次，见图7-1。广义的产品设计包括人类的一切创造活动。

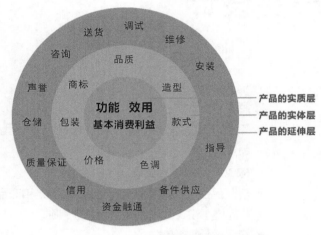

图7-1　产品整体概念示意图

7.1.2　狭义的产品和产品设计

从广义上讲，工业设计主要涉及产品设计、环境设计和视觉传达设计，狭义的工业设计主要是指产品设计。

本章所讨论的产品设计是和一定的生产方式、生产手段紧密联系在一起的设计方式，可以通过人的感官，直接触及或操作的现代化批量生产出的实体物品，对产品的功能、材料、构造、工艺、形态、色彩、表面处理、装饰等诸因素从社会、经济、技术的角度作综合处理，既要符合人们对产品的物质功能的要求，又要满足人们审美情趣的要求，是科学、艺术、经济、社会有机统一的创造性活动。由于产品种类繁多，功能形态各异，因此产品设计的复杂程度也大不相同，产品设计涉及的各门学科和领域也相当广泛。

随着社会经济的发展，人们的生活形态日趋多元化，与人们需求相对应的产品的种类也日益繁多，德国 IF product design 将产品划分为 10 个大类，主要内容说明如下：

① 消费性电子及通信类：电视、Hi-Fi 音箱、数字影像机、数字相机、相机、摄录相机、遥控装置、个人数字助理、电话、移动电话、传真机器、录音机、听写设备等。

② 计算机及外围产品类：个人计算机、笔记本型计算机、服务器、打印机、监视器、

键盘、鼠标、游戏操纵杆、扫描仪、卡片阅读机、媒体储藏装置、网络适配器、输入输出装置、外围设备装置等。

③ 办公商务类：办公室家具、会议家具、文件设施等。

④ 照明类：室内外照明器具或系统及其配件。

⑤ 居家生活类：文具、家用电器、厨房用品、厨房餐具、卫浴设备、家饰和配件等。

⑥ 休闲和生活时尚类：运动、游乐、野营及户外脚踏车和配件、健身器材、园艺用具及设备、游戏设备、身体照护产品、婴幼儿产品、流行服饰、眼镜、珠宝、手表、皮革配件、音乐器具、光学产品等。

⑦ 工业及建筑设施类：生产机器、工厂设施、量测工具、卫生设备、加热设备、空调设施、保全设备、窗户、门、阳台、遮阳棚、扶手、屋顶、温室、车库、太阳能源设备、壁炉等。

⑧ 医疗健康照护类：医疗仪器和设备、医务专业办公室和实验室设备、生活辅具、康复设施。

⑨ 公共设施类：餐厅、商店、休息室、图书馆、博物馆、娱乐房间等的公共座椅及家具、展示对象、购物设施、户外广告物、公共汽车和电车站、游乐场相关设备等。

⑩ 交通运输类：汽车、商用车辆、公共汽车、摩托车、户外运动车、飞机、铁路车辆、船舶、农用车辆、工程车辆、堆高机、工业卡车、货柜屋、轮框、轮胎、相关汽车百货及配件。

7.1.3　产品的基础要素

工业产品应该具有明确的使用功能及与之相适应的造型，这两者都须由某种结构形式、材质和工艺方案来保证，才能创造出理想的产品。由此可见，产品设计具有三个要素，即功能基础、物质技术基础和美学基础。

① 功能基础。功能是指产品特定的用途与性能，是产品造型设计的主要目的和产品赖以生存的根本条件。任何一件工业产品都应该具有使用功能，产品设计要充分体现功能的科学性、使用的合理性、舒适性以及满足加工、维修方便等基本要求。

② 物质技术基础。产品的功能是靠物质技术条件来具体实现的，产品的造型表现同样也必须依赖于物质技术条件来体现。实现产品造型的物质技术条件主要包括：结构、材料、工艺、新技术、经济性等方面。

案例7-1　HUBB 机油滤清器

　　　　　传统的机油滤清器多采用纸浆材料，寿命短，较为浪费，这款应用于大卡车的 HUBB 机油滤清器采用不锈钢材质，可以过滤超过普通滤清器 5 倍多的污染物，大大减少回压，有利于机油或者润滑油的流通，寿命长达 50 年以上，见图 7-2。

图7-2　HUBB机油滤清器

案例7-2　单钢轮压路机

图7-3所示的单钢轮压路机是沃尔沃位于中国的研发机构专门为满足新兴市场客户需求开发的。该产品通过采用双振幅与离心力相组合的方式，能够在一些非常严苛的工况环境下高效工作。该产品最高可以节省20%的燃油，驾驶室设计成可折叠的。考虑到新兴市场对于性价比的要求，能够降低客户的运输成本。

图7-3　沃尔沃SD110B单钢轮压路机

③ 美学基础。产品造型设计除使产品充分表现其功能特点，反映现代的先进科学技术水平外，还要求给人以美的感受，要充分地把美学艺术内容和处理手法融合在整个造型设计之中，同时又充分利用材料、结构、工艺等条件，体现造型的形体美、线型美、色彩美、材质美，内容主要包括：美学原则、形体构成、色彩、装饰等方面，如图7-4所示的玺佳（CIGA Design）机械腕表，通透的表壳使得内部的机械结构清晰可见，红色的指针随着齿轮的转动，让人真切地感知时光的流逝。此外，该表款还可以快速拆卸更换表带，满足用户多样化的需求。

图7-4　玺佳机械腕表 设计师：张建民

功能基础、物质技术条件和美学基础是构成产品的三个基础要素。使用功能体现了产品的实用性，物质技术体现了产品的科学性，艺术形象体现产品的艺术性。在三者的关系中，功能基础是产品设计的出发点和产品赖以生存的主要因素，起着主导性和决定性的作用，但是如果没有物质技术基础来保证，产品就很难体现出良好的性能。同样，如果单纯强调产品的功能而忽视产品美的特质，也不能满足人们对产品美的需求。三者紧密结合，才能创造出优质产品。

7.2 产品造型设计

设计中的造型要素是人们对设计关注点中最重要的方面，设计的本质和特性必须通过一定的造型得以明确化、具体化、实体化。

7.2.1 产品造型设计的定义

产品造型设计是对产品的材料、结构和加工方法以及产品的功能性、结构合理性、经济性和审美性进行的推敲和设计，即以产品为对象，从美学、自然科学、经济学及工程技术等方面出发，进行产品的三维空间造型设计。

造型设计的任务，是将产品的科学性、功能性与艺术性完美地结合起来。产品设计首先要解决产品的使用价值，即需要满足一定的物质功能需要；其次是解决产品的审美需要，即产品都有其特定的结构和外观形状。产品结构的合理性能使产品的使用功能得以发挥，但合理的结构并不能自然地具备富有美感的造型。不同的功能要求不同的造型，即使同一功能要求的产品也允许有不同的造型（例如手表）。形式美服从于技术美，产品造型的美是为了更好地表达现代产品中的科学技术，不能单纯地追求形式。

在过去很长一段时间里人们称工业设计为"工业造型"，显然不尽科学和规范，造型设计只是工业设计的一部分，是设计师运用多方面的知识赋予产品的一种外在表现形式，以"造型设计"指代"工业设计"是片面的，但这个提法也从另一个角度说明造型在设计中占据的重要地位。

7.2.2 产品造型设计的基本原则

产品设计是现代工业的重要组成部分，工业设计的一般原则也适用于产品设计。但产品设计又具有自身的特征，从前述的作用与性质可见，对现代工业产品造型设计的基本原则可概括为实用、经济、美观和创新。

① 实用。实用是对产品造型设计的最基本要求，表现为具有先进和完善的形态，并使产品物质功能得到最大限度的发挥，也可以说，造型服从于功能，产品的造型要充分表达产品的工作范围、工作性能和使用功能。因此，造型设计应以实现功能为中心目的，保证产品性能稳定可靠、技术先进、使用方便、安全宜人和适应环境，这些是评定产品造型

的技术性能，也是反映产品功能美的综合指标。

② 经济。要求在产品制造过程中使用最少的财力、物力、人力和时间，又能得到最大的经济效益。同时要求产品在满足实用性和审美性的前提下，达到可靠性和使用寿命的预期要求。

③ 美观。美观是消费者对产品造型的精神方面的主要需求之一。要以产品的实用性和经济性为前提，塑造产品完美、生动、和谐、符合时代审美趋势的形象，体现社会的物质文明与精神文明发展。

④ 创新。有魅力、有个性、有情感、友好的新颖造型会极大地提升产品的附加值，获得消费者的青睐，纯粹的继承和单纯的模仿都不能创造出突破性的产品形态。仍以苹果为例，第 1 代 iMac 的创新造型为苹果赢得了良好的口碑和巨大的商业利润，但当看起来好像第 1 代 iMac 缩水版本的第 2 代 iMac 模型被送到乔布斯手中时，乔布斯很讨厌它的这种"没有什么不好，其实也挺好"的感觉。最后又经历了两年的研发，2002 年，可以像向日葵一样随意转动的苹果 iMacG4 又一次站在了市场的制高点上，见图 7-5、图 7-6。

图7-5 苹果iMac G3电脑（1998年）　　　　　图7-6 苹果IMacG4电脑（2002年）

小结　　　　　实用、经济、美观和创新是产品造型设计的四个主要原则，它们既相互联系又有所矛盾，既缺一不可又有主次之分。产品设计是一个不断博弈的过程，如果一味强调创意，可能造成成本的大幅提升；如果只注重控制成本，就会使最终生产出来的产品与最初的理念大相径庭。形式追随功能，实用原则占首位，美观原则满足人性需求，经济原则是二者的约束条件，创新原则是实用、美观和经济的归宿。产品造型的理想境界来自于对这四个原则和谐、合理的利用。

7.2.3　产品造型设计的要素

产品造型设计涉及许多设计理念、方法，但其设计的根本离不开基本的设计要素，即要对构成产品形式的形态、色彩、材质、结构等进行综合考虑。优良的产品，总是通过形、色、质三个方面的相互交融而提升到意境的层面，体现并折射出隐藏在产品物质形态表象后的精神实质。这种精神通过用户的联想与想象而得以传递，在人和产品的互动过程中带给用户独特的体验，满足他们潜意识的渴望，实现产品的情感价值。此外，表面肌理也对产品最终呈现的效果有着重要的影响。

7.2.3.1　形态

形态包含"形"与"态"两层含义。"形"是指一个物体的外在形式，对于产品造型指产品的外形，它与感觉、构成、结构、材质、色彩、空间、功能等密切相联系；"态"则是指蕴涵在物体形状之中的"精神势态"，形态就是指物体的"外形"与"神态"的结合。形离不开神来充实，神离不开形的阐释，无形则神失，无神则形晦。在我国古代，对形态的含义就有了一定的论述，如"内心之动，形状于外"，"形者神之质，神者形之用"等，指出了"形""神"之间唇齿相依、相辅相成的辩证关系。形态要获得美感，除了要有美的外形，还需具有反映产品本质和触动消费者内心潜在诉求的"精神态势"，即"形神兼备"。

产品形态设计和产品功能之间的关系密不可分，产品使用功能决定产品形态的基本构成；功能的增减也会给产品的形态带来变化；产品的审美功能也会影响产品形态的风格特征。如果说产品是功能的载体，形态则是产品与功能的中介。没有形态的支撑，产品的功能就无法实现。不仅如此，形态还具有表意的作用。设计师通常利用特有的造型语言进行产品的形态设计，通过形态可以传达各种信息，如产品的属性、产品的功能等。利用产品的特有形态向外界传达出设计师的思想和理念，满足产品的功能需要。消费者在选购产品时也是通过产品形态所表达出某种信息来判断和衡量与其内心所希望的是否一致，并最终做出购买的决定。

产品形态可以表现出产品使用的功能类型，消费者也通过产品的形态可以完成产品的功能识别，例如，碗和盘子的不同形态，提示了其功能的差异。通过产品形态体现一定的指示性特征，暗示人们该产品的操作方式。我国历史流传下来的折扇、算盘、簸箕、砂锅等都是由形态就可以明悉使用方式的生活用品，现代生活中常见的电子体温计、家用电子血压计等小产品的形态也能让使用者对其使用方式一看即明，见图7-7、图7-8。

图7-7　砂锅

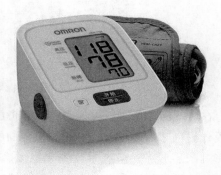

图7-8　电子血压计 品牌：欧姆龙

产品造型设计必须遵循形式美法则，形式美法则是人们在长期生活实践特别是在造型实践中总结出来的规律，是人们对大自然美的规律加以概括和提炼，形成一定的审美标准后，又反过来指导人们造型设计的实践。只有遵循比例与尺度、多样与统一、节奏与韵律、均衡与对称、稳定与轻巧、对比与调和、主从与重点等形式美法则，产品造型才能获得真正的美，见图7-9、图7-10。

图7-9　节奏和韵律：锦湖轮胎的Sealant自我修复轮胎获2016年美国"IDEA DESIGN AWARD"设计大奖

图7-10　多样与统一：松果吊灯PH Artichoke 设计师：保罗·汉宁森（Poul Henningsenn，1894—1967年）

案例7-3　轻巧与稳定：两轮站立不倒的电动摩托车LIT Motors C1

LIT Motors 公司打造的 LIT Motors C1 虽然只有两个轮子，但却能像不倒翁一样，不会被撞倒或拉倒。它拥有赛格威 Segway 一样的自平衡系统，利用陀螺仪和电动机来保持平衡，即使被一辆大型 SUV 撞击也不会翻倒。车内配置两个座位，整车净重仅 800 磅，轮胎宽度 40 英寸，能非常灵活地穿行。其优良的不倒特性同样受益于 KERS 动能回收系统，后者能将车身制动能量通过飞轮储存起来，并在加速过程中将其作为辅助动力释放利用。而这些飞轮也是陀螺仪稳定系统的一部分，帮助该系统控制车辆的倾斜角度，从而使车辆避免翻倒，见图 7-11。

图7-11　轻巧与稳定：LIT Motors C1电动摩托车

在对产品形态进行设计时，还要考虑其中的人机工程学要素，人机工程学为产品形态设计提供参考尺寸，为产品人机界面的操控布置提供理论指导，人体局部特征也会直接影响产品形态。以图 7-12 所示的风靡美国的 OXO 削皮器设计为例，椭圆手柄抓握舒适，鳍片设计使得食指和中指能舒适地握住手柄，尾部的埋头孔便于悬挂，前面的尖端还可以去除水果的坏点，优良的人机特性为人们提供了轻松愉快的削皮体验，因而受到了人们的喜爱。

通过产品形态特征还能表现出产品的象征意义，主要体现在产品本身的档次、性质和趣味性等方面，显示出心理性、社会性和文化性的象征价值的识别。通过形态语言体现出产品的技术特征、产品功能和内在品质，包括零件之间的过渡、表面肌理、色彩搭配等方面的关系处理，体现产品的优异品质、精湛工艺。通过形态语言、产品标志、常用的局部典型造型或色彩手法、材料甚至价格形成产品的档次，体现某一产品的等级和与众不同之处，例如图7-13所示的

图7-12　OXO削皮器设计

由Beckhoff设计的C60××系列工业电脑，它体积虽小但功能强大，作为通向云的门户，它们收集和处理大量数据，是物联网背后的计算"大脑"。高品质外观体现了产品的技术先进性。图7-14所示的是丹麦奢华视听品牌铂傲公司（Bang & Olufsen，B&O）为纪念公司成立90周年推出的巨型旗舰音箱BeoLab 90，突破了传统的箱体形态，而采用近似三角锥的造型，长宽高分别为74.7厘米、73.5厘米、125.3厘米，重达137千克，其中包括65千克的实心铝结构，内含18个扬声器驱动器。黑色针织物搭配弧形木材质，极富文艺气息，彰显了品牌超凡脱俗的气质。

图7-13　C60XX系列工业电脑

图7-14　铂傲90周年纪念音箱BeoLab 90

大自然中存在着众多的生命形态，在上亿年的进化中，这些生命形态不断地为更好地适应自然界而优化自身，形成了完美的、令人惊叹的色彩与形态，从而为人类解决问题提供了鲜活的灵感。向大自然学习，可以从动植物或是自然事物身上获得灵感，学习很多巧妙的方法来解决设计中遇到的问题，这就是仿生。仿生就是模拟大自然，通常是指模仿生命系统的结构和工作原理，仿生丰富了设计的内涵。仿生设计分为四种，分别是功能仿生（例如雷达、盲人手杖与蝙蝠的超声波，冷光灯和萤火虫）、形态仿生（例如尼龙搭扣和苍耳属植物种子）、结构仿生（例如悉尼大剧院和树叶的排布）和运动仿生（例如潜水艇和鱼的沉浮）。在形态设计中，仿生设计是一种重要的思路。鲁班仿照叶子的齿状边缘发明锯子可能算得上是中国古代最具代表性的仿生设计了。形态仿生要将生物的形态运用到产品形态上去，但这种运用并非生搬硬套，完全地照抄，而是经过必要的抽象、演变、提炼和升华，使形态既保留自然的美妙，又满足产品的功能与审美，同时兼具联想和暗示的情感表现。除仿生外，拟物也是设计师常用的手法，它模仿重现的是实际的物体。图 7-15、图 7-16 分别是宜家的玛克鲁斯吊灯和克鲁宁吊灯，都是使用纸材质做灯罩，形态仿照蒲公英和云朵的形状，不仅形态丰盈柔和，给家居环境带来大自然宁静和美好的氛围，而且让用户获得了天然亲切的心灵体验。

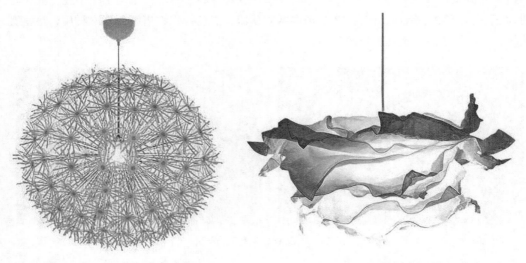

图7-15　PS玛克鲁斯吊灯 宜家　　　　　图7-16　克鲁宁吊灯 宜家

深层次的仿生设计是在技术层面运用仿生学理论，要比单纯的形态仿生复杂，这要求设计人员对生物内在的功能原理进行深入的研究，并且结合自己的目标需求做出创新性的重新整合。例如，魔鬼鱼的身体宽而扁，大嘴为虹吸构造方便追逐吸食小鱼，鱼鳍、鱼尾宽大，与身过渡平滑，没有明显分界，这也使得它在水中高速和灵活地游动。玛莎拉蒂总裁款汽车内部空间大，车身腰线内收，外扩的轮眉和车身平滑过渡，与魔鬼鱼体态很相似，独特的侧风口与魔鬼鱼的腮一样能起到减少风阻的作用，让车具有高端而又独特的辨识性，见图 7-17 ～图 7-19。

图7-17 魔鬼鱼

图7-18 玛莎拉蒂总裁款轿车　　　　　图7-19 玛莎拉蒂总裁款轿车的侧风口

再如，梅赛德斯-奔驰推出的名为 Bionic 的概念车，车身造型方正，与大多数 MPV（Multi-Purpose Vehicles）没有什么两样。但它的车身是仿照箱豚设计，虽然体量不小，但风阻系数仅为 0.19，甚至比很多超级跑车还要出色。同时，车身框架也采用了与豚骨架类似的结构，令车身刚性提升了 40%，而重量却大幅减小，由此极大减少了油耗，见图7-20、图 7-21。

图7-20 箱豚　　　　　　　　图7-21 奔驰的Bionic概念车

近些年纺织面料行业利用仿生原理进行创新设计，诞生了一批功能强大的产品，2009年，澳大利亚泳将伊恩·詹姆斯·索普（Ian James Thorpe，1982— ）身穿鲨鱼皮泳衣一举夺得三枚奥运金牌；此外还有仿生荷叶组织结构开发出的拒水防污自洁多功能织物；仿动物皮毛设计的保暖性极好的中空纤维等（动物的毛发内有类似中空管的空腔），仿照变色龙皮肤应急系统研发的变色面料等。

案例7-4　"我的世界是圆的"——卢易吉·克拉尼的仿生设计

卢易吉·克拉尼（Luigi Colani, 德国著名设计师, 1928—2019 年）常说"自有时间开始, 蛋是最高级的包装形式""宇宙中无直线"等。他自称是"自然的翻译者", 认为自然界就是一个完美的设计师, 创造了世界上最美丽的形态, 根据自己坚信的自然界法则, 他利用曲线发明独特的生态形状, 并将它们广泛地应用于圆珠笔、时装、汽车、建筑和工艺品设计当中。"我所做的无非是模仿自然界向我们揭示的种种真实。"图 7-22 是他以蛋为灵感设计的茶壶, 而图 7-23 所示的水龙头, 形态颇似出水的天鹅。

图7-22　茶壶 设计师：卢易吉·克拉尼　　　　图7-23　水龙头 设计师：卢易吉·克拉尼

□ 小结

从椅子这种坐具诞生直至今天, 它的形态何止百万之众, 但直至今日, 人们依然在孜孜不倦地探讨适合人类坐姿的器具的最合理的形态。中国美术馆馆长范迪安认为："一件物品的有用性几乎在它诞生之初就已形成定制, 而它形态的发展却永无止境。设计的创意总是与文明的演进、生活方式的变化联系在一起, 更与人的关怀、人性的情怀联系在一起。"设计以人为本, 对真正满足人的需求的形态的探讨永无止境, 值得一代代的设计师为之付出心血。

7.2.3.2　色彩

当代美国视觉艺术心理学家布鲁墨说："色彩唤起各种情绪, 表达感情, 甚至影响我们正常的生理感受。"因而色彩是一般审美中最普遍的形式, 也是产品形态的重要构成因素。色彩在整个产品的形象中, 最先作用于人的视觉感受, 人类对色彩的感觉最强烈、最直接, 印象也最深刻。色彩刺激能够唤醒人们, 也能引起消费者的购买欲望, 可以说, 人们在有意无意中购买色彩。美国流行色彩研究中心一项调查表明, 人们在挑选商品的时候存在一个"7 秒钟定律", 即面对琳琅满目的商品, 人们只需 7 秒钟就能确定自己是否感兴趣，而这短暂的 7 秒钟内，色彩的作用占到 67%，其次才是形态、材质、价格等因素。色彩对于产品不仅具备审美性和装饰性，而且还具备符号意义和象征意义。作为视觉审美的核心，色彩深刻地影响着人们的视觉感受和情绪状态。另外，产品的色彩必须借助和依附于造型才能存在，通过形状才能表达具体的意义，体现特有的感情色彩，对消费者形成精神影响。

对产品进行色彩设计时，需考虑色相、明度、纯度的选择以及色彩对人生理、心理的影响。色彩能够表情达意，不同的色彩及色彩组合能给人带来不同的感受：红色热烈、蓝色宁静、紫色神秘、白色单纯、黑色凝重、灰色质朴等。色彩设计应依据产品表达的主题，体现其诉求，增强产品的生命力。对产品色彩的感受还受到消费者所处时代、社会、文化、地区及生活方式、习俗的影响，反映时尚潮流的发展方向。例如，我国甘肃、陕西等地区的中型客车多采用绿色，并在绿色中穿插些银白色，可缓解空气干燥、多风沙给人带来的烦躁的心情。而广东天气炎热，邻近海洋，这里的中型客车主要颜色为蓝色，车体穿插一些白色柔和线条，显得凉爽、放松、静谧，也符合广东民众对蓝色特殊的喜爱，反映大众的审美。再例如，红、白是可口可乐的标准色，红色在中国是喜庆的颜色，但是在阿拉伯地区，绿色象征着生命与吉祥，红色代表着血腥和恐怖，为了适应阿拉伯地区的本土文化，可口可乐在那些地区采用了绿色包装。2013 年，为了顺应人们对健康生活方式的需求，可口可乐推出了绿色包装的糖分较低的"生命可口可乐（Life）"，见图 7-24。

产品色彩如果处理得好，可以协调或弥补造型中的某些不足，收到事半功倍的效果，图 7-25 所示数控加工中心色彩设计中，底部涂装成深色，形成稳定的感觉。反之，如果产品的色彩处理不当，不但破坏产品造型的整体美，而且很容易破坏人的工作情绪，使人感到枯燥、沉闷、冷漠、甚至沮丧，分散操作者的注意力，降低工作效率、影响产品功能的发挥。所以，产品的造型中，色彩设计是一项不容忽视的重要工作。

图7-24 "生命"绿色包装的可口可乐

图7-25 数控加工中心

色调的选择是至关重要的。色调就是一眼看上去工业产品所具有的总体色彩感觉，它可以表现出生动、活泼，也可以表现出精细、庄重，还可以表现为冷漠、沉闷或是亲切、明快等。色调的选择应格外慎重，一般根据产品的用途、功能、结构、时代性及使用者的好恶等，艺术地加以确定，使色形一致，以色助形，形色生辉。比如：飞机主调色彩一般都处理为高明高彩的银白色，很容易使人感觉到飞机的轻盈和精细，这就是形色一致，而且色助于形；如果相反，把飞机涂成黑灰色主调，则人们肯定会怀疑它是否能够飞得起来，这就是色破坏了形，色调选得不对。确定产品色调时可以考虑以下几点：①暖色调会产生温暖的效果，冷色调令人感到冷清；②高彩度的暖色为主调让人感觉刺激兴奋，低彩度的冷色为主调让人平静思索；③高明色调清爽、明快，低明色调深沉、庄重。总之，色调是在总体色彩感觉中起支配和统一全局作用的色彩设计要素。

在产品设计时常用的手法包括以下几种：

① 同一产品造型，用不同的色彩进行表现，形成产品纵向系列，见图 7-26 所示桌面文具，分别用深蓝、草绿、灰黑形成不同的系列。图 7-27 所示的 SWATCH 手表五彩缤纷，构成同一产品造型的产品纵向系列。

② 对同一产品形态，根据产品结构特点、用色彩强调不同的部分，用不同色彩进行各种分割，形成产品的纵向系列。这种色彩的处理方法会在视觉上影响人对形态的感觉，即使是同一造型的产品，也会因其色彩的变化而对形态的感觉有所不同，见图 7-28、图 7-29。

图7-26　桌面文具设计

图7-27　色彩缤纷的SWATCH 手表

图7-28　WMF双层真空不锈钢保温水壶

图7-29 ora 概念手表

③ 用同一色系，统一不同种类、不同型号的产品，形成产品横向系列，使产品具有家族感。这往往是树立品牌形象的常用做法，是强化企业形象的通行手段，例如 IBM 采用黑色，苹果采用"苹果白"等。即便是不同厂家生产的产品，营销企业也可以用色彩将其统一在本企业的品牌之下。

④ 以色彩区分模块，体现产品的盲目组合性，例如图 7-30 所示的沙发，各个模块采用不同的色彩，又可以自由组合搭配。

图7-30 沙发 设计师：Philippe Nigro

⑤ 以色彩进行装饰，以产生富有特征的视觉效果，例如图 7-31 所示为以活泼的色彩装饰的微软 Xbox360 家庭娱乐中心。

图7-31 微软Xbox360家庭娱乐中心

□ 小结

产品设计中素有"先色夺人"的说法，足可见色彩对于产品设计的重要性。法国色彩大师菲利普·朗科罗曾说，色彩能够在不增加产品成本的基础上，抬高 15% ～ 30% 的产品价值。在激烈的市场竞争中，产品的生产技术、性能、结构、材料等因素运用日趋成功，维系其优势、增加产品附加值和市场竞争力的仍是靠形和色。由此可见，色彩在产品设计中所起到的举足轻重的作用。好的色彩会进一步增强形态的文化神韵和精神气质，而诸如 IBM、蒂芙尼、爱马仕等国际知名品牌会选择特定的色彩作为品牌的家族特征，并在产品、包装、广告、门店、网站、展览、公众微信号等多种载体中广泛应用，从而为消费者留下深刻而统一的品牌印象。

1953 年，潘通（Pantone）公司的创始人 Lawrence Herbert 开发了一种革新性的色彩系统，可以进行色彩的识别、配比和交流，经过多年的发展，色卡配色系统已经延伸到多个色彩占有重要地位的领域，已经成为事实上国际通行的色彩标准语言。

师法自然是设计师最好的学习工作方法，大自然四季轮回中变换缤纷的色彩则永远是设计师取之不尽、用之不竭的灵感来源。

7.2.3.3　材质

在人类造物的漫长历史中，人们总是在不断地发现、发明新的材料，并用它们来创造周围的一切。人类的文明曾被划分为石器时代、铜器时代、铁器时代等，这也表明材料应用的发展从一个侧面反映了人类文明的发展。从古代的陶器、铁、铜、钢、青铜到现代的塑料、尼龙、复合性材料、新型纳米材料、生物原材料、太空材料等，都给人们的生活带来了巨大的变化。

材料是人类用来制造机器、构件、器件和其他产品的物质。材料无处不在，种类繁多，具有复杂的特性。工业设计的主体是产品设计，作为产品必须符合现代批量化生产的基本要求，必须在现代批量生产的技术约束下进行，否则再好的设计也是纸上谈兵。对材料的认识是实现产品设计的前提和保证。成立于 1919 年的包豪斯学校就十分重视材料及其质感的研究和实践练习。该院的教师伊顿曾经写道："当学生们陆续发现可以利用各种材料时，他们就能创造出更具有独特材质感的作品。"工业设计师应当熟悉不同材料的性能特征，对材质、肌理与形态、结构等方面的关系进行深入分析和研究，科学合理地加以选用，以符合产品设计的需要。

通常而言，材料具备下面的三个属性：

① 自然属性。自然属性是指材料自身的物理、化学性能所体现出来的基本特征。以金属材料为例，其物理性能包括导热性、导电性、热敏感性、熔点等，化学性能主要包括材料的耐腐蚀性，抗氧化性等。

② 情感属性。材料的情感属性是指材料透过触觉和视觉给人留下的知觉印象。人们通常利用触觉通过触摸材料感知材料的表面特性，判别材料的质感。不同种类的材料具有不同的组织、结构、质地、纹理，以及强度、硬度和韧性等使用功能，因此，人们在与它们接触时会产生不同的感受，如木材是温暖的、金属是冷硬的、棉布是柔软的、橡胶是富有弹性的等。材料不仅能够通过视觉、触觉引起人们的情感反映，甚至嗅觉也会影响人们的喜好，例如牛皮、松木等纯天然材质，不仅让人看上去、摸上去温暖，闻上去也很舒服

愉悦。

不同的质感肌理能给人不同的心理感受，向人们传达产品的个性，如玻璃、钢材可以表达科技气息，木材、竹材可以表达自然、古朴、人情意味等。在选择材料时，不仅要考虑材料的强度、耐磨性等，还要将材料与人的情感关系的亲疏远近作为重要尺度。材料质感和肌理的性能将直接影响到材料用于产品后形成的最终表达效果，这种效果既有视觉的，也有心理的。

③ 社会属性。材料的社会属性是指结合社会价值标准对材料的环保可持续发展性进行的一种价值判断。例如，绿色材料的选用着眼于人与自然的生态平衡关系，是人文关怀的体现。

20世纪60年代以来，材料工业迅猛发展，各种新材料和复合材料层出不穷，它们形态相近但性能各异，透明的不一定是玻璃，闪亮的也不全是金属。产品设计在选择材料时，要优先考虑产品结构的强度、刚度和稳定性，选定材料后要重点突出所选材料的特征、质地和美感，一般存在三种不同的趋向：

① 运用纯天然材料，突出材料的淳朴、宜人的性质，要充分发挥天然材料本身所固有的特色，挖掘其隐藏的天然之美，而不是一味地给所选的材料附加各种色彩和涂层。在现代工业产品设计中采用天然材料，通过材料的调整和改变增加自然情趣或情调使人产生强烈的情感共鸣是现在工业设计师常用的材料处理方法之一。例如，将硬木材质通过超高精度的机床进行表面研磨和抛光加工，可以获得一种与手工打磨完全不同的宝石般闪光的质感，见图7-32所示的李平小叶紫檀家具"汉唐禅韵"。木材具有美丽的纹理，例如用松木原木制作的家具只是涂上清漆，外露的疤结反而勾起人们对森林的怀想。图7-33所示的惠普 Envy 13 掌心和轨迹板表面由桦木或胡桃木的木皮制成，木材的纹理温暖而自然，触摸舒适，提供良好的导航体验。竹子速生性好，韧性强，也是常被选用的天然材质，见图7-34。

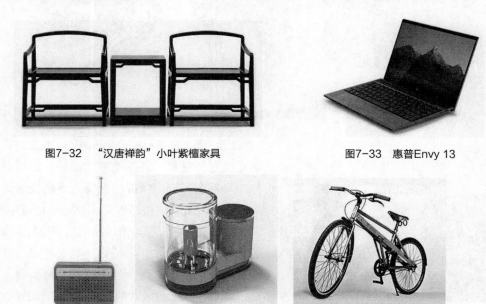

图7-32 "汉唐禅韵"小叶紫檀家具　　　　　　　图7-33 惠普Envy 13

图7-34 竹材质在工业产品中的应用

图7-35 仿胡桃木的汽车内饰

② 利用人工合成材料模仿和仿制天然材料，如用人造革模仿天然皮革、用塑料模仿金属，以维持人们对传统材料的感觉；例如，100 多年来，胡桃木、樱桃木等因其华贵柔软、色泽温润的质感，柔化了汽车钢铁车身的冷峭坚硬，一直被运用于高档汽车的仪表面板、车门内饰板和方向盘等部位，经济型轿车受到价格的制约，经常采用塑料材质模仿胡桃木和樱桃木的质感，见图 7-35。

③ 利用各种新材料和人工材料性能各异的特点，着重于色彩、形式的变化。随着现代科学技术的发展，人类不断改良和发明了大量的材料，从而也为产品形态的创造提供了多种解决方案，在选择材料时，应根据不同产品的结构、功能、使用环境以及用户的心理精神需求选择适合的材料。

材料所呈现的表面性能和质感也是材料非常重要的属性。大部分的材料可以通过表面处理的方式来改变材料的表面性能，例如，对钢件进行表面淬火等热处理工艺，能够有效地提升钢件表面的耐磨性、抗疲劳程度和耐受较大的冲击载荷的能力，而不改变钢件本身的塑性和韧性。金属表面也可以通过不同的加工方法获得丰富的肌理效果，增加产品的表现力。通过表面处理还可以获得预定的色彩、光泽、肌理、质地等，提高产品的审美功能，增加产品的附加值。在产品设计中运用一些美观的肌理设计，不仅能提升产品的精细度，很多时候还具有一定的使用功能。肌理设计的元素来源广泛，可以抽象一系列生活元素或者来自点、线、面的灵巧组合，见图 7-36、图 7-37。

图7-36 黄金首饰表面形成的不同肌理效果

图7-37 手机背面的表面拉丝处理

CMF 是 Color-Material-Finishing 的缩写，也就是颜色、材料、表面处理的概括。它能在保持产品形态不变的情况下获得更多视觉表达上的可能性。随着消费需求多元化趋势日益增强，在满足功能与结构要求的基础上，产品的 CMF 所表现出的情感性、象征性、美观性成为现代消费者表达他们自身个性的符号，材料科学和制造技术的进步也极大地拓展了 CMF 设计和表现的空间。设计师利用 CMF 特性对产品进行细分化设计，为消费者营造出视觉和触觉交织形成的特别的感受，为消费者创造不同的体验，满足消费者的需求。品牌拥有者以品牌调性为引导，选择合适的 CMF 方案，可以提升产品和品牌的品质感，延长企业产品生命周期，避免盲目开发和产品同质化，降低生产成本，增强市场竞争力和提升品牌形象。以手机为例，手机品牌众多，产品更是不计其数，然而众多的产品在硬件技术、功能方面的差异很小，同时，手机的形态越来越简洁和扁平化，尽管有双屏手机、折叠三屏手机等创新机型，但这类结构上的创新通常工艺复杂、周期长、投入大，因而 CMF 成为手机品牌差异化的重要手段，并且取得了令人瞩目的成就。由于 CMF 设计在消费电子类和家电类产品中的广泛应用，这些年 CMF 逐渐细分出来形成一个专门的研究领域。国内外很多大型企业和设计机构相继成立了专门的 CMF 实验室或建立起 CMF 数据库，配备专门的 CMF 设计师对产品外观形态进行设计和研究。苹果公司、海尔卡萨帝品牌都是运用 CMF 塑造高端品牌的成功代表。以苹果公司的产品为例，多彩半透明的 iMac I 电脑、纯白的 iMac II、闪亮的 G4 机箱、晶莹剔透的 iSub 电脑、亮黑或是亮蓝色的手机、带有特制网面织物的耳机……无不显示出苹果公司是善于利用 CMF 进行产品创新设计的高手。在智能化手机造型极度简约类似、功能接近的今天，苹果仍能够利用 CMF 元素打破设计的局限性而推出令人耳目一新的产品，见图 7-38。

(a)苹果G4电脑机箱　　　　　　　　(b)苹果iSub电脑背面

(c)亮黑色iPhone7手机　　　　　　　(d)Airpods Max耳机

图7-38　苹果公司擅用CMF打造崭新的产品形象

7.2.3.4 结构

外观设计定稿后，设计师更多时间用于结构的设计与功能的实现，通过结构设计，可以确保产品功能的实现，使产品零件更容易加工，提高生产效率，降低产品成本。产品的结构是产品形态的承担者，必然受到材料、工艺、产品使用环境等因素的制约。设计优良的产品，不仅要具备优美新颖的外观，还要有合理科学的内部结构布局，见图7-39、图7-40。

图7-39　佳能EOS 50D相机内部结构

（1）外壳（壳体或箱体）结构

各种工业产品在构成材料、外观造型上可能千差万别，但在结构构成上均少不了外壳，外壳暴露在外面，内部包容着构成产品功能的零部件，因此，外壳是产品的重要结构，也是产品的主体外观表现，外壳设计是产品结构设计和造型设计关注的重要内容之一。如仪器仪表、家电、工具及设备或产品构成部件等。根据习惯，我们将产品的外壳称为壳体或箱体，其主要功能为：

① 容纳构成产品的功能零件；

② 支撑、确定产品构成各零部件的位置和相互关系；

③ 防止零件受到环境的影响、破坏或其对使用者与操作者造成的危害与侵害，见图7-41；

④ 美化、装饰产品，提升产品的外观；

⑤ 根据具体产品的不同，具有特殊的功能和使用目的，如音箱外壳要提供音响性能，装甲车外壳要提供防军事打击的强度等。

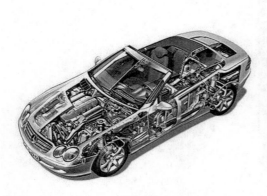

图7-40　轿车的内外部结构　　　　　图7-41　液晶显示器的外壳

（2）连接与固定结构

构成产品的各功能部件需要以某种方式连接或固定到一起形成整体实现产品的设计功能，连接与固定结构是产品设计中另一种常见结构，连接与固定在功能意义上是不同的，有些连接结构同时可以起到固定作用，成为固定连接，固定连接又分为可拆卸（例如用螺栓、销等连接）和不可拆卸（例如，焊接、铆接及胶接等）两种，有的连接结构允许连接的部件以一定的方式、在一定范围内运用，称为活动连接，例如，家具抽屉的活动导轨，而固定结构的主要功能是固定部件，在不开启固定结构或结构失效前保持不变，例如，锁插、锁扣等。

（3）运动结构

运动结构装置是很多工业产品、核心设备结构和实现设计功能的基础结构装置，也是产品设计中比较复杂、专业要求比较高的设计任务，通常需要有产品相关专业的设计师或结构设计工程师配合工业设计师完成。例如，人们熟悉的自行车，脚蹬部件装配在中轴部件的左右曲柄上，当人们踩踏脚踏时，由脚踏、脚蹬、脚踏轴、曲轴、中轴、链条飞轮、后轮构成运动系统，将平动力转化为转动力，自行车骑行时，脚踏力首先传递给脚蹬部件，然后由脚蹬轴转动曲柄、中轴、链条飞轮，使后轮转动，从而使自行车前进，见图7-42。

图7-42　自行车的结构

（4）密封结构

在我们的生活中，我们会遇到钢笔漏水、暖气漏水、轮胎跑气等问题，这些故障都是产品的密封结构出现了问题，在正式开展产品设计之前，设计师应提前考虑密封结构的设计问题，以免客户在使用过程中遭受不便，见图7-43。

（5）安全结构

产品的安全性越来越受到重视，已经成为现代产品设计中极为重要的设计内容和任务。安全结构是指当产品在使用中发生意外时，用于保护产品、避免发生人身事故而设计的有关机构、装置等，如汽车的安全气囊、高压锅的热熔安全阀（见图7-44）、汽车车门的儿童锁等。

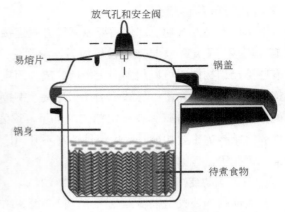

放气孔和安全阀

易熔片

锅盖

锅身

待煮食物

图7-43　冰箱门口的密封胶条

图7-44　高压锅结构

□ 小结

　　我国古代工艺学著作《考工记》中说："天有时，地有气，工有美，材有巧，合此四者，可以为良。"这体现了一种系统设计的思想。同样，现代设计师在进行产品设计时，也要从形态、色彩、材料的选择以及表面装饰、结构等各个方面综合考量。必须熟悉各种材料、工具，再在实践中提高和完善，因而，现代设计师要熟悉和了解这些不同的领域，才能得心应手地进行设计。

7.3　产品设计的程序

　　现代工业产品的门类很多，产品的复杂程度也相差很大，每一个设计过程都是一个解决问题的过程，也是一个创新的过程。由于产品设计涉及的因素众多，设计过程将面临与产品相关的各式各样的问题，而并不是单纯技术或外观的问题。因此，产品的设计开发必须要有一个规范的流程，才能有计划、按步骤、分阶段地解决各类问题，最后得到令人满意的设计结果。

　　产品的设计阶段可以概括为问题概念化、概念可视化和设计商品化三个阶段。产品设计程序一般包括以下几个步骤：提出设计问题、需求分析、产品定位、生产制造、产品投放市场，并根据市场反馈进行产品改进及维护产品的生命周期的全过程。良好的流程，是设计成功的保证，设计过程规划的正确与否，直接关系到产品设计的成功与否，甚至会影响到企业的命运。下面从设计准备、设计展开、制作设计报告、生产准备与投放市场四个大的阶段来阐述产品设计的流程。

7.3.1　设计的准备阶段

　　设计准备阶段是整个产品设计过程的起始阶段，主要包括提出设计问题、市场调研和设计定位三个阶段。

① 提出设计问题。"失之毫厘，谬以千里"，这个成语的意思是在刚开始的时候一点微小的差错，就会给后面的结果造成很大的错误。因此，在新项目启动之前确定开发的方向是最为关键和重要的第一步。在思考"做什么""怎么做"之前，首先要想好"为什么要做"——究竟为什么要开发这个产品？设计理念如何？能给人们的生活带来什么样的影响？要始终将"以人为本"这一设计的基本原则放在首位，将发现和挖掘人们在工作、生活中的各种显性或隐性的需求和问题作为设计的动机和起点。要把待开发的产品放在时间和空间中进行考量，在时间轴上分析产品的过去、当下和未来，在空间中搞清楚这个产品的竞品、内部结构以及相关的产业链的上下游企业和合作方等。在设计实践中，设计任务的提出有以下方式：企业决策层以及市场、技术等部门在分析研究中提出设计任务、客户委托的具体的设计项目、设计师直接通过对生活研究、市场的分析预测找到潜在的设计问题进行开发等。

② 设计调查和资料的收集整理。调查内容包括社会调查、市场调查和产品调查三大部分。要有计划、有针对性地对诸如使用对象、市场销售、色彩问题、人体工学问题、环境问题、工艺材料、结构及加工等问题进行调查与资料收集，然后根据问题对资料进行搜集、分类、整理和分析，为后续的设计奠定基础。

③ 确定目标与产品概念。将前期调查所得资料进行分析，提出具有创新性的解决方案。在这个过程中，设计师要以产品的基本概念为出发点，力求排除习惯性思维和已有产品形象的干扰。另外，产品的概念设计也要考虑由相近产品的竞争关系来设定自己的系列产品的基本形象特征，考虑主次问题的并存程度等。创意的形成是这个阶段工作的核心，不要急于确定产品创意的惟一结论，多种可能性并存的状态将会有利于以后的设计构思和展开。

7.3.2　设计展开

在基本设计概念确定的基础上，展开多种多样的创意活动，逐渐将产品的概念具体化。通过对功能、构造、用途、流行趋势等诸方面的研究，将产品形象慢慢清晰化、明朗化。这一系列工作往往需要经过多次反复，以形态的展开为结果，表达出设计的方向和产品概念。

① 草案设计。在创意初期，最常用的设计手段是绘制草图。设计师利用彩色铅笔、钢笔或马克笔等便利工具快速表达设计理念，还可以使用一些二维绘图软件，如Photoshop、Coredraw、Painter 等手段进行表现。草图是瞬间捕捉灵感的最好手段，不求细致、完美的描述，只求轮廓清晰、能表达出设计者的思路即可。草图要起到扩展思路的作用，应该宜多而广，以后的设计工作都是以构思草图为基础展开。草图基本完成后，通过草模来观察设计方案的大小体量和比例关系，并通过一些辅助手段来检查结构、功能的可行性。产品概念的确定，是使产品越来越接近现实的过程，在这个过程中，必然伴随着各种技术问题，在构想时，应保持对技术的预见性。在这个阶段，设计人员与技术人员并

行工作是解决问题的有效途径，见图 7-45、图 7-46。

图7-45　设计师绘制草图　　　　图7-46　设计师将车辆外观草图挂起检查

② 细化设计方案。此阶段主要考虑设计方案实现的有关技术情况、材料、加工工艺、结构功能等。设计必须按照产品的成型加工方式、所选择的材料、表面处理工艺、零部件的选定等条件协调进行。在造型设计进行到一定程度时，需要开始留心整理有关设计文件，如设计方案效果图、外观模型、设计小结、部件明细和必要的工程图，以备后期评估及深入设计使用，见图 7-47、图 7-48。

图7-47　方案效果图　　　　　　图7-48　设计师对方案进行讨论

③ 优化方案和深入设计。经过初步设计，已经有了不少理想的设计方案，接下来要对先前的工作进行总结并确定设计的正确定位。在这个阶段，要在深入探讨设计理念与设计草图是否一致的基础上，从创意、艺术性、文化性、审美性等方面对初步设计的草图进行设计评价，从众多的设计方案中筛选出具有代表性的草图。这一过程通常是由设计师在会议上对每张草图方案的特点、利弊进行阐述，然后由各方面人员共同讨论、分析，从中选择最优的方案进行深化设计。采用工程制图、工艺流程图、设计效果图等表现手法，使方案得到形象化的展现。对产品色彩进行设计和改进，对产品局部细节进行重新推敲设计，进一步增加产品设计的文化内涵。此外，为了验证构思设计、产品造型设计、结构设计和各部分之间的装配关系，还需要制造模型来检验产品造型设计的合理性，对产品的比例尺度、尺寸进行调整，保证设计的成功率，为今后的生产做好充分的准备。最终方案的确定是在最终的技术实现之前，经过不同设计阶段达成的结果。原则上，当所有的使用要求、技术和商业限制都被充分地考虑后所做出的最后选择才是最终的外观。它通过模型制

作来具体呈现，这个模型将成为"产品原型"。经由设计师连续修改后，达到最接近未来产品的外观，这个阶段的审美质量接近完美，见图 7-49、图 7-50。

图7-49 模型制作   图7-50 样车制作

在设计的全过程中，应动态地进行设计评价，保证设计达到各个方面的要求，从而降低产品批量生产的成本，使企业真正地通过设计获得效益，保证消费者获得性价比最高的产品，也能降低设计的风险。一般情况下，一个好的产品设计应该符合以下标准：实用性高；安全性能好；较长的使用寿命和适应性；符合人机工程学；技术和形式的独创性与合理性；环境适应性好；使用的语义性能好；符合可持续发展的要求；造型原则明确、整体与局部统一、色彩协调。

7.3.3 制作设计报告

产品设计报告书是由文字、图表、草图、效果图、模型照片等形式所构成的设计过程的综合性报告，其中包括了资料收集、市场调研、构思设计草图、绘制三视图、效果图设计、模型制作等与产品设计相关的内容，是交给企业高层管理者进行最后决策的重要文档。

7.3.4 生产准备与投放市场

在设计方案通过评估和验证后，设计概念达到较为完善的程度，就可以进入生产制造的准备阶段。在这个阶段要进行模具制作、设备安装管理、生产计划制定以及订立质量标准、印制标签和包装物等工作。在新产品量产之前，对该产品要进行包装设计和广告宣传，在可能的情况下，设计小组要对产品的用户界面、包装、使用说明书以及广告推广等诸多因素进行统一设计，使包装、产品与宣传方针相互统一，将产品的功能、优点和独特的魅力用新颖、独特的表现手法展示出来。产品进入市场后，要进一步接受消费者和市场的检验，进一步完善和提高。设计人员要协同销售人员进行市场调查，将消费者反馈的信息进行整理、统计和分析，便于今后进行调整和改进，或者为开发下一代新产品做好充分的准备。

"致广大而尽精微，极高明而道中庸。"这是出自中国古代典籍《中庸》的名句，意思是达到宽广博大的境界同时又深入到细微之处，达到极端的高明同时又遵循中庸之道。这句话同样可以用来描述设计的过程。所谓"致广大"就是设计团队在推敲项目合理性时要有上帝视角，从消费者需求出发，把设计对象放在纵向的时间线和横向的市场线中定位，进行系统思考、全局优化；"尽精微"可以理解为在确立设计目标后，要坚信上帝和魔鬼都藏在细节之中，坚守设计品质，以吹毛求疵的态度反复死磕方案，使之不断迭代。所谓"极高明"就是要仰望星空、志向高远，以成功品牌和产品为目标、锐意创新；但也要尊重真理、符合市场规律，关心考虑消费者的消费能力，脚踏实地为他们提供货真价实的高性价比的产品，这也可以理解为"道中庸"。总之，成功的产品来自于优秀的创意和科学的设计流程。好设计的产生一定是一个各种推敲、反复博弈并不断迭代的过程。设计人员了解或者经历过的成功的设计流程越多，并能够进行充分的观察、历练、研究、思考、沉淀，自身也能不断成长，自己设计的产品品质也会提高。

7.4 产品的生命周期与相应的产品设计策略

任何一种产品在市场上的销售地位和获利能力都处于变动之中，随着时间的推移和市场环境而变化，最终将不被用户喜爱，被迫退出市场。这种市场演化过程也与生物的生命历程一样，是一个诞生、成长、成熟和衰退的过程。

7.4.1 产品的生命周期

所谓产品的生命周期（Product Life Cycle，PLC）就是产品从进入市场到最后被淘汰退出市场的全过程，也就是产品的市场生命周期，在这个过程中，设计类型、典型顾客、市场规模、竞争程度、竞争焦点和设计焦点都在发生变化，如图 7-51 所示。

第 1 阶段：导入期。新产品投入市场，便进入了导入期。投放市场后，顾客对产品还不甚了解，除了少数追求新奇的顾客外，几乎没有人实际购买该产品。在此阶段产品生产批量小，制造成本高，宣传费用大，产品销售价格偏高，销售量极有限，企业通常不能获利。

第 2 阶段：成长期。当产品进入投入期，销售取得成功之后，便进入成长期。这是需求增长阶段，需求量和销售额迅速上升，生产成本大幅度下降，利润迅速增长。

第 3 阶段：成熟期。经过成长期之后，随着购买产品的人数增多，市场需求趋于饱和，产品便进入成熟期阶段。此时，销售增长速度缓慢直至转为下降，由于竞争的加剧，导致宣传费用再度提高，利润下降。

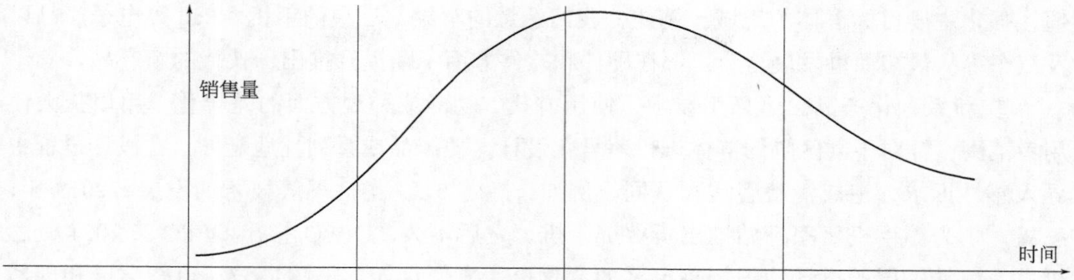

时期	导入期	成长期	成熟期	衰退期
设计类型	全新产品	渐进改良设计	渐进改良设计 新系列化设计	形式设计 复制性设计
顾客代表	初期用户	一般大众	后期开发用户	长期使用者
市场规模	小	扩大	大	缩小
竞争程度	小	中度	激烈	中度
竞争的焦点	认知	市场占有率	顾客维护	转移
设计的焦点	功能的调整	供给量与功能的调整	服务	转移

图7-51　产品的生命周期

第4阶段：衰退期。随着科技的发展、新产品和替代品的出现以及消费习惯的改变等原因，产品的销售量和利润持续下降，进入衰退期，同时市场上出现替代品和新产品，使顾客的消费习惯发生改变。此时成本较高的企业就会由于无利可图而陆续停止生产，该类产品的生命周期也就陆续结束，以至最后完全撤出市场。

产品生命周期是一个很重要的概念，它与企业制定产品策略以及营销策略有着直接的联系。管理者要想使企业产品有一个较长的销售周期，以便赚到足够的利润来补偿在推出该产品时所做出的一切努力和经受的一切风险，就必须认真研究和运用产品的生命周期理论。产品的生命周期理论揭示了任何产品都有衰退的时候，企业要保证在市场竞争中立于不败，必须不断地开发出新产品，维护好老产品，有机地保持创新和发展之间的平衡。

7.4.2　与产品生命周期对应的产品设计类型

① 全新产品。此阶段产品强调市场上的独创性、首见性和革命性，例如索尼的随身听、爱宝狗，苹果的第一代 iPod 音乐播放器、第一代的 iPhone 智能手机都属于此类产品。可以通过技术创新、使用方式创新或功能创新来发展该类产品。并通过申请发明专利或实用新型专利保护创新性，通过专利形成屏障，企业可以在市场上获得排他性，获得巨大的独卖利润。一般而言，全新产品容易产生使用上的盲点及误用，稳定度也较低。

② 既有改良产品设计。多用于成长期、成熟期的产品设计，延续导入期的全新产品进行发展，着手从技术、使用、功能、外观等方面进行改良。这个阶段的工作要寻求主功能的稳定性，适度增加附加功能，并推出新一代产品，考虑从人性化等方面增加产品附加

值，强化主要目标群体的忠诚。例如，我们熟悉的苹果、三星的手机、Pad 等电子产品以及汽车等从最初面世发展至今，都在硬件和软件方面不断提升推出一代代的新产品。

③ 新系列化产品。可采用技术、使用方式、功能或外观方面的差异化，用以扩大使用者范围，针对不同区隔的群体进行差异化设计，使产品成系列性地延伸，在设计过程中导入感性诉求，造成消费者购买认同。例如，随着 5G、柔性屏等技术的发展，2019 年，三星、华为等手机厂家开始推出折叠屏手机。之后不久，OPPO 推出 OPPO X 2021 概念机，采用卷轴屏的设计使得屏幕尺寸的变化更为方便自如，见图 7-52。这些尝试和创新既是形态的突破，也带来了交互方式的进步，有效地拓展了新的产品品类，给用户带来了更强大的功能和创新的使用体验，同时与其他手机形成了明显的区隔，不仅能够开拓新的利润空间，还有效地提升了品牌形象。

图7-52　OPPO X 2021卷轴屏概念机

④ 形式设计。适用于后成熟期及前衰退期，产品设计主要针对外观或所属配件形式的差异化及多样化，对于主要的机构零件、电子基板、规格、组装方式采取套用的形式。

⑤ 复制式设计。对过时或法规无法规范的设计品加以复制，设计重心在于采用较为便宜的材料等降低成本的方式。

7.5　产品创新设计

产品创新是企业不断创造出适应市场需求，能够带来高额利润的新产品，并提高企业的竞争力，求得生存与发展的重要策略。产品创新包括以下三层含义：①创新是指产品本身的创新，不包括生产过程中的工艺创新；②一个创新性的产品可能是多项技术创新的综合结果，是综合性的创新；③产品创新是一种不决定于技术的创新。产品领域常常可以将某一产业中或某一产品中已经发展得很成熟的技术，应用到另一新的领域或新产品中去，即将现有的技术用新的组合形式实现创新，或者是在市场细分的基础上，开发出无创新技术但却受消费者欢迎的新产品，甚至只是对产品外形进行改变，使之符合消费心理或流行趋势。工业设计是进行产品创新的重要环节。

7.5.1　产品创新的方式

（1）新技术的运用

新技术的发展通常会导致新产品的产生。例如，蒸汽机是将蒸汽的能量转换为机械功的往复式动力机械。它的出现曾引起了 18 世纪的工业革命，直到 20 世纪初，它仍然是世界上最重要的原动机。1774 年，瓦特发明出了现代意义上的蒸汽机（图 7-53）。1807 年，美国的罗伯特·富尔顿把蒸汽机装在轮船上，发明了轮船；1814 年，英国人史蒂芬森把蒸汽机装在机车上，发明了火车。

单纯的新技术是没有商业价值的，只有将技术应用到具体的产品，这种技术创新才有经济意义和实用价值。由历史可以知道，微波炉的技术创新首推美国，但后来是日本人将其广泛地应用于家用微波炉上，一跃成为微波炉大国；石英技术创新来自瑞士，但瑞士人一直苦苦找不到产品载体，结果又是日本人将石英技术广泛运用于钟表的制造，一度对瑞士的钟表工业产生巨大的冲击。因此，技术创新只有与工业设计结合才能将新技术转化为实际的商品服务于社会并为企业创造利润。

（2）新功能的出现

例如，诺基亚 8110 是第一款能够支持简体和繁体两种中英文短信服务的手机，这个新功能的出现也为诺基亚打开了中国这个特殊的市场。再如 1994 年王旭宁发明了世界上第一台豆浆机，从而有了今天的"豆浆机大王"九阳集团，见图 7-54。

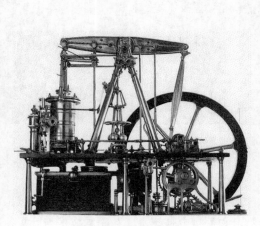

图7-53　瓦特蒸汽机

图7-54　九阳豆浆机

（3）新的功能组合

即将两种或两种以上功能组合到一起形成新的产品。例如，将铅笔和橡皮组合、手机和摄像头组合、打火机和烟灰缸组合、电冰箱和书桌组合、拐杖与折叠椅组合等。

（4）采用新的生产工艺

20世纪50年代，热压成型的加工方法开始出现，使椅子的曲面造型成为可能，设计师雅各布森及时获取了这一信息，他采用热压成型的方法设计出了蛋形椅和天鹅椅，这两个作品成为了设计史上的经典作品。

（5）采用新材料

例如，钢材、玻璃与混凝土在今天的应用已经非常普遍，但在20世纪初它们却是被视为新材料的，1925年布劳耶设计的"瓦西里椅"，是世界上第一次使用弯曲的钢管这一新技术、新材料的椅子，显得既简单又新颖独特，被称为是具有划时代意义的作品——标志着钢管家具正式进入现代主义设计的行列。

案例7-5　雷克萨斯LFA超级跑车对新材料的应用

随着汽车行业对环保的重视，对轻质、高强的碳纤维复合材料的需求也大大增加。雷克萨斯LFA超级跑车运用了碳纤维增强塑料(CFRP)打造高强度、超轻量的车身，能够实现4倍于铝材的高强度，并且降低了车身自重。这种抗冲击性强的轻质高强度材料是由LFA研发团队自主开发，工程师将来自丰田汽车公司的传统编织方式转变为精密的三维碳纤维编织法，既有利于更精确的质量控制，又为此项工程技术在未来产品中的应用打下了坚实基础。同时，以65%的碳纤维增强塑料和35%的铝合金材料构成的LFA车身底盘，比同样的铝质车身轻100多千克，而且更加坚固。不仅是技术上改进，更在最大程度上降低了LFA生产过程中对环境的影响，见图7-55。

图7-55　碳纤维雷克萨斯LFA

（6）新的技术组合方式

例如，计算机与各种机械组合构成各种自动化机械，发动机或发电机与各种机械、工具组合构成各种动力机械等。以智能冰箱为例，它是将电脑技术、互联网技术与冷藏、冷冻的功能组合在一起，在冷藏冷冻之外，冰箱门体上设置的触摸显示屏能显示文字、图片、音视频，实现食材管理、菜谱、视听娱乐、购物等多种功能，用户可以通过语音、触摸等方式、手机App等与冰箱进行交互，见图7-56。

图7-56　卡萨帝Casarte双屏物联网冰箱

□ 小结

新的科学发现，新技术、新材料的产生属于从 0 ～ 1 的创新，通常需要大量的投入和长期的努力，而设计创新更多是从 1 ～ N 的过程，相比较而言，创新的成本低、见效快。但是，真正的创新是前者。只有将科技创新和设计创新结合起来，才能为人们塑造更美好的生活，才能推动国家经济的发展和整个人类文明的进步。从华为被美国遏制的事件中，我们进一步认识到我们国家在一些基础性研究和引领性前沿领域的高端技术上还非常欠缺，由此带来的结果是国际竞争中时常会受制于人。因此，我们一是要坚持走全球化的道路，积极向西方学习，二是要加强自主研发。只有这样，才能奠定创新的基础，打开创新的天花板。

7.5.2　创造突破性产品

设计的目的是使设计对象满足用户的需求，当人们需要某种产品时，就意味着可能进行该产品的设计开发，但能否设计出来、设计出来能否制造出来，制造出来能否带来良好的经济效益，是受多种因素制约的。所谓的"好产品"必须要全面考虑社会、经济、技术等多方面的因素，在新产品设计初期，对产品概念的选择也往往以此为依据。

7.5.2.1　产品设计的动因（SET）

（1）社会因素（the Social Factors）

社会因素集中于文化和社会生活中相互作用的各种因素，包括：①家庭结构和工作模式（例如双职工、单职工、全职、兼职、临时工作等）；②与健康、运动、娱乐相关的活动和方式；③各种图书、杂志、音乐、电影、电视等；④电脑和互联网的应用等；⑤政治环境；⑥旅游环境；⑦其他行业的成功产品等。例如，1959 年英国标志性小汽车 Mini 的诞生并不是时尚的产物，而是 1956 年苏伊士运河危机引发的能源短缺的产物。

（2）经济因素（the Economic Factors）

经济因素主要是指人们确信自己能够拥有或希望拥有的、可以用来购买改善自己生活方式的产品、享受服务的能力，也可以被称为"心理经济学"。经济因素受整体经济形势和经济形势预测、燃油消耗、原材料消耗、贷款利率、可获得的风险投资、股市和股市行情预测、实际拥有的可自由支配收入等多种因素的影响。另外还有像谁在挣钱、谁在花钱，他们又为谁花钱等因素也在起作用。

（3）技术因素（the Technological Factors）

技术因素主要指直接或间接运用各个领域和行业的新技术和科研成果，以及这些成果所包含的潜在能力和价值。系统论、控制论和信息论的出现和发展，基因工程、纳米技术的不断突破，以及计算机和网络的日益普及，使得人们可以借助更尖端的工具和更科学的方法及流程设计功能更加新颖、完备的产品，技术因素在现代设计中发挥着越来越强大的作用。

7.5.2.2　价值机遇缺口

卡耐基·梅隆大学的 Jonathan Cagan 和 Craig M. Vogel 教授在他们合著的《创造突破性产品》（Creating Breakthrough Products）一书中提到了"产品机会缺口"的概念，

图7-57　社会−经济−技术因素和产品机遇缺口

他们把"产品机会缺口"解释为是指由新趋势所造就的潜在产品机会，包括创造新产品或对现有产品进行重大改进的可能性。SET 因素的不断发展变化，在三种因素共同作用下，现有产品和期望产品（即各种趋势推动下的新产品）之间就会产生"产品机遇空缺（Product Opportunity Gap，POG）"，识别和抓住这些产品开发机遇，找到与之相配的技术和购买动力、抓住短暂的时间窗口进行迅速研发，如果开发出来的新的产品或服务能够满足用户有意识或无意识的需求或期望，就会成功地填补产品机遇空缺，成为成功的新产品，见图 7-57。

随着社会的发展，人的生活方式、价值观念等因素都会发生转变，在不同的社会背景中，人会产生不同的需求。产品作为一种为满足人的需求而存在的物品，就需要不断调整它所扮演的角色，来确保它能有存在的价值，否则将在新需求市场环境中受到淘汰。所以，在开发新产品或对现有产品进行改进之初，就要对目标用户的需求进行研究，以找出产品的机会缺口，这对产品在市场中能够获得成功将起到决定性的作用。

例如，在智能手机大行其道的今天，对讲机依然是很多特殊场合所使用的通讯工具，这归因于对讲机本身所具备的安全、稳定、方便等若干特性，以摩托罗拉 Talkabout 对讲机为例，其产生的 SET 因素分析如图 7-58 所示。

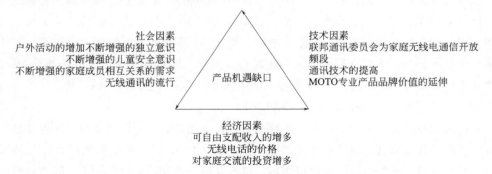

图7-58　摩托罗拉对讲机的SET因素分析

随着时代的进步和技术的发展，市场不断细分，为了适应更加复杂多样的需求，摩托罗拉发展出众多专属用途和不同款式，表 7-1 所列举的是摩托罗拉对讲机的部分型号和性能。

表7-1 摩托罗拉对讲机部分型号性能举例

型号	产品图片	用途	特性
T82		野外探险	最高使用高度 10 千米，通讯范围达 500 米，机身坚固耐用，防水性能优良，可以在零下 20 摄氏度左右的环境中正常使用。电池续航时间长达 26 小时，兼容标准 AA 标准碱性电池。机身便于单手操作，同时内置 LED 手电筒，也可以作为应急灯使用
XiRP6600 I 级		石化、煤矿、化工、火电、食品加工等易爆行业	通过对线路进行特殊处理屏蔽通讯过程中电磁波转换可能产生的火花，适用于环境恶劣、存在危险可燃气体或粉尘的环境
APX		消防	可以承受 5 分钟 260 摄氏度高温和 4 小时 2 米防水，能够在情况极度恶劣的火灾现场保持通讯畅通
APX Next		交警等	拥有触控大屏，既能使用智能手机的移动网络上网打电话，又能利用陆地移动无线电。智能手机上的便捷功能都能使用，交互更人性化。特质的屏幕可以满足在雨天或者戴手套操作的场景

7.5.2.3 突破性产品和它的价值机会

突破性产品来自造型和功能的合理结合，并且能为用户创造物有所值的消费体验，是有用的、好用的、用户希望拥有的产品。它可以重新定义现有的或者是开拓新市场，同时为企业创造更多的利润。美国卡耐基梅隆大学的克莱格·佛格尔（Craig M.Vogel）和乔纳森·卡根（Johathan Cagan）两位教授通过同许多公司合作，开展研究并为这些公司提供咨询，积累了大量的经验。多年的经验和实践告诉他们，许多公司的新产品开发过程往往是不成功的，在为数不多的成功范例中，又只有更少数的产品能够最终成为有突破能力的产品，正确认识和把握产品价值机会是成功开发突破性产品的重要前提。通过研究，他们认为产品在提升价值方面存在情感、人机工程、美学、产品形象、核心技术、质量和对生活形态的影响力 7 个方面的机会，称作价值机会(VoS)，每种都与产品的基本功能（有用）、易用性（好用）和消费者的乐用性（想要用）相关，都可以提升产品的价值。

① 情感：所有的价值机会都支持产品提升用户体验的能力，但情感界定了体验的核心内容，情感体验确定了产品的幻想空间。不同的想象空间区分了不同的产品，未来设计越来越关注人的情感。可以把情感划分为：冒险、独立感、安全感、感性、信心、力量等几个属性。

② 人机工程：人机因素的好坏对产品给用户的感觉和认识有短期和长期两个方面的影响。用户寻求的是好用的、舒适的以及能够凭直觉简单操控的新产品，而且一个产品必须能够长期保持使用的舒适性、稳定的质量和灵活性。产品的易用、安全和舒适等属性对产品的总价值有很大的贡献。

③ 美学：着眼于感官的感受，5种感觉都是这个价值机会的重要属性，包括视觉、触觉、听觉、嗅觉和味觉。通过使用产品来刺激尽可能多的感觉器官，能够建立起一种使用者与产品应用之间积极的联系。

④ 产品形象：产品的形象同样强化了情感的加深机会，并且支持了用户拥有与环境的协调性。产品的形象同样支持了整体的品牌形象。产品形象的3个属性包括：个性化、适时性和适地性。

⑤ 核心技术：只有技术是不够的，但它却是必不可少的。技术必须要保证一个产品功能良好、运转正常，能够达到人们所期望的性能，而且工作稳定、可靠。

⑥ 质量：制造的精确度、材料的结合、黏结的工艺等。产品在购买时，应该能让人感觉到质量优良，并且能够在长时间内满足用户期望值。

⑦ 影响力：由于人们更愿意购买有益于社会和环境的产品，通过赋予产品积极的社会和环境影响力，可以找到为产品提升价值的机会。产品也可以通过影响或改变人们交流和交往的方式而获得社会影响力。所以，影响力包括社会的和环境的两个属性。

价值机会分析是指对两种产品概念或产品机会所进行的各项价值机会的定性比较。价值机会图可以用来帮助分析产品的价值机会，图中的每个属性都用高、中、低来定性衡量，可以用图线在相应位置标明产品某一属性的级别，有助于设计团队理解开发产品时寻找价值机会和瞄准最终结果。在价值机会分析中，并列使用两张图表，一张表示原有的产品或解决方法，另一张表示要设计或参照的产品。每一张图表各自列出七种价值机会类别及它们的属性。在进行价值机会分析时，可以将老产品与新产品进行比较，也可以将竞争对手的产品与自己的产品进行分析比较，以便分析新产品在哪些属性方面的价值提高了，或者在某些属性上改善的可能性。

创新是工业设计的灵魂。一个成功产品的设计不仅要向内考虑构思如何实现，还要向外考虑怎样在市场中准确把握成功的机会。工业设计也不仅仅是从无到有的创新，能够将已经存在的产品重新定位并进行设计，不断创造有突破性的产品，这才是设计的意义。

案例7-6 美国ZIPPO打火机的价值机会分析

自20世纪30年代以来，美国ZIPPO公司已经推出了数百种富有收藏价值的金属打火机，除了实用和防风的妙处外，每款ZIPPO都如同具有收藏价值的艺术品，见图7-59。简单、坚固、时尚、身份象征、个性彰显，ZIPPO

的功能和带来的体验已远超普通打火机。它代表了雄性、美感、光与热，世界上从来没有第二个品牌的打火机像ZIPPO一样，在具有如此优良的功能性和人机性的同时拥有那么多动人的故事和回味。ZIPPO的成功来自于设计以及设计所体现的价值。从图7-60所示的普通打火机和ZIPPO的价值机会分析比较可以看出：ZIPPO在价值机会的7个方面都有所提高，无疑是"有用、好用和想要用"的突破性产品，价值属性把ZIPPO的功能特性和价值联系在一起。所以，尽管已有将近80年的历史，而且售价不菲，ZIPPO仍能受到消费者的珍视和喜爱。

图7-59　ZIPPO打火机

普通型		低	中	高	ZIPPO		低	中	高
情感	冒险	■			情感	冒险		■	
	独立	■				独立		■	
	安全	■				安全		■	
	感性	■				感性		■	
	信心	■				信心		■	
	力量	■				力量			■
人机工程学	舒适	■			人机工程学	舒适		■	
	安全	■				安全		■	
	易用	■				易用		■	
美学	视觉	■			美学	视觉			■
	听觉	■				听觉		■	
	触觉	■				触觉			■
	嗅觉	■				嗅觉		■	
	味觉	■				味觉		■	
产品形象	适时	■			产品形象	适时		■	
	适地	■				适地			■
	个性	■				个性			■
影响	社会	■			影响	社会		■	
	环境	■				环境		■	
核心技术	可靠性	■			核心技术	可靠性			■
	可用性		■			可用性			■
质量	工艺	■			质量	工艺		■	
	耐用度	■				耐用度		■	
利益效应		■			利益效应			■	
品牌效应		■			品牌效应				■

图7-60　普通打火机与ZIPPO打火机的价值机会对比

□ 小结

提及创新，人们常说，"不创新是等死，创新是找死"。自古以来，风险总是与创新如影相随，所以，企业家对创新总是持爱恨交加的态度。创新究竟难不难？奥利奥饼干通过单纯地减薄厚度，把饼干变得更轻盈、口感更脆硬、不腻且更不易碎，咀嚼起来变得嘎嘣脆的声音让人们感觉口感比以前更新鲜、更愉悦。这一微创新也使得奥利奥从之前的儿童零食迈入成人零食的行列。由此可见，突破式创新固然容易甩脱竞争对手，开辟价值的蓝海，但企业也要承受投入高、风险大的压力；而微创新是在已有成功产品的基础上根据客户明确的痛点和行业竞争情况进行小幅度的改善，从而达到以较小的投入和风险维持已有的市场份额的目的，这种创新方式对中小企业而言，更具有经济性和实用性。

複习
思考题

1.解释以下名词：产品、产品设计、产品的生命周期、产品造型设计。

2.构成产品的基础要素有哪些？

3.如何理解产品的生命周期？与之相适应，应采取哪些产品设计策略？

4.进行产品创新设计的类型有哪些？

5.产品设计的动因有哪些？如何理解产品机遇缺口？

6.产品造型设计的基本原则是什么？

7.产品设计的一般流程是什么？

第8章
工业设计与主要相关学科

本章重点：

◀ 人机工程学的概念、起源与发展；人机系统的主要构成要素；人机工程学的研究方法以及与工业设计的关系。

◀ 设计心理学的概念；设计心理学及消费者心理的有关知识；影响产品设计的心理学因素；产品语义设计；设计师心理学；设计心理学常用研究方法。

◀ 环境的概念、环境问题和环境意识。

◀ 工业设计中的环境对策：可持续发展设计、绿色设计等。

◀ 如何采用合理的策略减少环境问题的产生。

◀ 环境设计的基本知识。

学习目的：

工业设计相关的学科众多，本章重点介绍人机工程学、设计心理学以及与生态、环境相关的设计知识。

8.1　人机工程学

　　设计不仅是针对物的设计，同时也是对物品使用方式、对物和周围环境之间关系的设计。今天，技术水平、市场需要、美学趣味等条件在不断地发生着变化，人们对"究竟什么是好的设计"很难有永恒评判的标准，但有一点则是不变的，那就是遵循"以人为本"的设计原则，关注人的权利，把人的价值放在首位，人机工程学的产生和发展为设计人性化提供了科学的方法和依据。

8.1.1　人机工程学概述

人机工程学是一门以人 - 物 - 环境为主要研究对象、应用范围极为广泛的综合性新兴边缘学科。由于该学科研究和应用的范围极其广泛，各个学科、领域的专家都试图从自身的角度对本学科进行命名和定义，因此，世界各国甚至同一个国家对本学科的名称的提法也各不相同，甚至有很大差别。例如该学科在美国称为 "Human Engineering"（人类工程学）或 "Human Factors Engineering"（人的因素工程学）；而西欧国家多称为 "Ergonomics"（人类工效学）；其它国家大多引用西欧的名称。在我国，除了人机工程学外，由于研究重点的差别，其他常见的名称还有：人 - 机 - 环境系统工程、人体工程学、人类工效学、人类工程学、工程学心理学、宜人学、人的因素、人机界面等。

国际人类工效学学会 (International Ergonomics Association，I.E.A.) 为人机工程学所下的定义如下：人机工程学是研究人在某种工作环境中的解剖学、生理学和心理学等方面的因素；研究人和机器及环境的相互作用；研究在工作中、家庭生活中和休假时怎样统一考虑工作效率、人的健康、安全和舒适等问题的学科。

8.1.2　人机工程学的起源与发展

人机工程学的起源可以追溯到 20 世纪初期，但是作为一门独立的学科存在的历史仅有 50 多年，英国是世界上研究人机工程学最早的国家，但本学科的奠基性工作实际上却是在美国完成的，所以，人们说人机工程学"起源于欧洲，形成于美国"。在其形成和发展过程中，大致经历了以下三个发展阶段：

（1）经验人机工程学

20 世纪初到第二次世界大战之前，称为经验人机工程学的发展阶段。学科发展在这个阶段的主要特点是：机械设计的主要着眼点在于力学、电学、热力学等工程技术方面的原理设计上，在人机关系上是以选择和培训操作者为主，使人适应于机器。美国电影《摩登时代》所反映的就是当时大机器生产对人的倾轧和异化，见案例 8-1。

经验人机工程学时期的研究者大多数是管理学家和心理学家，例如，美国学者弗雷德里克·温斯洛·泰勒（Frederick Winslow Taylor，1856—1915 年）通过著名的 "铁铲实验""搬运实验"（如图 8-1 所示）和"切削实验"，总结了称为"科学管理"的一套思想。在其著名的"铁铲实验"中，他通过对铲运工的工作研究，通过制定出一套标准的动作、针对铲运的东西不同设计出不同的铲子、规定每次铲运量、规定动作频率等一系列的措施，使铲运工的能力得到数倍的提高。在这个研究过程中，都涉及人与机器、人与环境

图8-1　泰勒的铁铲实验

的关系问题，并且都与如何提高人们的工作效率有关，其中有些原则至今对人机工程学研究仍有一定的意义，因此，人们认为他的科学管理方法和理论不仅为工业工程（Industrial Engineering，IE）开创了通向今天的道路，也是人机工程学发展的奠基石。

案例8-1　电影《摩登时代》对人与机器关系的描述

　　西方工业革命开始出现的大机器生产使人机关系发生了彻底变化。在工厂中，人的活动要根据机器的需要进行安排，人必须遵守一系列为保证机器运行而制定的操作规程，被迫成为流水线上的一个零件。这就是所谓机器对人的异化。1936年，卓别林无声片的压轴作《摩登时代》最早通过电影表达了机器对人的统治。电影描述了一个"技术统治论"风行的年代，在这个时代中，机器与工业化已经超越了人们之前的经验，在工厂，人虽然可以维持生计，却成为了机器的奴隶。这部电影通过一个流浪汉在工业文明的传送带前窘态毕现、笑料百出的故事，集幽默、讽刺、控诉于一体，讲述了人被机器摧残、异化的寓言。面对大机器时代的来临，工人只能感到无所适从，眼里只有迷茫，这就是"摩登时代"（图8-2）。

图8-2　电影《摩登时代》剧照

（2）科学人机工程学

　　随着人们所从事的劳动在复杂程度和负荷量上都有增长，改革工具、改善劳动条件、提高劳动效率成为学科最迫切想要解决的问题，在第二次世界大战期间，学科发展进入了科学人机工程学阶段。

　　在第二次世界大战期间，由于战争的需要，效能高、威力大的武器和装备成为许多国家大力发展的对象。武器的发展，使得人机协调问题突然激化。由于设计不当和缺乏训练，导致了战争中较多意外事故的发生。据统计，在第二次世界大战中，美国损失作战飞机中的80%都是属于由于战斗机的仪表和操纵系统设计不当而造成飞行员误读仪表和误操作造成的意外事故。再者空战和歼击机提出对飞行员的体能和智能的要求，也使得人员

图8-3　第二次世界大战期间战斗机的驾驶室

的选拔和培训难度不断增大，见图8-3。血的教训使人们认识到机器最终是要由人来操控的，在机器与人的关系中，人是一个不可以忽视的重要因素，这就促使人们不得不在飞机的仪表显示、操纵工具和飞行员座椅等部件的设计中加大对"人的因素"的考虑，进而带动了有关的技术和方法的迅速发展。人们意识到"人的因素"的重要性，意识到只有工程技术知识是不够的，还必须有生理学、心理学、人体测量学、生物力学等学科方面的知识。首先在军事领域，后在非军事领域开展综合研究与应用。此时的研究人员包括工程技术人员、医学家、心理学家等，学科在本阶段的发展特点是：重视工业与工程设计中"人的因素"，力求使机器适应于人。

（3）现代人机工程学

20世纪60年代以后，欧美经济进入了大发展时期，科学技术飞速进步，宇航技术、计算机技术、原子能技术以及"新三论"（控制论、信息论、系统论）和人体科学等发展以及人们对更多更好产品的渴望为学科发展提供了更多的机会，人机工程学进入了系统的研究阶段，可以称其为现代人机工程学发展阶段。随着人机工程学所涉及的研究和应用领域不断扩大，从事本学科研究的专家所涉及的专业和学科也愈来愈多，主要集中在解剖学、生理学、心理学、工业卫生学、工业与工程设备、工作研究、建筑与照明、管理工程等专业领域。

IEA在其会刊中指出，现代人机工程学发展有以下三个特点：

① 不同于传统人机工程学中着眼于选择和训练特定的人，使之适应工作要求；现代人机工程学着眼于机械设备的设计，使机器的操作不越出人类能力界限之外。

② 密切与实际应用相结合，通过严密计划设定的广泛实验性研究，尽可能利用所掌握的基本原理，进行具体的机械装备设计。

③ 力求使实验心理学、生理学、功能解剖学等学科的专家与物理学、数学、工程学方面的研究人员共同努力、密切结合。

现代人机工程学今后的研究方向是：把"人-机-环境"系统作为一个统一的整体来研究，以创造最适合于人操作的机械设备和作业环境，使"人-机-环境"系统相协调，从而获得系统的最高综合效能。

8.1.3　人机系统的主要构成要素

人机工程学涉及人的因素、机的因素以及环境系统中的各种复杂因素。在人机系统中，人和机器各自具有不同的特点，机器的功率大、速度快、不会疲劳；而人具有智慧、多方面的才能和很强的适应能力。如果在设计时对人和机器进行合理的分工以及人与机器之间的信息有效地交流，并充分考虑环境要素，就能提高整个系统的性能，见图8-4。

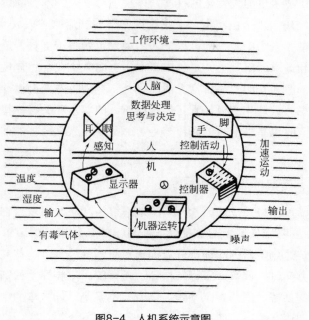

图8-4　人机系统示意图

8.1.3.1　人机环境中"人"的因素

人的因素包括：

① 人的测量尺寸。人体测量的尺寸包括静态和动态尺寸，静态尺寸是指人体的构造尺寸，动态尺寸是指人体的功能尺寸，包括人在运动时的动作范围、体形变化、人体质量分布等。

② 人体的力学指标。包括人的用力大小、方向、操作速度、操作频率，动作的准确性和耐力大小等。我们需要根据人的力学能力来设计机器和工具。

③ 人的感知能力。包括视觉、听觉、嗅觉、触觉和其他感觉。

④ 人的信息传递与处理能力。主要包括人对信息的接受、存储、记忆、传递和输出表达等方面的能力。

⑤ 人的操作心理状态。主要包括人在操作机器过程中的心理反应能力和适应能力，以及在各种情况下可能引起失误的心理因素。

设计以人为本，人的生理特征、人体的形态特性、人在劳动中的心理特征等均是工业设计师在设计中必须考虑的基本要素。研究的目的是使"物"（包括机械设备、工具以及其他用具、用品）和环境的设计与人的生理、心理特征相适合，从而为使用者创造安全、舒适、健康、高效、经济的工作界面和工作条件。例如，由人体总高度、宽度决定的物体，诸如门、通道、床等，其尺寸应以人的统计身高作为设计依据，满足了大个子的需要，小个子自然没问题。再如，现在家用饮水机所使用的周转水桶通常的容量为18.9升，如果老年人、孕妇或孩子进行换水就存在力不从心的现象，甚至造成危险，从这些用户的需求出发，可以考虑设计容量减半的周转水桶，满足这部分人群的使用需求。

人机工程学是让技术更加人性化的科学，体现了"以人为本"的设计价值观。人机工程学的研究内容，经历了一个由早期"以物为中心"转到后来"以人为中心"，再转到现在"以人和物的和谐关系为中心"的过程。人的因素也着眼于更具普遍意义，包含特殊人群在内的人的特性和需求的研究上，是更广泛意义上的人文关怀，体现出一种更加人性化的发展趋势。除了一般大众的普通日常生活品之外，专为特殊人群设计的产品在人机工程学上需要更多的考虑。人性化的设计真正体现出对人的尊重和关心，符合人机工程的人性化的设计是最实在同时也是最前沿的潮流与趋势，是一种人文精神的体现，是人与产品完美和谐的结合。

8.1.3.2　人机环境中"机"的因素

从广义的角度，可以将"机的因素"广泛地理解为产品的因素，它包括：

① 操控系统。主要指机器上能够接受人所发出的各种指令的装置，人可以通过操控系统将自己的意图传达到机器的功能部分以完成对机器的控制。这些装置既包括传统的用手控制的操纵杆、方向盘、键盘、鼠标、按钮、按键等，用脚控制的踏板、踏钮等，也包括先进的触摸屏控制系统、眼睛控制系统、语音控制系统，如汽车的中控屏幕、电脑的语音文字输入、手机的语音拨号、照相机的眼控自动对焦系统等。

② 信息显示系统。它负责向人传达机器的工作状态，在机器接受人的控制指令之后做出信息反馈。这类装置主要包括各种仪表盘、信号灯、显示器等。出于相和性的考虑，显示系统和操控系统通常集成在一起，或者有非常好的关联性，见图8-5、图8-6。

图8-5　操纵-显示界面　　　　　　　　　图8-6　特斯拉Model3汽车的中控屏

③ 人机界面。在人机系统中，存在一个人与机互相作用的"面"，所有的人机信息交流都发生在这个面上，通常称为人机界面。人通过按钮、按键、操纵杆等对机器进行操作，对人来说，是信息输出，而对机器来说是信息输入。机器接受人的操作，将运行结果通过仪表、信号灯或音响及声音装置显示给人，对机器来说是信息输出，对人又是信息输入。人机界面是显示系统与控制系统的结合体，它使显示与控制系统保持一定的对应关系，也使两者能够保持及时的联系和对话，极大地方便了人的操作，见图8-7。

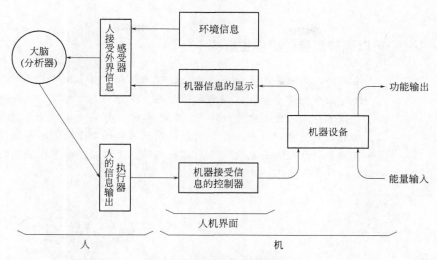

图8-7 人机信息交换系统模型

那么，对于一件产品是如何来评价它在人机工程学方面是否符合规范呢？以德国 Sturlgart 设计中心为例，在评选每年优良产品时，评价人机工程性能的标准包括：产品与人体的尺寸、形状及用力是否配合；产品是否顺手和方便使用；是否能防止使用者操作时意外的伤害和错用时产生的危险；各操作单元是否实用，各元件在安置上能否使其意义毫无疑问地被辨认；产品是否便于清洗、保养及修理。

以芬兰菲斯卡公司生产的手工具为例，它在剪刀、手斧和园林工具这些看似简单的手握工具的设计中高度关注人机工程学的使用，舒适的手柄和防腐蚀的不锈钢刀刃使消费者使用起来得心应手，能轻而易举地剪切各种纸张、化纤和合成材料，长时间使用也不易疲劳。手斧的头部，不再被手柄穿过，而是从手柄穿过，手柄则使用不易断裂的含玻璃纤维的塑料制成，在制作加工过程中将斧子与柄牢牢固定在一起，不容易脱落，见图 8-8。所有的手工具都使用橘黄色塑料手柄，这也塑造了品牌自身的全球形象，见图 8-9。1993 年，菲斯卡设计的剪刀获得美国《商业周刊》产品设计金奖，并成为美国纽约现代艺术馆永久收藏陈列品。

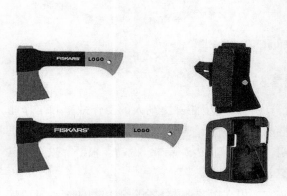

图8-8 芬兰菲斯卡公司的手斧

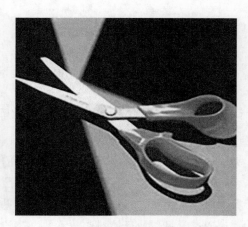

图8-9 芬兰菲斯卡公司的橘黄色塑料手柄剪刀

　　小学阶段是孩子们身体快速生长发育的时期，由于孩子发育情况差别很大，统一高度的课桌椅不仅影响孩子骨骼、视力的正常发育，还会造成孩子由于身体不适而不能集中精力学习，见图8-10。图8-11所示的可调节高度的课桌椅能有效解决这一问题。桌面和椅面下的侧板部分均有不同高度的孔与桌子腿部和椅子腿部的孔之间采用螺栓连接，可以随着小学生身高的增长进行调节，简单、坚固、成本较低。

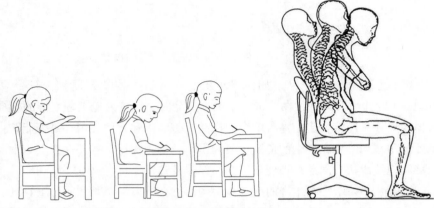

图8-10　高度过高、过低和适中的课桌

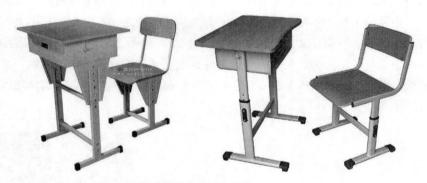

图8-11　高度可调节的小学生桌椅

8.1.3.3　人机环境中的"环境"因素

　　环境因素也是人机系统中的重要因素，适合的环境能够提高人的工作效率和工作能力，使人保持身体健康，并能提高机器的性能和可靠性，延长机器使用寿命。环境对人机系统的影响表现在很多方面，主要有：照明、温度、湿度、噪声、振动、辐射、磁力、重力、气候、色彩、布局、空间大小等，见图8-12。

　　通过常见作业环境对作业者的影响的研究，提高对劳动者安全防护，并使劳动者免受因作业而引起的病痛、疾患、伤害或伤亡，使长期工作不损害工作者健康也是人机工程学的重要研究内容。

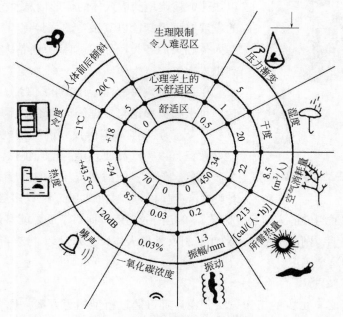

图8-12　决定舒适程度的环境因素范围

　　综上所述，尽管人机工程学的研究内容和应用范围极其广泛，但本学科的根本研究方向是通过揭示人、机、环境之间相互关系的规律，确保人－机－环境系统总体性能达到最优化。不同结构、形式、功能的人机系统的总体目标均一致，即要求实现"安全、高效、舒适、健康和经济"五个指标的总体优化，见图8-13。

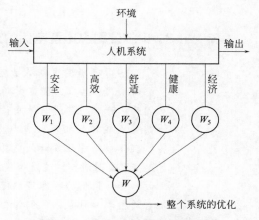

图8-13　人－机－环境系统的总体目标

8.1.4　人机工程学的研究方法

　　由于学科来源的多样性和应用的广泛性，人机工程学中采用的各种研究方法种类很多，有些是从人体测量学、工程心理学等学科中沿用下来的，有些是从其他有关学科借鉴过来的，更多的是从应用的目标出发创造出来的。其中常用于一般产品设计领域的方法有如下几类：

（1）测量方法

　　测量方法是人机工程学中研究人形体特征的主要方法，它包括尺度测量、动态测量、力量测量、体积测量、肌肉疲劳测量和其他生理变化的测量等几个方面。目前世界各国已

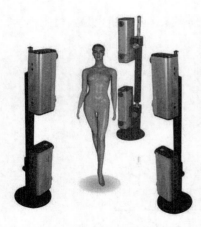

图8-14 非接触式三维人体测量技术

认识到建立人体数据库的重要性，并相继展开这一方面的研究。非接触三维人体测量技术（如图8-14所示）可以快速、精确地获取人体的体形信息,虽然仅有二三十年的发展史，但却能以其独特的优势逐步应用并将普及到与人体相关的各类产品的设计与研究中，使产品真正做到以人为本。

在人体测量中所得到的测量值都是离散的随机变量，可根据概率论与数理统计理论对测量数据进行统计分析，从而获得所需群体尺寸的统计规律和特征参数。这些数据可以为产品或环境的设计提供人体尺寸方面的重要依据。例如：门的造价与门的高度关系不大，在设计门的高度时，应尽可能保证绝大多数人能通行，所以，应以大身材的男性的人体尺寸为依据确定门的高度。而对于需要能够伸手够到的书架和悬挂橱柜的把手，则应该考虑按照小身材女性的人体尺寸来设计，这样能够保证绝大多数人能伸手摸到这个高度。

（2）模型工作方法

这是设计师必不可少的工作方法。设计师可通过模型构思方案，规划尺度，检查效果，发现问题，有效地提高设计成功率。

案例8-3 贝尔公司500型电话的人机工程学设计

1937年德雷夫斯从功能出发提出将电话听筒与话筒合一的设计，被贝尔公司采用。后来，德雷夫斯和其研究小组发现300系列电话还存在一些问题，因此，开始对其进行改良设计。设计师们用木头、油泥或石膏，将设计概念制作成实体的模型，包括电话的听筒、基座、拨号转盘等，见图8-15。这些实体模型能让设计师更具体感受到设计，同时也被用来展示给他们的顾客AT&T公司看，讨论是否能满足他们顾客的要求。根据这些电话的实体模型，设计师和他们的顾客可以仔细评估新型设计是否顺手好用，是否能配合使用者的脸形和耳朵，他们曾测量了两千张脸来决定嘴和耳朵之间的平均距离并规划了一系列的设计原型的分析测试，来评估新型电话设计的各种性能，并且不断做细部修改，见图8-16。1949年500型桌面电话设计成功，新的设计有很好的易用性，而且形态更具有亲和力。由于采用人造塑料，使得手柄很轻，而且其形态允许使用者夹在肩膀上使用。另外拨号的字符被设计到拨号盘外侧，使拨号更容易。手柄与底座之间的电话线也被设计成有收缩弹性的形式，更加美观。这款电话面市后大获成功，是45年来最畅销的一种电话，见图8-17。

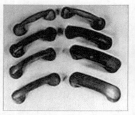

图8-15　亨利·德雷夫斯和他的设计小组在设计500型电话时用木制的电话听筒模型来检验
其可用性、宜人性

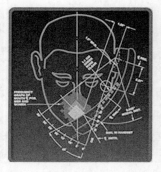

图8-16　电话听筒原型测试分析图　　图8-17　亨利·德雷夫斯和他的设计小组设计
的500型电话

　　逆向工程、虚拟设计等现代设计技术的应用，使模型工作法在人机工程设计中的作用更加凸显，例如，进行鼠标设计时，先做出鼠标的实际模型进行充分测试，再用 3D 扫描仪进行数字化轮廓测量，进行逆向工程，最后再完成整个鼠标的外观设计，见图 8-18。以 CATIA、Pro/E、UG 为代表的工程软件中也都有人机工程模块，使设计人员设计时可以利用 3D 数字化人体模型分析人机关系和模拟人机互动。

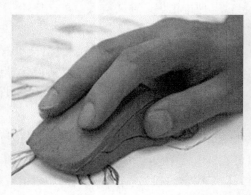

图8-18　鼠标油泥模型

（3）调查方法

　　人机工程学中许多感觉和心理指标很难用测量的办法获得。有些即使有可能，但从设计师工作范围来看也无此必要，因此，设计师常以调查的方法获得这方面的信息。如每年持续对 1000 人的生活形态进行宏观研究，收集分析人格特征、消费心理、使用性格、扩散角色、媒体接触、日常用品使用、设计偏好、活动时间分配、家庭空间运用以及人口计测等，并建立起相应的资料库。调查的结果尽管较难量化，但却能给人以直观的感受，有时反而更有效。

（4）数据的处理方法

当设计人员测量或调查的是一个群体时，其结果就会有一定的离散度，必须运用数学方法进行分析处理，才能转化成具有应用价值的数据库，对设计产生指导意义。

8.1.5　人机工程学与工业设计

工业设计广泛应用了人机工程学中有关人、机与环境方面的研究成果，人机工程学也使工业设计中人与物之间的关系有了真实的科学依据，因此人机工程学在工业设计中占有了极为重要的地位。

人机工程学为产品设计全面考虑"人的因素"提供了人体结构尺度、人体生理尺度和人的心理尺度等数据，这些数据可有效地运用到产品设计中去。

人机工程学为产品设计中"产品"的功能合理性提供科学依据。在现代工业设计中，如还单纯地考虑功能需求，而不考虑人机工程学的需求，其结果必将失败。因此，如何解决"产品"与人相关的各种功能的最优化，如何创造出与人的生理和心理相协调的产品，这将是当今工业设计中的新课题和新需求，人机工程学的原理和规律将帮助产品设计师在设计时解决这些问题。

人机工程学为产品设计考虑"环境因素"提供设计准则，通过研究人体对环境中各种物理因素的反应和适应能力，分析声、光、热、振动、尘埃和有毒气体等环境因素对人体的生理、心理以及工作效率的影响程度，确定了人在生产和生活中所处的各种环境的舒适范围和安全限度，为产品设计中考虑环境因素提供了设计方法和设计准则。

人机工程学为"人 - 机 - 环境"系统设计提供了理论依据。在研究人、机、环境三个要素本身特性的基础上，将使用"物"的人和所设计的"物"以及人与物共同所处的"环境"作为一个系统进行研究，科学地利用三个要素之间的有机联系来寻求系统最佳参数。

人机工程学为"以人为核心"的设计思想提供了工作程序。以"人"为核心的主导思想具体表现在各项设计均应该以人为主线，将人机工程学理论贯穿于设计的全过程，以保证产品使用功能得到充分发挥。

以上几点充分体现了人机工程学在产品设计开发中的重要性，人机工程因素是提升产品附加值的有效手段之一，因此如何抓住并使用人机工程学的研究成果对于产品设计制造的企业至关重要。但是，也有人认为只要获得人机工程学的相关数据，就找到了包治百病的良药，这种看法也是片面的。工业设计和人机工程学尽管关系密切，但终究分别是两个独立的学科，人机工程学并不能完全解决工业设计的所有问题，它只是工业设计中的一个重要部分。工业设计有着更为广泛的内涵，它不仅要考虑到人机工程学的内容，还要考虑到产品对人的其他各方面需求的满足，是对人、技术、市场、环境、美学等各个方面进行全方位的分析与设计。

从最初侧重在加强对流水线上工人的培训来适应大机器生产的要求，到反思人能力的极限调整技术来适应人的能力；从以按钮和仪表等为研究重点，到直面人工智能带来的便利与惶恐——随着时代发展，人机工程学的研究内容也不断与时俱进。20世纪五六十年代被称为"开关－表盘的年代"，因为这些是彼时人机工程专家所研究的主要内容。计算机和手机的出现，变革了生产办公工具，也给生活带来了天翻地覆的变化。计算机、手机等设备硬件、软件的操作易明性、使用者的身心健康、非物质化人机界面的设计原则和方法等成为人机工程学研究的新热点。人工智能和机器人技术的日渐普及，把人类从繁冗重复的劳动中替代和解放出来，系统中的人机功能重新分配，极大地减轻了人类的脑体负担，但又使人机工程学不得不直面人与机器之间终极关系的哲学性思考。同时，计算机技术、网络技术和人工智能等先进技术也成为现代人机工程研究所依靠的有力工具，人机工程学科专用的应用和研究软件以及先进性专用工具日益丰富和强大，为研究人员带来了巨大的便利，也为工业设计奠定了坚实基础。

8.2 设计心理学

设计中的心理问题比比皆是。设计心理学作为设计学科的一门工具学科，帮助人们运用心理学原理解读设计中的现象，达到改善设计和辅助设计的开展、提高设计者创意能力、满足消费者心理需求的目的。

8.2.1 设计心理学概述

心理学是研究人的心理现象及其活动规律的科学。心理是心理活动的简称，也叫心理现象，是人在生活活动中对客观事物的反映活动，是生物进化到高级阶段时人脑的特殊功能，包含着人的认知、情绪、意志、个性等诸方面的内容。

人的心理主要从人与外界客观事物的相互联系中得到表现。在人与外界的接触中，外界事物作用于人的感官和神经系统，引起人从感觉、知觉到思维、决策等不同的心理活动，产生对外界事物的认识，从而形成对事物一定的态度，引起一定的情绪。人在认识和情绪的驱动下会产生相应的行为。如果一个让人经常采用某种方式对待外界的人或事物，就会形成他自己固有的行为方式和个体特性，也就是个性。因此，人的心理和行为是统一的、不可分割的。行为是心理的外部表现，人们学习、工作、社交、娱乐等，没有不受心理活动支配的行为。因此，要做好与人有关的事情，就需要对人的心理和行为有所了解，了解越透彻，就能把事情做得越好。

心理学作为一门科学只有很短的历史，但却有一个漫长的过去，可以追溯到古代的哲学思想，哲学和宗教很早就讨论了身和心的关系以及人的认识是怎样产生的问题。在西方，从文艺复兴到 19 世纪中叶，人的心理特性一直是哲学家研究的对象，心理学是哲学的一部分。1879 年，德国的冯特在莱比锡大学建立了世界上第一个心理学实验室，开始对心理活动进行系统的实验室研究，这标志着科学心理学的诞生。其后的一百多年，心理学学科体系也进一步完善，最终在 20 世纪 50 年代达成基本的共识并不断走向繁荣。另一方面，随着心理学研究的深入和拓展，心理学自身不断分化，衍生出了众多的心理学分支学科，迄今为止的心理学分支多达百门以上，设计心理学是其中之一。

对设计来说，无论是从消费者的角度考虑，还是从设计师的角度考虑，都牵扯到心理问题，设计心理学是以心理学的理论和方法手段为基础去研究决定设计结果的"人"的因素，从而引导设计成为科学化、有效化的设计理论学科。设计心理学的研究对象不仅包括消费者，还包括设计师。

消费者和设计师都是具有主观意识和自主思维的个体，都以不同的心理过程影响和决定设计。设计心理学的一个研究方向是消费者心理学，主要研究购买和使用商品过程中影响消费者决策的、可以由设计来调整的因素，避免设计走进误区和陷入困境，使所设计的产品在形态、使用方式及文化内涵等方面能够符合消费者的需求，从而获得消费者的认同，创造良好的市场效益。设计心理学的另一个研究方向是设计师心理学，主要研究如何发展设计师的技能和创造潜能，避免设计走进误区和陷入困境。

8.2.2　消费者心理

设计"以人为本"，设计的目的在于满足人自身的生理和心理需要，"需要"是人类设计的原动力。若缺乏对人性的洞察与理解，设计将无从谈起。美国心理学家萨提亚（1916—1988 年）曾提出著名的"冰山理论"，将一个人的"自我"比喻成漂浮在海面上的冰山，人们能看到的只是海平面上很少的一部分——"行为"，而更大一部分的内在世界却藏在海平面下的更深处，不为人所见。这个理论同样适合于设计界。设计师需要做的工作常常就是透过消费者的表面行为，去探索他们的内在冰山，更为深刻地体察"海平面"之下的人性。

8.2.2.1　消费者的需求具有层次性

美国社会心理学家、行为学家亚伯拉罕·马斯洛（Abraham Harold Maslow，1908—1970 年）提出了人的需求层次理论，即生理需要、安全需要、社交需要（归属与爱情）、尊敬需要和自我实现需要，如图 8-19 所示。马斯洛认为上述需要的五个层次是逐级上升的，当下级的需要获得相对满足以后，上一级需要才会产生，然后要求得到满足。根据马斯洛的理论，处在不同层次的人的需求是不同的，对于产品的需求必然存在着差异化。我国古代著名思想家墨子所说的"衣必常暖，而后求丽，居必常安，而后求乐"也能表达人类需要的这种先后层次关系。

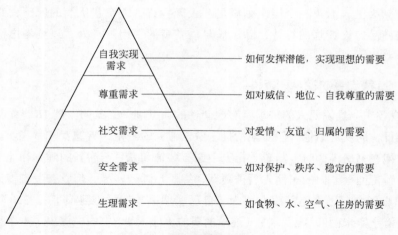

图8-19 马斯洛的需求层次理论

① 生理需求：对食物、水、空气、住房和穿着等基本生活条件的需求，这类需求的级别最低，人们首先总是尽力满足这类需求。这个层次的消费者只要求产品具有一般功能即可。

② 安全需求：吃饱穿暖之后，人们最关心的是自己的人身安全、生活稳定，希望免遭痛苦、威胁或疾病。处在安全需求层次的消费者关注产品对身体的影响，提供安全、稳定的产品质量和及时可靠的售后服务将满足人们对产品安全性的心理渴望。

③ 社交需求：这个层次的需求是与前面两个需求层次截然不同的另一层次，它包括对友谊、爱情以及隶属关系的需求。随着我国经济的快速发展，人民生活水平的提高，人们的社交需求越来越明显。这个层次的消费者关注"交际"需求，关注产品是否有助提高自己的交际形象。

④ 尊重需求：尊重需求既包括对成就或自我价值的个人感觉，也包括他人对自己的认可与尊重。有尊重需求的人关心成就、名声、地位和晋升机会，通过这些形式，感觉自己的才能得到了别人的认可和重视，内心因对自己价值的满足而充满自信。渴望被尊重是人类不可或缺的精神需求之一，具有被尊重需求的消费者关注产品的象征意义。人们感受被尊重的程度直接影响到了人们对于服务的评价。

⑤ 自我实现需求：随着前四种需求的满足，人们开始寻找生活的乐趣和学习更多的知识，尽量享受工作外的精神生活。想达到自我实现境界的人，主要表现在工作学习和生活的追求。马斯洛认为：人们都有天生的倾向，要努力达到能力的最高水平。人们会享受自我实现的巅峰时刻的极大幸福，完全沉溺于正在从事的事业中，忘却了周围的一切或者时间的流逝。这个层次的消费者对产品有自己判断的标准，通常拥有自己固定的品牌。

从消费层次来看，人的消费需求大体分为三个层次，第一层次主要解决衣食等基本问题，满足人的生存需求；第二层次是追求共性，即流行、模仿，满足安全和社会需要；第三层次是追求个性，要求小批量、多品种和差异化。前两个层次解决的是"人有我有"的问题，主要消费的是大批量生产的生活必需品和实用商品，以"物"的满足和低附加值商品为主；而第三个层次则满足"人无我有、人有我优"的愿望，必然要求高附加价值的商品。设计师的设计，除了满足消费者的使用需求外，还要考虑消费者的内心需求。

8.2.2.2　消费者需求的配套性

"狄德罗效应"是说明人的需求具有配套性的典型例子。狄德罗是18世纪法国著名的哲学家，某日，朋友送给他一件质地精良、做工考究的睡袍，狄德罗非常喜欢。但当他穿着华美的睡袍在书房徘徊时，却总觉得家中原有装饰和家具与崭新的睡袍相比显得破旧不堪。为了与睡袍配套，旧的东西先后被更新，终于与睡袍匹配，但狄德罗觉得这种"愈得愈不足"的心理令自己很不舒服，因为"自己居然被一件睡袍胁迫了"。200年后，美国哈佛大学经济学家朱丽叶·施尔在《过度消费的美国人》一书中，提出了一个新概念——"狄德罗效应"（也叫"配套效应"），专指人们在拥有了一件新的物品后，总是不断配置与其相适应的物品以达到心理上平衡的现象。

其实，即使在今天，狄德罗现象依然存在。人们一旦购买了新房，首先追求家庭装修、装饰、家具、家电等要一应俱全，而且随着生活水平和审美的提高，人们还希望所有这些物品要功能配套、风格和谐，体现个人的社会地位和独特品位。如果能够达到这一目标，人们的心理就会获得极大的满足，反之，就会觉得自己的生活存在缺憾，一旦情况许可，就会想方设法地弥补这些缺陷，这也就成为人们不断消费的动力。例如过去的人们喜欢集邮，现在的年轻人喜欢购买"盲盒"，都是因为当凑整一套后会有巨大的心理满足感和愉悦感。当今，很多厂商抓住了消费者这种追求配套消费的心理，推出号称"一步到位"的产品，如开发商提出买房子送精装修或是装修公司提供一站式服务，不仅完成房屋的装修，甚至配置所有的家具、家电、家居饰品等，或是家电厂商推出整体家电设计方案等，目的在于充分满足人们对配套消费的需求，也为消费者带来实实在在的便捷，图8-20所示的海尔整套智能家电、图8-21所示的宜家样板间都是以一套完整的配置满足用户的需求。

| 图8-20　海尔整套智能家电 | 图8-21　宜家样板间 |

消费者心理包括消费者所想的东西（认知）和消费者所感觉的东西（体验），消费者所做的事情（行为）以及能对这些产生影响的事情和地方（环境）等内容。消费者的这些心理和行为特点是各不相同的，其差异性是消费者行为多样性的根本原因。对于设计师来说，不论设计什么、不论给谁设计，都要对消费者的消费需要、消费动机、消费爱好、消

费体验以及影响消费者心理的不同因素等内容进行系统的研究。研究消费者心理的目的在于：为设计提供决策信息和设计依据，提高设计质量，最大限度地满足消费者的愿望，最终提升消费者满意度。

8.2.3 影响产品设计的心理学因素

法国尼斯大学教授皮埃尔·吉罗曾说"在很多情况下，人们并不是购买具体的商品，而是寻找潮流、青春和成功的象征。"如今，消费者选择商品的准则不再局限于"好"或者"不好"这一理性观念，而是"喜欢"或"不喜欢"这一感性诉求。不同国家、不同地域、不同年龄层次的人有着不同的消费心理特征，对色彩和形态有不同的偏好；对产品的设计信息有着不同的解读。消费者都是社会人，在其消费行为中，还常常存在着社会性的心理，如好面子、从众、推崇权威、爱占便宜、害怕、后悔、心理价位、炫耀和攀比等。设计心理学的研究企图沟通生产者、设计师与消费者的关系，使每一个消费者都能买到称心如意的产品，要达到这一目的，必须了解消费者心理和研究消费者的行为规律。

8.2.3.1 影响产品设计战略方针的心理学因素

个人的思想、感情和行为往往受到群体心理的暗示和影响。群体的组合是多种多样的，可以是不同的民族、不同的社会阶层、不同的年龄、不同的性别等，对这些群体的心理共性进行研究和分析，可以给产品设计以有效的指导。

世界各个民族的性格，都是由于地理环境、气候条件、经济情况、遗传因素、社会历史、人文思想、民族文化与生活方式长期的共同积淀长期铸就的，例如：

法国：处于温带海洋气候地区，良好的生活环境养成了法兰西民族追求美妙、时尚的生活习惯；

德国：气候干燥、多山的自然环境造就了严谨的德意志民族；

美国：号称"铁胃"，是世界多民族的大融合，形成了渴望自由、轻松、乐观、幽默、随意的民族性格；

日本：地小物少、四面环海、灾害频发，形成了日本民族强烈的生存危机意识和勤俭、坚韧和牺牲的意志品格，以及开放、进取、善于吸收外部文化的民族性格；

中国：有着悠久的历史和受儒家思想的影响，形成了稳健、持重、忍耐、勤劳、内刚外柔等性格。

不管生活方式和行为特点如何演变，人们仍保持着强烈的对民族身份和传统价值观念的认同。设计中的抽象形式要素，并不是纯粹的抽象物，其中包含着丰富的文化心理内涵，它们是民族心理文化积淀的直感形式、符号形式，它们的生成，经历了一个积淀的过程，尽管最后形成的形态具有高度的抽象性，但其生成和作用的基础仍然是和民族文化心理相联系的。发达国家以及国际著名企业集团都非常重视这方面的研究，以便因地制宜地推广其产品及服务。

8.2.3.2 影响产品外观造型的心理学因素

一个好的产品外观造型应该具备如下几个特点：满足产品功能结构要求，保证使用安全；造型美观，符合使用者的审美需求，与同类产品有明显不同；产品造型与产品使用环境协调一致；无论档次定位如何都应令使用者感到物有所值。

消费者在商品选购中，直观的审美因素越来越明显地影响着其它因素，这就是消费者在选购时受其主导作用的影响而产生的"第一印象"。消费者之所以往往对潜意识中的第一选择情有独钟，正因为它是以直觉的、理性所无法达到的情感层次的心理活动为基础的，设计师全部工作的目的正是在于建立起这种直觉层次上的情感共鸣，以建立理性桥梁的基础。

案例8-4　2007年甲壳虫汽车设计

德国大众2007年推出的新款甲壳虫汽车外形俏皮、别致，线条圆润，色彩丰富亮丽，被誉为时尚与经典兼备的"车中精灵"，从而是现代女性消费者最青睐的车型之一。采用较大的圆形仪表盘设计，中控台也采用了大量圆形元素，营造出可爱氛围，与其圆润的外形相呼应，方向盘后下方的小花瓶的设计也容易使女性消费者一见钟情，见图8-22、图8-23。

图8-22　德国大众的粉紫色甲壳虫汽车

图8-23　甲壳虫汽车内饰

人们对产品的感知是听觉、触觉、嗅觉、味觉、视觉五种感官功能共同作用的结果。其中，视觉可以感知到产品的尺寸、距离、颜色、运动和材质纹理等信息，通过视觉获得的信息大约占85%。人们最容易通过视觉感知到产品外观造型的形态、材质和颜色三个

206　　工业设计概论

因素，这三个因素也最容易唤起人们的心理感受和审美体验。

（1）形态对人心理的影响

产品的形态对人的心理作用可以归纳为三种：动感、力度、体量。动感是指产品形态所产生的运动的倾向，形体偏离平衡位置、富有流动性的曲线、曲面都会使人们心里感受到"动"的感觉。不同的产品对动感有不同的要求，例如汽车、快艇等需要通过造型体现它的速度与运动感，见图8-24。而其他一些产品如汽车的内部装饰、家具则应该运用造型减少运动感，让使用者有稳定、安全的感觉。物体的动感、尺度的变化、颜色的变化都会有力的感觉，如一根弯曲的弧线会让我们联想起弹力，从大变小的空间给我们以压力等。图8-25所示为美国史丹利公司设计的FATMAX系列的钢锯（可锯金属的弓形锯），它简洁的造型和充满张力的曲线使人们对其锯切金属的能力坚信不疑。人们对物的心理认知，还包括量感，即使体量相同的物体由于色彩的不同也会给人不同的重量和体量感，例如，同样的产品，我们会觉得黑色的产品比白色产品重量大而体积小。

图8-24　保时捷快艇设计

图8-25　史丹利FATMAX系列的钢锯(可锯金属的弓形锯)

（2）材质对人心理的影响

材质可以形成人的视觉和触觉感受，同样造型的产品采用不同的材质也会给人不同的心理感受，如图8-26所示，同样的电热水壶，采用紫砂，让消费者感觉典雅、古朴；采用玻璃感觉精致、现代；采用不锈钢感觉现代、坚固；而采用塑料感觉轻巧和廉价。

图8-26　电热壶，外壳材料依次为不锈钢、塑料、陶瓷、紫砂、玻璃

（3）色彩对人心理的影响

色彩最能够引起人们的感情，寄托人们的理想，具有重要的心理功能。有统计表明人们在购买一件产品时，色彩对购买决定的影响为57%，色彩的心理功能是由生理反应引起思维后才形成的，主要是通过联想和想象。色彩心理往往受到年龄、经历、性格、情绪、民族、修养等多种因素的制约。例如同样是红色，司机可能首先会联想到红灯，外科医生可能首先会联想到鲜血，股市投资者首先会联想到 K 线上升等。人们对色彩的心理感受又有一定的普遍性，如儿童大多喜欢鲜艳的纯色，女人往往比男人更喜欢清洁的白色，人们在烦躁时往往喜欢冷色调的环境等。色彩的心理感受还有一定的特殊性，例如，伊斯兰教认为黄色是死亡的颜色，佛教却用做僧衣，把金黄视作超俗，基督教则认为黄色是叛徒衣服的颜色。

8.2.4　产品语义设计

不同的产品要素及其不同的组合形式能够给人们形成不同的心理暗示，人们在生活中常有这样的体验：设计优良的产品能够给人们提供操作上的线索，提示使用的目的、操作方式、操作过程，并能使人们及时获得操作的反馈信息，因而容易被理解；而设计拙劣的产品使用起来很困难，让人陷入困惑、沮丧的境地而不得不知难而退，因为它们不具备任何提醒操作的线索，甚至给人们提供了一些错误的线索，妨碍了正常的解释和理解过程，让人陷入无法理解和错误操作的烦恼，就像图 8-27 所示的咖啡壶那样。再如，当我们入住一家宾馆，常常会在沐浴时为不会使用形形色色的水龙头调节水温苦恼，或者面对着床头复杂的灯光控制系统惆怅不已，其实无需自责甚至自卑，这些并不是因为我们太笨，而是因为设计没有充分考虑我们的认知习惯和心理特征。

图8-27　"专为受虐狂设计的咖啡壶"作者：雅克·卡洛曼（法国艺术家）

人们常通过联想将象征符号固定在某种心理感觉之中，例如用色彩的冷暖表现为喜怒哀乐、用线条的形态变动表达动与静……不同符号要素通过不同的组合形成多种多样的形体来表达无限的变化和感情。产品语义学（Product Semantics）是在符号学理论基础上发展起来的，是研究人造物的形态在使用环境中的象征特性以及如何在工业设计中应用的学问。语义（Semantic）的原意是语言的意义，而语义学（Semantics）则是研究语言意义的学科。设计界将语义学运用到产品设计中，

便产生了产品语义学。该名词由克利本多夫（K. Krippendorff）和布特（R. Butter）在 1983 年提出，他们对产品语义学的定义是："所谓产品语义，是研究人造物在使用环境中的象征特性，并将其知识应用于工业设计上。这不仅指产品物理性、生理性的功能，而且也包含心理、社会、文化等被称为象征环境的方面。"见图 8-28。

图8-28　纯白与纯黑·刀具设计
纯黑色的厨刀排列在纯白色的磁性刀架上，恰如钢琴的琴键
这些不锈钢刀的刀把和刀刃协调统一地放在一个平衡良好的单元中

　　产品的外部形态实际上就是一系列视觉符号的传达，产品形态设计的实质也就是对各种造型符号进行编码，综合产品的形态、色彩、肌理等视觉要素，表达产品的实际功能，说明产品的特征。产品语义学将设计因素深入到人的心理、精神因素，通过产品造型符号对使用者进行刺激，可以更有效地表现出产品内部和外部的信息，激发使用者对自身以往的生活经验或行为体会相关联的某种联想，指示如何使用，诱导其行为，使产品易懂，达到更好地与人进行交流的作用，满足人们对产品的更高要求，见图 8-29。

　　设计师经过设计程序完成产品后，产品则成为一个符号系统，等待消费者解读。设计师对产品进行设计是设计师编码的过程，消费者购买和使用产品则是他们进行解码的过程，设计师是传讯方，消费者和使用者是收讯方，编码和解码两者相互影响、密不可分，见图 8-30。

图8-29　文件夹U盘

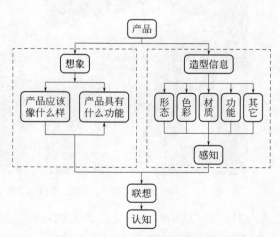

图8-30　产品的认知模型　作者：崔天剑

为了让产品更易于为人们认知和使用，在进行产品设计时，可以从以下几个方面进行考虑。

　　① 环境：即产品的造型（大小、材质、色彩、形态等）与周围环境协调。例如，图8-31所示的简易的纸质帐篷并不完全遮光，阳光能够透过纸板在地面上"写诗"，不同时间的阳光"写"的诗句完全不一样，与周围的美丽风光交相呼应，表达了"岁月如诗"的情调和浪漫。

　　② 记忆性：产品造型让人感到熟悉、亲切，产品在文化或形态上具有历史的延续性。

　　美国苹果公司通过深刻把握人性，掌握设计的情感特征而成为世界上最有价值的公司，不论是硬件还是软件的设计，都充分关注细节。例如，在 iPhone 的密码输入界面上，当检测到密码错误，屏幕上的 4 个小黑点就会从左到右地晃动数次——这恰是对人类摇头表示否定意思的动作的模仿，见图8-32。

图8-31　诗歌帐篷

图8-32　苹果手机的密码输入与反馈界面

　　③ 操作性：产品造型在局部控制、显示、外形、材质、色彩等层面的语意表达清晰、易理解、易操作。例如，飞机操纵装置繁多复杂，为了便于识别，DC8 飞机将着陆装置操动杆设计成黑色和轮形（下推是放下机轮，上拉是升起机轮），将机翼阻力板控制杆成为机翼形，这样就减少了飞行员的识别时间并减少了误操作，见图8-33。

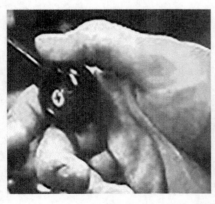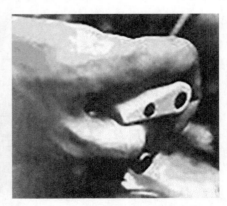

图8-33　DC8飞机的着陆装置操动杆设计和机翼阻力板控制杆

　　④ 程序：产品外部造型显示内部的机构运作，揭示或暗示产品如何工作。例如图8-34所示的 Orangin 手摇式榨汁机，原理与卷笔刀类似，将水果从上方放入，转动手柄就

能完成榨汁。榨汁部分是活动的，平时可以向内侧推到榨汁机中，这样，取下手柄后，整个榨汁机没有任何多出来的部件，形态规整，方便收纳。需要榨汁的时候，装上手柄，然后把榨汁部分往外拉，榨汁机中就空出一个空间，可以放进橙子等。榨汁时边摇动手柄边用手将榨汁部分整个往里送，新鲜的果汁就被榨出流入下方透明塑料杯中。榨汁结束，握住手柄往内部一顶，被榨干的果渣就从另一侧的圆形孔中挤出来。该设计获得了2009年的红点设计奖。

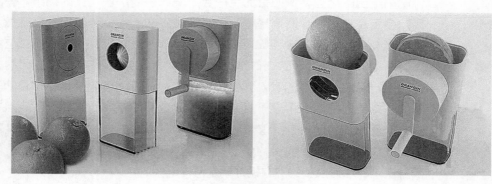

图8-34　手摇式榨汁机

　　⑤ 使用的仪式性：产品的造型暗示产品的文化内涵、象征意义。如图8-35所示，设计师 Dragan Trencevski 设计的卷轴电子书 eRoll，能够让现代人在阅读电子媒体的同时体验古人读书的仪式感。图8-36是黑川雅之设计的"一人食"餐具，专门为独自用餐的人设计，简约而又精致，让一个人自己吃饭、洗碗都具备了仪式感，不会觉得孤单和冷清。

图8-35　卷轴电子书

图8-36　"一人食"餐具 设计师：黑川雅之

读者阅读一本书的过程，是一个以自己的知识储备去与这本书对接、交融、升华、再造的过程，在这个过程中，不同的读者所关注的点和获得的智慧感悟与情感体验各不相同，所以，人们常说："一千个读者心目中有一千个哈姆雷特。"这种现象也普遍存在于产品与使用者的关系中。不同的用户常常以自己对产品的理解使用同一个产品，并不拘泥于产品说明书给出的用途，例如有的用户会用洗衣机清洗块茎类的蔬菜，有的用户会用空调、电吹风或是电暖气干燥洗完的衣物，有的用户会用微波炉消毒纯棉质地的毛巾和口罩等。因此，黑川雅之在其著作《素材与身体》中指出："表现者的创作意图因为接受者的创造而完整。"正因为如此，设计师应该更好地深入到用户的生活中进行细致的观察、耐心的聆听，如果能够挖掘到用户一直在寻找却一直都没有找到的那个空白点并进行产品研发，就一定能够填补市场盲区并取得成功——能够清洗地瓜的洗衣机、能够烘干衣物的电动晾衣架、能够烘干毛巾的毛巾架、能够随身携带的水杯大小的洗衣机等就是这样诞生的。

8.2.5　设计师心理学

设计师心理学，是指以设计师的培养和发展为主题，对他们进行设计创造思维的训练。设计师一向以个人主义色彩浓厚而著称，设计心理学在培养设计师、为企业增加效益、以设计打开市场、获取高额利润方面发挥了不可估量的重要作用。设计师心理学以设计师的培养和发展为主题，在对设计师进行技能的训练如练手、练眼之外，还要练心、练脑，要对他们进行设计创造思维和情商的训练与教育，使他们掌握创造性思维的规律和科学的设计方法，与客户和消费者有效地沟通、敏锐地感知市场信息，了解消费动态，并以良好的心态和融洽的人际关系进行设计，因此，设计师心理学是对设计师深层意义上的研究和训练。毫无疑问，这种研究较为抽象和深奥，却对设计师的发展有积极、重要的意义。目前，设计界和企业界对设计师心理的研究需求较为迫切，但该领域的研究还有待深入。

8.2.6　设计心理学常用的研究方法

设计心理学的研究方法很多，主要包括观察法、调查法、个案研究法与实验法等。

① 观察法。心理学探讨人的行为和心理过程，而心理及其行为现象表现为可观察的活动。研究被试各种行为的最直接的方法就是顺着可观察的活动来追踪和记录其现象和变化。由研究者直接观察记录被试的行为活动，从而探究两个或多个变量之间存在何种关系的方法称为观察法。

观察法是在自然条件下，有目的、有计划地直接观察研究对象（消费者）的言语表现，从而分析其心理活动和行为规律的方法。"自然条件"是指对观察对象不加控制、不加干预、不影响其常态，"有目的、有计划"是指根据科学研究的任务，对观察对象、观察范围、观察条件和观察方法作出明确的选择，而不是观察能作用于人感官的任何事物。观察法是心理学的基本方法之一，是科学研究最一般的实践方法。

心理学家在进行观察时，有时是在自然情境中对人或动物的行为直接观察、记录，然后分析解释，从而获得有关行为变化的规律，这种观察属于自然观察法；有时则是在预先设置的情境中进行观察，这种观察属于控制观察法。根据观察者的身份，观察法还可分为参与观察与非参与观察。在参与观察中，观察者参与被观察者的活动，作为被观察者的一员，将所见所闻随时加以观察记录，这种观察通常可用于对成年人社会活动（如购物行为、投票行为等）的研究。在非参与观察中，观察者以旁观者的身份随时观察并记录其所见所闻。在实施非参与观察时，为了避免被观察者受到干扰，常在实验室设置单向玻璃观察墙，观察者可在玻璃墙的一边观察另一边被观察者的活动，而不被所观察的对象发现，如图 8-37 所示。无论是参与观察还是非参与观察，原则上要尽量客观，不宜使被观察者发现自己被别人观察而影响观察的效果，为此，一些观察室或教室都安装有监视摄像头来暗中记录被观察者的活动。

观察法的主要优点是被观察者在自然条件下的行为反应真实自然；其主要缺点是观察资料的质量容易受观察者能力和其他心理因素的影响，而且，它只能有助于研究者了解事实现象，而不能解释其原因是什么。即只能回答"是什么"的问题，不能回答"为什么"的问题。当然，观察研究作为一种科学研究的前期研究，可以先用来发现问题和现象，可供研究者以此为基础采用其他方法进行深入的研究，因此仍然具有重要的使用价值。

图8-37　设计人员观察儿童学习娱乐场景

② 调查法。调查法是以被调查者所了解或关心的问题为范围，预先拟就问题，让被调查者自由表达其态度或意见的一种方法。根据研究的需要，调查者可以向被研究者本人进行调查，也可以向熟悉被研究者的人进行调查。

调查法可采用两种不同方式进行，一种方式是问卷调查，也称问卷法，这种调查是调查者事先拟好问卷，由被调查者在问卷上回答问题，发放问卷的方式可以是邮寄，也可以是集体发放或个人发放，因此可以同时调查很多人。另一种方式是访谈调查，也称访谈法，这种调查是调查者对被调查者进行面对面的提问，然后随时记录被调查者的回答或反应。

调查研究的主要目的之一就是研究分析被研究者的属性变量与反应变量之间的关系，即在问卷中各种问题上，不同性别、年龄、教育程度、职业等各类人员在态度或意见上是否存在差异。调查法的优点是能够同时收集到大量的资料，使用方便，并且效率高，故而被广泛应用。不过，即使是进行样本较大的调查，也未必总是会给出正确答案，原因在于有时候人们并不能正确地意识到自己的行为，或者会有意无意地说些让自己看上去更体面的话，这会发生在每个人身上。所以，调查法的缺点是研究结果难以排除某些主、客观因素的干扰。为了进行科学的调查，得出恰当的解释，必须有经过预先检验过的问卷，有受过培训的调查者，有能够反映总体的样本，还要采用正确的资料分析方法。

③ 个案研究法。个案研究法是收集单个被试（注释：心理学名词，指被测试的对象）的资料以分析其心理特征的方法。收集的资料通常包括个人的背景资料、生活史、家庭关系、生活环境、人际关系以及心理特征等。根据需要，研究者也常对被试进行智力测验和人格测验，从熟悉被试的亲近者了解情况，或从被试的书信、日记、自传或他人为被试所写的资料等进行分析。个案的研究对象可以是单个被试，也可以是由个人组成的团体（如一个家庭、班级或工厂）。个案研究法的优点是能加深对特定个人的了解。其缺点是所收集的资料往往缺乏可靠性。例如，个人写的日记、自传往往因自我防卫而缺乏真实性。此外，个案研究的结论不能简单地推广到其他个人或团体，但在经过多次同类性质的个案研究之后，可为研究者设计实验研究假设提供参考。

④ 实验法。实验法不仅能够有助于研究者揭示"是什么"的问题，而且能进一步探究问题的根源"为什么"。实验法可分为现场实验和实验室实验。现场实验是在学校或工厂等实际生活情境中对实验条件作适当控制所进行的实验。现场实验的优点是把心理学研究与平时的业务工作结合起来，研究的问题来自现实，具有直接的实践意义。其缺点是容易受无关因素的影响，不容易严密控制实验条件。实验室实验是在严密控制实验条件下借助一定仪器所进行的实验。实验室实验的最大优点是对无关变量进行了严格控制，对自变量和因变量作了精确测定，精确度高。其主要缺点是研究情境是人为的，脱离实际情境，难以将结论推广到日常生活中去。

□ 小结

产品极大丰富的今天，只有真正投消费者所好的产品才能从白热化的市场竞争中脱颖而出，因此，研究消费者心理，揣摩他们的偏好对于新产品开发来说极为重要。但人的心理活动看不见、摸不着，在进行用户研究时，他们还时常口不应心，口中所说和心中所想之间常常并不一致。但设计师通过应用心理学知识和研究方法，尤其是将自己真正投入到消费者的生活中去，进行细致的观察，与他们共情，就会较好地了解消费者的想法，洞悉他们真实的需求。尤其是今天人类已经进入数字时代，基于互联网和移动互联网的虚拟产品的研发需要设计师掌握更多的设计心理学知识，在为用户提供更便捷、丰富的服务的同时，也为他们创造更为愉悦、健康的体验。设计心理学仍在发展之中，并且仍有很大的发展空间，今后需要在理顺设计心理学的框架后进一步细分设计心理学的内容，使其更专业化、更完善，这有待于设计师和心理学家的共同努力。

8.3　与环境相关的设计问题

人与人造物都存在于一定的环境中，并成为环境系统的组成部分。环境在孕育和支撑着人类的同时，也承受着人类的影响。

8.3.1　环境概述

人类的生存与发展，离不开环境，人类在环境中生存、活动，在表现自己的同时也在不断地适应环境、改造环境。

8.3.1.1　环境的概念

所谓环境，就是我们所感受到的、体验到的周围的一切，它包含与人类密切相关的、影响人类生存和发展的各种自然和人为因素或作用的总和，人类的生存环境包括物质环境和社会环境。物质环境包括自然环境和人工环境，如图8-38所示。

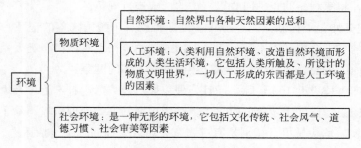

图8-38　环境的分类

8.3.1.2　环境问题

环境问题是指由于人类活动作用于周围环境所引起的环境质量变化以及这种变化对人类的生产、生活和健康造成的影响。一方面，人类在不断地适应自然、改造自然环境和创建社会环境，另一方面，自然环境有其固有的发展变化规律，社会环境在受自然环境制约的同时也在按照自己的规律运行。人类与环境不断地相互影响和作用，就产生了环境问题。

环境问题可分为两大类：一类是自然演变和自然灾害引起的原生环境问题，也叫第一环境问题，如地震、风暴、海啸、泥石流、火山活动，也称为原生环境问题。另一类是人为因素造成的环境污染和自然资源与生态环境的破坏，如乱砍滥伐引起的森林植被的破坏、工业生产造成大气、水环境恶化等，也称为次生环境问题、第二类环境问题和"公害"。次生环境问题一般又分为环境污染和环境破坏两大类。我们通常所说的环境问题，多指人为因素造成的。

目前并已被人类认识到的环境问题主要有：全球变暖（温室效应）、臭氧层破坏、酸雨、垃圾成灾、淡水资源危机、能源短缺、森林资源锐减、土地荒漠化、物种加速灭绝、有毒化学品污染等众多方面，其中全球变暖、臭氧层破坏和酸雨被称为当今世界三大环境问题，日益严重的环境问题直接威胁着生态环境，威胁着人类的健康和子孙后代的生存。

随着温室效应的加剧，地球表面温度不断上升，造成南北极冰山和冰川开始融化，海平面上升，最终可能会使沿海城市和农田被淹没，见图8-39。温室效应还会使地球上的病虫害增加；气候反常，海洋风暴增多；土地干旱，沙漠化面积增大。汽车是人类文明进步的一大发明，汽车排放的尾气是造成温室效应的原因之一。随着汽车保有量的增多，汽车尾气污染愈发严重，令人担忧。

臭氧层的破坏会使过多的太阳紫外线辐射到地球上，使人类和动物的免疫能力下降，容易罹患皮肤癌、白内障等疾病，农作物产量下降，海洋生态系统破坏，渔业产量下降，对塑料制品造成更多破坏。臭氧层的破坏也是造成地球"温室效应"的主要原因之一。经研究发现，氟利昂是地球变暖的罪魁祸首，它的温室效应效果是 CO_2 的数千倍。在被发现会破坏臭氧层前，氟利昂在世界上用于冷却目的，被广泛应用于汽车及室内冷藏、冰箱、电器的冷却等方面。现在，包括日本在内的发达国家已经全面停止了氟利昂的生产，但填充到已经生产的冰箱、汽车空调等产品中的氟利昂，仍不在少数，因此必须正确执行氟利昂的回收，将氟利昂的正确回收以立法的形式进行规范。

从 19 世纪开始，英国新兴工业城市曼彻斯特就有了酸雨降落的记载。酸雨可以造成土壤、岩石中的有毒金属元素溶解，流入河川或湖泊，严重时使得鱼类大量死亡。酸雨会腐蚀金属等物质的表面，严重破坏森林，还会损害人体的健康。

全球每年产生垃圾近 100 亿吨，而且处理垃圾的能力远远赶不上垃圾增加的速度，特别是一些发达国家，已处于垃圾危机之中。采用填埋的方式处理垃圾，除了占用大量土地外，还污染环境。危险垃圾，特别是有毒、有害垃圾处理问题（包括运送、存放），造成的危害更严重、产生的危害更深远，已经成为当今世界各国面临的一个十分棘手的环境问题，见图8-40。

图8-39 温室效应的后果之一，气候不正常，海平面上升

图8-40 Supreme公司在美国新泽西堆放旧显示器的仓库

地球上只有很少一部分水是可供人类饮用和生活的，见图 8-41。然而，有限的水却每天都被大量地滥用、浪费和污染。加之区域分布不均匀，致使世界上缺水现象十分普遍，全球淡水危机日趋严重。随着地球上人口的激增，生产迅速发展，水已经变得比以往任何时候都要珍贵。一些河流和湖泊的枯竭，地下水的耗尽和湿地的消失，不仅给人类生存

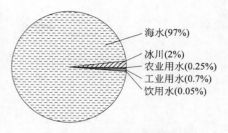

图8-41 地球表面的水资源分布

带来严重威胁，而且许多生物因此灭绝。不少大河如美国的科罗拉多河、中国的黄河都已雄风不再，昔日"奔流到海不复回"的壮丽景象已成为历史的记忆了。

8.3.1.3 环境意识

环境意识是指在正确、全面了解环境概念的基础上，正确认识和把握人在自然界中所处的位置，建立人 - 社会 - 环境之间的协调关系，从而实现可持续性发展这一人类的基本目标和任务。

在人类社会早期，由于生产力低下，环境在人类与环境的关系中居主动地位，因为人类的生活受到大自然支配，所以对自然充满了崇敬甚至是畏惧的心理。随着人类对自然的认识不断增长，逐渐产生了与自然环境协调相处的观念，中国古代"天人合一"的观念就体现了古代哲学家所追求的人与自然关系的理想境界。崇尚自然、珍视自然是中国传统的设计思想的基本原则，例如我国古代的园林艺术，就体现了"物我相呼"的环境意识。随着人类社会生产力的发展和科学技术的进步，人类在自然界中的地位发生了显著的变化，对环境的观念也随之改变，出现了"征服自然""人定胜天"等凌驾于自然环境之上的支配、利用和控制自然的倾向。由此，自然环境受到极大破坏，自然平衡被打破，人类对自然的"征服"所付出的代价，大大超过了所获得的成果。严酷的环境问题使人们不得不对人与环境的关系进行深入的反思并逐渐认识到：只有人与环境协调，社会才能得到永恒的发展，保护和改善环境已成为迫切的任务。联合国《人类环境宣言》中曾经这样写道"现在已经达到历史上这样一个时刻：我们在决定世界各地的行动的时候，必须更加审慎地考虑它们对环境产生的后果，由于无知或者不关心，我们可能给我们的生活和幸福所依靠的地球造成巨大的无法挽回的伤害，反之，有了比较充分的知识和采取比较明确的行动，我们就可能使我们自己和我们的时代在一个比较符合人类需要和希望的环境中过着较好的生活。"这段话充分体现了现代环境意识的重要性，正如加拿大建筑师阿瑟·埃列克森所说，"环境意识是一种现代意识"。

□ 小结

工业革命以来，尤其是第二次世界大战以后，世界绝大部分地区迎来了相对稳定的和平发展时期，越来越多的发展中国家走出贫困的阴影，世界总人数也在 2016 年突破了 70 亿大关。经济全球化以及消费主义盛行使得物质资料前所未有地极大丰富，然而，一个新的全球性问题，即地球自然资源、人类社会资源的有限性和人自身需求与提升之间的矛盾却日益

明显，地球作为人类获取资源的唯一的家园却由于人类的过度索取而在能源、生态等方面危机四伏。残酷的现实倒逼人类不得不从价值观和技术层面上寻找解决资源有限性和人类需求满足之间矛盾的方法和途径。

8.3.2　工业设计中的环境对策

设计活动作为规划、创造人类生活环境的最基本的活动，在构成世界三大要素的人、社会、环境之间起着重要的协调作用。人类的任何设计决策都会对环境产生不同程度的影响。对任何设计活动的评价，都不能仅从眼前或局部的利益出发，而忽略了长期的或综合的环境影响。美国学者、设计理论家维克多·帕帕纳克（Victor Papanek，1927—1998年，代表作《为真实的世界设计》）在20世纪70年代就曾指出，"设计应该认真考虑地球的有限资源使用问题，设计应该为保护我们居住的地球的有限资源服务"。他高度强调设计师的社会意识和环境意识，提出了工业设计应该自我限制的观念，强烈批判商业社会中纯以营利为目的的消费设计，主张设计师应该担负其对社会和生态变化的责任，使得设计师认识到自己应该承担的社会及伦理价值。

8.3.2.1　可持续发展设计策略的提出及涵义

可持续发展战略是在解决不危害未来几代人的需求的前提下，尽量满足当代人的需求的问题，实现眼前利益和长远利益的统一，为子孙后代留下发展的空间。可持续发展是人们应遵循的一种全新的伦理、道德和价值观念，其本质在于：充分利用现代科技，大力开发绿色资源，发展清洁生产，不断改善和优化生态环境，促使人与自然和谐发展，人口、资源和环境相互协调。"可持续发展战略"这一概念的提出，对于人性的回归及世界真正意义上的发展具有划时代的意义，它体现了设计师的道德和责任，已成为21世纪设计发展的总趋势，体现了社会进步、经济增长和环境保护三者之间的协同，从此人类传统工业文明发展模式转向现代生态文明发展模式。

在与工业时代并行的工业设计史里，燃料汽车、电力机械、化学化工、传统钢材是人们生活、生产的主要技术手段，它们与社会化大生产结合，为人们创造了舒适、方便、快捷的生活方式和生活环境，但是也加速了对自然资源、能源的消耗和对环境的污染，使地球的生态平衡遭到前所未有的破坏。同时，工业设计在很大程度上是在商业竞争的背景下发展起来的，如果设计的商业化走向极端，就会成为驱使人们大量挥霍、超前消费的介质，导致社会资源浪费和环境破坏。20世纪50年代美国的商业性设计的核心是"有计划的商品废止制"，通过年度换型计划等方式，使产品外观不断翻新，美国的通用汽车公司、克莱斯勒公司和福特公司的设计师们源源不断地推出时髦的新车型（图8-42），诱使消费者频繁弃旧换新。"有计划的商品废止制"

图8-42　20世纪50年代克莱斯勒公司生产的小汽车

使人们感觉工业设计扮演的纯粹是一个商业性的角色，成了鼓励人们毫无节制的、肆意消费的重要媒介和催化剂，是对社会资源的浪费和对消费者的不负责任，设计的环境意识完全没有考虑到，因而是不道德的，设计师也遭受了许多批评和责难。

20世纪60～70年代以来，各种社会公害问题接踵而至，能源危机越来越严重，人们开始认识到环境问题和生态破坏具有不可逆性，把经济、社会和环境割裂开来谋求发展，只能给地球和人类社会带来毁灭性的灾难。源于这种危机感，可持续发展的观念在20世纪80年代逐步形成。1987年，世界环境与发展委员会（WECD）向联合国大会提交了名为《我们共同的未来》的报告，正式提出了"可持续发展"的概念。报告中指出"可持续发展"是一种"既满足当代人的需求又不危害后代人满足其需求的发展"，是一个涉及经济、社会、文化、技术和自然环境的综合的动态的概念，从理论上明确了发展经济和保护环境与地球资源之间的相互关系。在这种背景下，各国政府和设计师们开始重新思考工业设计在新世纪的历史使命和角色定位，如何将设计固有的商业性和环境效益统一起来，既为企业增加利润，使产品便于销售，又满足环保要求，而不是片面地推销产品，这就给工业设计重新注入伦理道德的观念。要做到这一点，需要首先更新先前的设计观念和评价准则，放弃那种过分强调产品在外观上的标新立异的做法，而将重点放在真正意义的创新上面，树立可持续发展的设计思想，就是要在生态哲学的指导下，将设计行为纳入"人-机-环境"系统，既实现社会价值又保护自然价值，促进人与自然的共同繁荣。2021年沃斯全球时尚网（WGSN）在其发布的一份关于《2022年未来消费者》的报告中提到："对于未来环境变化与经济变化不稳定的恐惧导致了人们在消费行为方面产生了改变，人们关心气候变化与经济的发展情况，并会因此来调整他们的采买行为。"

8.3.2.2　绿色设计

绿色设计是随着"绿色产品"概念的诞生而逐步产生的一种设计方法（也可以说是一种设计理念）。20世纪70年代美国政府在起草环境污染法案时首次提出了"绿色产品"的概念。绿色产品也称为"环境协调产品"，指的是在其产品生命周期中，符合环境保护要求，对生态环境和人体无害或危害性极小，资源利用率高而能源消耗低的产品。

（1）绿色设计的概念

绿色设计是一个内涵相当宽泛的概念，指在产品整个生命周期内，着重考虑产品环境属性（可拆卸性、可回收性、可维护性、可重复利用性等）并将其作为设计目标，在满足环境目标要求的同时，保证产品应有的功能、使用寿命、质量等要求。对工业设计而言，绿色设计的核心是"3R"（Reduce、Recycle、Reuse），不仅要减少物质和能源的消耗，减少有害物质的排放，而且要使产品及其部件能够方便分类回收并再生循环、或重新利用。绿色设计的概念和"生态设计""生命周期设计"非常接近，有时可以互换。对工业设计师而言，绿色设计不仅是技术层面的考虑，更是观念上的变革，要求他们放弃那种在外观上标新立异的做法，而将重点放在真正意义上的创新上，在设计构思阶段要以一种更为负责任的方法去创造产品的形态，用更完善的功能、更简洁长久的造型尽可能地延长产品的使用寿命。要将环境因素纳入设计之中，将环境性能作为产品的设计目标和出发点，力求使产品对环境的影响最小。工业设计以实现人、产品、社会、自然四者之间的平衡为目的，实现人与自然和谐发展，这才是真正的"以人为本"。

（2）绿色设计的准则

精简（Reduce）、回收再生（Recycle）和重复利用（Reuse）是绿色设计的核心内容。绿色设计准则就是在传统产品设计中通常依据的技术准则、成本准则和人机工程准则的基础上纳入环境准则、并将环境准则置于优先考虑的地位。

绿色设计与材料有关的准则包括：①少用短缺或稀有的原材料；②尽量减少产品中的材料种类；③尽量采用相容性好的材料；④尽量少用或不用有毒有害的原材料；⑤优先采用可再利用或再循环的材料；⑥优先采用可降解或易降解的材料。

绿色设计与产品造型有关的准则包括：①不应过分追求产品的个性化；②在造型中树立"简而美"的设计思想；③赋予产品合理的使用寿命；④尽可能简化产品包装。

（3）绿色设计的方法

绿色设计的方法有许多，但主要的是系统论设计思想与方法、模块化设计思想和方法及长寿命设计方法。

① 系统论设计思想与方法。系统论设计方法是要站在整体、全局和相互联系的角度来研究设计对象和有关问题，从而达到设计总体目标的最优以及实现这个目标的过程、方式的最优。绿色设计就是要在技术与艺术、功能与形式、环境与经济、环境与社会等联系之中寻求合理的平衡和优化。因此，系统的绿色设计要求产品的设计、生产、包装、运输、消费、废弃、回收处理等方面均应从系统的高度加以具体分析，确定其各自的地位，在有序和协调的状态下，使产品达到整体的"绿色化"。

运用系统论设计理论，把节能治污从消费终端前移至产品的开发设计阶段，从源头开始考虑产品生命全周期可能给资源和环境带来的影响，改变生产方式，趋利避害。具体讲，就是在产品设计阶段就充分考虑产品制造、销售、使用及报废后的回收、再使用和处理等各个环节可能对环境造成的影响，对产品的耐用性、再使用性、再制造性、再循环性、加工过程的能耗以及最终处理难度等进行系统、综合的评价，努力扩大产品的生命周期，将产品生命周期延伸到产品使用后的回收、再利用和最终处理。

首先，使用绿色材料。绿色材料是在 1988 年第一届国际材料会议上首次提出来的，并被定为 21 世纪人类要实现的目标材料之一。所谓绿色材料指可再生、可回收，并且对环境污染小，低能耗的材料。绿色材料既有良好的适用性能，又与环境有较好的协调性。在设计中应首选环境兼容性好的材料及零部件，避免选用有毒、有害和辐射特性的材料。所用材料应易于再利用、回收、再制造或易于降解提高资源利用率，实现可持续发展。塑料一次性餐盘在自然界中的降解时间约为 2000 年，而且容易对环境产生污染，如图 8-43 所示野餐餐盘由树叶制作而成，在环境中自然降解的时间仅为 28 天，因此，具有非常好的环境友好特性。另外，还要尽量减少材料的种类，以便减少产品废弃后的回收成本。在绿色设计中"小就是美""少就是多"具有了新的含义。

图8-43 树叶餐盘

其次，实行绿色包装。"绿色包装"又称为"环境之友包装"或"生态包装"，指的是对生态环境和人体健康无害，能循环复用和再生利用、可促进国民经济持续发展的包装，应符合生态环境保护的要求。德国、英国、美国、澳大利亚、法国、奥地利、日本等国家都用法律手段对绿色包装进行调控。绿色包装的内容随着科学技术的进步，必将为绿色设计带来全新的机遇。例如，日本规定了《容器包装法》《家用电器循环法》《再生资源利用促进法》等一系列法律法规。在日本，90% 的牛奶都是以有折痕线条的纸包装出售，这是一种很好的教育，可使小孩子自小便接触和使用有环保作用的"绿色"产品。这种容易压扁的包装不但生产成本较低，而且能够减少占用空间，方便送往再循环加工，并减少运输成本。日本最常见的饮料 Yakutt 健康饮品也使用一种底部可撕开的杯形容器。在撕开底部后，人们能够轻易地把容器压扁，便于再循环加工。日本东京每年都举行包装设计比赛，目前一个叫做 EcoPac 的获奖饮料包装正广泛使用。该包装由 100% 再循环的纸板盒和盒子内用来盛饮料的袋子组成，也就是所谓的衬袋盒，主要目的就是让人们能够轻易地把纸盒子和袋子分开，送去循环加工时就较容易处理。目前，日本市面上的酒类饮料，大都采用这类包装。

现在方便降解的生物质塑料的研发是新的热点。美国百事公司研制出全球第一款原材料完全来自植物的新型环保包装瓶，主要原材料来自于松树皮、玉米芯、柳枝草等，最终成品的分子结构与普通塑料类似，有效减少饮料生产过程中产生的碳排放量，生物可降解性能也能够最大限度地减少废弃后的环境污染，见图 8-44。位于智利的 Margarita Talep 设计工作室从藻类中提取原料制成新型水溶性材料，创造了一种可持续的、可生物降解的一次性包装替代品，染料也是从蓝莓、紫甘蓝、甜菜根和胡萝卜等水果和蔬菜的表皮中提取的，见图 8-45。2015 年，日本三菱化学高性能聚合物公司推出了世界首款可取代玻璃用于智能手机屏幕的新型植物基工程塑料 Durabio，具有高透明、耐刮伤以及丰富的配色，用于夏普 AQUOS CRYSTAL 2 手机屏幕的生产，此外还可以被应用于汽车、光学显示屏和其他玻璃替代品，见图 8-46。我国政府先后于 2008 年 1 月和 2020 年 1 月发布《关于限制生产销售使用塑料购物袋的通知》和《关于进一步加强塑料污染治理的意见》。

再次，使用绿色能源。绿色能源又可称为清洁能源，一般分为两种类型。一是利用现代技术开发干净、无污染的可再生能源，这些能源消耗之后可以再生，很少产生污染，例如水能、生物能、太阳能、风能、潮汐能、地热能和海洋能等，现在最常见的清洁能源是太阳能，未来最有可能是利用太阳能光伏发电制取氢气，用氢气代替地球上的化石燃料，见案例8-5；二是化害为利，同改善环境相结合，充分利用城市垃圾、淤泥等废弃物中所蕴藏的能源。要实现可持续发展，必须大力发展绿色能源产业。

图8-44　百事公司的新型环保包装瓶

图8-45　利用藻类提取物制成的笔袋和食物包装

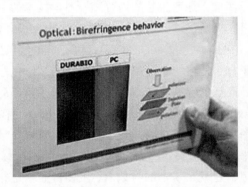

图8-46　新型植物基工程塑料Durabio用于夏普AQUOS CRYSTAL 2手机屏幕

案例8-5　汽车的绿色设计从使用绿色能源开始

　　汽车是现代生活必不可少的交通工具，因此，汽车的绿色设计倍受设计师们的关注。现在各汽车公司纷纷将低油耗、低排放、清洁能源的汽车作为研发方向，电动汽车、混合动力（油、电池、太阳能或氢）车、太阳能汽车、氢动力车均进入量产或试产阶段，图 8-47 为 1996 年美国通用汽车公司研发的全铝合金结构的无尾气环保电动汽车 EV1，被称为世界上第一款电动车；图 8-48 所示为以汽油和电池为动力的丰田普锐斯轿车，是当前领导潮流的混合动力轿车的典范；图 8-49 所示为特斯拉公司生产的电动车以及超级充电桩。宝马汽车公司在探讨新能源方面进行了不懈的努力，氢是一种开发资源无穷的能源，燃烧后生成水，用液态氢作为燃料，污染为零，因此，氢动力车是真正意义上的无污染的环保汽车，本田、现代、丰田、宝马、长城等国内外车企就氢动力车的研发已经取得明显的成绩，部分车型已经量产，见图 8-50。不过，尽管氢能符合新工业革命倡导的分布式能源生产与利用方式的各项特征，也具备了使用的便捷性，但目前仍然存在制氢设备复杂、投资比大、加氢站成本昂贵等问题，还需要进行多维度的研究，尤其是制氢环节的环保和节能问题亟待解决。此外，行业对太阳能汽车的探索也从未停步，见图 8-51。

图8-47　环保电动汽车EV1　　　图8-48　以汽油和电池为动力的丰田普锐斯PRIUS

图8-49　特斯拉汽车和特斯拉超级充电桩

图8-50　本田Clarity，2006年
全球第一款面向大众消费者销售的氢燃料电池汽车

图8-51　Lightyear One太阳能汽车
荷兰太阳能电动车初创公司Lightyear2019年推出的首款长续航太阳能汽车，
重量轻，能耗低，预计2021年底量产

最后，采用绿色制造。进入工业化时代，制造业逐渐成为创造人类财富的支柱产业，但是，制造业在将资源转变为产品的过程中，消耗掉了大量的资源并对环境造成严重污

染，特别是我国，在成为世界上仅次于美国的第二大制造国的同时付出了惨重的环境代价。绿色制造是制造业发展的必然选择和唯一出路。绿色制造又称环境意识制造、面向环境的制造等，是综合考虑环境影响和资源效率的现代制造模式，其目标是使得产品在整个生命周期中，对环境的影响（负作用）为零或者极小，资源消耗尽可能小，并使企业经济效益和社会效益协调优化。

② 模块化设计思想和方法。所谓模块化设计就是在对一定范围内不同功能或相同功能、不同性能、不同规格的产品进行功能分析的基础上，划分并设计出一系列功能模块，通过模块的选择和组合可以构成不同的产品，以满足不同需求，设计时对核心部件进行模块化设计并预留升级空间使产品易于更新升级。模块化设计使得产品具有良好的拆卸回收性能，减少了产品废弃物的产生，并解决了因设计不同型号的产品而浪费资源的难题，图 8-52 所示工人正在拆解电子废品，有用的模块可以继续回收利用。

图8-52 拆解电子废品

③ 长寿命设计方法。所谓的长寿命设计就是在设计中应考虑尽量地延长产品的使用寿命，以直接降低产品的环境影响。许多产品的设计追求流行时尚，趋势一过便遭遗弃；还有些产品受到当时制造技术的限制，在科技进步后便被淘汰，它们的使用寿命均非常短，不仅消耗了大量的资源，过早地成为废物也增加了环境负担。为此，设计师应以更为负责任的方法去创造产品的形态，用更加简洁、长久的造型使产品尽可能地延长使用寿命，增强产品的美学价值，使其不易落伍，从而降低更新替代率；此外，要增强产品的耐用性和易于修理性，吸引人们对产品的二次使用。

"循环经济"这种经济组织形式最早在 20 世纪 60 年代被提出。埃森哲咨询公司也对这一概念表达了认同，该咨询公司在《变废为宝》一书中指出，全球经济正在面临一个巨大的机遇和变革：向循环经济转型。也就是从传统商业的"获取—制造—废弃"转变为"获取—制造—再获取—再制造—重复获取—重复制造"的形式。在机械工程领域，"再制造"是一种对废旧产品实施高技术修复和改造的产业，它是针对损坏或即将报废的零部件，在性能失效分析、寿命评估等分析的基础上，进行再制造工程设计，采用一系列相关的先进制造技术，使再制造的产品质量达到或超过新品。再制造的内容要在产品设计阶段即要考虑产品的再制造设计，见案例 8-6。

如果循环经济的基础设施能够进一步完善，供给与需求相关的数据能够更加合法依规地自由流动，理论上有助于预防社会消费品企业生产过剩、减少浪费，从而减小经济增长对环境造成的影响。站在消费者角度，近年来兴起的环保主义运动反映出一种深层诉求：越来越多的消费者既希望在可接受的价格范围内享受独特价值，另一方面，又不愿看到过度生产造成不必要的商品浪费和垃圾成山。消费主义近百年来所推崇的实用、时尚等价值取向，正在被环境友好的理念深刻影响。破旧立新，发展循环经济恰逢其时，国内的孔夫子旧书网、多抓鱼、飞蚂蚁、白鲸鱼等公司在旧书、旧衣物回收利用方面的服务得到了用户的认可，也为旧物循环模式的探索起到了很好的示范作用。

案例8-6　丰田的电池回收利用流程

　　丰田在混合动力汽车领域耕耘已久，其镍氢电池回收和处理策略值得借鉴。首先，建立回收网络。日本本土是丰田最大的废旧电池处理中心，对回收电池进行集中处理。通过零售网络用"以旧换新"方式从经销商处回收旧电池。其次，对回收电池进行评估。通过对电池特性的诊断，分为三类进行处理：①进入维修体系：对电池进行充放电试验和相关信息的读取，如电池整体状况良好，只是个别单体到达使用寿命，则对这些单体更换后重新组装电池包，可以作为置换电池重新应用于汽车上。②梯次利用：通过检测，如果回收电池还剩余规定容量，则可以进行梯次利用，应用于分布式储能电池系统，用来平抑、稳定风能、太阳能等间歇式可再生能量发电的输出功率；或者应用于微电网，实施削峰填谷，减轻用电负荷供需矛盾。2015年，丰田将凯美瑞混合动力车的废旧电池用于黄石国家公园设施储能供电，将电池的使用寿命延长了两倍。③拆解：对于完全丧失再利用价值的电池进行拆解和化学处理，通过与多家公司合作，建立专门的生产线，实现对镍、钴等金属的回收，用于生产新的电池，实现循环利用，见图8-53、图8-54。

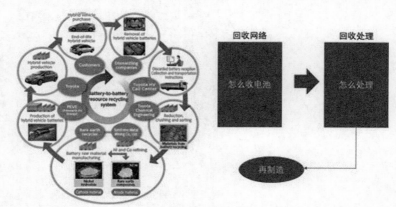

图8-53　丰田的电池回收处理流程

图8-54　丰田将凯美瑞的废旧电池用于黄石国家公园储能供电

　　2019 年 4 月，阿迪达斯揭幕名为"FUTURECRAFT.LOOP"的 100% 可循环高性能运动跑鞋，开启了"重制未来"(MADE TO BE REMADE) 的运动跑鞋全球测试计划。7 个月后，第一代体验使用后的"FUTURECRAFT.LOOP"产品返回阿迪达斯，作为原材料完成第二代产品的重制。回收后的跑鞋经过清洗被研磨成小球，再经过熔融、成型、组装并经过性能测试，再次投入循环再制造中，成为了第二代跑鞋材料的一部分，这是阿迪达斯将企业社会责任与产品本身进行的一次有效结合，见图 8-55。根据电商服务与营销平台 Nosto 的调查显示，有 73% 的受访者希望品牌使用可循环材料，这意味着在同等硬件条件下，那些对社会进步有推进作用、对可持续发展更为有益的产品设计对当下口味日益刁钻的消费者会有更强的吸引力。普华永道发布的《千禧一代与 Z 世代对比观察报告》也得出了类似结论——约有 37% 的人愿意花费更多的钱来购买那些在社会民生和保护环境方面更"负责任"的品牌的产品。把这部分愿意为地球美好未来买单的消费者的愿景落到实处，对于品牌而言，就是找到了一个可持续驱动增长的领域。

图8-55 阿迪达斯的"FUTURECRAFT.LOOP"跑鞋回收利用流程

□ 小结

　　"绿色设计"是社会可持续发展要求影响下21世纪工业设计的主流，是工业设计发展道路上的必经之路，是保证人类自身生存、实现可持续发展的必然选择，是新世纪绿色消费浪潮下的必然产物，是未来企业的立足之本，是消除绿色贸易壁垒的有效途径。"Reduce、Recycle、Reuse"已经成为人类实现可持续发展、拥有高质量生存环境、享受全新生活方式的必然要求。绿色设计在给工业设计师带来挑战的同时，也带来了更多的机遇，设计师首先还是要变革自身的观念，摒弃纯商业化设计的思考方式，而要将健康、环保、可持续作为重要的考衡标准，真正使设计成为人类的福音而不是耗费资源、污染环境和破坏生态的帮凶。

8.3.3　其他针对环境问题的具体设计对策

　　现在，消费者的环境意识不断觉醒和增强，部分消费者愿意用稍高的价钱购买对环境友善的产品，一些企业将环保作为树立企业形象、改善公共关系的重要手段，并获得可观的经济效益，因此，在这种社会环境和现有技术条件下，设计师必须平衡市场竞争与环境友善之间的关系，将设计的商业利益与环境效益切实可行地统一起来。设计师之所以能使产品具有与众不同的特色，是因为他们可以对某些关键性的决策产生影响，例如决定材料的选择、产品的寿命、能量的使用效率以及如何方便地回收利用等。在产品设计过程中，设计师的环境意识主要体现于以尽可能小的资源代价，获取最大的使用价值，并将产品生产、使用、回收过程中可能产生的污染减至最低。

8.3.3.1　减少温室效应和酸雨

　　目前减少温室效应和酸雨的重点是减少二氧化碳排放，开发石油、煤炭等化石类燃料的替代品，保护可以吸收二氧化碳的森林，以及通过节能和提高能量的使用效率来减少消耗量等措施。节能减排是减少温室效应的关键，2020 年 9 月，我国政府在第七十五届联合国大会上承诺，我国将采取更加有力的政策和措施，二氧化碳排放力争于 2030 年前达到峰值，努力争取 2060 年前实现碳中和（注：碳中和，是指国家、企业、产品、活动或个人在一定时间内直接或间接产生的二氧化碳或温室气体排放总量，通过植树造林、节能减排等形式，以抵消自身产生的二氧化碳或温室气体排放量，实现正负抵消，达到相对"零排放"）。

设计师可以通过在设计中采取以下措施减少能源的使用：①通过设计改善产品效能；②通过设计使产品全部或某些模块能够再生利用，重新生产材料所需要的能源比再生利用材料需要的能源要多；③采用低能耗生产的材料，一些厂商已经向客户提供所使用材料的能量成本的详细资料；④重新设计机械装置和工艺，以减少能量损失并节省生产成本；⑤通过设计有吸引力、方便快捷的系统，鼓励更多的人使用公共交通，而不是依赖个人机动交通工具。

图8-56　a.i.r产品系列

为了减少温室效应，还应该减少对森林和海洋的破坏，从而维持对 CO_2 的吸收能力，通过合理的设计减少对木材的需求量，例如用可换头筷子取代一次性木筷子、用充气家具取代实木家具等。图 8-56 所示为 1997 年宜家的 "a.i.r" 系列产品中的充气沙发，该系列的英文名称是 "air is resource" 的缩写，探索用空气取代木材的可行性。

8.3.3.2　减少臭氧层破坏

从设计的角度来说，几乎没什么情况非得使用氟利昂不可，因此应尽量避免使用氟利昂，替代的方法或物质几乎可以满足任何使用需要，具体措施如下：①用再生纸或植物纤维材料取代氟利昂发泡的塑料包装，在减少氟利昂使用的同时减少泡沫塑料带来的白色污染；②改用其它喷雾发射溶剂取代氟里昂来产生压缩气体；③新型绝热材料，例如用废纸产生的绝热材料、真空绝热材料等；④在冰箱、空调器设计中采用无氟代用品。

8.3.3.3　减少废弃物和垃圾

对于已经产生的废弃物和垃圾要通过合理的处置减少其对环境的破坏。例如，对生活垃圾的处理主要有卫生填埋、生物堆肥和焚烧发电三种方式，相比之下，垃圾焚烧发电前期不需要任何处理，焚烧后的残留物也只有原有垃圾的 10% ～ 15%，具有减量化、无害化、资源化三大优势，是公认垃圾处理最好的方式。随着信息技术的发展，电子垃圾对环境造成的污染问题更为严重，电子垃圾中既含有不易降解的塑料，也含有铅、镉等重金属，但也含有黄金等贵重金属。日本现在正在推行"都市冶金"计划，回收的旧手机在日本越来越多地被当作了一种都市稀有金属矿。日本经济产业省计划着力推进开辟回收废旧数字产品的途径和开发低成本提取稀有金属的技术等，不仅减少了电子垃圾的数量，而且提高资源循环再利用的比例。这为电子垃圾的处理提供了有益的思路。从 2017 年 4 月 1

日开始，日本用两年的时间从 78985 吨的白色家电和 621 万个手机中，提炼出 31 千克纯金、3500 千克纯银和 2200 千克纯铜，所准备要颁发的 5000 枚奥运奖牌，都是来自回收的家电和手机垃圾，这可说是奥林匹克运动史上的惊人创举。奖牌的缎带用可再生的聚酯材料制作，更贴心的是，图案采用视障人士可触摸的凸点设计，见图 8-57。

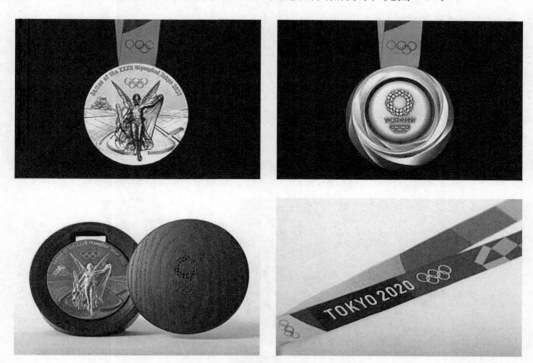

图8-57　2020年日本东京夏季奥运会奖牌设计（2021年举办）

　　解决垃圾处理问题最有效的方法是尽量减少垃圾的产生。在这方面，设计活动可以起到非常关键的作用。好的设计应该在产品设计之初就考虑到产品废弃后产生的垃圾及垃圾处理问题，但目前的产品设计普遍存在的问题是由于几种材料混合在一起，回收来的物品不易分解开来，只好掩埋，最终还是形成污染。从减少垃圾的角度来说，最好的设计应该是设计师在设计之初就考虑产品的回收与分解问题，例如椅子，废弃后可以很容易地把钢、胶合板分离开来。

　　在设计中应充分考虑以下原则：①延长产品的寿命：使产品更耐用，或更易于修理，这样可以延长产品的使用寿命，从而减少废弃物。产品在外观风格变化上应有一定的连贯性，造型尽可能简单优雅，从造型风格上不容易判断其时代特征，这样用户就不会过早抛弃它，从而减少废弃物。②对产品零部件的结构和构造进行优化设计，可以有效地使用材料，减少浪费。③尽量采用可降解材料。④尽量采用可再生材料：设计应使废旧产品易于拆卸，例如可使用易于分离的钩、卡销、螺丝等连接点而不采用焊接或黏合的连接方式；采用统一标准的连接点，易于用统一的工具拆卸及机械化拆卸的实行；对材料可以加上标示或内置信息芯片，以便于识别及分拣。⑤尽量减少使用材料的种类；避免使用互不相容的材料组合；在可能情况下尽量不用复合材料；考虑如何识别材料（长远来说，可采用某种形式的化学成分标记方法）；确保有可能污染再生过程的任何部件（如电池等）能方便地剔除出去。⑥在产品包装的设计上，应避免过度与奢华。包装应简约、耐用并考虑可持续性。在包装领域，回收利用越来越受到重视。特别在饮料行业，很多包装都是可以回收重新灌装的。

8.3.3.4　减少资源消耗

为了减少资源的消耗，在设计中应该注意以下事项：①从产品实际功能要求出发，不增加冗余功能。②考虑使用再生材料；尽量选择就近生产的材料以节省运输中的能耗。③充分考虑不可再生资源的材料的二次使用或循环使用，例如，图8-58所示为Kupe Furniture用诸如卡车的弹簧、废旧波本威士忌桶的木板制成的家具。④从使用者源头进行控制，见案例8-8。

图8-58　用二次利用材料制作的桌椅

案例8-8　物的八分目——来自无印良品MUJI的观点

"Less is more（少即是多）"是建筑大师密斯·凡·德·罗提出的设计哲学。由于资源极度匮乏，日本设计师们对这一设计哲学进行了深入的思考和实践。日本生活用品品牌无印良品MUJI的设计很好地体现了这一设计哲学。无印良品在日文中意为"无品牌"的好产品，产品纯朴、简洁、环保、以人为本，不强调品牌，反而在物欲横流的世界中显得卓尔不群，品位十足。它的"物的八分目"观点是从最普通的日常用品入手，反思物品的功能究竟是什么，能不能更省，若将物料降到原来的80%，能否实现同样的功能？带着这些疑问，无印良品进行了以下这些让人难以察觉的改进：把化妆水瓶减薄，甚至可以像塑料袋那样拧成一束，便签、卫生纸、棉棒在不影响使用的前提下缩短，活页本的线圈变稀疏……这些细微的改进看似不起眼，但聚少成多，集腋成裘，会节省大量的原材料，有效避免对资源的浪费，见图8-59。"物的八分目"这一观点的提出和尝试在全球资源日益紧缺的形势下显得更加务实、理性。

图8-59 无印良品的"物的八分目"设计

　　　　　　纵观历史，很多国家在发展经济过程中都走过了"先污染、再治理"的道路，不仅破坏了环境、浪费了资源，也严重损害了人民的健康。设计作为一种系统性解决问题的思维和方法，应该把自己的思考范围扩展到对更广大的生态环境和人类命运问题的关注上去，设计从业者应从历史中吸取教训，找寻机遇，为节约资源而设计，为崭新的生活理念而设计，为人类共同的未来而设计。

8.4　环境设计

　　人与环境有着密不可分的关系。环境是人类赖以生存的空间。世世代代的人们在营造适应自己生存的环境中作出了不懈的努力，通过不断改造环境创造了实用、美观的空间。环境有自然环境与人工环境之分。人工环境是人类改造过的自然，是人设计、营造的适合自身生存生活的环境，包括城市、乡村、道路、桥梁等。环境设计是广义工业设计的三大组成部分之一，是指以构成人类生存空间为目的的设计。

8.4.1　环境设计概述

　　人类作为自然界的物种之一，其生存取决于适应自然的能力。这种"适应"既包括设计、制作有用的工具、武器保护自己，也包括创造一种安全的生存环境。随着文明的进步，人类不断设法优化自己的生存条件，适应环境、改造环境去克服自身的生理局限性。人类适应、改造环境的过程，就是环境设计的过程。环境设计是指以构成人类生存的空间为目的的设计，是对生活和工作环境所必需的各种条件进行综合规划设计的过程，所以环境设计是改造和塑造人为环境的一门学科。随着设计领域的不断扩展，工业设计作为沟通人与环境之间的界面语言介入环境设计，使人与环境融为一体，给人以亲切方便、舒适的感觉。环境设计着重解决城市中人与建筑物之间界面的一切问题，从而也参与解决社会生活中的重大问题。

　　环境设计的要素包括功能、造型和物质技术条件。环境设计的功能包括物质功能和精神功能两个方面，既要满足人们生产、生活、其他经济活动和社会活动的需求，又要满足人们对环境的精神需求，如舒适感、归属感、美感、人性化等方面。环境设计也要通过造型实现环境的功能并能在精神领域引发人们的共鸣，表达深层次的意涵。随着科技的快速发展，各种新材料、新技术被应用到环境设计领域，环境设计的物质技术条件不断改善和更新，从而使环境更好地服务于人。

　　环境设计遵循比较规范和统一的程序，由多年行业经验总结积淀而成的程序为设计质量提供了保证，主要分为设计准备、构思、定案和审核四个阶段，与产品设计的程序类似。在环境设计的流程中，也要重视设计管理，使设计充分发挥价值潜力，激发团队成员的创造性，保证设计质量，提高设计的效率和效益。

8.4.2　环境设计的种类

环境设计的分类，由于观点的不同，设计界和理论界还没有达成统一的标准。进入21世纪，人们面临的环境更加丰富而复杂，因此，难以建立确切而涵盖全面的分类标准。一般而言，从宏观角度，按空间形式，可把环境设计分为城市规划、建筑设计、室内环境设计、室外环境设计和园林设计等。

（1）城市规划设计

作为环境设计概念的城市规划，是指对城市环境的建设发展进行综合的规划部署进而创造满足城市居民共同生活、工作所需的安全、健康、便利、舒适的城市环境。城市基本是由人工环境构成的，城市规划设计实际上是在更大的范围为人们创造各种必需的环境。由于城市人口集中、工商业发达，在城市规划中，要妥善解决交通、绿化、污染等一系列有关生产和生活的问题。城市规划必须依照国家的建设方针、国民经济计划、城市原有的基础和自然条件、居民的生产生活各方面的要求和经济的可能条件，进行研究和规划设计。城市规划的内容一般包括：研究和计划城市发展的性质，人口规模和用地范围、拟定各类建设的规模、标准和用地要求、制订城市各组成部分的用地的区划和布局以及城市的形态和风貌等。

（2）建筑设计

建筑设计是指对建筑物的结构、空间及造型、功能等方面进行的设计，包括建筑工程设计和建筑艺术设计。建筑是人工环境的基本要素，建筑设计是人类用以构造人工环境的最悠久、最基本的手段。建筑的类型丰富多样，建筑设计门类繁多，主要包括民用建筑设计、工业建筑设计、商业建筑设计、园林建筑设计、宗教建筑设计、宫殿建筑设计等不同类型。建筑设计受到社会经济技术条件、社会思想意识、民族文化以及地区自然条件的影响。建筑的功能（实用性）、物质技术条件（坚固性）和建筑形象（美观性）是构成建筑的三个基本要素，它们是目的、手段和表现形式的关系。建筑设计师的主要工作，就是要完美地处理好这三者之间的关系。"建筑是凝固的音乐"，建筑设计既是一门艺术，又是一门技术，是二者的交叉融合，见图8-60。建筑设计既要注重单体建筑的比例式样，又要注重群体空间的组合构成；既要注重建筑实体本身，更要注重建筑之间、建筑与环境之间"虚"的空间；既要注重建筑本身的外观美，更要注重建筑与周边环境的协调配合。

（3）室内设计

室内设计是指建筑内部的环境设计。根据空间使用性质和所处环境，运用物质技术手段，创造出功能合理、舒适美观、符合人的生理和心理要求的理性场所。室内设计包括室内空间设计和室内装饰设计两大部分。室内空间设计是运用空间限定的各种手法进行室内空间形态的塑造。塑造室内空间形态的主要依据是现代人的物质需求和精神需求以及技术的合理性。常见的空间形态有：封闭空间、开敞空间、流动空间、动态空间、共享空间、虚拟空间等。室内装饰设计是建筑内部各个表面的造型、色彩、用量的选择和处理，它包括家具、铺物、帘帷、绘画、雕塑、陈设和设备的综合布置和设计，见图8-61。

图8-60 建筑设计 设计师：贝聿铭　　　　　　　　图8-61 室内设计

（4）室外设计

室外设计泛指对所有建筑的外部空间进行的环境设计，又称风景或景观设计，包括园林、公园、广场、庭院、道路、街道、桥梁、河畔、绿地等所有生活区、工商业区、娱乐区等室外空间和一些独立性室外空间的设计，见图8-62。随着近年来公众环境意识的增强，室外环境设计日益受到重视。室外设计是与自然环境联系最密切的设计，室外设计必须巧妙地结合利用环境中的自然要素与人工要素，创造出源于自然、融于自然而又胜于自然的室外环境。相比偏重于功能性的室内空间，室外环境不仅为人们提供广阔的活动天地，还能创造气象万千的自然与人文景象。室内环境和室外环境是整个环境系统中的两个分支，它们相互依托，相辅相成，形成互补性空间，因而室外环境的设计，还必须与相关的室内设计和建筑设计保持呼应和谐。室外环境不具备室内环境的稳定、无干扰的条件，它更具有复杂性、多元性、综合性和多变性。在进行室外设计时，要注意扬长避短和因势利导，进行全面综合的分析与设计。

图8-62 园林设计

（5）公共艺术设计

具有开放、公共特质的、由公众自由参与和认同的公共性的空间称为公共空间，例如街道、公园、广场、车站、机场、公共大厅等。公共艺术设计是指在开放性的公共空间中进行的艺术创造与相应的环境设计。公共艺术设计在一定程度上和室内设计与室外设计的范围重合，但是，公共艺术设计的主体是公共艺术品的创作与陈设。一个城市的公共艺术，是这个城市的形象标志，是市民精神的视觉呈现。它不仅能美化都市环境，还体现着城市的精神文化面貌，因而具有特殊的意义。艺术家长于艺术作品的创作表现，设计师长于对建筑与环境要素的把握，艺术家与环境设计师密切合作才能设计出能突出艺术作品特色的环境。公众既是艺术作品的接受者，也是作品成功与否的最后评判者，因而，公共艺术的设计创作不能忽视公众参与的重要性和必要性，见图8-63、图8-64。

图8-63　公共空间设计 比利时布鲁塞尔大广场

图8-64　大黄鸭（Rubber Duck）
以经典浴盆黄鸭仔为造型创作的巨型橡皮鸭艺术品
作者：荷兰艺术家弗洛伦泰因·霍夫曼（Florentijn Hofman）

8.4.3　环境设计的特征

（1）整体性

从设计的行为特征来看，环境设计是一种强调环境整体效果的艺术，在这种设计中，对各种室内外实体要素的综合性的创造和协调是重要的。一个完整的环境设计，不仅可以充分体现构成环境的各种物质的性质，还可以在这个基础上形成统一而完美的整体效果，没有对整体效果的控制与把握，再美的形体或形式都只能是一些支离破碎或自相矛盾的局部。图8-65所示是法国马塞尔·塞姆巴特中学巧妙地与周围的绿草和树林融为一体，让人们几乎看不到它的存在，绿色屋顶波浪起伏，能够起到天然的隔热作用。

图8-65　法国绿屋顶中学的外景和内景

（2）多元性

环境设计的多元性是指环境设计中将人文、历史、风情、地域、技术等多种元素与景观环境相融合的一种特征。如在一个城市中，可以有当地风俗的建筑景观，可以有异域风格的建设景观，也可以有古典风格、现代风格或田园风格的建设景观，这种丰富的多元形态，包含了更多的内涵与神韵：典雅与古朴、简约与细致、理性与狂欢。因此，多元性的环境才能让人们的生活更为丰富多彩。以贝聿铭设计的苏州博物馆为例，低矮的高度和白与灰的简单用色，营造出平

图8-66　苏州博物馆　设计师：贝聿铭

民化的基调。但细观之下，富有现代主义的几何构型与苏州园林经典的粉墙黛瓦、假山水塘巧妙结合，国际化风格与江南的诗情风韵相得益彰，充分体现了多种元素的组合和碰撞，见图 8-66。

（3）人本性

设计以人为本，环境设计也概莫能外。环境设计的目标是为人创造更科学、合理、美好的环境，要始终把人对环境的物质、精神人文需求放在设计的首位。从物质的角度，环境设计首先应该确保为人们提供满足人和人的实际活动需要、确保人们的安全和身心健康为核心的空间环境。设计师应设身处地深入观察和体验，从人机工程学、环境心理学、审美心理学等多方面为人们营造舒适、美好的环境。环境设计的人文性特征表现在环境应与使用者的文化层次、地区文化的特征相适应，并满足人们物质的、精神的各种需求。只有如此，才能形成一个充满文化氛围和人性情趣的环境空间。位于杭州的中国美术学院象山校区依山傍水，规划与设计强调在当代建筑美学叙事中重新发现中国传统的空间概念，并诠释出园林和书院的精神；使用了大量来自拆房现场的旧建筑材料砖头、瓦片、石头，古为新作，既体现了中国建筑"循环建造"的特点，又让人感受到历史的变迁，同时也为校园增添了古朴沉静的气息，见图 8-67。

图8-67　中国美术学院象山校区 设计师：王澍

（4）艺术性

艺术性是环境设计的主要特征之一，环境设计中的所有内容，都以满足功能为基本要求。此处的"功能"同时包括"使用功能"和"观赏功能"。室外空间包含有形空间与无形空间两部分内容。有形空间的艺术特征包含形体、材质、色彩、景观等，它的艺术特征一般表现为建筑环境中的对称与均衡、对比与统一、比例与尺度、节奏与韵律等；无形空间的艺术特征是指室外空间给人带来的流畅、自然、舒适、协调的感受与各种精神需求的满足，二者的全面体现才是环境设计中的完美境界，见图 8-68。

图8-68　日本角川武野藏文化博物馆 设计师：隈研吾

（5）科技性

室外空间的创造是一门工程技术性科学，空间组织手段的实现，必须依赖技术手段，要依靠对于材料、工艺、各种技术的科学运用，才能圆满地实现意图。这里所说的科技性特征，包括结构、材料、工艺、施工、设备、光学、声学、环保等方面的因素。现代社会中，人们对空间的要求越来越趋向于高档化、舒适化、快捷化、安全化，因此，在室外环境设计中，增添了很多高科技的设施，如智能化的管理系统、电子监控系统、智能化生活服务网络系统、现代化通信技术等，而层出不穷的新材料使环境设计的内容也在不断地充实和更新，见案例8-9。

案例8-9　苹果公司新总部Apple Park园区

2017年竣工的苹果公司新总部Apple Park园区，主楼呈圆环状，像一座降落在地表的宇宙飞船，充满高科技感。Apple Park的主体建筑屋顶覆盖太阳能电池板，为园区运转提供主要能源，建筑充分运用自然通风和辐射冷却，全年70%的时间里不需要空调。为了抵御地震，Apple Park建在一个巨大的钢制隔离器上。它可以保证整个建筑向任何方向移动1.5米，内部的功能都能正常使用。绿树环绕的"史蒂夫·乔布斯剧院"具有6米悬空的碳纤维屋顶，中央却没有一根柱子，从远处看屋顶就像是悬浮在空中一样。园区内的停车则可以通过手机软件引导到达空余的停车场车位，见图8-69。

图8-69　苹果公司园区Apple Park

🗋 **小结**

德国哲学家海德格尔说"人要诗意地栖居在大地上"，这也是热爱生活的人们对人居环境的愿景。中国科学院和中国工程院两院院士，清华大学吴良镛教授指出，"科学求真、人文求善、艺术求美、人居环境贵在融汇"。理想的环境一定是融汇科技、人文和艺术的有机体。

人居环境的核心是人，设计为人，人生活在环境之中，物出自环境，人与物也反过来影响着环境。科技的发展催生着人们不断产生新的欲望，推动着物的进步，也使得人、物、环境之间的关系不断发生变化。当人的欲望超越了环境所能承受的上限，最终的受害者还是人类自身。为此，设计师要从整体的、系统的视角协调好人、物、环境三者的关系，为用户提供综合的、最优化的解决方案。

复习
思考题

1. 什么是人机工程学？人机工程学的发展经历了哪几个阶段？
2. 人机工程学包括哪些构成因素？人机工程学的主要研究方法有哪些？试论述人机工程学与工业设计的关系。
3. 什么是设计心理学？影响产品造型设计的心理学因素有哪些？什么是消费者心理学？设计心理学的研究方法有哪些？
4. 解释以下名词：环境、环境问题、温室效应、酸雨、臭氧层破坏、绿色设计、环境设计。
5. 试论述绿色设计的准则和方法。工业设计师进行设计时可以采取哪些措施减少人类对环境的破坏和污染？
6. 环境设计可以分为哪几类？环境设计的特点是什么？

第9章
工业设计与市场

本章重点:

◀ 市场相关理论: 市场的定义; 市场推销与
营销的联系与区别等。

◀ 工业设计与市场的关系。

◀ 工业设计师要对设计的商业化持正确态度。

◀ 设计管理的定义、内容和作用。

学习目的:

通过本章的学习,了解工业设计与市场的关
系,进一步加深对工业设计经济属性的认
识,了解设计师应如何正确处理工业设计与
市场的关系,掌握设计管理的定义、基本内
容和作用。

　　工业设计是社会进步和生产力发展的必然结果,它的诞生和发展依赖于两个基本条
件:一是市场经济发展,二是制造业发展。作为市场竞争的手段之一,工业设计只有在市
场环境中才具有存在的价值;同时,工业设计对于商业成功可以说具有至关重要的作用。
随着设计对象的复杂化,企业必须强化设计管理,协调与设计相关的内外部资源,提高设
计的品质和效率,提高创新的效率和效益。本章将从不同角度分析工业设计与市场、企业
的相互关系,以及设计管理在促进设计创新、赢得市场竞争中发挥的作用。

9.1 市场相关理论概述

市场起源于古时人类对于固定时段或地点进行交易的场所的称呼。今天，市场是商品交换顺利进行的条件，是商品流通领域一切商品交换活动的总和。

9.1.1 市场

市场是社会的一个组成部分。狭义的市场是买卖双方进行商品交换的场所。广义的市场是指为了买卖某些商品而与其他厂商和个人相联系的一群厂商和个人。市场是商品经济运行的载体或现实表现，以追求利润的最大化为根本目的，它具有以下四层含义：一是商品交换场所和领域；二是商品生产者和商品消费者之间各种经济关系的汇集和总和；三是有购买力的需求；四是现实顾客和潜在顾客。

市场是最冷酷的，谁漠视它的变化就会被无情地淘汰；但市场又是最热情的，谁能灵敏地感知即将到来的变化并做好相应的准备就会得到丰厚的回报。企业需要合理利用自身掌握的资源，创造出核心产品，并向社会推销自己的产品，这既可以为企业实现最大利润，又可为社会创造最大的社会效益，从而树立企业自身的良好形象。

9.1.2 市场推销、市场营销与产品设计

市场营销观念的出现，使企业经营观念发生了根本性变化。推销是一种手段，而营销则是一种战略。

9.1.2.1 市场推销与产品设计

推销观念认为，消费者通常表现出一种购买惰性或抗衡心理，即使物美价廉的产品也不一定能卖得出去；如果顺其自然的话，消费者一般不会足量购买某一企业的产品，因此，企业必须积极推销和大力促销，要重视广告和推销术，刺激消费者大量购买本企业产品。推销观念仍存在于当今的企业营销活动中，对于顾客非渴求的产品，往往采用强行的推销手段；许多企业在产品过剩时，也常常奉行推销观念。

推销观念通常表现为"我卖什么，顾客就买什么"，显然，推销观念的实质是以生产者为中心的，属于以产定销，先产后销。例如，美国福特汽车公司自 1909 年开始生产黑色福特 T 型车，一直到 1923 年，共生产了 250 万辆，其间基本上没有做过什么设计上的改进，当时享有"汽车大王"之美誉的亨利·福特（Henry Ford，1863—1947 年）固执地认为 T 型车会成为人类交通史上的终极机器，宣称"不管顾客要什么，我就生产黑汽车"，见图 9-1，这就是典型的以厂商意志为主的推销方式。

1920—1945 年间，由于科学技术的进步、科学管理和大规模生产的推广，产品产量迅速增加，出现了市场产品供过于求、卖主之间竞争激烈的新形势，资本主义国家的"卖

方市场"逐渐向"买方市场"过渡。尤其在 1929—1933 年的特大经济危机期间，大量产品销售不出去，迫使企业也不得不大量采用广告术和推销术去售卖产品，那个时候只有少数企业家能够认识到技术只有通过设计才能变成有价值的商品。

第二次世界大战以后，以美国为代表的西方企业的经营观念发生了重大转变，认识到只有顾客（市场）的需要才是保持和推动企业生存和发展的动力。企业的一切行为都要以市场的需要为出发点，满足市场的需要。仍以当时美国的汽车业为例，由于汽车的产量激增，美国汽车市场基本形成买方市场，道路及交通状况也大为改善，简陋而千篇一律的福特 T 型车虽然价廉，但已不能满足消费者的需求。福特的竞争对手通用汽车公司面对福特汽车难以战胜的低廉价格，转而在汽车的舒适化、个性化和多样化等方面大做文章，以产品的特色化来对抗福特的低价，推出了新式样和颜色的雪佛兰汽车，满足了不同阶层消费者的购买需求。雪佛兰一上市就受到消费者的欢迎，严重冲击了福特 T 型车的市场份额。1914 年，与当时业界领先的福特的 T 型车相比，新款的雪佛兰不论在功率上还是性能上都更胜一筹，但价格却相差无几。雪佛兰很快便席卷市场，大获成功，见图 9-2。1927 年，雪佛兰公司终于在销售量上超过了其竞争对手福特公司，1928 年雪佛兰公司销售量首次超过 100 万辆。在对类似事件的反思中，企业家们开始认识到设计的重要性，积极适应由卖方市场向买方市场的转变，从以产品功能为主的设计转变为以人为中心的设计，美国市场学家提出"乐于被消费者牵着鼻子走"，瑞典企业家提出"缩短与用户的距离"，随后设计出的很多优秀产品，不论是功能、外观、操作，还是对环境的影响，无不投消费者之所好、令消费者动心。

图9-1　福特汽车公司的黑色T型车

图9-2　1914年的雪佛兰

9.1.2.2　市场营销与产品设计

现代管理学之父彼得·德鲁克（Peter F. Drucker，1909—2005 年）认为企业的目的只有一个，那就是创造顾客，所以企业只有两个基本功能：市场营销和创新。具有创新性的产品和服务是设计的产物，市场营销使产品和服务成为顾客心目中的首选。这也揭示了设计、营销与企业之间的关系。

市场营销是指在以顾客需求为中心的思想指导下，企业所进行的有关产品生产、流通和售后服务等与市场有关的一系列经营活动。20 世纪 60 年代，美国营销学大师、密西根大学教授杰罗姆·麦卡锡（Jerome McCarthy）提出了著名的"4Ps 营销组合策略"，即产品 Product、价格 Price、渠道 Place 和促销 Promotion。他认为一次成功和完整的市场营销活动意味着以适当的产品、适当的价格、适当的渠道和适当的促销手段，将适当的产品和服务投放到特定市场的行为。1967年，被誉为"现代营销学之父"的菲利普·科特勒（Philip Kotler，1931— ）在其畅销书《营销管理：分析、规划与控制》中进一步确认了以 4Ps 为核心的营销组合方法。在这四个要素中，产品（Product）：是原点，是营销的基础，将产品的功能诉求放在第一位，注重功能开发，使产品有独特的卖点；价格（Price）：产品的定价依据是企业的品牌战略，根据不同的市场定位，制定不同的价格策略，要注重品牌的价值；渠道（Place）：企业并不直接面对消费者，而是注重经销商的培育和销售网络的建立，企业与消费者的联系是通过分销商来进行的；促销（Promotion）：企业注重销售行为的改变来刺激消费者，促进销售的增长，包括品牌宣传（广告）、公关、让利等一系列的营销行为，见图 9-3。

图9-3　4Ps营销策略

英国营销学会认为，"一个企业如果要生存、发展和盈利，就必须有意识地根据用户和消费者的需要来安排生产。"

日本企业界人士认为，"在满足消费者利益的基础上，研究如何适应市场需求而提供商品和服务的整个企业活动就是营销。"

1984 年，菲利普·科特勒对市场营销的定义是，市场营销是指企业的这种职能：认识目前未满足的需要和欲望，估量和确定需求量大小，选择和决定企业能最好地为其服务的目标市场，并决定适当的产品、劳务和计划（或方案），以便为目标市场服务。

美国市场营销协会（AMA）在 1985 年对市场营销进行的定义更为完整和全面：市场营销"是对思想、产品及劳务进行设计、定价、促销及分销的计划和实施的过程，从而产生满足个人和组织目标的交换"。

从以上这些对营销的描述中，都可以看出市场营销观念是和市场推销观念有差异的，它以满足顾客需求作为出发点，即"顾客需要什么，就生产什么"，是"以销定产"的消费者导向的观念，将顾客作为中心，通过满足顾客的需要和欲望来提高企业的利润，产品是企业进行市场营销的基础。

科特勒以欧美市场为原型刻画了最近 60 年来欧美市场营销战略重点发展的四个进程，即从产品管理时代演进到顾客管理时代，再到品牌管理时代，现在则进入了价值管理时代。产品管理时代，营销的突破口在于找到产品的卖点、价值点；顾客管理时代，从顾客需求出发来组织营销行为；品牌管理时代，品牌变成客户认知营销的核心；而最近十年伴随着社群、大数据、人工智能的兴起，营销进入了价值管理时代，管理用户的终身价值、公司与顾客进行融合成为核心，见图 9-4。我国市场营销的路径也是如此，只不过是被压缩到大约 30 年内完成。

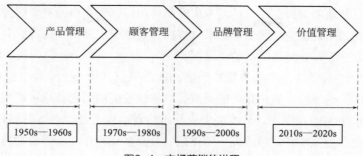

图9-4 市场营销的进程

在市场经济中，通过营销可以完成以下五个方面的职能：

① 商品销售。商品销售是生产效率提高的最终完成环节，通过商品销售，让商品变为货币，社会可以为企业补充和追加投入生产要素，而企业因此也获得了生存和发展的条件。商品销售十分重要，企业需要尽最大努力来加强这一职能。

② 市场调查与研究。指企业在市场营销决策过程中，系统客观收集和分析有关营销活动的信息进行研究。企业通过经常研究市场需求，弄清潜在顾客是谁，他们需要什么样的商品，为什么需要，需要多少，何时何地需要，同时要搞清楚自己企业在满足顾客需要方面的适应性、可能存在的销售困难和造成这些困难的原因，并且制定满足顾客差异化需要的营销策略，有效地实现商品销售。

③ 整体营销。企业作为生产经营者会根据市场需求的变化而经常调整产品生产方向，这要求企业具备较快的整体反应能力。为了做好市场营销工作，需要企业的各个部门相互之间协作，共同促进商品销售。

④ 创造市场需求。某些生活在非洲国家沙漠里的人不穿鞋子，但善于进行市场营销的人会挖掘到"穿鞋"这一隐性需求并将之转化为市场机会。善于营销的企业在满足市场上已有需求的同时，还要挖掘潜在的需求，开发新产品，创造新的市场需求，不仅可以有效地扩大市场的现实需求，也可以使企业摆脱竞争对手，开创属于自己的"新天地"。

⑤ 协调平衡公共关系。企业作为一个社会成员，与顾客和社会其它各个方面都存在着客观的联系。改善和发展这些联系不仅能够改善企业的社会形象，也可以增强企业市场经营的安全性、容易性。

9.1.2.3 市场营销与市场推销的关系

市场营销观念同推销观念相比具有重大的差别，营销不是推销。推销观念的 4 个支柱是：工厂、产品导向、推销、赢利；市场营销观念的 4 个支柱是：市场中心、顾客导向、市场营销和利润。推销观念注重卖方需要，营销观念则注重买方需要；推销观念以卖主的需要为出发点，考虑如何把产品变成现金，而市场营销观念则考虑如何通过制造、传送产品以及与最终消费产品有关的所有事物来满足顾客的需要。营销工作早在产品制成之前就开始了，首先要确定哪里会有市场，市场规模如何，有哪些细分市场，消费者的偏好和购买习惯怎样，营销部门要将市场需求情况及时反馈给研究开发部门，以便尽早设计出适应该目标市场的产品。营销部门还必须为产品转化为商品而设计定价、分销和促销计划，让消费者了解并方便地购买到商品。还要考虑产品售出后需要提供的必要服务，让消费者满意。所以说，营销不是企业经营活动的某一方面，它始于产品生产之前，并一直延续到产品售出以后，贯穿于企业经营活动的全过程。

满足和引导消费者的需求是市场营销活动的出发点和中心，企业必须以消费者为中心，面对不断变化的环境，做出正确的反应，以适应他们的需求，这种需求不仅是当下的需求，还包括未来的潜在需求。从本质上说，市场营销观念是以顾客需要和欲望为导向，是消费者主权论在企业市场营销管理中的体现，是众多优秀企业能够成功的理念之一。以日本本田汽车公司在美国推出雅阁牌汽车为例，在设计新车前，他们派出工程技术人员专程到洛杉矶地区考察高速公路的情况，对路长、路宽进行实地调研，对高速公路的柏油进行取样，拍摄进出口道路状况。回到日本后，他们专门修了一条 9 英里长的高速公路，甚至路标和告示牌都与美国公路上的一般无二。做后备厢设计时，设计人员意见有分歧，他们就到停车场观察人们放取行李的过程，使得意见统一，结果雅阁牌汽车一到美国就倍受欢迎，被称为是全世界都能接受的好车。由此可以看出，营销的本质是满足消费者的需求，这与工业设计"以人为本"的原则相吻合。

现在，企业常将推销看作营销过程中的一个环节、一个步骤或者一项活动，在整个营销活动中并不是最主要的部分。彼得·德鲁克说："市场营销的目标是使推销成为多余。"换句话说，如果能够重视营销工作，科学地做好营销管理工作，就可以使推销的压力变得越来越小。由于"市场调研"作为市场营销的第一个步骤，是以当前环境为基础对未来市场环境的推测，在对未来环境推测的基础上设定营销目标、构筑营销方案，这种预测不可能百分之百正确，因此，处于营销过程末端的推销不可能没有压力，推销的压力不可能变成零。

□ 小结

进入 21 世纪，消费者关注的热点和营销手段都发生了非常明显的变化，产品、价格、渠道和促销等因素的内涵随着时代的变迁发生变化。产品的功能不再是消费者关注的唯一焦点，用户体验和服务成为消费者诉求的核心和企业之间构建竞争壁垒的主要手段。产品同质化趋势严重的情形下，低价不再成为消费者青睐的重点。"交换""交易"被提升成"互动"与"共鸣"，品牌、文化、情怀等对消费者的购买欲望的影响越来越大；营销的价值主张从"功能与情感的差异化"被深化至"精神与价值观的相应"，企业要让消费者更多地融入企业，激发起消费者内心对于企业使命、企业愿景的认可甚至赞叹。互联网时代，线上渠道极大地拉近了企业与消费者之间的距离，降低了商品的成本，但线下与线上相互结合的方式才能给消费者带来实惠和便捷的体验。促销手段在广告之外更多地转向与消费者之间的深度互动。随着互联网、大数据等技术的应用，企业的商业行为也越来越智能化，企业可以更敏锐地把握消费者偏好，发现成长性需求，从而为消费者提供更加贴心、周到的产品与服务并为企业创造更多的利润……尽管如此，营销的本质并没有发生根本性的改变，那就是想方设法去满足市场需求，从而获得最大的利润。

9.2 工业设计与市场、产品、企业的关系

索尼公司前总裁盛田昭夫说过"我们相信今后我们的竞争对手将会和我们拥有基本相同的技术，类似的产品性能，乃至市场价格，而唯有设计才能区别于我们的竞争对手。"从工业设计诞生之日起，它与市场经济就形成了辩证统一的关系。市场经济的发展和竞争造就了工业设计的繁荣，而工业设计刺激消费、增强企业的市场竞争力、引导市场的发展潮流并促进了市场经济的发展。在 2015 年 WDO 对工业设计的定义中，"business"（商业）一词出现了三次，从一个侧面说明，现代工业设计与商业、市场的关系越来越紧密。2018年麦肯锡发布的《设计的商业价值报告》指出，设计对企业而言是事关增长和长期绩效的关键性决策。不论在哪个行业，哪种形态的产品，好的设计意味着更好的商业表现。从优衣库到 MUJI，从小米到 iPhone，这些在商业上表现不俗的企业有着共同的特点，那就是注重设计。

9.2.1 市场是工业设计的主导

彼得·德鲁克（Peter Drucker，1909—2005 年，现代管理学之父）指出，企业存在的唯一目的就是创造顾客。"创造顾客"类似于今天常说的"开拓市场"，企业家必须想方设法满足消费者的需求。人们有时会隐隐感觉到需要些什么，但是在现实生活中却总也找不到满足这种需求的产品或是服务。企业如果能够挖掘到这些需求并将其转化为具体的产品或是服务来满足这些需求，顾客才真正存在。也有的时候顾客甚至感觉不到自己的需求，甚至这种需求根本不存在——例如在汽车、智能手机等出现之前人们不会对这两类产品产生需求的——直至福特公司和苹果公司将它们发明出来才开创了汽车和智能手机的市场，也创造出汽车和智能手机的客户。需求来自于顾客，是顾客决定了企业是什么，只有当顾客愿意付钱购买商品或服务时，才能把经济资源转化为财富，企业才有存在的价值。由于企业的目的是创造顾客，所以，任何企业都有两个基本的功能——营销和创新。每家公司都有两种形态的创新——产品创新和服务创新。

在企业进行创新的过程中，市场是指挥棒，只有产品或服务在市场上获得消费者的认可，被消费者购买，才能转化为商品，为企业带来效益，因此，工业设计要以市场为导向，以市场营销为目的。但也可以认为，市场营销与工业设计是相互包容的关系。工业设计是市场营销的一种方法和手段，通过工业设计增加产品、服务、品牌和企业在市场中的竞争力，可以有效地扩大产品销售。同时，市场营销观念的确立使得工业设计居于更重要的地位，设计与商业的结合更为紧密，工业设计的范围由此不断扩大，基于品牌的设计成为设计师思考的框架。以前是将产品生产出来再考虑营销，现在，工业设计已经广泛参与诸如市场研究、产品开发、渠道建设、售后服务等市场营销范围的活动，甚至可以将营销策略的制订视为工业设计的工作对象之一。

在传统的"4P"营销理论的四个要素中，产品是原点，是营销的基础，进入 21 世纪，

技术、销售和市场营销迅速扩展到了企业和社会，但这些已经不再是企业的核心力量，从创意性的计划到开创差别化战略已经成为了经营战略的核心。随着这种变化和发展，具有开创性的、进步的和革新价值的设计以及经营和设计的结合正成为企业竞争力的核心要素。对经营一无所知的设计师在设计开发上和创意上越来越难，而不懂设计的经营者也不能充分地、创造性地解决问题，更不能充分地把设计转化为强大的战略性商业手段，所以就很容易停留在模仿别人的新产品、模仿领先企业战略的水平上裹足不前。北京市工业设计促进会、北京市技术创新与生产力促进中心在进行大量案例分析后指出："在高新技术产业中，科技是第一次竞争，而产品的工业设计是第二次竞争。当掌握了技术之后，随之而来的就是激烈的带有深厚市场色彩的设计和品牌的竞争。在当今科技飞速发展的年代，两次竞争的时间间隔越来越短，很多国际上的大企业在市场长远战略下将技术和工业设计并行开发，在推出产品的时候，已经在应用形式和产品外观上成为市场成熟的产品了，我国的高科技应尽快地学会和掌握这种系统的方法，真正以高科技、高设计面对国际上的挑战。"

在市场经济中，市场营销借助工业设计实现以消费者为中心的基本思想，达到占领市场的目的，通过营销可以完成以下五个方面的职能：商品销售、市场调查与研究、企业各个部门的整体销售、创造市场需求、协调平衡公共关系。工业设计作为营销的手段之一，均可以从自己的角度与市场营销的这五个职能相互吻合。

① 通过工业设计促进产品的销售是工业设计的主要目的之一。索尼、飞利浦、丰田以及苹果等世界知名公司都曾借助工业设计的力量，创造了市场营销史上的神话，图9-5、图9-6展示了苹果公司的第一代 iPhone 手机及当时消费者通宵排队购买的情景。

图9-5　苹果公司推出的第一款iPhone 手机（2007年）　　图9-6　美国消费者排队购买iPhone的情景

② 重视对消费者和市场的调查与研究、发现消费者隐性需求也是工业设计的一项重要职能。工业设计的任务在于深刻理解社会行为，预测人们对产品的关注及产品的发展趋势。这就要求设计师对用户和市场有深入细致的调研，发现差异化的市场目标，找准定位，才能确立正确的产品概念，生产者和设计者的计划和构想才有可能得到实现，也才能使企业在竞争中立于不败之地。10 年前，日本家电企业还是重要的技术创新者，是很多产品和潮流设备的发明者与领先开发者，他们在电视、数码相机、便携音乐播放器和游戏机方面都曾在世界领先。而如今，日本家电企业已经很少有产品能毫无争议地占据领先地

位，它们已经被苹果、三星等企业超越。没有摸准消费者心理和偏好的演变，忽略从消费者角度看待产品，忽视了人们真正关心的因素（例如产品使用的便利度），忽视围绕消费者需求变化进行创新的要求，这是日本家电企业每况愈下的根本原因。

③ 现代工业设计越来越需要企业各个部门共同参与，协同作业，并且要在其中形成自己的"领导力"。现代产品的高技术性和复杂性，决定了设计必须以有组织的团队的方式进行，团队成员除了工业设计师以外，还包括来自不同领域和不同部门的人员。构架与设计任务性质相适应的组织形式，加强设计组织与企业内其他职能部门之间的沟通，将极大地提高效率和效能。此外，以设计为导向的企业，要注重培养设计的领导力，通过正确引导设计在企业中的应用，指导企业各种设计活动，确保设计的表现与企业的战略目标相一致。

④ 工业设计通过创新人们的生活方式来创造市场需求。工业设计是一个时代的经济基础、社会意识、文化艺术的集中反映，是时代潮流的变化和科学技术发展的标志。无论设计师以何种设计手法、设计风格推出其设计方案，均寄托了其对新的社会生活方式的梦想和追求。索尼的创始人盛田昭夫曾经说过："市场是去创造的，而不是去跟随的"，这改变了传统的设计要适应市场的观点，使设计在对待市场的态度上显得更积极。例如，"随身听（Walkman）"是索尼历史上最著名的产品之一，它变革了人们不得不围坐在笨重的录音机旁听音乐的方式，由此创造了巨大的市场利润，图9-7为"随身听"的广告。案例9-1为企业通过研究新冠疫情对人们生活的影响以及由此进行的设计创新。

图9-7　索尼的随身听，改变了人们围坐在家中聆听音乐的方式

案例9-1　"宅"生活给体育产业带来的设计创新机会

随着时代的发展，人们的生活方式呈现出多元化的趋势，与此同时，SOHO、宅、996、丁克、空巢等流行语汇相伴而生。比如"宅"本来是一种行为，具体表现为喜欢呆在家里，把家作为一个舒适的窝，将自己保护起来，以求免受外界不确定和危险因素的干扰。电子商务、网络社交、在线教育、在线办公等基于互联网的新型服务也为人们足不出户地生活、工作提供了日趋完善的条件，"宅"的舒适性大大提升。2019年底开始席卷全球的新冠病毒迫使更多的人们不得不选择"宅"在家里。宅家生活节约了大量交通成本，避免了无效的社交应酬，尽管旅游、餐饮、影院等服务

业遭受重创，宅居的人们借烘焙、侍弄宠物、健身、看直播、玩网游消磨时光，也重新发现了闲暇给生活带来的乐趣。这也给设计创新带来了机会。

由于疫情影响，人们被迫宅在家里，不得不减少去健身房的次数，但是抵御病毒的最佳方式是增强自身抵抗力，因此，疫情期间家用健身设备销量大增。以"硬件＋软件"结合模式的家庭运动类智能硬件产品 Mirror 为例，它是一款有着"魔镜"美誉的家用健身设备。平时它是一面普通的全身镜，打开电源后镜面就变为配有嵌入式摄像头和扬声器的交互式显示器，实时反映用户状态和健身数据，还能在线上与健身教练完成直播课程。40 英寸的显示屏、1080p 的分辨率和 500 万像素前置摄像头能够让用户和教练看到彼此的动作，内置的扬声器和麦克风，也便于健身者与教练随时对动作进行评估和交流。Mirror 平台提供有氧运动、力量训练、瑜伽和拳击等直播健身课程，并提供全天 24 小时服务。此外，Mirror 附带蓝牙心率监控器，系统能根据用户的生理体征数据推荐不同强度和难度的课程，见图9-8。国内的 Keep 是 2015 年 2月上线的一个 App，致力于提供健身教学、跑步、骑行、交友及健身饮食指导、装备购买等一站式运动解决方案，同时开设线下运动空间 Keepland，并发售 KeepKit 系列智能硬件产品。在短短的 6 年时间里 Keep 积累了超过 2 亿用户，1000 万会员，1200 多套课程，见图9-9。

图9-8　Mirror 家用健身设备

图9-9　Keep 运动型App

如果说初代的体育科技是运动跟练和智能产品为主，那么随着 4G 网络的应用，体育科技产品已经不断升级迭代到开启智能运动新生活方式的重要地位，打造了以体育产业为核心的独特生态模块。不难想象随着 5G 技术的应用，带有强烈视觉冲击、全维度运动体验、更深入的健康大数据记录的科技体育消费时代马上来临。

⑤ 企业形象是企业重要的沟通手段。企业形象是现代企业的一项重要的资源，一个

重视设计的企业会对产品开发设计、广告宣传、展览、包装、建筑、企业识别系统以及企业经营的其它项目等进行综合观察与思考，进行统一的策划和设计。通过建立完整、统一的形象系统，企业可以在激烈的市场竞争中树立突出的、有公信力的、不断开拓进取的综合形象，有助于企业提升内部的凝聚力和外部的市场竞争力，巩固企业在市场中的地位并扩大自身影响。

9.2.2　工业设计在市场中的作用

设计是企业发展的重要动力，优秀的设计是企业赢得市场的重要法宝。尤其在当今世界，在企业经营同质化、产品同质化、营销手段同质化严重的现实经济环境下，往往是富有独特产品设计的企业才能体现出更大的竞争力优势，苹果、三星和 LG 等公司都把产品设计作为"第二核心技术"，这也是这些公司的产品普遍获得大众青睐的重要理由之一。

9.2.2.1　工业设计是市场与企业之间的桥梁

随着经济全球化步伐的加快，市场竞争日趋激烈，产品的生命周期越来越短，这一切迫使企业必须不断地开发新产品以迎合市场的需要，设计创新已成为企业新产品开发和企业发展的必要手段。企业通过工业设计为产品塑造形象、增加其美学价值和体现地位象征，达到扩充市场，增加销售的目的；通过"概念设计"对潜在的消费进行开拓探索，从而引导新的消费潮流。进入 21 世纪，各企业越来越关注设计问题，谁的设计创新能领先，谁就能赢得市场。企业界纷纷认识到，设计力就是竞争力，由此迅速调整结构，将产品开发设计作为头等大事来抓，设计的竞争成为现代企业间竞争的重心。

9.2.2.2　工业设计能够促进科技成果的转化和企业的技术进步

不断出现的新技术、新材料和新工艺需要经由工业设计赋予适当的形态后推向市场，长期以来，将科技成果转化为市场上的商品一直是人们关注的问题（例如，应用微波技术制成微波炉，利用石英技术制成石英表，将碳纤维材料用于汽车、自行车等交通工具上，将石墨烯材料用到计算机、手机等电子产品中，见图 9-10）。工业设计贯穿产品的整个生命周期，企业用新结构、新材料、新工艺和新技术开发新产品占领市场的过程中，设计与技术密切相关并互动发展。目前，从技术创新产生到其实用化的时间正在不断缩短，这一转化的催化剂正是设计。另一方面，设计创新对企业的技术创新具有促进作用。不容否认，工业设计要运用各种技术并受到各种技术条件（如材料、工艺、结构等）的制约；但如果工业设计师通过对消费者调研，发现消费者潜在的需求，可能会提出对产品新功能、新材料和新工艺的要求，这也会促进企业在技术方面的研发和创新，因此可以说，工业设计是联接实验室与市场的桥梁。

图9-10　首批量产石墨烯手机嘉乐派（影驰）SETTLER α，2015年

9.2.2.3 工业设计提高产品附加值

产品附加值是企业得到劳动者协作而创造的新价值。从企业的角度看：产品附加值 = 销售收入 -（原材料费 + 设备折旧费 + 人工费 + 利息）；但也可以从社会经济的角度理解为：附加值 = 纯利润 + 税费 + 人工费 + 利息 + 设备折旧费。

优良设计是产品质量的重要指标之一，通过工业设计提高产品的附加值能够有效提高企业效益。据美国工业设计协会 1990 年调查数据表明，美国企业平均工业设计每投入 1 美元，销售收入就增加 2500 美元；日本日立公司的统计数字表明，每增加 1000 亿日元的销售额，工业设计的作用占到 51%，而技术改造的作用仅占 12%。2011 年，广东工业设计城联合中央美术学院、中南大学开展的一项研究表明：在广东，工业设计每投入 1 块钱，对经济的拉动超过 100 块钱，达到 1：101.03。可以看出，工业设计为产品创造的附加值已经超出了技术改造，因此，宏基的创始人施振荣曾经指出，"全世界最便宜的创新就是工业设计。"如今，功能和制造成本相似的产品，由于设计差异所造成的售价差异可能达到数倍甚至数十倍，而且，消费者对产品的要求也不仅停留在功能上，设计粗劣的产品在市场上倍受冷落，在降低企业效益的同时还造成全社会人、财、物力的大量浪费；充分利用设计不仅可以降低制造成本，而且容易打开消费者的钱包。

提高产品附加值的途径：

① 艺术附加值：通过产品的形态、色彩、肌理、心理感受、审美情趣等创造的附加值。

② 技术附加值：通过新材料、新技术、新工艺的应用，降低成本，提高效益；可以优化产品结构、材料，合理安排生产过程，降低产品成本。

③ 功能附加值：提升人们的生活品质，创造健康有趣、舒适宜人的生活方式。

④ 品牌附加值：品牌一词来源于动词"标记（brand）"，意思是用烙铁给牲畜打记号从而便于识别其所有权。现在，"品牌（brand）"的含义是在消费者的心中留下"烙印"，建立起独特的印象，它是产品或服务的一种名称、名词、符号或其要素的组合运用。现代产品本身及其制作过程均非常复杂，消费者单纯凭借产品表面和产品说明书无法体察产品的质量好坏。品牌为消费者提供了一种识别，将某种产品与同类产品区别开来，帮助消费者消除不确定性，并进一步阐述产品在功能价值、愉悦价值及象征价值等方面的不同之处，获得消费者在社会心理方面的认可。品牌包括公司品牌或商标，是企业的无形资产，体现了企业对使用功能、技术要求、售后服务等方面的承诺和信誉，打造品牌是增加产品附加值的有效途径，著名品牌代表着优质，也必须优质。随着科技的进步，市场上同品类不同品牌的产品在功能与技术上的差异减小，企业之间的竞争已由产品价格、质量的竞争转入品牌竞争，设计的目的进一步服务于品牌，因此设计成为决定企业品牌能否成功的重要的决定性因素。现在，一个国家拥有的世界性著名品牌的多寡已经成为判别该国家经济、市场发达与否的标尺，在芬兰，使用工业设计的企业平均达 41%，在传统产业中达 80%，所有的出口企业又都有自己的设计产品和品牌战略，现在的芬兰不仅是世界工业设计大国，也是世界发明创新大国。图 9-11 所示为部分世界知名品牌的标志。

图9-11 部分世界知名品牌的标志

⑤ 包装附加值：包装的基本功能是保护产品和便于运输，同时又有广告和美化功能，因而也能提高附加值。好的包装可以传达相关的产品信息；增强产品的艺术效果；提高消费者的购买欲望，因此人们会说，包装是最好的推销员，见图 9-12。

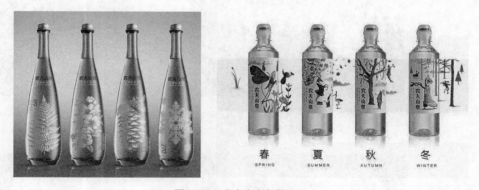

图9-12 农夫山泉包装设计

能够提高产品附加值的设计通常具有以下特征：科技含量高，适合批量生产；采用新颖或特殊的材料；创新性的功能；出色的设计意匠；鲜明的历史、文化特征；符合并能引领现代生活方式。

随着互联网技术的进步和应用的普及，以互联网为依托的新的零售模式（俗称"新零售"）蓬勃发展。企业通过运用大数据、人工智能等技术手段，对商品的生产、流通与销售过程进行升级改造，进而重塑业态结构与生态圈，并对线上服务、线下体验以及物流进行深度融合。在这种模式下，如果企业愿意，可以不必借助分销商的渠道而直接卖货给消费者，极致的性价比和线上线下综合性的体验成为消费者关注的重点。如何让消费者在智能、高效、快捷、平价、愉悦的购物场景中畅游，大幅提升购物体验，满足消费升级的意愿，同时为企业创造良好的经济效益，这些也给设计带来了新的思考方向，见案例 9-2。

随着"她经济"的崛起，中国美妆市场规模不断扩大。然而，一直以来，国外品牌在我国美妆市场中占绝对主导地位，国内美妆品牌想要在激烈的市场竞争中胜出非常困难。而最近三五年来，完美日记、花西子等国产美妆品牌能够在极短的时间内创造弯道超车的奇迹，主要原因如下：一是注重品质，产品系列丰富，性价比高；二是洞悉互联网时代电子商务的运作技巧，借助小红书、抖音、B站、微博、微信等社会化媒体以及名人直播等方式进行网络营销，并及时打通线上线下，构造私域流量池；三是跨界联名，持续为营销造势；四是设计创新，不断用新鲜前沿的设计理念丰富和提升品牌的文化属性和消费体验，用敏锐的时尚触觉持续不断地为消费者带来惊喜，也使得品牌在获得巨大商业成功的同时收获了良好的口碑，见图9-13～图9-15。当然，未来这些品牌只有更加注重内涵发展，不断提升产品和服务的品质，才能进一步为中国美妆品牌跻身世界名牌奠定基础。

图9-13　完美日记与《中国
国家地理》联名的眼影

图9-14　完美日记与Discovery
联名的眼影

图9-15　花西子苗银高定系列彩妆

9.2.2.4　工业设计提升企业的各方面的形象

设计是建立完整的企业视觉形象的手段，企业要想在激烈的市场竞争中推出自己，就必须树立自己与众不同的形象。设计对于企业的重要贡献之一就是控制企业视觉形象的各个方面。企业的视觉形象就是以不同的方式——产品设计、环境设计、视觉传达设计——来体现企业的风格。没有设计的控制，企业的形象将含糊不清。

就企业外部环境而言，不同类别的产品或者同一类产品的不同品牌之间，在市场上要形成鲜明的产品识别特征，形成企业或品牌鲜明的个性，增强企业和品牌对外的竞争力。首先要区别于竞争对手，然后要区别于自身的过去和将来（例如图9-16所示的苹果产品），这种区别最为集中和直接的体现就是产品设计。

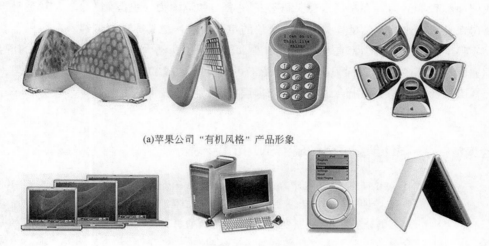

(a)苹果公司"有机风格"产品形象

(b)苹果公司"硬边风格"产品形象

图9-16　苹果公司的产品形象

目前，在产品设计个性化发展的今天，汽车企业却纷纷建立自己的家族化脸谱，例如，宝马汽车家族的双肾形的进气栅格、奥迪汽车家族的大嘴造型和大众汽车家族长方形的前灯等。作为著名的豪华车品牌，凯迪拉克一直将闪亮的格栅和垂直的尾灯作为造型特征，见图 9-17。品牌家族化的造型特征能够增强品牌的可识别性，形成企业产品独特的设计文化表达，培养消费者对品牌的信任和情感，提升产品的品质形象和树立企业形象，这是工业设计发展的更高阶段。为增强企业和品牌的竞争力，应通过设计管理形成企业产品设计风格的一致性。

图9-17　凯迪拉克格栅和垂直尾灯

9.2.2.5　工业设计激励企业保持旺盛生命力和竞争力

现代管理之父彼得·德鲁克说："企业之所以会存在，就是为了要向顾客提供满意的商品和服务，而不是为了给员工和管理者提供工作机会，甚至也不是为了给股东赚取利益和发放股息。"商品和服务都是设计的产物，因此，设计是企业的一项重要资源。好的设计能使企业创造出好的产品和服务，在消费者中建立良好的信誉；设计是企业中最有活力和最富于创造性的劳动，"流水不腐、户枢不蠹"，一个具有超前发展战略的企业，应当通过源源不断的设计创新为企业创造新的产品优势，带来新的竞争优势，使企业长期保持进取精神和青春活力，在市场上保持旺盛的生命力和竞争力，见案例9-3。尤其是对于小型公司来说，工业设计更是其与大公司竞争的重要手段，是其成功的依靠。

放眼全球，世界各国都在积极通过创新来获得发展新动力。创新是人类进步的源泉，是国家兴旺的核心动力，而设计则是创新不可缺少的构成部分。英国、德国、美国、日本、韩国以及泰国等纷纷出台政策，从国家层面支持工业设计的发展。

案例9-3　设计创新成就的瑞士Swatch手表

20世纪70年代中期，始终在国际市场傲视群雄的瑞士钟表业受到日本石英表、电子表的强力冲击而陷入一片愁云惨雾。1983年瑞士微电子及手表工业有限公司SMH（即今天Swatch集团的前身）在危机中宣告成立。其领导人哈耶克决心制造一种能与咄咄逼人的亚洲廉价钟表抗衡的同类产品。为降低成本，顺应时代潮流，这种手表要由塑料制成；因为精密技术是瑞士的传统优势，必须采用指针来显示时间，而不采用普通电子表的液晶显示方式；要引入自动化生产实现生产效率的大幅度提升；必须标明"瑞士制造"，因为这是消费者心目中信誉的保证。总之，瑞士手表一定要在技术含量、形象设计和工艺上全面、大幅度超越亚洲表。但与此同时，价格还要与亚洲表一样有竞争力。为此，SMH投身塑料手表的研发。传统的手表由机械底座、表壳和镶嵌板三大部分组成，包括150多个零件；而新产品将表壳和镶嵌板合二为一，零件数目也由155个先减少为91个，最后减少为51个，见图9-18。零件数量的减少，也减少了转动部分，降低了损坏概率、容易实现生产自动化，降低了装配工人的数量。同时也使表的厚度大为减薄，最薄可达1.98mm。男表和女表采用相同的底座，机芯容易上链和进行设置，重量轻，可以防水、防震和防热。工程师们还开发了一种新的更便宜的集成技术，使用超声波进行焊接而不是使用胶水。新的生产工艺大大降低了成本，一只塑料手表的生产成本仅为5美元。在现代商业竞争中，企业必须随时感知消费者兴趣的变化，SMH从时装行业的春、夏、秋、冬系列服饰中得到灵感，提出让手表成为戴在腕上的时装，走现代时尚路线，这种跨行业得来的灵感为死气沉沉的瑞士表业带来了活力十足的时尚旋风，打破了手表局限于计时功能的单一死板的模式，钟表可以像时装一样成为色彩绚丽的时尚艺术品。这种表被命名为"Swatch"，包含两重含义，一是"Sweden Watch"，二是"Second Watch"。通过设计创新有效实现了低成本和差异化，Swatch的表款千变万化，缤纷多姿，老幼皆宜，质量过硬，价格低廉，为消费者提供了不同以往的创新体验，因此，一经推出便风靡全球，成为世界上最畅销的手表，也成功挽救了瑞士钟表业，见图9-19。

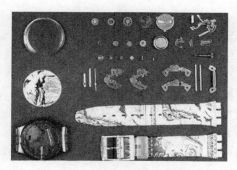

图9-18　Swatch手表的51个零件

图9-19　Swatch手表缤纷多样的表款

9.2.3　工业设计师要对设计的商业化持正确态度

　　与德国设计所强调的"形式追随功能"不同，美国设计相对而言更强调"形式追随市场"。美国第一代杰出的工业设计师雷蒙德·罗维曾说："丑陋等于滞销。"这句话深刻地表明了外观设计和市场的关系。作为职业设计师，罗维宣扬设计促进行销的新理念，认为功用化的设计对市场行销大有裨益。他强调设计不是为了标新立异，而是为市场运作服务，并带动了"好的设计"才能占有市场的新概念。他说："当商品在相同的价格和功能下竞争时，设计就是惟一的差别""最美的曲线就是收入上升的曲线"。美国大萧条时期，好的设计与商业开始联姻，而罗维的事业也蓬勃发展。他凭借设计，赋予商品不可抗拒的魅力，使那些几乎没有购买欲望的顾客慷慨解囊。这种以商业化为目的的设计，已成为众多企业营销的中心原则。如今，设计依然是企业竞争和市场营销的利器，但是在如何对待设计的问题上，设计师则应保持清醒的认识和正确的态度。在这样一个物欲横流的社会里，人们应当珍惜和保持一种纯净的心境，设计也是一样。虽然不可避免地与商业有关，但却不能完全沦为市场的奴隶，不能陷入类似"有计划的商品废止制"这样的泥淖，在为企业创造价值的同时也要考虑更多的社会责任，实现"利"与"义"的统一。尽管困难重重，但只有这样，设计才能够积极地影响人们的生活，而不失去"设计为人"这一本原的意义。

9.3　设计管理

　　工业设计的目的是更好地满足消费者需求，提升产品附加值，为企业创造更大的经济效益。然而，一款产品要取得成功，除了产品本身的吸引力外，供应链、品牌、渠道、市场定位、竞争环境以及消费者偏好等都会影响最终的销量，企业通过科学有效的设计管理可以确保设计的效率、效能达到设计的目标，赢得市场竞争。

　　两个人中有一个在喊口令，管理就产生了。管理活动与设计活动一样，人类出现便已有之，并随着人类文明的发展而不断发展。20世纪初弗雷德里克·温斯洛·泰勒（Frederick Winslow Taylor，1856—1915年）《科学管理原理》一书的问世，标志着人们告别经验管理时代和进入科学管理的殿堂。科学技术的飞速发展，推动着现代管理思想和理论的日新月异。

　　在现代的经济生活中，设计已经不仅仅是技术与艺术的结合，而是越来越成为一项有目的、有计划，与各学科、各部门相互协作的组织行为。今天，工业设计的工作范围已经扩展到了管理领域，即设计管理，体现了更多的协同性、综合性和动态发展性。随着后金融危机时代的到来，越来越多的企业已经意识到产品的良好效益需要有自己的设计与品牌，而优秀的产品设计需要良好的设计管理团队和工作方法，需要通过合理的资源优化配置使企业得到有效的管理与协作，最大限度地使用企业现有资源。设计师的设计行为要与生产、营销、消费相协调，设计活动的社会化和集团化的特征也要求必须有相应的设计管理。日本产品能够具有很强的国际竞争力，在设计与营销上不断创新的重要原因就是运用了设计管理，正如约翰麦克阿瑟（John H. McArthur，1934—　）所说："当全球竞争变得愈来愈激烈时，竞争策略的新方向逐渐受到重视，其中最重要的一项，是设计及设计管理。"

9.3.1　设计管理的定义

　　设计管理（Design Management，DM）理论在20世纪60年代开始出现，英国的皇家艺术社团（Royal Society of Arts）在1966年设置设计管理奖项并对设计管理进行定义，从那时起，"设计"与"管理"两个词被结合在一起。但是，直到今天，对设计管理的定义一直是众说纷纭，各国的专家、学者纷纷从设计战略、营销战略、设计组织、设计程序、设计沟通等不同的角度，进行叙述和说明，比较主流的定义被收录在1998年美国设计管理协会（DMI）出版的夏季季刊《设计管理的18种观点》中。《设计管理》杂志（Design Management Journal，DMJ）编辑托马斯·沃顿（Thomas Walton）对设计管理的不同定义进行了如下归纳：

　　① 设计就是想象力——有策略的管理设计，把设计管理当作实现梦想的具有远见性的领导者。

　　② 一般来说，组织本身就有平衡幻想与事实的功能。

　　③ 超越价值管理的界限，设计管理其实是态度管理。它描述了公司的特征和现象——好的设计管理能了解组织的特性并传达看法。

④ 设计管理是核心策略，创办人帮助最后的使用者了解公司。

⑤ 设计管理从对公司有利的建议入手，它与实际相联系，如想象、任务、目标、战略和行为计划。

今天，作为新兴交叉学科，设计管理的定义和理论体系仍然处于快速发展之中。

9.3.2 设计管理的形成与发展

早期的设计管理是将设计作为市场竞争力来理解的，它的形成可以追溯到 20 世纪初期。1907 年德国通用电气公司 AEG 聘请德国著名的建筑师、设计师彼得·贝伦斯（Peter Behrens，1868—1940 年）担任 AEG 的建筑师和设计协调人，全面负责其整体视觉形象的设计工作。贝伦斯可以说是最早有意识地开展设计管理的现代设计先驱者之一，他系统整合公司的建筑设计、视觉传达设计以及产品设计，使这家庞杂的大公司树立起统一、鲜明、完整的形象，开创了现代公司识别计划的先河。仅由三个字母构成的 AEG 标识经过他多次修改，成为欧洲最著名的标志之一，见图 9-20。

20 世纪 30 ～ 40 年代，很多企业开始将设计作为一种市场竞争的手段，开始注重建立自己的企业总体形象，通过统一的企业形象向消费者传达现代化、高质量、服务优等总体印象；除产品之外，图案、文字等平面设计的形象以及车辆、服装、厂房、装修等都成为设计的要素，设计的范围大大地扩展，需要通过有效的管理才能达到统一的目的。

图9-20　AEG标志

第二次世界大战后，各国从战争中摆脱出来，埋头发展本国经济，设计也获得了进一步发展。到了 20 世纪中期，随着科学技术的迅猛发展和新兴产业的不断涌现，市场竞争也日趋激烈，对设计的管理逐渐成为企业管理者不得不处理的问题。设计管理学科逐步萌芽，并受到设计发达国家，如英国、日本等国专家学者的高度重视。此时，批量生产逐渐集中于少数大公司。竞争性产品的设计由于共同的利益和相同的技术而走到一起来了。特定范围内的产品越来越相似，也就是说每家企业的产品与竞争对手并无多大差别。不同的竞争性公司生产的同类产品外观设计非常近似。在这种情况下，突出整个企业而不是单个产品的形象就更为重要，因此，公司识别计划倍受重视，不少公司都建立了自己的识别体系，取得了显著成效，美国 IBM（国际商业机器公司）就是一个典型的例子，见案例 9-4。

案例9-4　"蓝色巨人"IBM的品牌形象

IBM 是美国最早引入工业设计的大公司之一，在 20 世纪 50 年代之前，IBM 的设计风格也缺乏一致性。后来，时任 IBM 首席执行官的小托马斯·沃特森（Thomas Watson Jr，1914—1993 年）提出"好设计就是好的企业"（Good design，good business），IBM 开始建立美国公司中第一个设计部门，逐步将整个公司的形象、产品、服务、建筑和展览等所有东西全部统一起来，由此成为美国第一家进行整体设计的公司。多年来 IBM 以凝练、厚重的风格和科技、简约、冷峻的形象塑造了其自身 IT 产业"蓝色巨人"的品牌形象。产品外形的特点是采用尖锐的棱角和立方体作为造型基础，色彩均采用素洁的冷色，既显示出商业社会的冷漠、效率和秩序，又保持了产品形象的一致性和连续性，公司在各地的建筑和网站的设计也与产品设计风格呼应，从而形成了统一的 IBM 风格，在国际市场上树立了独具个性的鲜明形象，见图 9-21。

图9-21　IBM公司的产品、建筑和网站设计

从 20 世纪 50 年代开始，日本、英国等国加强了对设计管理的研究，出版了一些这方面的学术专著，奠定了设计管理研究的理论基础，一些设计类院校开始开设设计管理教学，英国的大学是世界上最早将设计管理理论引入教学大纲的。1965 年，英国政府为了鼓励一些企业管理者对企业设计效率化方面所做出的贡献，首次颁发了设计管理大奖，这对于设计管理理论在英国乃至世界的传播与发展都起到了很大的推动作用。

20 世纪 70 年代后，设计理论的不断丰富和系统化，设计越来越与企业管理密不可分，设计管理的理论也逐步发展和形成体系。一些大学和学术团体建立了设计管理的教学和研究机构，如伦敦商学院成立了设计管理研究所，1975 年，美国成立了"设计管理协会"，随着设计与管理的结合，企业纷纷将设计作为企业策略必不可少的一部分，设计被提到了企业战略的高度，许多公司设置了设计经理一职，或聘请设计顾问公司负责设计事务的管理工作，设计管理方面的著作大量出版。1988 年，第一届"欧洲设计奖"把"设计管理"和设计本身并列作为衡量企业成功的两个标准，强调设计作为一项管理的重要性，而不是仅仅根据一两项产品来评价企业的设计。这标志着设计已经升华到了企业管理的层次，表明了设计未来发展的重要趋势。

时至今日，设计管理的角色开始转向更加重要的战略方向，涉及更加开放的主题，例如设计思维、战略性设计管理、设计领导力、产品服务系统等，在欧美等一些设计发达国家甚至被提升到国家产业战略的层级。我国政府层面和企业层面对工业设计的认识和重视程度与日俱增，重视设计的氛围日渐形成，但是在设计人才、设计项目都不断增长的情况下，我们整体的设计创新水平、品牌塑造能力还未实现跃升，关键痛点就是设计管理的欠缺。最近几年来，随着对于经营的核心作用的认识不断深化，企业认识到只有将设计与企划、技术、生产、流通整合为一个统一的开发体系，才会促进企业的创新，因此，对设计管理和设计管理人才的需求日益迫切。

9.3.3 设计管理的内容

设计管理可以拆为"设计"与"管理"两个具有多重意义的方向来探讨。意大利设计及理论大师 Manzini 在 2001 年韩国首尔举办的 ICSID 年会上指出："以往，构想追随组织发展；以后，组织追随构想发展。"一个好的"构想"可以发展成一个产品或服务、建立一种产品或服务，可以创立一家企业、推动一个组织、造就一番事业、满足一群消费者、建立一种行为或制度、形成一种流行或文化。构想管理，或对创意、创新、创造力的管理，毫无疑问地，应当属于设计管理的根本和核心。

设计管理的主要内容包括协调设计部门与其他部门之间的关系和对设计部门自身进行管理两大类。在设计过程中，设计部门或设计组织要与人事、规划、技术、制造、采购、市场营销、销售、宣传等诸多部门发生多种联系，加强与这些部门的沟通，使设计在企业内部顺利推进，是设计管理的重要职责之一。在设计组织内部，要制定科学可行的设计计划和日程计划，对设计项目的时间、质量和成本进行控制，对设计项目进行评估和评价，同时要管理好设计人员，使来自不同专业和教育背景的人员组建成高效能的设计团队，充分发挥群体优势和创新能力。

如今，在现代的企业行为中，不管是以设计为背景，还是以管理为背景去理解设计管理，其基本的内涵已渐渐走向统一。设计管理的主要内容包括以下几个方面：

① 设计管理是对设计战略和策略的管理。设计战略和策略，是企业根据自身情况（企业情况、市场情况、产品情况等）做出的针对设计工作的长期规划和方法策略，是对设计

部门发展的规划，是设计的准则和方向性要求。它是提高产品开发能力、增强市场竞争力、提升企业形象的总体性规划。企业必须要制定自己的设计战略，并加以良好、有效管理。

② 设计管理是对设计目标的管理。设计必须、也应该有明确的目标。设计目标包括企业的总体战略性目标和设计部门根据企业的近期经营目标制定近期的设计目标。设计师是偏感性的群体，在目标的设定、执行等方面最好能有科学、到位、及时性的管理，从而确保目标顺利完成。

③ 设计管理是对设计程序的管理。科学的流程是成功的保证。工业设计强调创意、思想，但并不说明它不需要流程。工业设计的流程管理，是为了对设计实施过程进行有效的监督与控制，确保设计的进度，以便在既定的时间内完成目标和任务。

案例9-5 浪尖设计有限公司的设计流程

随着时代的发展，设计的内涵不断扩展，流程变得复杂，以浪尖设计有限公司的设计流程为例，包括项目确立、产品定位、创意设计、结构设计、资源整合、模具研发、模具跟踪、量产支持八个大的环节，每个环节中又有各自不同的具体任务和流程，见图9-22，在实际操作中各个环节前后互有联系和交叠。

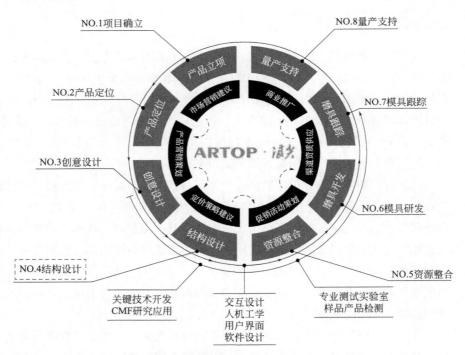

图9-22　浪尖设计有限公司的设计流程

④ 设计管理是对设计品质的管理，使设计师在规定的预算范围内，按时完成设计任

务，使设计方案达到预期的质量目标，即符合时间、质量、成本要求。通过建立科学、准确、有效的设计评价系统，保障设计的品质。产品的品质既与设计的品质相关，也与制造的品质相关，2020年，海尔集团高端品牌卡萨帝工厂设立了专门的岗位作为衔接工业设计与加工工艺之间的桥梁，通过对加工品质的控制有效地保证设计品质的实现。

⑤ 综合负责工艺设计、模具设计以及DMFA（Design For Manufacturing and Assembly，面向制造和装配的产品设计），这就在设计品质与产品品质之间架设起一道桥梁，也就是通过对加工品质的控制保证设计品质的最终落地。

⑥ 设计管理是对设计团队的管理。现代设计任务的复杂性要求不论是驻厂的产品设计开发部还是自由的设计事务所，都必须在合作协同的基础上以团队的方式开展工作，并且还要不断和技术研发、市场研究、销售、财务、人力资源等部门形成互动。由于现代工业设计的复杂性，设计团队的人员构成通常较为复杂，大家的学科背景、工作经历各不相同，这也给团队管理工作带来了挑战，但是光靠流程和制度做不出好产品。设计管理的负责人好比合唱团的指挥，既要使每个声部有最好的表现，又要保持曲目整体的协调。同时，他们要拥有开放包容的心态，以开发卓越产品的理想激励和凝聚团队，还要有服务的意识为团队创造良好的工作条件和氛围。

⑦ 设计管理是对设计知识产权的管理。知识产权对企业经营有着特殊的意义，对设计工作者来说，首先要保证设计的创造性，避免出现模仿、类似甚至侵犯他人专利的现象。应有专人负责信息资料的收集工作，并在设计的某一阶段进行审查。设计完成后应及时申请专利，对设计专利权进行保护。另一方面，在新产品开发过程中，要善于利用已有的专利资源进行设计创新，见案例9-6。

案例9-6　九阳豆浆机的知识产权管理

自1994年申请第一个豆浆机方面的发明专利以来，九阳股份有限公司共获得2000多项专利授权，仅围绕豆浆机（图9-23），就布局超过1000件专利，豆浆机国际标准也正由中国人来制定。多年来，九阳公司利用专利成功地保护了自己的知识产权，其中2014年九阳起诉飞利浦公司豆浆机技术特征落入其专利权的保护范围，相关5起诉讼共获得近1000万元的赔偿。

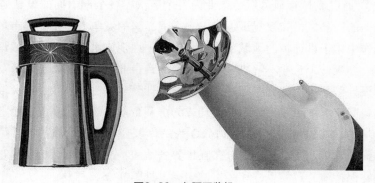

图9-23　九阳豆浆机

⑧ 设计管理是对设计创新风险的管理。创新是设计的灵魂和本质，但创新并不一定意味着成功，风险与创新总是相伴而生，著名的企业如西门子、施乐、苹果都有过设计失败的惨痛教训，在设计创新的同时如何防范风险，是值得企业迫切思考的问题。

案例9-7　西门子Xelibri配饰手机，一个创新的意外死亡

　　　　2003年，西门子推出Xelibri系列异形配饰手机，由于未能准确把握技术发展趋势和消费者心理需求，一味追求新奇造型而忽视功能性和易用性，导致产品定位和市场策略的错误，大打"流行牌"的Xelibri在流行前却栽了一个大跟头，见图9-24。

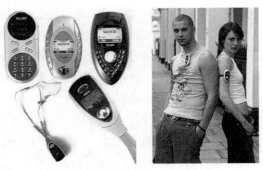

图9-24　西门子Xelibri系列配饰手机

　　⑨ 设计管理是对设计知识的管理。设计是一种高智能和经验性的创造性劳动，通过建立现代设计的知识管理系统，将隐藏在设计师头脑中经验性的、无条理的、混沌的内显性知识整理、归纳成可被别的设计师理解、接收和继承的外显性知识，实现知识的共享和传承，从而使产品的设计能够在一定程度上减轻对优秀设计人才的依赖。

9.3.4　设计管理的作用

　　设计管理的作用主要表现在以下几个方面：
　　① 通过设计管理可以使企业内各个层次、各个部门间的设计协调一致和系统化，形成统一的产品风格和视觉识别标识，增强品牌的竞争力。企业是市场竞争的主体。在现实的工作中由于设计师的地域、审美、年龄、性别、水平等差异导致设计作品很难达成统一风格，如果一个企业不解决这个问题会导致企业的产品风格混乱，从而失去品牌意识。有效的设计管理可以建立跨越部门界线的设计管理机制，有效地避免混乱，创造清晰、新颖和具备凝聚力的企业形象，使设计成为协调企业内部资源和提升企业在市场中地位、扩大其影响的潜在力量。以丹麦的B&O为例，该公司并无专属的设计师，只有一个几个人组成的设计管理团队，管理着分布在世界各地的签约设计师，但是通过有效的设计管理，品牌始终保持着一致的风格和高贵的内涵，见图9-25。

② 通过设计管理可以构建严谨的设计流程。设计师和艺术家是有明显区别的。艺术家需要的是自由空间，因为艺术品表达的是艺术家自己的思想，可以没有任何束缚。而设计师做的是产品，产品就要满足和引导用户的需求，产品的设计必须有一套科学的思维模式，严谨的流程在很大程度上使设计更为科学化。另一方面严谨的流程就是做到每一步工作都有文档可查，每一细节都要有合理的规范，

图9-25 丹麦B&O公司的产品

从而方便了国际化合作，避免大的失误而给企业带来不必要的损失。设计流程使设计师的工作方向有严格的流程和技术支持，每一步都是科学的推进。所以这样的作品往往很容易说服领导，这样也避免了很多人为因素的干扰。把设计作为一个产品化的程序明确定义的是美国的布鲁·阿崎，阿崎基于美国商务部的研究导入了该程序，明确了设计在从产品开发的目标到销售一条龙程序中的位置，对于怎样开展设计也作了说明。该设计程序框架，即使到今天也基本没有改变，见表9-1。

表9-1 布鲁·阿崎的设计程序

阶段	工作内容
阶段1	基本方针的决定：明确设计开发目的，设定设计开发的目标
阶段2	准备调查：探讨消费者的需求问题和功能上的解决
阶段3	探求可能性：展开构想，探讨各种设计的可能性，通常用构想草图展开
阶段4	设计展开：决定设计方法，探讨产品设计方法的同时，详细设计
阶段5	模型的展开：制作设计评价用模型，实施设计的深入探讨
阶段6	销售调查：对于新产品的市场性研究，适合于第1阶段的基本方针
阶段7	生产展开：产品结构设计，试作生产技术上的检查
阶段8	生产计划
阶段9	机械设备的结构计划
阶段10	生产及销售

③ 通过设计管理可以对设计组织结构及企业组织结构进行合理的优化，顺畅处理企业内各方面的关系，营造健康的适合创新的工作氛围。实施设计管理，有效地促进了技术部门和设计部门共同的合作，将过去市场、设计、技术、营销各个部门各自为政的工作方式转变为以设计为中心的并行合作的方式，提高设计的效率和质量。事实证明，正确处理和引导团队成员在部门中担任角色，处理好设计师的地位和报酬问题，令每个成员拥有事业归属感和利益上的满足感，营造健康的竞争氛围，是非常有必要的。

④ 通过设计管理可以构建高效能的设计团队，提高设计的效率和效益。竞争使产品的寿命周期缩短，人人都想占据更大的市场份额、获得更多的利润、在竞争中掌握更多主动，因此普遍加快了新产品开发，缩短产品上市的时间。例如，美国汽车制造商设计一款新车需要2～3年的时间，而日本的丰田公司通过精益设计将设计流程缩短为1～1.5年，

这也许就是丰田在与欧美车商竞争中胜出的一个原因。通过设计管理可以将不同专业、不同领域、不同个性的成员组织成高效能的设计团队，进一步促进技术突破和不同领域的合作，推动技术迅速转化为商品。

⑤ 设计管理强调对市场的重视，通过设计管理有利于及时获得市场信息，设计针对性产品，通过设计改变人们的生活方式，从而为企业创造新的市场。

⑥ 设计管理对于减少设计风险、提高开发命中率、合理使用企业资源有着重要的意义。根据 Doblin Inc. 的消息，企业的创新项目只有不到 4% 被证明是成功的，其余 96% 则失败了，因此规避创新风险是企业设计管理的重要内容。企业内要首先建立新产品开发机构，对设计方向、工作过程、交叉衔接、部门沟通、设计团队建设和设备配备等方面进行有力的监督保障。这类机构是设计研究院、开发部、开发小组等，国外还有部门联席会议形式的"新产品委员会"，论证和审批新产品的开发计划。设计管理还有利于正确引导资源的利用，利用先进技术实现设计制造的虚拟化，降低了人力物力的消耗，提高了企业产品的竞争力。设计管理的基本出发点是提高产品开发设计的效率和提升设计品质，借助专门的工具和方法，设计管理使设计的系统性、综合性的效应得到最大发挥，从而实现企业创新、创造社会财富，见案例 9-8。

⑦ 通过设计管理，引入现代知识管理的思想，建立一套面向设计领域的知识关系管理系统，使之成为企业进行数字化、网络化、协同化、虚拟化和智能化设计与管理的平台，在提高企业的产品设计质量和增强企业快速、持续的创新设计能力方面，都将具有十分重要的意义。

案例9-8　广汽MagicBox智能移动服务平台的创新设计管理

当前，汽车正进入智能、网联、新能源时代，出行与移动生活正在催生颠覆性的产业变革。汽车新物种将带来新模式、新价值，这既是汽车制造业转型升级的机会，也对传统汽车业的创新与设计管理提出了诸多挑战。2017年11月广汽 NX 创新工作室组织了一个跨界共创工作坊，通过用户研究及场景洞察发掘了"未来移动空间"的一系列新场景，并在之后促生了 MagicBox 创新孵化项目，包括新车型物种研发及其商业模式探索，目前经过孵化即将进入量产准备阶段，见图 9-26。

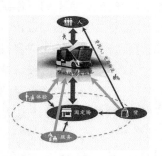

图9-26　MagicBox"服务找人"的新服务模式

近几年来，人们已经习惯了网购商品、在手机里点外卖甚至上门的保姆服务等，但还无法通过手机召唤到"移动银行""移动试衣间"等更为专业、复杂的服务。由此洞察出发，MagicBox将"服务找人"的"新服务"模式作为目标，致力于为使用服务的用户提供更方便快捷的服务和体验，为提供服务的企业提供软硬件一体化解决方案。MagicBox不仅是智能化、网联化、新能源的专用车辆，更是一种按商业场景定制化的移动服务空间，这种整合了"软件＋硬件＋服务"的"新服务"范式，以场景为核心，以场景驱动其迭代升级，见图9-27。

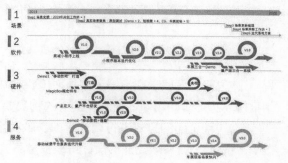

图9-27 场景驱动的MagicBox迭代进程

项目首先在广汽研究院内部孵化，采用小型独立团队扁平结构，跨专业、多领域的核心成员十余人分别来自于不同部门并得到相应的专业支持，小团队氛围以平等、透明、探索、自驱动为特色，快速迭代开发新型服务样车及其服务小程序，并在广汽传祺园区开展实验性的移动服务，运行7个月，服务于2400多名员工，"圈粉"4000余人。

经过样车及其小程序、调度算法的开发迭代，更新了广汽研发人员的理念与思维习惯，强化了对"软件定义汽车"的信念与理解；而服务运营实践更是开创了广汽汽车工程研究院的先例，凸显了用户导向的开发理念重要性。由此总结出的"场景驱动的软/硬件＋服务一体化整合创新"模式，将进一步重塑未来汽车的新形态及其服务新业态，见图9-28。在MagicBox这一新生事物的孵化过程中，除了时间压力与专业束缚，孵化创业过程中最大的挑战，莫过于突破思维禁锢、重塑信念的个人历练过程。

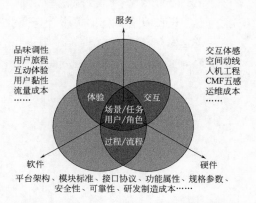

图9-28 MagicBox场景驱动式整合创新模型

MagicBox 不仅是一个新车型项目，更是一个社会共创的创新项目。它不仅为智能网联技术找到落地汽车产业的创新突破点，更是拓展了广汽"朋友圈"，思考和探索出制造业服务转型的新思路，催生了智能移动服务新业态，并成功地打造了移动生活生态链接。

设计管理在该项目的创新过程中起到主导作用，一是树立了"场景驱动"的开发流程，二是融合了跨领域集成创新与多专业协同的组织模式，三是把传统汽车硬件为主的开发，升级为"软件＋硬件＋服务"一体化的集成创新，四是通过车型原型、服务原型探索为后续创新找到了战略落脚点，既规避了开发风险，更形成了有商业逻辑支撑的战略使命。

小结

美国著名管理学家汤姆·彼得斯（Tom Peters）谈及设计管理的作用时曾说，"设计如何处理那些拙劣的物品是第二位的，设计的首要任务是建立一种全面的方式进行商业运作、顾客服务和价值创造。"设计已经进入战略层面，每个企业的设计管理都是具备自身独特属性的持续创新机制，因此，它并不像单纯的设计本身那样容易被竞争对手模仿和复制。随着社会、技术和经济的不断发展进步，面对激烈的全球化市场竞争，设计管理作为一个新的研究领域，一种应对激烈市场竞争的最具潜力的工具正受到愈来愈多的关注。设计管理的特征在于它要自始至终地贯穿于从产品策划到向社会输出产品和服务的整个过程。之所以强调自始至终的重要性，是因为产品是企业哲学思想以及当下策略的投影，企业要给消费者形成统一而深刻的品牌印象，就要将激发自己进行产品策划的创新理念传达给最终用户，设计管理可以保证整个过程中这一理念不变形走样从而让最终用户通过产品体会到企业策略，甚至企业的哲学及思想。

复习思考题

1.解释以下名词：市场、市场营销、市场推销、设计管理。
2.论述工业设计与市场的关系。
3.论述工业设计师应如何处理设计与商业的关系。
4.设计管理包括哪些内容？
5.论述设计管理对设计的重要作用。

第10章
工业设计与文化

本章重点：
◀ 文化的概念。
◀ 文化与工业设计的关系。
◀ 工业设计、品牌和文化之间的关系。
◀ 如何提升整个社会的设计文化。

学习目的：
通过本章的学习，了解文化的概念、特点和作用，加强对传统文化的认知，理解工业设计与文化、品牌之间的关系，以及提升整个社会设计文化的思路和方法。

文化是国家、民族的灵魂所在、血脉所依，是国家、民族赖以生存发展的内在根基。一个民族的复兴，必然伴随着文化的繁荣；一个国家的强盛，必然离不开文化的支撑。设计与文化的关系错综复杂、相辅相成，文化影响并制约着设计，设计承载、创造、传递着文化，设计创新与文化发展相互促进。当下设计师不仅承担着以更优质的产品服务民众、教化民众的责任，而且还承担着建立、强化我们国家的自主品牌、助推中国品牌走向世界、在国家市场打造中国品牌"国家队"的使命，因此，热爱文化、深入学习文化、领悟设计与文化的关系、让设计富有文化基因并且承载发扬我们国家民族的优良文化是今天的工业设计师们必须要做的"功课"。

10.1　文化概述

　　"文化"的概念非常宽泛，迄今仍没有一个公认的、令人满意的定义。笼统地说，文化是一种社会现象，是人们长期创造形成的产物。文化同时又是一种历史现象，是社会历史的积淀物，与一个国家或民族的历史、地理、风土人情、传统习俗、生活方式、文学艺术、行为规范、思维方式、价值观念等密切相关。

10.1.1　文化概念的界定以及文化的分类

　　我国古籍《周易》的《贲卦·象辞》上讲："观乎天文，以察时变，观乎人文，以化成天下。"这是我们国家先民两千多年前对文化的初步认识，这个认识来自于古人对自然和社会的观察和思考，"天文"意指天道自然规律，"人文"则指人伦社会规律，即生活中人与人之间纵横交错的关系。

　　英国文化人类学家爱德华·伯内特·泰勒（Edward Burnett Tylor，1832—1917 年）在其 1871 年所著的《原始文化》一书中对"文化"一词进行了如下定义："文化或文明是一个复杂的整体，它包括知识、信仰、艺术、道德、法律、风俗以及作为社会成员的人所具有的其他一切能力和习惯。"再如，《文明的冲突》的作者塞缪尔·亨廷顿（Samuel Huntington，1927—2008 年）认为，文明是一个文化实体，是"文化构成的历史整体……是最大的文化整体。"但他也认同法国历史学家费尔南·布罗代尔（Fernand Braudel，1902—1985 年）的观点，文明是一个"文化领域"，是"文化特征和现象的一个集合"，所以，我们也可以把他所谓的文明理解为"文化"。

　　英国文化学者雷蒙·威廉斯（Raymond Henry Williams，1921—1988 年）在其所著《文化与社会》中概括出西方"文化"概念的四个定义：心灵的一般状态或习性，与人类完善的思想有密切关系；作为整体的某个社会的理智发展的一般状态；各种艺术；物质、理智和精神的整体生活方式。

　　我国著名学者、国学大师梁漱溟（1893—1988 年）在其所著的《东西文化及其哲学》里将文化的定义分为三个层次："所谓文化，不过是一个民族生活的种种方面，可以总括为三个方面：精神文化层面，如宗教、哲学、艺术等；社会生活方面，如社会组织、伦理习惯、政治制度、经济关系等；物质生活方面，如饮食起居等。"

　　我国《辞海》中"文化"的定义被分为广义和狭义两种。广义是指人类社会历史实践中所创造的物质财富和精神财富的总和，包括科学、艺术、宗教、道德法律、风俗习惯等；狭义是指社会的意识形态，例如政治、法律、哲学、文学、艺术以及人们的衣食住行和各种伦理道德、人际关系等，还包括与之相适应的制度和组织结构等。

　　可以说，文化是人类有意识地作用于自然界和社会乃至人类自身的一切活动及其结果，体现了人作为历史活动的主体进行自我创造和自我实现的过程和成果，是协调人与自然、人与人以及人与社会关系的媒介。由于文化的多样性和复杂性，当下，对文化分类最常见的方式有以下三种：一是将文化分为物质文化和非物质文化两大类；二是将文化分为物质文化、制度文化和精神文化三个层次，三是将文化分为物态文化、制度文化、行为文化和心态文化四个层面（注：①物质文化层，又称为物态文化层，由物化的知识力量构成，是人的物质生产活动及其产品的总和，是可感知的、具有物质实体的文化事物；②制度文化层，由人类在社会实践中建立的各种社会规范构成，包括社会经济制度、婚姻制度、家族制度、政治法律制度、家族、民族、国家、经济、政治、宗教社团、教育、科技、艺术组织等；③行为文化层，以民风民俗形态出现，显现于日常起居动作之中，具有鲜明的民族、地域特色；④心态文化层，又称为精神文化层、观念文化层，由人类社会实践和意识活动中经过长期孕育而形成的价值观念、审美情趣、思维方式等构成，是文化的核心部分）。其实这三种常见的分类方式在逻辑上并不矛盾，本质上是一个不断细分的过程。

　　"文化"一词与"文明"一词紧密相关，但又有所区别。文明是人类所创造的物质财富和精神财富的总和，一般分为物质文明和精神文明。学界对文化和文明之间的关系也存在不同的看法，但比较主流的看法是：文化包括文明，即文化所包含的概念要比文明更加广泛；文明是文化的精华部分和发展的高级阶段；文化发展是一个动态、渐进、不间断的过程，而文明发展是一个相对稳定的、静态的、跳跃式的发展进程；文化是兼收并蓄的，因而是中性的，而文明是成功范式，是褒义的。

10.1.2　文化的特征

　　文化是在适应环境的条件下产生的，不同的民族在特定的历史条件和不同的地域中会形成不同特色的文化，任何一个民族的文化都是世界文化不可分割的一部分。各个国家所处的地理环境、气候、文化传统、风俗习惯、社会经济各不相同，从而出现了不同类型的文化，如希腊文化、埃及文化、中国文化等。这些差异是区分判断的标识，也是深刻的文化烙印，正是这些差异构成了五彩斑斓的世界。这正如我国历史学家吕思勉（1884—1957年）在其所著《中国文化史》中所写到的："文化本是人类控制环境的工具，环境不同、文化因之而异。及其兴起之后，因为能改造环境之故，愈使环境不同。人类遂在更不相同的环境中进化。其文化自然更不相同了。"在我国历史发展过程中，也形成了不同的地域文化，例如齐鲁文化、两广文化、吴越文化等；它们都反映了人类文化的独特性、多样性和丰富性。虽然人类社会文化种类繁多，但归纳其特征总共有以下五点：

　　第一，文化由人类创造，是人类在进化过程中衍生出来或创造出来的。只有经过人的加工修饰、利用改造，才是文化，自然存在物不是文化。

　　第二，文化是人类后天习得并能通过载体传递的，先天性行为方式不属于文化范畴。

　　第三，文化是由各种元素组成的复杂体系，建立在能够传递象征意义的符号之上。

　　第四，文化是连续不断的动态过程，是不断变迁的。

　　第五，文化具有民族性以及特定的阶段性。

10.1.3　文化的作用

　　钱穆先生在《文化学大义》中开宗明义地写道："今天的中国问题，乃至世界问题，并不仅是一个军事的、经济的、政治的，或是外交的问题，而已是一个整个世界的文化问题。一切问题都从文化问题产生，也都该从文化问题来求解决。"这句话充分表明了文化的重要性。

概括而言，文化的作用体现在以下五个方面：

第一，文化对于社会具有凝聚作用。文化虽然属于精神范畴，但能通过语言和其他文化载体形成一种社会文化环境，对生活在其中的人们产生同化作用，令他们具有基本相同的价值观、审美观、是非观、善恶观，也为他们认识、分析、处理问题提供大致相同的观点，进而化作维系社会、民族生生不息向前发展的力量。

第二，文化对于经济具有助推作用。首先，文化的导向为经济发展赋予价值意义；其次，文化为经济发展赋予极高的组织效能；再次，文化促动经济发展并使其具有更强的竞争力。经济活动所包含的先进文化因子越厚重，产品的文化含量越高，由此带来的附加值也就越高，在市场中实现的经济价值也就越大。

第三，文化能为社会变革提供内在动力。在人类历史上，新的制度战胜旧的制度，文化起到了内燃机的作用。

第四，文化对于人群具有教化作用。"文而化之"，文化的作用在于"以文化人"。文化具有教化人的作用，能够改变人的价值观、世界观、人生观，改变人的生活方式。文化对人的影响主要有以下三个层次：第一个层次表现在对人们可以观察到的人造物的影响上，例如服饰、习俗、语言等；第二个层次表现在对人们价值观的影响上，不同文化中的人们价值观存在差异；第三个层次表现在文化对人们知觉、思想过程、情感以及行为方式起着决定性的影响。人们通过接受文化教育和文化熏陶，丰富自己的内心，培养高尚的文化修养和情操，文化也因此具有治理社会、为统治阶级服务的功能。文化的终极目标是文明，文化越发达，文明就越进步，社会就越发达。

第五，文化影响着人类思想的认知。文化是人类社会中深层次的、无形的东西，是在历史发展进程中凝结而成的稳定的生存方式，它内化于人的一切活动之中，构成人类活动的灵魂和社会变迁的内在机理。人的认知产生在一定的历史文化环境中并反映特定社会文化的内容，文化通过形成知识结构，深刻地影响着人类的思想。

人类作为万物之灵，不仅生活在外部的物质世界中，还拥有内部的精神世界，每个人同时拥有两个家园，一个是物质的家园，一个是精神的家园，这两个家园都是不可或缺的。人们需要很好地保护自己的物质家园，也需要精心地守护自己的精神家园。世界历史上曾出现过多种辉煌灿烂的文明，如古希腊文明、古罗马文明、古巴比伦文明，但这些文明都在沧海桑田的变迁中泯灭于历史的尘器，这既有客观历史条件的原因，也有自身传承方面的因素。中华民族世世代代敬畏、珍惜和呵护自己的文化，所以我们中国文化能够生生不息地薪火相传五千年。尽管近百年来技术的飞速发展、日趋商业化的社会以及外来文化的冲击，造成了部分国人的文化困惑和精神迷茫、甚至是道德沉沦和心灵萎缩，然而生于忧患之中的中国文化始终强调对人本身的重视、对人的问题的重视，强调平和宁静、清新自然的人生意境。因此，当现代人遇到种种困惑的时候不妨反求于传统文化，从中找寻前人的智慧，就能很好地平衡这些精神偏颇和文化缺陷，甚至获得对当下问题和未来问题的解决之道。因此，人们常说，"一个民族能向后看多久，就能向前看多远"，由此可见重视和传承传统文化的重要性。重视和传承传统文化，并不是要因袭守旧，一味泥古，而是要在继承的同时不断创造新的文化，实现中国文化的复兴。

10.1.4　当代中国文化概况

一个国家在国际上的地位不仅取决于其经济军事实力，还取决于它的精神力量和文化感召力。改革开放以来，我国经济发展迅速，现在已经是全世界第一人口大国、第二大经济体、第一贸易大国、第一制造大国、第一大外汇储备国，所有这些都证明我们作为一个大国的再次崛起，但是这些都是硬实力，相当于一个人的骨骼和肌肉。国家与人一样，富国不等于强国，富而不强更容易被人觊觎和抢掠。在当前这个风云变幻的信息时代，我们的大国地位同样需要软实力，也就是说，要有大脑和智慧，只有这样，我们才能成为真正的强者。但是，当今中国文化的地位和影响力与我们在世界上其他领域的排名并不相称，我们的文化还缺少像西方文化那样在全球范围内的感召力，因此，我们与成为世界强国的目标之间还有一些距离。但这并不是说，中国文化缺少普世的价值和意义，相反，在当今人类面临的包括新冠疫情、温室效应等种种困境面前，中国文化表现出了其巨大的作用和普世的价值与意义。只有进一步全面复兴中国文化，才能支撑我们国家各个方面稳健而持久发展，这将是一条漫长的路。

流水不腐、户枢不蠹，文化是具有流动性的。在时间的长河中，它要不断向前发展，就要不断与外界文化交流、碰撞，诞生新的文化因子保持活力。追溯古代史，中国文化在漫长的历史过程中并非与世隔绝、不尚交往，中世纪之前的华夏文化本身就是多种文化的融合体，有着惊人的包容度和亲和力，但是进入明清时代，海纳百川的包容性不见了，取而代之的，是一成不变的"中国智慧"。中国的传统文化强调"和"，中国文化对其他文化采用的也是这个态度，历史上外来文化始终没有动摇过中国文化的主体地位。站在21世纪之初，回望20世纪中西文化交流，更多是从西方向我们的流入，把西方文化引入中国，是鲁迅先生所说的"拿来主义"，而相反方向的输出则少之又少，"输出主义"者寥若晨星。很多人认为现代化就是西方化，认为中国的出路就是走西方的路，这种心态的实质还是文化的不自信。近些年来，国人在文化上开始觉醒，"国学""国潮"受到青睐，但是往往流于表面，或者出于商业的目的，缺乏真正成熟的标志——深入的思考和创造性的阐发。中国文化的崛起，是对文化的复兴，必须对文化进行基于当代的理解、解释，要有基于当下和未来的创新，而这种创新一定是建立在对传统文化有深入理解的基础之上的。这就如同植株的成长，只有根扎得深，叶才会茂、花才会艳。

中国美术界一代宗师、中国现代美术先驱、"中西融合"艺术理想的倡导者、开拓者林风眠（1900—1991年）曾说："从历史方面观察，一民族文化之发达，一定是以固有文化为基础，吸收他民族的文化，造成新的时代，如此生生不已。"文化本身是包容并蓄的，因此不论是对传统文化还是外来文化，我们都要采取科学理性的态度，既采取开放包容的态度，要善于汲取优秀的精髓，又要抵制糟粕的组分。中国要复兴自己的文化，或者说重新建立自己的新文化，首先要有自己的观点和见地，而不是以别人的逻辑作为自己的逻辑，以别人的规范作为自己的规范。否则，就是落入了文化殖民化的陷阱。其次，党在"十八大"报告中指出"建设优秀传统文化传承体系，弘扬中华民族优秀传统文化。"传统文化是我们民族之根，发展之本，中华民族的伟大复兴说到底就是中华文化的复兴，中国走向世界说到底就是中国文化走向世界。但是，在这个过程中，如果言必称孔孟，一味因袭守旧，拒绝与西方对话和学习，也不是正确的态度。

从大处看，文化是生活的样式，但文化的核心特质是存在于衣食住行这些维持生存意义的物质之外的，它是我们看待自己和世界的方式，是我们国家独特的思想原则和精神原则。自古以来被我们先人奉为神明圣贤的人，都具备博大的胸怀，他们创造文明、教化众生、与民兴利、公而忘私、品德高尚，可以说，中国文化的特质就是"崇道尚德"。在延续优秀的传统文化的同时不断创造发展新文化，促使人们的精神生活迈向更高的境界，推动中华文化生生不息地向前发展，传承"中国之道"，是每一代中国人的使命和责任。

10.2 文化与设计的关系

设计为人，人造物不仅仅是设计的产物，也是文化的载体。远古时代的智人们正是通过对自己生存发展方式的不断设计与创新繁衍下来，成为世界上现存的唯一人种。设计本身不是目的，而是工具和方法。设计的目标是建立一种对于人的适应性系统，是为了适应和满足人类日常生活的需求，因此，设计体现了人类演进的机制。人本质上就是文化的存在物，人的天性就是热衷于设计，设计也是人的精神意志在造物中的体现，因此，设计的创造就是文化的创造，设计成为文化的一种，可以说，设计本身就是文化的产物。

设计是文化的产物和标志物，设计反映文化，是一种创新的文化。从人类历史的发展来看，人类的需求和创新首先是通过设计把它表现出来，设计的成果也就必然反映了社会的进步、文化的发展以及文化的期待。文化的样貌可以通过设计看到或者能够通过设计得以解释。因此，可以将设计作为了解一个民族、一个国家、一个时代文化的窗口和指标。设计的发展不仅可以反映时代文化的面貌，而且反映时代文化发展的本质和趋势。社会以及文化的发展，赋予设计在文化方面的责任和担当，设计水平的高下在一定程度上反映国民对文化的认知和整体把握水平。可以说，设计是文化的代言人，古今中外，文化都是设计最重要的内在本质。

文化如同绵延不断的长河不息地流淌，是国家、民族、地域独一无二的特质和精神，设计是其中融汇翻涌的浪花。文化的发展离不开世代继承，其本身也会以自觉不自觉的方式发展创新。设计作为社会文化的有机组成部分，它在文化的参与下和制约下展开和完成，并体现出文化的风貌。与设计相关的文化可以被称为设计文化，设计文化是一种广义文化，包括物质技术、社会规范和观念精神等。设计是建立在一个民族、一个国家文化的根上面的，而文化的根就是生活。生活器具不仅是满足人们生理需求的一套物质设备，也是塑造人们价值体系形成的文化设备。设计一个物品的时候，不仅仅要思考技术和功能，还要在文化层面上展开思考。由此可见，设计不是单纯的造物构想，它产出的不仅是物品，同时也在制造文化。

设计风格对文化的体现，来自于设计者对文化的自信、热爱和领悟。北欧的设计注重人本，风格自然简约；日本的设计以精致小巧见长，高科技与传统风格相得益彰；德国的设计强调功能，严谨简洁；英国的设计实用、优雅，兼顾功能和技术；韩国的设计时尚现代，美国的高科技、服务、娱乐等全球领先，设计风格舒朗大气。而我国历史上如汉代的漆器、宋代的瓷器、明代的家具，无论是设计风格还是制造工艺水平都占据世界同类产品的领先位置，但是经历了历史上的战乱和落后，我们的现代设计长期缺少自己的思考和产出，模仿甚至抄袭成为常态，先是模仿苏联，后又模仿美德日韩，这也屡屡被国外企业诟病甚至起诉。好在中国企业从中学习到了很多先进的理念和技术，并且已经开始反思并注重自主创新，逐渐发展出自己的思想和理念。当下我国的设计正逐渐摆脱盲目的抄袭模仿而酝酿形成自己的风格。

□ 小结

工业设计以造物的形式表达文明的进步，它是一项系统工程，对人类社会而言，它不仅构建着工业和社会结构，同时也塑造着文化—心理结构。作为一种文化现象，工业设计必然反映着其所处时期和社会的精神、价值观及审美品位。如果完全强调技术，所造之物就会变得千篇一律，丧失人文气息和人情味道。好的产品一定要有文化审美，没有文化就是没有灵魂，有品质的产品也要通过设计语言对消费者表达文化，设计语言也会使文化获得张力。所以，在设计中，既要注重科技和艺术的结合，还应注重设计与文化交融，只有广泛地吸收艺术、人文的灵感，设计出来的产品才能受到民众的欢迎。这同时对设计、设计师以及设计管理在文化方面的素质提出了较高的要求。

10.3 传统文化对设计的影响

文化的发展遵循事物发展的一般规律，每个阶段的发展都源于并高于之前的发展，循序渐进。传统文化是每个民族、每个国家在长期的历史沿革和文明演进中形成的较为稳定、共同的心理特征，积淀成能够反映不同民族特点和精神风貌、富有自己特色的文化，涉及思想观念、思维方式、价值取向、道德情操、文学艺术、教育科技等方面，综合反映了民族历史上多种观念形态、思想文化和文化心理结构。

运动员都想拿到比赛的奖牌，但是拿到奖牌的条件是首先要参加比赛。同理，一个国家想要在全球经济盛宴中获得利益，就必须首先参与到国际化大循环中，因此没有国家和民族愿意置身于国际化潮流之外。但是，参加比赛就必须遵守比赛规则，想参与到国际经济循环并在其中获胜，就必须按照国际通行的规则来调整和约束自己的行为，例如，让物质产品符合国际标准、产品的审美与文化适合国际潮流和趣味等，所以首先就要去学习和熟悉规则。在这个过程中，有的人会觉得传统文化是奔向全球化道路上的障碍和累赘，是应该扔掉的历史包袱，这种认知将带来严重的后果。20 世纪 80 年代，美国前总统理查德·米尔豪斯·尼克松（Richard Milhous Nixon，1913—1994年）在其名为《1999：不战而胜》的著作中写道："当有一天，中国的年轻人已经不再相信他们老祖宗的教导和他们的传统文化，我们美国人就不战而胜了"，这个说法不无道理。20世纪80年代实行改革开放政策，我们的国门打开后，在中外文化全面接触、交流和碰撞的过程中，国人的价值判断受到了极大的干扰，在物质、精神文化层面崇洋媚外，对西方或是日韩单纯流于表象的模仿被一部分人当做时髦风尚，也使一部分人迷茫、迷失。我国著名机械专家、教育家杨叔子曾说："一个国家、一个民族，没有现代科学，没有先进技术，就是落后，一打就垮；然而，一个国家、一个民族，没有民族传统，没有人文文化，就会异化，不打自垮。"一个文化上找不到自我的民族是没有自信的，这种状态也无法支撑经济的发展和社会的稳定，这种状况也激发了人们对我们国家传统文化的寻根和再发现。

实践表明，一个国家和民族在实现现代化过程中特殊性来自于该国的传统，要实现现代化，必须解决传统文化和现代化的关系问题，对这个问题反思程度的深浅，也反映出该民族的成熟度和国民素质的高低。一方面，一方水土养一方人，生于斯，长于斯，传统文化如同血脉沉潜于人们的精神家园，虽然文化全球化趋势不可逆转且日益强劲，人们的生活方式也渐呈同一化的趋势，却仍然无法取代传统文化给人们内心带来的那种归属、认同、安全和宁静的深刻体验；另一方面，当前文化是传统文化推陈出新后的产物，只有从传统文化生发创新而来的当前文化和未来文化才是有源之水、有本之木。中华民族的崛起离不开中国文化的重建，重建中国文化不是恢复传统文化，而是发展中国文化，这就要求我们对中国文化做出现代的阐释。"以传统透视现代，以现代反观传统"成为当下研究者的共识。尤其当外来文化长驱直入的时候，我们更是要返身学习中国传统文化，学习古圣先贤的智慧。以我为主、兼收并蓄、不忘本来、吸收外来、面向未来，这是在延续我国文化血脉过程中应有的态度。在全球化大潮中，坚守自己的传统文化，就是坚守民族的话语权，才能争取自己的地位与别国开展平等的对话，在向别人学习的过程中，不断丰富和发展自己的文化、推广自己的文化，就能让本民族的文化被别人理解、承认和尊重的同时，得到成长和彰显。

学习自然，传承历史，创造未来社会，这是人类改造自然、发展社会的主旨。荷兰设计史学者弗德里克·海根（Frederique Huygen）曾说："说到底，设计也是民族文化的组成要素之一，它不可避免地要参与到民族文化的塑成过程并对其施加影响。"工业设计不仅仅是技术体现和审美、功能需要，它也能传承本民族的文化传统，并能塑造本民族的文化，传统文化的影响，也将一直伴随着现代设计的成长。虽然有些具有前卫意识的设计师宣称要抛弃传统，认为自己的作品是"无传统"的，但实际情况并非如此。设计师伊万·切尔马耶夫（Ivan Chermayeff，1932—2017年）说："历史的设计是设计的历史。设计师有可能抛弃材料、工具、语言、表现手法等方面的显性传统，但是，无法完全抛弃对设计认识的文化心态、思维方式、审美观点等隐性传统，人既是社会的人，也是历史的人。"事实上，设计师的创作灵感，在很大程度上是依赖自身文化修养。这种修养，来自于他们对自然、社会、科学技术、历史知识的掌握，即使那些宣扬自己舍弃传统文化的设计师也无法真正脱离自己所处的社会环境，由此也无法彻底与传统文化绝缘。

在世界各民族文化大融合的时代背景下，参与国际经济大循环，参与国际竞争，遵循国际通行的游戏规则，并不是要和传统文化决裂；相反，要坚持自己的民族个性，强化自己的民族个性，形成自己的民族特色。只有深刻把握、深入研究中国的生活方式，深挖本民族人生观和文化精神，才能为设计增添更多的文化魅力，用设计传达民族内生的文化性、思想性，展示出浓厚的文化品位和深远意境，才能在激烈的市场竞争中立于不败之地。

10.3.1　英国、意大利、日本等国传统文化对设计的影响

作为文化的分支之一，各国的设计也呈现出不同的特征：英国设计高贵优雅，有深厚的古典人文主义传统；德国设计强调功能，理性、严谨、简洁；意大利设计创新时尚、激情洋溢；日本设计精致内敛、高科技与传统相得益彰；法国设计浪漫且富有创意；而美国则充满商业主义特质，风格华丽大气，高科技色彩浓厚；北欧的设计则自然而温润，注重以人为本，风格自然简约。所谓某个国家设计的文化共性，更多地表现为一种宏观层面上的风格统一，而不是具象的各色符号的堆砌。一个国家向其他国家出口商品，不仅是经济活动，也是向海外市场输出本国文化以及价值观的过程，商品成为传播国家形象和民族文化的最方便直接的载体。在这个信息爆炸和时间稀缺的社会中，人们更加注重自己精神层面的感觉，将设计与传统文化有机糅合，可以使产品具有精神和情感的影响力，更易于获得消费者的青睐，见案例10-1。

案例10-1　英国传统茶俗对英国茶具设计的影响

老舍先生曾说："在英国人眼里，一切旧的都是好的"，这反映了英国人保守的一面和他们对传统的高度重视。英国设计具有强烈的风格历史化倾向，国际主义在英国的发展较为有限，但是英国的前卫设计依然是先进的，波普设计就起源于英国。

自从200多年前茶叶从中国传入英国后，英国逐渐发展出自己的饮茶文化，饮茶也被英国人视为一种享受，他们喜饮红茶，并且要在茶中加以牛奶和糖，并佐以饼干、甜点等。早期英式茶具的设计明显受到东方陶瓷的影响，后来渐渐摆脱东方色彩，融入典型的英国传统文化和艺术特征，形成了特征鲜明的"英式茶具"，装饰特点一般是师法自然，偏好采用娇美妍丽的花卉图案（这也与英国人传统的喜爱园艺的习惯有关），杯口常饰以金边，不论是纹样、绘边都严谨精巧，也有的杯口被设计成伸展、扭曲的富有艺术感的形态。整体而言，英国茶具的设计既华丽唯美，蕴含高贵、优雅的英国贵族风范，又清新自然，富有传统、古朴的英伦艺术特征，而且，茶具的造型、容水量、组合方式都与英国自己的饮茶习俗相符，见图10-1。这种富有特色的设计不仅在国际茶具市场中独树一帜，也作为一种风格影响了包括中国茶具在内的设计。

图10-1　英国Wedgwood
茶具 金玫瑰系列，2012年

案例10-2　Alfa Romeo Spider —— 意大利设计文化的典型代表

　　第二次世界大战结束后，意大利的家具、汽车、服装、家电、电子产品的设计都力争实现科学与艺术的完美结合，注重将设计与意大利本土文化结合，产品既具有现代主义特征，又有意大利民族特色和文化内涵；既体现高技术性又保存手工艺的优良传统；既有高度理性色彩，又具有强烈的个性风格和人情味。这种具有鲜明意大利文化风格的设计逐渐发展成意大利设计的主流风格，意大利的时装、家居和汽车设计在世界范围内广受欢迎、引领风尚。Alfa Romeo Spider是著名的宾尼法瑞那公司在1966年推出的车型，这款车融合了古典风韵及现代感十足的线条，成为阿尔法·罗密欧车系中的常青树，随着时间的推移，其经典造型并没有轻易改变，圆润的尖鼻头、倒三角的进气格栅，处处散发着浓郁的意大利式浪漫情调，畅销世界各地，历久不衰，见图10-2。

图10-2　第一代Alfa Romeo Spider，1966年

案例10-3　日本工业设计的文化特征

　　日本在设计与文化融合方面的探索和实践堪称东亚国家的楷模，长期以来以一己之力被作为东方设计的代表与西方设计相提并论。日本从1953年前后开始发展本国现代设计，到20世纪80年代已经成为世界上最重要的设计大国之一，不仅日用品、包装、耐用消费品的设计达到国际一流水平，连汽车、电子产品这类需要高度技术背景和长期人才培养的复杂设计类别，也跻身国际前列，令世界各国对其另眼相看。我国研究日本文化的专家汤重南曾指出，日本文化就像一个洋葱头，每一片洋葱都是本土文化与外来文化的融合共生，但却找不到自己文化的核。同样，日本设计饱含着东西方的美感，将传统文化与现代设计思潮进行融合，形成了日本设计独有的民族特色。具体而言，在传统方面，汲取中国和韩国等东亚国家的文化内涵；而现代感的设计则追随、借鉴、模仿美国、德国和意大利的设计，传统和现代结合，便形成了与众不同的设计风格——日本风格。日本的现代设计能够在如此短暂的时间内产生世界性的影响，其重要原因之一就是日本工业设计从20世纪50年代开始实行的"双轨制"方针。一是保存优秀的传统，系统地研究传统，不用现代方法去破坏传统风格；二是按照现代人的需求，遵循现

代经济的发展规律，进行与传统无关的产品设计，针对日本国内市场与国际市场不同的两种设计体制也是双轨并行的。日本设计界大师辈出，反映了日本设计领域深厚的文化力。很多日本设计师自觉地将日本的文化传统融入到现代设计理念中，同时在视觉上又满足人们对于传统文化的怀念。世界上很少有国家能够在发展现代化的同时完整地保持、甚至发扬了自己的民族传统的设计，也很少有国家能够使两者并存，同样得到发扬光大。日本在这方面为世界，特别是为包含我国在内的具有悠久历史传统的国家提供了非常有意义的样板。

日本设计师喜多俊之（1942— ）擅长将现代的技术、材料与传统文化精神相结合，他的作品"WINK"椅形态与米老鼠有几分神似，色彩明显带有西方波普艺术印记，但其折叠弯曲的椅脚很明显像是人跪坐在和式榻榻米上的姿势，让人很容易感受设计的源泉仍然来自日本文化。座椅展开后便成为一张有怀抱感的躺椅，多功能设计以及材料的细节运用符合人体工程学，体现出日本民族传统文化中特有的感性、纤细的品格，见图10-3。为了使得日本传统的手工艺避免失传，1971年他用日本的和纸为意大利品牌iGuzzini设计了Tako系列纸灯，通过和纸透出的灯光分外柔美，这个系列的灯具不仅挽救了日本这种古老的造纸技术，也让喜多俊之在意大利一炮而红。今天这款灯具依然在向全世界销售，见图10-4。

图10-3　WINK椅 设计师：喜多俊之

图10-4　Tako灯具 设计师：喜多俊之

日本设计师原研哉（1958— ）对国际化和本土化设计之间的关系深有体会，他说："越国际化就越发感受到本土化的重要。"国际化和本土化并不是相对立的，而是相辅相成的关系。国际化越发达，就越会激发本土化的发展。他为"白金"清酒设计的不锈钢盛酒容器，简单的造型配合明净如镜的瓶身，极具东方禅意。后来巴黎Kenzo香水部相中了这个酒瓶，将其尺寸缩小后作为Kenzo男士香水的包装瓶，极具个性，见图10-5。作为无印良品的设计总监，原研哉赋予无印良品的设计理念是"空"，通过简化和克制的设计，追求设计的日常化、虚空、白的意境。无印良品被日本乃至全世界设计界认为是当代最有代表性的"禅的美学"体现，禅意的美感、似有若无的设计将产品升华至文化层面。原研哉作品的意义在于，在一种可感知的日式简单文化中，揭示了一种存在于禅之"无"中的"有"，见图10-6。

图10-5　老牌清酒"白金"包装瓶 设计师：原研哉

图10-6　无印良品从简单中寻找美

意大利著名设计师安德里亚·布兰兹（Andrea branzi，1938— ）说，"意大利和日本这两个国家的历史和社会体制完全不同，刚好代表了设计的两个极端，然而这两个极端存在一点相通之处，就是它们都与设计有着不解之缘。无论在日本还是意大利，设计不单单被看做一种职业，而且是被看作了人类文化方面的一项重要活动，不单单被看做一种工业必须从事的行为，而且被看作一种呼唤社会深层的具有民族个性的行为。"人类的文化始终处在发展变化之中，设计作为文化的构成因素之一，也在影响和塑造着文化。纵观当今世界，设计发达国家通常也是经济和文化发达的国家，无论是英国、意大利还是日本都能够从文化的深度认可和使用设计，而且文化发展所具备的传承、包容和创新的特点在设计中也得到了充分的体现。

10.3.2　我国传统文化对我国古代设计的影响

在造物的理念和方法上，我国古代的造物实践体现了中国人独特的生存世界观和创造力，在古代工匠看来，造物是包含了由人、时间、空间、物质、制度、工具、生产关系等诸多因素相互作用而形成的事件。"和"与"宜"均为中国古代造物的基本法则和方法论，这两个法则意义接近，要义都是说要充分考虑各限制性因素对设计目的的影响，只有把握顾及全体，才能保障最终造物结果的合理。这些古老理念极富智慧，与现代设计中"系统设计""优化设计"的观点相吻合，对今天的设计同样适用。

在形态设计上，我国历史上的器物以简约为美，强调顺物自然、大气平和的风格，反对过多的雕琢和装饰。以明代家具为例，它代表了中国古代家具设计的最高成就，浑厚洗炼的形态、流畅简约的线条、繁简相宜的装饰形成整体典雅肃静的风格，天然的硬质木材以及全部采用榫卯连接，更使之呈现出"天然去雕琢"的悠闲气度，与现代功能主义和简约主义的风格并无二致，见图10-7。此外，宋代的瓷器也以简约流畅的造型和清雅的风格成为我国古代造瓷艺术的经典。可以说，宋代的瓷器和明代的家具代表了我国古代最高的造物设计的审美水平，这些器物所蕴含的处事风骨和哲学思想深得士大夫阶层的欣赏，反映了文人士子们清逸简洁、冷静娴雅的审美品位和他们对自尊自爱、真善平和的思想境界的向往，反映了他们对内省品质的追求。

图10-7　明代家具

在色彩的选择上，我国先人以丰富的想象力，赋予色彩不同的思想情感，例如，红色预示着吉祥、喜庆、幸福；青绿色代表长久、平和；白色象征悲哀、贫穷等。在皇权至上、等级森严的封建礼制规定下，色彩的使用还具备了严格的等级限制，例如，西周和春秋时代喜用红色，红色也是我国最早的流行色，建筑物色彩中以红色最为尊贵，红色成为王权的象征；而到了清代，红色最尊贵的地位被黄色所取代，黄色成为皇家专用色，代表着神圣、权威和庄严，成为皇室的专用色，一般臣民若未得到皇帝的特许擅自使用黄色，甚至会被认为有"不臣之心"而招致杀身之祸。

在文化的符号化表达上，在我国古代文化发展的过程中，人们以"观物取象"的方式，观察思考客观现象，解释内在规律，以丰富的想象力用巧妙的具体形式——吉祥图案或纹样的形式将其显现出来。不论是松柏、葫芦、石榴、荷花、牡丹、桃、竹等植物形象，鲤鱼、蝙蝠、蝴蝶、蟾蜍、乌龟、狮子等动物形象，还是花瓶、灯彩、钥匙、结艺等器物形象以及龙、凤凰、麒麟、貔貅、上古四神兽和四灵兽等虚幻的形象都通过联想被赋予吉祥的含义，成为特定的文化符号，林林总总，不胜其多，在古代的建筑、器物和年画中高频出现，表达了人们对真善美和幸福生活的渴望，见图10-8、图10-9。"观物取象"也体现了我国古人注重吸收事物内在精神理念的经验性思考习惯。"观物"是审视天地万物，"取象"是抽取内在规律提炼深层次的精神内涵，这表明古人常趋

图10-8　中国古代建筑中的五脊六兽

向于对事物内在的理解，强调精神意蕴的提炼。这些吉祥图案或纹样洋溢着强烈的生活气息和乐观精神，具有隽永的艺术价值，群众基础广泛从而世代流传。

图10-9　宋代瓷器

在设计作品的评价方法上，我们的祖先早在先秦时代的《考工记》中就提出了四项标准"天有时，地有气，材有美，工有巧，合此四者，然后可以为良。"它提出了评价设计质量的四个关键点：时间、空间、材料、构思，这四项价值标准对现在的设计依然非常有效。

案例10-4　中国传统文化在设计中的体现

物是精神的外化，中华文化延续五千年生生不息，是因为尽管经历了重重磨难，中华民族渴望文明、尊重文化的传统始终没有断掉，这正是我们前文讨论的中国文化的"崇道尚德"的精神特质。自古及今，中国人对生活用品或艺术品较高的要求之一就是，"这个东西是有讲究的"，要么是材质工艺，要么是形态色彩，要么是使用过程中的精神化的表达或教育性的作用。所谓"器以载道"就是说中国传统文化所理解的器非止为器，而是知识与思想的载体。我国历史上很多器物设计都表明我们的先人们将物作为加强自身修养和教化民众的手段。

"克己复礼"出自《论语·颜渊》一章："颜渊问'仁'。子曰：克己复礼为仁。一日克己复礼，天下归仁焉。""克己修身"这四个字出自《左传·昭公十三年》，从字面意思理解是适当克制自己的欲望，约束自己，严格要求自己，并以此反省自己，以求修身养性，成人达己。"克己修身"作为儒家的核心哲学思想之一，在以儒家思想为核心价值观的封建社会得到了推崇，按照马斯洛的需求层次理论，"克己""反省"属于对自我实现的需求，是最高层次的需求。在封建社会的中国，金黄色的龙椅是至高无上皇权的象征，设计制作均极为考究，通常选用名贵木材为基材，扶手靠背处均雕有繁杂的盘龙，做工也异常精致，然而，奢华的外观却暗含着"克己修身"的设计语言。异常宽大的座面，充满了威严感，但坚硬的木质材料和木雕盘龙凸凹不平的形态却使皇帝无法将双手舒服地置于扶手上或将身体斜倚其上，这样就能时刻提醒皇帝注意保持威严的坐相，靠背处也有类似的设计，这就是器物中隐含的"克己"的设计语言——既充分展现皇室的威严，又能勉励皇帝自我反省、勤勉向上，以求保持皇室的长久统治，体现了皇室对"修身"的追求，见图10-10。在儒家思想占统治地位的封建社会，只有皇帝自身先做到"克己修身"，实现"复礼归仁"，成为国民的表率，整个国家才好治理，才能维持皇室的统治。

杆秤是根据杠杆原理制成，分秤杆与秤砣两部分，见图10-11。古代的秤一斤是十六两，有十六个刻度，每个刻度代表一两，每一两都用一颗星来表示，叫做"秤星"。秤星的颜色必须是白色或黄色，不可用黑色，表示用秤做生意的人，心地要纯洁，不能昧着良心（黑心）。民间的说法是秤杆上刻的秤星是根据天上的星宿演化而来，前六颗代表南斗六星，象征四方和上下；再往后数七颗则代表北斗七星，南斗六星主生，北斗七星主亡。秤杆上的第一颗星又叫做"定盘星"，其位置是秤锤与秤钩平衡时秤锤的悬点。秤杆的尾端是福、禄、寿三星，用来告诫生意人要诚实、讲信用、不欺骗，否则，少一两无福，短二两少禄，缺三两折寿。由此可见，中华民族的先祖们人为地赋予杆秤丰富的意涵，目的在于教化民众诚实、守信、公平、公正。

图10-10 龙椅

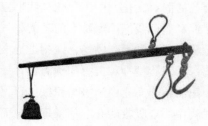

图10-11 杆秤

筷子是中国人传统的餐具，筷子的形态一端圆一端方，暗喻天圆地方。筷子传统定制的长度为七寸六分（鲁班尺），代表人的七情六欲，这正是我们人类与动物的根本区别。拿起筷子，就是提醒人必须控制好自己的七情六欲，方能在天地方圆中得以进食，得进食方得养生，所以控制七情六欲是养生的需要，也是做人的基本修养。

案例10-5 将物转化为生活境界——明代《长物志》所倡导的雅致生活

明代苏州人文震亨所著的《长物志》代表的明代一脉美学，概括起来就是四个字：删繁去奢，见图10-12。例如第一卷《室庐》中有这样的观点：门要木质，即使是石头门槛，也要用板扉。门环要用古青铜，白铜黄铜一概不用。窗用纸糊，纱和篾席都不行。山斋引薜荔于墙，可是不如白墙雅致。太湖石做桥，俗。桥上置亭子，忌。即便让王羲之来题字，莫若一壁白墙最好。用瓦做成铜钱、梅花图案的，都应捣毁……总之，"宁古无时，宁朴无巧，宁俭无俗"，自然、素雅、低调，甚至些许教条的风格体现的是对"贵介风流，雅人深致"的追求。在文震亨看来，一般人不会使用物，以为越豪华、越时髦越好，结果使生活庸俗化，而一个有品位的人，会对物具有独到的眼光和独到的使用方法，他在《长物志》讨论的是如何在日常生活中通过对物的运用，让生活摆脱庸

图10-12 《长物志》作者：文震亨

俗，创造一种诗意的境界，可以说是构建了一套切实可行的生活艺术化的操作程序。

10.3.3　传统文化对我国工业设计的影响

随着时代的发展，全球化浪潮方兴未艾，世界日益呈现"扁平化"的趋势，然而各个国家始终存在着差异，尤其是在文化方面。生活环境和生活经验是设计师灵感的来源，设计作品则是设计师对生活环境的客观再现和主观再创造。各个国家各个地区各个民族都有自己固有的文化，真正的现代来自于好的传统，设计应该是在文化的固有性上成立，应该深挖自己的固有文化。中国文化是我们立足于国际的名片，在设计中融入传统文化的意义在于使产品体现我们国家特有的神韵、气质、意境等精神特质。中国设计师要追溯本土文化的源头，深入学习和领悟，深刻把握文化传统中的精神内涵，将其融汇到设计中，从而创造出深具民族精神和美感的优秀设计。

中国的传统文化中消极与积极并存，精华与糟粕俱有，这是一个不容置疑的事实。在设计过程中，要吸收的并非信条理论，而是积极的思想方法，至少在设计行为中，要遵循诚信、道德、乐观等标准，以造福人类为最终追求。在"和谐"的基础上达到"圆满"，是传统文化对今天的工业设计所提出的一项最基本的要求。以纹样的使用为例，现代设计师在使用传统符号的时候，首先要考虑哪些是当下消费者熟悉或认知的，然后与产品意义相联系去创造满足他们要求的产品。若对传统文化元素的内涵不了解，盲目地将不相关的传统文化元素与设计作品嫁接在一起，缺乏历史和现实的深度，就容易导致设计意义的贫乏。设计者要站在全球化视野的基础上，依据现代人的审美心理特征、传统文化元素与设计作品的内在联系，提炼传统文化的核心内涵，进行主观加工，才能准确地传达出设计作品的物质需求和精神需求，从而引发良好的用户体验，见图10-13。龙、凤、麒麟等都是我们的祖先在和大自然斗争的过程中幻化而成的吉祥图腾，代表了人们不屈奋斗的精神和对美好生活的向往，至今仍受到广泛的喜爱，并在世界范围内起到了沟通东西文化、传播华夏文明的作用。相对龙文化所崇尚的矫健、斗争，凤凰文化崇尚的是和谐、光明、以德服人，案例10-6为凤凰形象在现代设计中的应用。

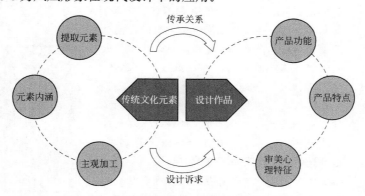

图10-13　传统文化元素符号与现代设计作品的关系

被称为"百鸟之王"的凤凰生有美丽的五彩羽毛，雄的叫凤，雌的叫凰，合称凤凰或凤。凤凰是一个虚构的形象，由早期社会的人类根据自然界多种飞禽的相貌特征幻化创造而得来。在中国文化中，凤凰是象征光明幸福的吉祥符号。在原始社会，人们创造凤凰图像是为了表达抵抗自然灾害、祈福氏族平安；之后在经济较发达的时期，凤凰图像在生活中被作为有图腾意味的符号用于日常生活用品和工艺美术作品中，为人们企盼幸福；在现代文明的视野下，凤凰图像经过现代设计手法的再创造，表达着生生不息的希望和对光明美好的向往，广泛应用在标志、包装、纺织、产品甚至网络游戏的设计中，并在世界文化交流中发挥着重要的作用，见图10-14～图10-19。

(a)　　　　　(b)　　　　　(c)　　　　　(d)　　　　　(e)

图10-14　凤凰图案在LOGO设计中的应用
（a）中国国际航空公司　　（b）凤凰出版传媒集团　　（c）凤凰卫视
（d）北京大学艺术学院　　（e）太火鸟科技有限公司

图10-15　西凤酒LOGO及部分包装设计

图10-16　李宁"溯"系列运动鞋之"凤舞凤栖红"

图10-17 大疆第四代"精灵"无人机Phantom 4"火红凤凰"款

图10-18 网络游戏《王者荣耀》中李白的"凤求凰"和王昭君的"凤凰于飞"皮肤

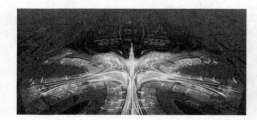

图10-19 北京大兴国际机场

由法国ADP Ingenierie建筑事务所和扎哈·哈迪德（Zaha Hadid）工作室联合设计，以"浴火凤凰"为设计理念，形如"凤凰展翅"

中国传统文化对象与现代产品设计相结合，可以从浅到深划分三个层面来进行：第一个层面，浅层结合，是物态文化（物质文化）与设计结合，表现为外在或外形层次，包括色彩、质感、造型、表面纹饰、线条、细节处理、构件组成等属性，如图10-20所示故宫文创产品之一的朝珠耳机以及图10-21设计师张雷使用宣纸创造的飘 Piao 椅；第二层面，是中间或行为层次，即制度文化、行为文化与设计的结合，它涵盖产品设计中的功能、操作性、使用便利、安全性、结合关系等属性，如图10-22所示的 NUDE 衣帽架设计，采用中国传统的榫卯结构，无需任何胶水或者金属连接件，便可轻松组装；第三层也是最高层次的结合，即心态文化（精神文化）与设计的结合，在产品设计中体现在产品有特殊含意、产品是有故事性的、产品是有感情的、产品具有文化特质的等，如比亚迪推出的以"龙文化"为主题，龙脸为主要造型特征的"王朝系列"汽车（图10-23）以及案例10-7中丰番农业的精米包装设计。

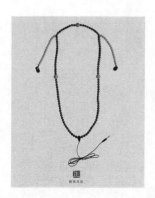

图10-20 朝珠耳机 北京故宫文创产品

图10-21　飘Piao椅 材质：宣纸 设计师：张雷

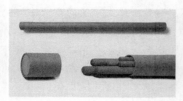

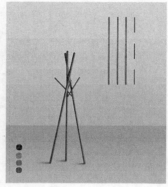

图10-22　NEDU衣帽架 设计师：沈文蛟（1973—2019年）

图10-23　以"龙脸"为造型来源的比亚迪汽车之"王朝系列"部分车型

汉语中"鱼"与"余"谐音，在我国，鱼除了具有食用、观赏等价值外，还是一种美好的文化象征，代表着富贵、生活富足。"年年有鱼"是"年年有余"的谐音，是中国传统吉祥祈福的最具代表性的语言之一。鱼还是情感的载体，"鱼传尺素"是中国的成语，代表了书信传递的意思。图 10-24 所示的"双鱼礼"精米包装设计深刻地把握住了"鱼"文化，不仅造型、色彩、图案清新简洁、富有美感，而且一体式米袋的设计连接两边有重量的部分自然形成了一个把手，可以背或提，充分满足了包装设计需要提拎的功能需求。包装整体结构简洁精致且易于搬运，用原始的白帆布和传统蜡染技术呼应传统的手作文化，图案中的米粒和麦穗则点缀出精米的特质。该款包装设计环保、简易、方便，充分弘扬了中国传统文化，2015 年，获得了素有"设计界奥斯卡"的 Pentawards 最杰出包装设计金奖。

图10-24　"双鱼礼"精米包装设计 丰番农品

10.3.4　当代文化对工业设计的影响

世界著名社会学家和哲学家齐格蒙特·鲍曼（Zygmunt Bauman，1925—2017 年，出生于波兰，英国利兹大学和波兰华沙大学社会学教授）最著名的理论是"液态现代性"（Liquid Modernity）。鲍曼这样写道："在液态现代社会，不再有永恒的关系、纽带，人际间互有牵连，但不再着重紧密扣紧，在于可以随时松绑。""液态"，是他对现代社会个人处境的比喻。鲍曼的一生都在试图回答一个问题——"我们现在以及未来正在发生的社会本质的转换究竟是什么？"他认为，在前现代性社会，人类以经验为生存的依托。人们一旦习得了一个东西，不仅不能放弃，而更应该坚守，因为只有掌握了这些积累的经验，人们才能活在现在，也才能面向未来，所以传统社会，人们的观念、行为方式、制度，所有的东西都是固态的，就像一块磐石。而互联网和全球化两大力量的来袭，让原有的固态的社会形态正以越来越快的速度式微乃至消失。曾经固若金汤的磐石社会崩解了，构成世界的基底变成了瞬息万变的"流沙"。人们已置身于一个流体的世界中。借用"液体"这个比喻，鲍曼准确而又形象地抓住了高度现代化、个体化、全球化的当代社会那种流动性强、变动不居的特征，他还用"不确定性""流动""没有安全感""瞬间生活"等类似的词汇表达他对于当下世界的印象。从我们国家的发展来看，也是如此。进入 21 世纪，国际化大背景、各方面的影响因素日渐复杂，各种文化的交融日趋复杂，中国本土文化也在不断吸收异质文化并消解传统文化所确定的各种边界，文化的发展也呈现出许多新的特点和趋势，边界在消解、体验碎片化，出现了地域界限的模糊、雅俗文化共生、虚幻与现实概念淡化、年龄分限消融等现象，这必然对工业设计产生一定的影响。

10.3.4.1　地域边界模糊带来的影响

互联网最大的影响，是通过提高沟通效率的方式，拉近了距离。借助现代通信和网络技术、大众传播媒体和发达的交通运输系统，人们能够轻松逾越地域界限、在全球范围内顺畅地沟通，东西方文化交流更为便捷，地域界限模糊现象日益增长，"天涯若比邻"已经成为现实。在这样的发展进程中，原本属于特定的"本地生活"的文化材料、只有在文化主体在场的情况下才有效的文化素材，现在经过大众文化的改造迅速成为不同地域范围内普遍使用的素材，并能快速成为一种时尚。例如，随着某些国家输入我国的电视剧的热播，我国一些青少年喜欢上了剧中描述的生活方式和人物形象，他们开始热衷于该国风格的装束、饰品、妆容、音乐，甚至该国的语言和餐饮也颇受他们青睐。不同的文化和合共生，是文化得以发展的条件之一。中国文化的精髓之一就是"和"，既是人类社会的和谐，也是人与自然的和谐，还是不同文化之间的和谐。因此，地域边界的模糊使得中外设计风格也出现了碰撞和融合，并产生了很多优秀的设计。以这几年出现的"新中式"风格为例，强调中学为体，西学为用，融合传统与现代，以清雅含蓄、端庄大气的特点在家居、服装等设计领域渐成潮流，通过打造富有传统韵味的产品，使传统在当今得以优美的体现，见图10-25、图10-26。

图10-25　新中式家具设计 上下品牌　　图10-26　新中式服装设计 曾凤飞FENGFEI·Z品牌

"地球村"这个新词汇是迅猛的全球化进程的表现。目前对全球化有两种不同的解读，一种是通过科技发展、互联网、大规模制造和全球贸易、广告推广的模式形成的全球一体化、标准化。品牌、企业要走向世界、赢得世界的认同，必须突破国界，将全球化的生活方式融进自身的创意，日本的丰田、韩国的三星、我国的海尔都是进行全球化非常成功的企业。另一方面，文化是以地域特色和民族特征为前提的，应该呈现出多样性和丰富性，这样，世界才是五彩缤纷的。"地球村"式的全球化给全球文化造成了匀质化的倾向，似乎让人们更加自由了，却也削减了人类生活方式的多样性。印度理工学院的教授库尔特·特里维迪 Kurt Trivedi 曾这样认为："全球性、没有文化特征的产品对发挥人类社会的创造力并不是一件好事。"历史上，德国博朗公司 Braun 曾经宣称，他们的产品是在理性主义基础上对产品形成的认知，因而是具有普遍性的，但在其他国家的人眼里，博朗的产品形态依然是建立在包豪斯几何学理论基础之上的，是明显具有独特而富有魅力的德国设计，是德国文化的体现。没有文化特征的全球化，某种程度上是技术发达国家进行垄断的一种形式，它威胁到对传统和历史的继承。"国际化"不应也不能消融一切不同民族、不同地区、不同文化传统的本土特色。因此，又出现了对"全球化"的第二种解读方式，即"球土化"（全球本土化，英文为 Glocalization），这种对全球化的理解是依然要去注意尊重和保持世界的多样化存在。这里所说的本土化，并不是指"农村""乡土"，而是属于一个国家、一个民族的"原创性"。这些本土化的资源才是全球化最宝贵的素材，要有本土化作为它的根基，也必须要有全球化的视野，这正如人们常说的"越是民族的越是世界的"。越全球化，就越需要本土化，建立在差异化的本土文化上的设计表达，会使原创发生的概率大大提高，从而能够避免简单的统一性，因此，市场要全球化，而设计要本土化，设计应该在文化的本土性上成立。当我们具有了全球化的视野，或者把自己的设计视角放在世界，回望自己民族本土化的东西的时候更容易发现其中有别样价值的、精髓性的东西，进而继承和发扬。中国文化追求"和"的境界，东西方文化中具备文明价值的瑰宝都可以兼收并蓄。一个地区的固有文化和生活与世界上各种各样的文化发生碰撞、混合，发生匀质化的过程，也会对文化产生相应的影响，可以说，球土化也是我国文化正在发展演变的状态之一。

□ 小结

　　德国设计教育专家、斯图加特国立造型艺术学院工业设计系主任克劳斯·雷曼（Klaus Lehmann）教授认为，如果为了全球文化而放弃自己国家的文化传统，那么世界将变得更单调且更贫困，也放弃了长远文化产品的演进。中国是一个古老文明的国家，又是一个在世界经济突飞猛进、现代化进程正在纵深发展的国家，在设计中保持、开发具有民族传统的文化产品既重要又必要。新的时代一定要有新的观念来引领，通过设计发出我们民族自己声音的时机已经来临。不同类型的产品需要不同的设计文化价值，不能因为全球的多元文化冲击而放弃自己民族的文化传统。2020 年全球化的新冠疫情致使一往无前的全球化进程受到遏制，中国政府提出了构建"国内国际双循环"相互促进的新发展格局，在这种背景下，设计师们更要以自己的智慧和才华重新思考设计与创新的发展方向，深挖本土或是出口国的在地文化，因地制宜创作出具有文化特色的产品，提高产品价值，提升人民的生活质量和为推动国家经济发展以及世界共同繁荣贡献力量。

10.3.4.2　雅俗文化共生带来的影响

　　设计的物品不仅要从造型、功能、人机特性这些实用性的角度思考，也有一种文化上的思考。也就是说这种器用不仅仅是让人满足生理上的需求，它更要满足人的文化需求，所以它需要有审美选择，其实审美选择就是一种价值体系，于是有了美与丑、雅与俗、善与恶。

　　古希腊智者普罗泰戈拉说过的一句名言"人是万物的尺度"，体现了人类思维的能动性。美亦如此，是人类独有的判断和感受。不同的时代、不同的民族、不同的国家、不同的地域、不同的人，对美的定义和体验是不同的。自古及今，哲学家对美的讨论也永无休止。通俗地说凡是能引起愉悦体验的事物都可以认为是美的。中华民族的设计史是伴随着中华文化的发展史共同成长的。七千年前的"人面渔罐"、六千年前的"阴山岩画"、五千年前的马家窑彩绘、两千年前的汉服饰、一千多年前的敦煌彩绘，都是美的创造。同构的美、象形文字的美、抽象的美、装饰的美，美不胜收。人们从中醒悟到美的真谛——不同才是美，不同美才有存在的价值。德国柏林艺术大学教授、世界顶级油画家巴泽利茨说，"艺术作品无好坏，谁最有个性，谁就是好作品。"世界之所以精彩，就是源于不同。国与国之间、民族与民族之间、地区与地区之间的不同，加上不同的习俗、不同的思想和不同的气候等，才构建了这个多彩而美丽的世界。

针对如何处理不同文化关系这一问题，著名社会学家费孝通先生总结出了"各美其美，美人之美，美美与共，天下大同"的十六字箴言。也就是说，对待文化要持有包容发展的态度。这种包容、欣赏、共融、共生，不仅存在于不同国家、地区、民族的文化之间，还适用于对"美"不同的评定标准。也就是既要懂得欣赏自己创造的美，还要以包容之心欣赏别人创造的美，不同的美融汇共生，就会实现理想中的大同美。

中国传统审美存在两种标准，一是以简素、本真为美，一是以繁盛、蓬勃为美。简素、本真的美最高的追求是达到一种"白贲境界"。"白贲"源自于周易八卦中"贲卦"，即没有任何装饰之意。对设计而言，就是既要去除任何无用的装饰性的结构和色彩，又要纯朴雅致。既要有芝加哥学派的现代主义建筑大师路易斯·沙里文（Louis Sullivan，1856—1924 年）所说的"形式追随功能"（Form follows function）的理性，又要有我国唐代著名诗人李白的诗句"清水出芙蓉，天然去雕琢"中的意境，这也与中国古人所谓的"饰极返朴"道理相通。日本无印良品对设计的理解——真正的好设计，是看不出设计的痕迹，可以用来作为参考。另一方面，热热闹闹是我国的一种生活氛围，彰显出一种蓬勃的生命力。我国的图腾、祭祀、敦煌的造像、民间的各种民俗活动等内涵包罗万象、生龙活虎，很多礼器、工艺品、生活用品等线条繁复，极尽制作工艺之巧妙精细。在历史上那些经济发达、生活富裕的时代，人们以繁复灿美的图案设计来装饰美化自己的生活，这也反映出我们先人们活跃的想象力和思想的丰饶。这两种看似矛盾的审美标准，其实在底层逻辑上是统一的。人生活在自然之中，最初体验的是自然之美。无论是大海、天空、土地、植被，还是春夏秋冬四季的轮回，大自然既有空旷舒朗的美，又有繁盛热烈的美。从具有智慧的人开始从动物界分离那一时刻，就可以从理性上感悟这些美，因此，这两种美的底层逻辑就是自然之美。可以说，这两种对美的感悟是刻画在人类基因中的，中国文化强调"和""中庸"等审美标准也体现了这一点。但人类对真、善、美的追求始终是主流和本质，繁盛不等于繁杂，绚烂不等于混乱，热闹不等于喧嚣，装饰美化不等于虚饰造作，正因如此，人类文明才得以不断进步。

人们对事物和人的评价在美丑之外，还有雅俗。雅和俗的评价与美和丑一样，是辩证的。通常，人们以简素、本真、宁静为雅，以繁杂、艳丽、喧嚣为俗。人们还常用"阳春白雪"和"下里巴人"指代雅和俗，雅俗也是设计审美经常要面对的话题。那么雅与俗究竟孰优孰劣呢？（注："阳春白雪"是春秋时期晋国的"乐圣"师旷所作，后来泛指高深的、不通俗的文学艺术；"下里巴人"原指战国时代楚国民间流行的一种歌曲，后来常用于比喻通俗的文学艺术。）简单来说"阳春白雪"大致与古曲古诗类似，格高致远但不容易被广泛理解和传播；"下里巴人"类似于过去原生态的乡野小调和今天的流行歌曲，格调不高，但凭借真实质朴、贴近生活打动人心，从而广为传播。自古及今，士大夫阶层和文人墨客通常追求雅，认为民间的文化器物粗俗鄙陋，他们掌握着主流文化的话语权，以"雅俗"分"高下"，于是出现了"高雅"和"低俗"的说法。其实，所谓的雅与俗，是基于不同的人的主观视角划分的，是相对的。在追求高雅的路上也存在着明显的带有鄙视色彩的阶层标准，不过总体而言，整个社会的审美分布类似于纺锤型，高雅和低俗是两个极端，社会大众的审美更多的是处在中间态。生活在世俗烟火气中的绝大多数的人们更喜闻乐见的是一些简单易懂、接地气的事物，也就是通俗、民俗、拙朴、质朴、自然的事物，这些事物是有益、有用、令人愉快，而不是低俗、庸俗、媚俗、恶俗、令人厌倦的事物。低俗不堪的事物最终会因为难以拿到桌面上示人，接受和传播困难，难逃泯灭的命运，审美的优胜劣汰也是一个发展中的过程。

雅与俗也是辩证统一的。像是《长物志》所倡导的"删繁去奢"的生活方式尽管清新雅致，但所介绍的操作手法却也容易把读者带入教条、僵化的误区；而贴近普罗大众的事物尽管内容纷纭繁杂，却往往张弛自如，有着蓬勃的盎然生机。著名学者顾随（1897—1960年）在其所著《中国古典诗词感发》中曾讲，唐朝的人写诗不避俗，不避俗，自然不俗，俗也不要紧；宋朝人避俗，而雅起来比唐人俗的还俗。这段话的核心意思就是凡事不必刻意，否则过犹不及。我国近代著名作家、文学研究家钱钟书（1910—1998年）曾专门写过一篇《论俗气》的文章，他认为事物本身无所谓雅俗，随观者而异，观者之所以异，由于智识程度或阶级之高下，不论它是什么东西，也不论评价者隶属于什么阶级，只要一个人批评一桩东西为"俗"，这个批评包含两个意义：他认为这桩东西组织中某成分的量超过他心目中以为适当的量；他认为这桩东西能感动的人数超过他自以为隶属着的阶级的人数，而造成俗的原因主要是"过"（过量、过多）和"妆"（卖弄妆腔，"妆"同"装"）。从近代历史来看，中国百年来的艺术与设计，没有全方位地经过现代抽象艺术的洗礼，所以，整个社会的审美偏好还是比较倾向于传统的具象审美阶段。随着工业化、现代化水平的不断提升以及国际化的影响，大众的审美品位也在不断成熟，而设计师在这个过程中起到的作用尽管是潜移默化，却是不可替代的。日本现代玻璃工艺先驱藤田乔平说："美的境界并不在遥远的彼岸，而必须建立在离我们很近的生活之中，而富有生气的美就在日常生活中。"他的琉璃作品富有人间的烟火气中蕴藏的美，更能唤醒人们的情感，产生打动人心的力量（作品见图10-27）。由此可见，雅与俗是相对的、不是对立的。人们常说的"大俗大雅""雅俗共赏""天然去雕琢"应该是在文化发展中经过长期思考沉淀得出的结论。不论是人物、音乐、文学还是器物的设计，雅与俗常常互相影响甚至转化。

今天，物质条件日渐充裕，网络媒体兴盛，越来越多的个体借助网络发声，成为内容的输出者，大众文化得以迅猛发展，雅与俗之间的边界也在日益模糊。很明显的一个现象就是大众文化在不断吸收利用"雅文化"的各种素材、形式和主题，并将这些处理成流行的、容易熟悉的和接受的东西。最明显的例子是一年一度的央视春晚，无一例外不是以热热闹闹的氛围、满满当当的色彩传播"正能量"，让全国老百姓欢度中国最重要的节日；再例如以《王者荣耀》为代表的网络游戏、以通俗歌曲方式重新演绎戏曲或古诗词、以大众喜闻乐见的形式对经史典籍的再创作等（例如漫画家蔡志忠以诸子百家和中国古代哲学为题材创造的大量的漫画）。甚至严肃的"孔圣人"（孔子）、睿智的康熙皇帝（故宫文创）都拥有了可爱或搞笑的"萌版"形象，见图10-28。

图10-27　琉璃盒子 作者：[日]藤田乔平

图10-28　中国孔子基金会2006年发布的孔子标准像和2015年发布的萌版孔子形象

　　美是人们永恒的、永远不会放弃的追求。设计师是创造美的人，通常来说，设计师群体的审美品位远超普通民众。如何让产品在满足大众的审美需求、获得良好市场反应的同时，还能引领大众审美的提升，也是现代设计师要持续思考和解决的问题。图10-29所示都是用了民间常见的技法和材料再造得来的现代生活用品，都可以说是雅俗共生、脱俗入雅的设计。

(a)粗布扎染时装　　　(b)海草编制的手袋　　　(c)水泥花盆　　　(d)铸铁锅

图10-29　雅俗共生的设计

总而言之，每一个民族都有自己的俗文化和雅文化，雅俗之间最好取得某种平衡。不过，只有雅文化才是这个民族的文明水准的代表，只有优秀的设计才是一个民族智力水平和审美品位的写照。在市场中，因为大众平均审美水平的原因，看似俗气的东西有时销量反而会超过格调高雅的，但设计师不应仅仅将经济利益作为目的，而是要胸怀远大的志向，让自己的设计能够成为国家文明程度和精神高度的表征，要有通过优良设计培养民众的审美品位、引领发展价值取向、并能让自己高雅的文化获得其他民族和国家的认可、欣赏和喜爱的使命感和责任心。

10.3.4.3　虚幻与现实概念淡化带来的影响

今天的人们生活方式、工作方式、娱乐方式因为计算机和网络的介入已经发生了巨大的变化，虚幻和现实在信息技术的强烈冲击下变得难以区分。一个新的数字游牧部落正在形成，它以栖息"云"端的方式和虚拟角色与现实社会真实的存在抗衡。例如，以初音未来、洛天依以及微软小冰等为代表的虚拟人物以青春靓丽的形象、鲜明的个性以及超群的才华受到年轻人的喜爱，动辄拥有几百万的"粉丝"，"粉丝"数量甚至超越了现实中真实的明星，见图10-30。此外，借助有线电视、卫星电视或数字电影，人们足不出户就能在家中看到"真实"的场景，了解同步发生的现场动态。虚拟现实技术的应用使虚幻世界和现实世界的边界进一步模糊化，见图10-31、图10-32。

图10-30　微软小冰和她的绘画作品个展海报

2021年下半年，"元宇宙"一词成为全球热议话题。元宇宙是一个脱胎于现实世界，又与现实世界相互平行、相互影响的在线虚拟世界，是互联网下一个阶段的发展方向。元宇宙里有完整的经济和社会系统，人们可以借助虚拟形象在元宇宙内生活。清华大学的研究报告对元宇宙下的定义是："元宇宙是整合多种新技术而产生的新型虚实相融的互联网应用和社会形态，并且允许每个用户生产内容和编辑世界。"据普华永道预测，元宇宙的市场规模将由2020年的500万美元增长至2030年的15000亿美元。世界知名企业脸书、微软、英伟达、耐克等纷纷布局元宇宙，脸书甚至将公司名称由Facebook改成英文"Meta"（元宇宙英文 Metaverse 的前缀）。元宇宙自然也为设计师开拓了无限广阔而有趣的设计新空间，他们是元宇宙的构建者之一，同时，他们在现实世界中的设计技能，也将成为进入"元宇宙"进行设计时必不可少的工具。

图10-31　手机端VR看车

图10-32　AR虚拟试衣

10.3.4.4　年龄分界消融带来的影响

年龄是导致产品类型和边界存在的重要因素之一，传统文化的年龄界线是指不同的年龄在文化上有不同的伦理的、心智的和审美的差异。社会的发展使得儿童越来越早熟、老年人越来越长寿。近年来，传播媒介的发达、异域文化的交融、外来文化的影响等因素使年龄上的界线模糊化。儿童渴望长大，他们的生理、心理年龄的成长都比以往大为提前，由此很多儿童产品如玩具、服装等出现了成人化的特点，见图 10-33；相反，成年人会由于想要逃避现实的压力，梦想重回孩提时代，他们的服装、用品也常走"卖萌"路线，见图 10-34。

图10-33　童装成人化趋势

图10-34　脑白金保健品广告人物形象设计

10.3.4.5 "液态化"社会带来的其他设计机会

在今天复杂的文化背景之下，还有一些现象值得关注，如果设计师能敏锐地洞察和把握趋势，就会赢得市场。例如，性别文化的模糊导致的一些问题，表现在有时针对一种性别开发的产品却能引起另一性别消费者的兴趣等。2015 年，以"芭比娃娃"闻名天下的美泰公司推出了一支以小男孩为主角的广告片，借以表达男孩子玩娃娃并没有什么奇怪的性别观念，呼吁人们打破对性别的刻板印象。2019 年，美泰又启动了"一个给所有人准备的娃娃"（A Doll For Everyone）计划，面向顾客推出"无明显性别特征"的娃娃"创意世界"系列，以迎合现在美国市场的新变化。每套玩具由一个没有性别特征的娃娃、两个长短可选的发型以及各种服装配饰组成。除此以外，这次发售的六个娃娃还具有不同的肤色和头发纹理选择，见图 10-35。

图10-35 美泰公司推出的无明显性别特征的"创意世界"系列玩偶

此外，随着生活水平和大众审美意识的提高，生活用品也出现了艺术化的趋势，尤其是意大利涌现出一批设计人才，他们像设计举世无双的艺术品那样来设计工业制品，见图 10-36、图 10-37。丹麦 Essey 公司的"幻觉茶几"（illusion side table）和"宾宾"废纸盒（essey bin bin paper waster basket）也是具有艺术品特征的生活用品，见图 10-38、图 10-39。

图10-36 蜘蛛人榨汁器 阿莱西公司   图10-37 "安娜"开瓶器 阿莱西公司

图10-38 幻觉茶几 Essey公司   图10-39 "宾宾"废纸盒 Essey公司

当下消费社会另一个值得关注的现象是奢侈品的消费人群变得模糊。奢侈品在商品中具有特殊的地位，一般定义为"一种超出人们生存与发展需求范畴，具有独特、稀缺、珍奇等特点的消费品"，其核心资产是品牌价值。奢侈品普遍历史悠久，经历过社会形态与政体的变迁，有着丰富的品牌故事，历史底蕴和品牌文化是奢侈品的生命之源。奢侈品从设计、生产到销售，价值链条已经完全脱离了成本定价，本质是在输出文化附加值，而悠久的历史、稀缺的选材、繁杂的制作工艺、独特的设计美感，构成了奢侈品的稀缺性。文化属性、艺术美感、工艺品质是构成奢侈品的三大要素。很多奢侈品从艺术品中汲取灵感，增强自身设计的艺术美感，提升产品的品位。随着时代的发展，以前的奢侈品已经成为今天的必需品，以前的生活必需品也可能因为其历史价值成为奢侈品。奥地利著名经济学家路德维希·冯·米塞斯（Ludwig von Mises, 1881—1973年）曾说："今天的奢侈品就是明天的必需品，这是经济历史发展的必然规律。"随着经济的发展，奢侈品的购买者从上层阶层向中产阶层拓展，今天越来越多的收入不高的年轻人或是工薪阶层开始关注和购买奢侈品，以此实现标志自己的身份和进行自我表达的目的，尽管会面临"拜金"或是"虚荣"的指责，但是也在一个侧面反映了社会消费的趋向。

□ 小结

　　近百年来，没有其他国家像中国一样，在包括物质、精神、心理、政策等诸多方面一直处于急速剧变的状态，尤其是进入移动信息时代后，技术、文化快速迭代，我们基本上是越过工业文明阶段，直接从农业文明时代迈入了信息文明时代。生活方式和生活环境的变化与之前相比可以说是天翻地覆，在层出不穷的新生事物面前，除了年轻人之外的人群大多感觉自己变成了现实生活场景中的"陌生人""漫游者"和"边缘人"。在科技浪潮猛烈冲击、社会"液态化"带来的或积极或消极的纷纷扰扰的影响中，传统文化因其所具备的稳定的意识形态的重要特征，在维系民族的灵魂、抚慰人们心灵、承载民族价值取向、影响国人生活方式等方面，像坚固的船锚一样，对摇摇晃晃的社会和民风民俗起到了牢靠的锚定作用。对设计践行核心文化和价值观而言，要做到弘扬优秀传统文化，不能只学其表而不学其里，继承的应是其神髓，要抓住传统的内在灵魂，而不是只做表象的转移和嫁接。设计师对设计作品的内涵要有独特认知，不仅是强调对产品的个性、功能需求、色彩、形态美，更要凸显"以人为本"的设计原则。在产品的功能升级之外，如何通过设计创造新技术，更新使用方式，塑造能带来审美愉悦的视觉形象，保障人们的安全和健康，维系人与人、人与物、人与环境的友善关系，提供更丰富的生命体验等，都是设计带来的高阶价值，也是品评设计的维度。

10.4　提升中国设计的文化力

　　设计风格对文化的体现，来自于对文化的自信、热爱和领悟。中华文明绵延五千年，传统文化博大精深，我们并不缺乏文化自信的基础。汉代的漆器、宋代的瓷器、明代的家具，设计水平以及制造工艺的精湛程度在当时世界同类产品中居于领先位置。但长期以来，我们对这些优秀的设计和工艺只是注重原汁原味的传承，不愿意或是不敢创新，逐渐形成了一种墨守成规的局面，这样的结果，一是不进则退，导致设计风格和工艺水平的退步，二是产品无法与现代社会需求吻合，无法在实践中获得生生不息的发展，而只是作为文化遗产被供奉在博物馆或是其他专门的场合。由于我国的工业化时间相对较短、文化传承和发展在近代又出现了断层，现代设计起步也晚，在发展过程中比较明显的现象是对东西方各种外来设计的模仿，没有深入思考、沉淀，形成自己的风格，常被人诟病为抄袭、"山寨"，我们还没有像意大利、德国、日本那样形成一种我们国家独有特色的设计风格。因此，韩国首尔设计中心主席、ICSID 前主席李淳寅曾指出："中国在创意上起步较晚，还没有足够向世界宣扬自己的风格和理论。中国要做的，是发扬自己的创意特点，而不是学习西方的创意风格。"

基于本土文化的设计，会增加原创性的概率和避免简单的统一性，然而，当我们在设计中涉及本土文化时，多以我国特有的龙、凤、梅兰竹菊、蝙蝠、寿桃之类的传统符号或是非物质文化遗产相关要素如传统手工艺、传统材质构建所谓的中国风格，手法还常常是生硬刻板的，不够圆融自然。最近几年出现的"国潮"热，反映了新一代年轻人对传统文化的热爱，也催生了很多富有文化气息或是雅俗共赏的产品，但仍有较大的提升空间值得期待，如何通过设计让年轻人更好地了解和热爱文化需要进一步深入地研究和思考。

一个不容回避的事实是，我国的工业化历史相对较短，我们的现代工业设计还没有形成一套自己独特的造物思想，还没有能够影响世界的设计思想、设计风格和设计语言，我国目前的工业设计还未能在国家层面形成重大的影响，从根本上来说，还是因为我们的工业设计缺乏足够的文化力。美国、英国、意大利、日本这些国家的设计带给人们的文化性的体验似乎是与生俱来、自然流露的。这些国家的设计大师通常也是文化大师，以日本设计师为例，老一代的柳宗理、田中一光，当代的黑川雅之、原研哉、山本耀司等都在大量优秀的设计作品之外，还有众多的文字著述，这些著作不仅是关于设计，还有关于文化、生活、哲学的思考，年轻一代设计师的代表如佐藤大、佐藤可士和的著述还深入地阐述了对设计的商业性和设计管理的理解。日本设计之所以能够以一国之力代表东方设计与西方设计抗衡，原因由此可见一斑。当前中国工业设计界还缺乏真正的大师，关键原因在于文化。只有具有相当深度和创造力的文化，才能诞生真正的大师。而邻国日本在工业设计、建筑设计、平面设计、服装设计等领域则是大师辈出，值得我们反思和学习。反观我们国家当代的设计师群体的思考大多还停留在外观层面，能起到领袖般引领作用的真正的设计大师少，能够在哲学和文化层面开展思考并将自己的见地通过著书立说的方式分享给同行和大众的设计师更是少之又少。这也从一个侧面表明我们的设计在文化力方面与设计发达国家还存在着明显的差距。

每个民族都是他们自己的生活方式和生存方式塑造出来的，设计师的任务是怎么利用设计塑造更加健康文明的生活方式。身为某个民族或是某个国家的设计师，生于斯，长于斯，本国文化是与生俱来浸润到我们心灵血脉中的，是人们内心的、作为生命个体的深刻感悟，它如同河流的源头、土壤的养分，会自然地在设计中留下印记。所谓对文化的表达，是沉淀在设计师内心一些历史、传统的东西，它们是永恒的，不管物质世界和外部环境如何变化，积累到一定程度再去表达出来，释放内心丰沛的精神能量，结合现代设计的表现手法和规则，自然能够设计出打动人的作品。曾有中国记者在采访日本服装大师山本耀司时提了这样一个问题，"巴黎时装周第一次亮相的时候，是不是考虑到，要把日本传统文化的精髓，放到设计当中去？"山本耀司的回答可以说出乎很多人的预料，他说："我去参展的时候，排除了一切日本式的东西。如果要用和服做时装秀，就会感觉自己做了个土特产，会非常不好意思。"他又说，"是西方人他们自己看出了我时装秀中那些日本式的、东方的风格。"最后他总结道"只有忘了自己，才能做回自己。"的确，在设计时只专注于作品，而抛却刻意的纠结，这才是一种真正的自信。这也就是我们在设计中常说的"超以象外，得其圜中。"这也与老子《道德经》中所言的"大音希声、大象无形"是一个道理。强调设计的文化性，不是简单的复刻传统设计，而是要创造、创新。只要面向真正的生活来设计，就是富有文化特色的设计。当代中国设计需要补传统文化课，从传统创意文化中吸取智慧，对传统文化的传承和创新，不应该是翻出古老的东西直接作为当代中国文化形象拿出来展示，而是应该站在如何解决人与物的关系、人与环境的关系以及人与人的关系的角度上思考问题，如此使得中国设计到达一个更高的文化层级。

10.5　工业设计、品牌和文化

21世纪，随着经济全球化和市场竞争的不断加剧，企业界出现了"三流企业卖产品，二流企业卖品牌，一流企业卖文化"的新说法，这说明企业间的竞争已由产品的竞争上升为品牌、文化之间的竞争。文化是塑造品牌的决定性因素，品牌蕴含的文化传统和价值取向是决定品牌能否长久占据市场的关键。借助设计的力量，可以深入挖掘品牌的文化内涵，构建品牌的文化形象，提高产品的附加值；借助文化的魅力，品牌可以在市场上攻城略地，为企业创造广阔的市场空间和巨额的利润。

10.5.1　工业设计、品牌、文化之间的关系

品牌的背后是文化。美国前国防部长助理、哈佛大学肯尼迪学院院长约瑟夫·奈（Joseph Nye）教授曾指出，文化和意识形态等精神因素构成了一种"软实力（Soft Power）"，说它是"一种吸引力，让别的国家不由自主跟随你"。近年来，该论点越发受世人关注。一个国家的综合国力不仅包括由经济、科技、军事等所表现出来的"硬实力"，而且也包括文化、教育、意识形态、政治价值观、国民素养的影响力所体现出来的"软实力"。如果从广义的角度把文化定义为"人类一切精神活动及其结果的总和"的话，那么，文化软实力这个概念就包括了政治、外交、意识形态、价值体系、哲学、法律、语言、宗教、艺术等，而所有这些东西所产生的综合影响力，就构成一个国家的"文化软实力"。不论是对个人、品牌、企业、国家而言，想成为真正的强者，必须做到"软实力"和"硬实力"之间的相互匹配。今天，一个品牌想做大做强，成为世界级领导品牌，除了科技、功能、渠道等硬实力之外，必须有与之相匹配的软实力，因此，精神内核、价值取向和文化传统成为品牌竞争不可或缺的要素。

法国社会学家让·鲍德里亚（Jean Baudrillard，1929—2007年）曾说："我们的消费行为与真实的需求无关，而是不断运行、巩固消费主义的符号社会学系统。"他在著作《消费社会》（1970年出版）中指出，如今的消费已经从经济功能变成文化功能，人们已经开始通过消费进行自我实现，现代的商业早已不是单纯的经济活动，而是文化活动、社会活动。尤其在当今商品趋向同质化的时代，"个性化"与辨识度是商品脱颖而出的制胜法宝，而这些区分是被生产出来的。消费者消费的不再是物品的使用价值，而是符号。从符号的作用而言，符号所代表的个性满足人的自我价值，让消费者在瞬息万变的时代更快、更轻易地找到自己的身份认同与安全感，在这个过程中，人们逐渐接受商品作为符号赋予的价值与意义。今天的消费者通过购物来构建自己的个性，确立等级以及所属群体，也就是人

图10-40　美国电影《穿普拉达的女王》海报，2006年普拉达（PRADA）是意大利奢侈品牌，女装定位是年纪稍大而且比较男性化的女人，是女强人的代表

们常说的"我消费什么，我就是什么"。进一步细分的各种亚文化能够更精准地引发消费者内心的共鸣，并乐意为之买单，见图10-40。法国尼斯大学教授，著名语言学家，皮埃尔·吉罗（Cuiraud，著有《符号学概论》，1971年）曾说："在很多情况下，人们并不是购买具体的商品，而是在寻找潮流、青春和成功的象征。"他还说："一切皆形式，一切皆符号。"对消费者而言，他们会认为自己消费什么，自己就是什么，因此，让消费者拥有一种符号的表征，拥有一种情感体验，这是产品文化所需要做到的，见图10-41。如果说我国当下的产品创新与此前关注的重点有什么不同的话，那就是作为80后、90后的主体消费群更注重购买背后的意义阐释。当他们跨越物质与财富的匮乏年代之后，他们更需要满足来自精神层面的需求，如果品牌能够捕捉到这一点，通过产品表达最大限度地来慰藉人们的精神需求，成功的概率就会提升，见图10-42。

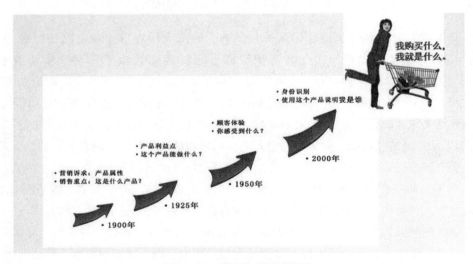

图10-41　营销诉求重点的转变

图10-42 青春小酒——江小白

江小白品牌塑造了一个时尚、简单、我行我素、善于卖萌、自嘲却有着一颗文艺的心的男青年形象，这也是当下
千千万万普通年轻人的特征

小结

品牌塑造的"三段论"指出，初级品牌卖产品和承诺，中级品牌卖品牌价值，高级品牌卖文化理念。一个成功的品牌必然以一个独有的品牌文化为先导，并以品牌文化吸引、号召和维系品牌的忠诚消费者。文化可以体现品牌内涵，提升品牌形象，品牌的知名度、美誉度和忠诚度都依赖于深厚的文化底蕴。事实证明，品牌的文化含量越大，其价值就越高。企业只有注重提升品牌的文化内涵，用心营造具有自己品牌特色的文化氛围，宣传蕴含在品牌文化中的新鲜、健康、独特的生活理念，扩大品牌的市场辐射，才能保持品牌的生命力，促进品牌的可持续发展，正如劳伦斯·维森特（Laurence Vincent，著有《传奇品牌：诠释叙事魅力，打造致胜市场战略》）在阐述传奇品牌的成功经验时指出的，这些品牌蕴含的社会、文化价值和存在的价值构成了消费者纽带的基础。

新的商业竞争是美学力、科技力、设计力、文化源的竞争。设计是企业成就品牌的关键因素，通过设计不断推出新产品，可以为企业创造新的产品优势；通过设计塑造独特新颖、富有文化的品牌标志、产品形象和品牌形象，可以为企业带来新的竞争优势，使企业在市场上保持旺盛的生命力。

10.5.2　设计富有文化内涵的品牌名称和品牌标志

品牌标志与品牌名称都是构成完整的品牌概念的要素。品牌名称是指品牌中可以用语言称呼的部分，如大众、雪佛兰等都是汽车的品牌名称；品牌标志是指品牌中容易被辨认、记忆但不能用言语称谓的部分，包括符号、图案或与众不同的色彩或字体，例如奔驰汽车的三叉星环，麦当劳的黄色 M 等。

品牌的名称要易于发音，与产品有清楚的关联性，并且易于记忆，但关键是要给人以美好的联想和想象，例如农夫山泉、谭木匠、娃哈哈等。以美国的碳酸饮料 Coca-Cola 为例，它于 20 世纪 20 年代传入中国，开始时使用的译名是"蝌蚪啃蜡"，销路可想而知。后来当时在哥伦比亚大学教书的华人蒋彝（1903—1977 年）翻译为"可口可乐"，不但保持英文发音，能够与中国传统文化中"吉祥""如意"等元素引发共鸣，符合中国人民对"真、善、美"的联想和追求，意趣远超英文，成为世界翻译史上的经典。现在，它已遍布中国的每个角落，成了中国人生活中不可或缺的一部分，见图 10-43。

品牌标志是一种通过特定图案、颜色来向消费者传输某种信息，达到识别品牌、促进销售的"视觉语言"，能够反映品牌体现的品质，影响顾客的忠诚度，因此，在品牌标志设计中，除设计技法与创意要求之外，还必须考虑营销、消费者的认知以及情感心理等因素。随着经济水平的提高和社会生活节奏的加快，品牌标志设计呈现出简洁化、多样化的趋势，消费者更加注重品牌标识的文化内涵和象征意义。如中国联通公司的标志是由一种回环贯通的中国古代吉祥图形"盘长"纹样演变而来。迂回往复的线条象征着现代通信网络，寓意着信息社会中联通公司的通信事业井然有序而又迅达畅通，同时也象征着联通公司的事业无以穷尽，日久天长。上下相连的两个明显的"心"型展示着联通公司的宗旨：通信，通心，见图 10-44。

图10-43　可口可乐中文标识　设计：陈幼坚

图10-44　中国联通标志设计

10.5.3　提升产品文化

当产品中渗透了独特的文化，以浓厚的文化底蕴呈现时，便有了自己的灵魂和魅力。这样，产品就能深深地打动消费者的心，消费者也会被其丰富的文化内涵所吸引，争相购买。产品文化是品牌文化最直观、具体、形象的体现，是品牌物质文化的主要组成部分。

产品文化是指以企业生产的产品为载体，反映企业物质及精神追求的各种文化要素的总和，是产品价值、使用价值和文化附加值的统一，又是特定消费群体在某段时期内对某种产品所蕴涵特有个性的定位。产品文化主要包括三层内容：第一层含义是指人们对产品的理解和产品的整体形象。例如，人们常说"开宝马，坐奔驰"，表明人们最认可的是宝马汽车优良的操控性能和奔驰汽车舒适尊贵的乘坐体验；产品文化的第二层含义是与产品文化直接相关的产品质量与质量意识，例如，提及沃尔沃汽车，人们就会联想到它卓越的安全性；第三层含义是指产品设计中的精神文化因素，是产品的象征意义和精神内涵，例如，兰博基尼跑车，象征着桀骜不驯的精神；哈雷摩托，代表着富有激情、追求自由和享受生活的骑士精神（见图 10-45）；苹果公司的产品处处都体现着其创始人史蒂夫·乔布斯所推崇的创新精神"Think Different（不同凡响）"；Supreme 最初是美国的一

图10-45　哈雷摩托是"骑士"精神的象征

款服饰品牌，结合滑板、Hip-hop 等文化元素，强调个性与时尚，是街头文化的代表。当产品中渗透了独特的文化、以浓厚的文化底蕴呈现时，它便有了自己的灵魂和魅力。这样，产品就能深深地打动消费者的心，令其趋之若鹜。

产品形象与品牌的功能性特征相关，是品牌形象的内在表现和基础。品牌形象是品牌在市场上、在社会公众心中所表现出的个性特征，体现了公众特别是消费者对品牌的评价与认知。优质的产品是品牌形象最重要的来源，不断进行产品创新，为消费者提供优质产品，是强化品牌实力、树立品牌优势的关键，也是塑造品牌形象的根本，为此，企业必须大力推进产品的设计和研发，满足公众不断变化的需求，产品形象与品牌功能性相关，它直接与消费者接触，是有效占领消费者心智、建立成功品牌形象的重要手段。提升产品形象的文化性是产品创新设计的方向之一，瑞士的 Swatch 手表、我国的谭木匠木梳、水井坊白酒都是利用文化提升产品形象的成功典范，见图10-46～图10-48。

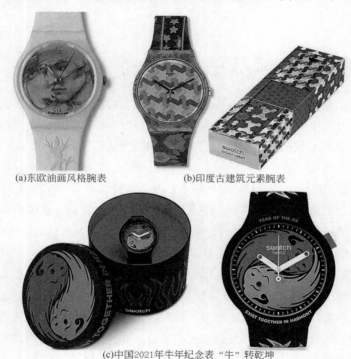

(a)东欧油画风格腕表　　　　(b)印度古建筑元素腕表

(c)中国2021年牛年纪念表"牛"转乾坤

图10-46　Swatch腕表

图10-47　谭木匠产品

图10-48　水井坊白酒包装

产品文化反映出企业经营理念和价值取向，折射了企业的文化现象和管理思想，作为企业文化的重要内容，既是企业的文化现象之一，也是企业创新能力的一种体现。企业将自身对于产品涵义的理解形成概念，然后根据这一概念，将这种涵义传递给消费者。例如，在营销传播中的产品介绍、送货、安装、维修、技术培训、产品保证等环节都可以实现涵义传递。其次要求企业建立起创新的、与产品文化风格一致的企业文化，并合理调整自身的组织结构以适应产品文化涵义的创造与产生。与此同时，作为一种营销思想，产品文化还反映出企业的经营方向和目标。总之，只有企业文化层次上的整合才会使得企业的每个成员深刻地理解产品的文化涵义，这样才能更有效地生产出具有丰富文化内涵的产品。

10.5.4 塑造和引领美好生活方式

每个民族和国家的文化类型都有特定的构成方式和稳定的特征，这是人们长期生活在一种文化模式的过程中形成和表现出来的心理性格和行为特征，由此也形成特定风格的生活方式。拥有健康和幸福的人生是生活方式最根本的问题，这个问题与衣、食、住、行、娱等生活细节息息相关。设计在人们的生活中无处不在，它解决着衣食住行方方面面的问题。从设计史角度来看，一切设计理念的核心都是为了让"好设计"服务于"好生活"。与此同时，通过设计对生活方式的改变，创造出理性、积极、审美、适度的生活形态，提升人类社会生活美学品质、改善生活方式，也是产业创新和社会发展创新的核心价值所在。

一方面，生活是创造的源泉，是设计创新最好的老师；另一方面，设计也与生活方式密切相关。首先，设计来自于对人们生活方式深刻的观察和领悟，好的产品、好的品牌不仅能够为市场带来优质的产品，还能为社会带来良好的精神文化价值，它们服务于人们的生活，满足人们对现有生活方式的需要，同时能创新和引导人们新的生活方式，人们愿意让品牌和产品参与自己的生活，共创自己的生活，并一起开展对新生活和生存意义的思考，因此，说"好的设计具有教化意义"并不为过。从品牌的层面来说，当生活方式与消费者的生活紧密捆绑在一起的时候，这个品牌就有了持久的生命力。比如极简、充满禅意的无印良品 MUJI，讲究民主化设计的宜家 IKEA，强调生活化、趣味性设计的阿莱西 ALESSI，向小女孩们贩卖未来梦想的芭比娃娃 Barbie 等。其次，具有原创性、重大突破的产品常常会改变人们的生活方式，给人们的生活带来巨大的变化，例如福特的汽车、索尼的随身听、苹果的智能手机、特斯拉的电动汽车智能汽车等。作为设计师，要深刻理解生活，并能够把握趋势，将生活美学和设计文化相结合，为人们创造更加美好的生活方式。例如，东西方饮食方式不同，形成不同模式的饮食文化，也造就了不同的厨房用品设计，历史上最简单明显的现象就是东方用筷子和西方用刀叉。再如海尔集团能够分类分区洗涤衣物的卡萨帝双筒洗衣机，为法国市场推出专门储存红酒的冷藏柜（图 10-49）；三星电子为本国市场推出专门腌制和储存泡菜的冰箱（图10-50）等都是基于对人们生活方式深入的研究进行的设计创新。所以说，设计师要深入研究生活，从文化概念入手，才能掌握产品设计的文化内涵，从而使设计的产品具有足够的文化品位和创新内涵。

图10-49 海尔储存红酒的冷藏柜 　　图10-50 韩国三星电子推出的泡菜冰箱

10.5.5 设计符合民族文化心理的品牌形象

民族文化是由地理环境、气候条件、经济情况、遗传因素、社会历史、人文思想与生活方式长期的共同积淀铸就的，不同的民族文化反映到产品和品牌设计上，也体现出不同的民族特质。品牌在很大程度上，是一种文化传统的时间沉淀过程。越是传统化和民族化的品牌，往往也越是知名的品牌。发达国家以及国际著名企业集团都非常重视这方面的研究，以便因地制宜地对其产品及服务进行设计和推广，见案例10-8。

案例10-8 万宝龙（Montblanc），打造像勃朗峰般书写艺术的高峰

万宝龙国际（Montblanc International）是德国的一家精品钢笔、手表与配件制造商，于1906年创建于德国汉堡市。近一个世纪以来，万宝龙以制造书写工具驰名世界，万宝龙品牌代表着书写的艺术。万宝龙的品牌名称源自欧洲第一高峰——勃朗峰（Mont Blanc），勃朗峰在欧洲中部拔地而起，山峰的最高点为海拔4810米，气势雄奇，令世人震撼。万宝龙的创始人希望自己的产品如勃朗峰一样，成为书写工具世界里的最高代表。万宝龙白色六角星标志是白雪覆盖的勃朗峰俯瞰的形状，象征着该品牌对于至尊品质及欧洲顶尖工艺的承诺，见图10-51。

图10-51 万宝龙商标

万宝龙每一支笔顶部的六角白星标记是勃朗峰俯瞰的形状，笔头上的"4810"字样是勃朗峰的高度（见图10-52），该数字经常循环用作各种主题。笔头由纯手工制作、历经25道工序，使得万宝龙的品质如勃朗峰般坚实而又高贵。当科技在我们的生活中日新月异地发展时，万宝龙的书写文化魔力使之成为人们心中的艺术品，见图10-53。

图10-52　笔帽上的白色五角星和笔头上的"4810"字样

图10-53　万宝龙"大班"系列书写工具

10.5.6　建设独具个性的品牌文化

"个性"一词的原意是对人的心理特征的一种描述，是指个体在心理发展过程中逐渐形成的稳定的心理特点，品牌个性是指品牌在多年发展过程中逐渐形成的对消费者而言稳定的心理感受。随着社会文化经济的不断进步，今天的人们在精神领域的要求越来越高，也越来越细化，他们会在市场中自觉不自觉地购买与他们的自我认知相匹配的产品，其实他们是在寻找与自己的个性相契合的品牌。因此，对品牌而言，不走寻常路，拥有自己的个性，也是品牌文化独特的方面，苹果、哈雷、无印良品、阿莱西、可口可乐，这些成功的大品牌都拥有自己鲜明的个性。以可口可乐和百事可乐为例，他们产品的口感差异远不如他们品牌文化的个性差异对消费者的影响大。

品牌个性是产品获得高于平均利润的最持久可靠的保证，是品牌差异化的根本原因，这就需要品牌对自身进行准确的定位和聚焦。马蒂·纽梅尔（Neumeier Marty）在其所著《品牌的鸿沟：如何缩小商业战略与品牌设计间的距离》一书中写道："聚焦、聚焦、聚焦！这是塑造品牌过程中三个最重要的词汇。危险通常很少来自于聚焦，而是聚焦得不够。一个不聚焦的品牌过于宽泛，以至于什么都代表不了。相反，一个聚焦的品牌清楚地了解自己是什么、自己为什么与众不同以及人们为什么需要它。但是，聚焦并不是非常容易达到，因为它意味着企业必须放弃某些东西。聚焦，意味着放弃。"这就要求那些致力于塑造个性化品牌的企业要准确把握某一类消费群体的最本质、内在的需求，避免因贪大求全而丧失个性。

10.5.7　借力设计和文化营销，推广品牌

一个品牌如果贩卖的是生活哲学，它影响的将是消费者的精神和灵魂。成功的品牌不仅在于为目标群体提供了众多优质的产品，还在于它们的品牌精神和文化能够深刻触及用户的内心，获得他们的认同，激发他们的共鸣。在受过良好教育、对社会和世界有着特别关切的年轻一代面前，品牌必须寻求创新方式，将自身的经济利益与社会效益、社会文化相结合。文化营销是指企业在产品的营销过程中，给企业或产品注入一定的文化元素，把企业的文化理念传播给渠道和消费者，使得消费者在消费产品和选择品牌的时候可以获得心灵上的共鸣和价值上的认同。以迪士尼、NBA为例，它们在主营业务之外，以符合现代人需求并彰显品牌文化的产品进一步强化了自身品牌力，见图10-54。而苹果公司的iTunes是电影预告片最大的发行基地，在文化领域的渗透也是苹果渐进性影响用户的关键。

图10-54　迪士尼数码产品

10.5.8　"国潮"品牌的兴起及设计特征分析

随着经济的发展，我国消费者的消费水平和鉴赏能力不断提升，消费者关注的焦点逐渐从产品的使用价值转向情感和文化价值。2016年的多次调研显示，中国年轻人在生活方式上出现了回归本土文化的趋势。2017年国务院将每年5月10日确定为"中国品牌日"，2018年5月电商平台"天猫"推出目的在于扶持本土老字号的名为"国潮来了"的营销计划，开启了品牌"国潮"化的新的发展时期。如何运用设计手段通过文化再造实现品牌升级与产品革新，成为众多国有品牌积极思考和亟待解决的问题。

在《新华字典》中，"潮"字意为"海水的涨落"，常用来比喻大规模的社会变动或运动发展的起伏趋势，与英文单词trend或fashion对应。"潮牌（fashion brand）"起源于20世纪中后期的美国，是商品被认可为潮品的品牌，它们彰显设计师的独特风格，反映

其思考和生活态度，具有对社会热点、亚文化现象反应迅速、更新换代快等特点，多采用拼贴、恶搞、跨界等设计手法，品牌内涵主要来自于美国的街头文化。潮牌因其独特的魅力受到追求个性的年轻人的青睐，以 Supreme 为代表的潮牌在 2010 年前后开始进入主流消费领域。我国的"国潮"顾名思义是由"国家"与"潮牌"两个中文词组合衍生而来，是体现中国文化和设计特色的风尚品牌。"国潮"品牌既立足于传统文化，又融入了现代美学特征，还能与当下社会语境和现代文化相结合，目前多集中在服饰、美妆、饮食等领域，在生活用品、小家电、汽车甚至餐饮、金融等服务领域也有涉及，通常都具备优质的产品、中国符号、潮流元素三个关键要素。"国潮"和潮牌的相同之处是都立足于文化的时尚潮流，潮牌源自美国街头文化，已在全球范围内形成一定的影响；国潮是"国"之潮，文化内涵是中国本土文化，目前的主要活动范围是国内。最近几年，买国潮、用国潮、"晒"国潮在国内年轻人的生活中流行，并逐渐成为有个性、有品位、有情怀的象征（注："晒"是英文"Share"的音译，意为"分享"）。品牌"国潮"化方式具体表现在以下几个方面：

第一，博物馆文创产品国潮化。博物馆文创除了商品本身的使用功能外，强调产品的文化功能，如代表博物馆公众形象，传递博物馆文化价值理念，实现博物馆社会文化与教育等公共服务职能。博物馆文创产品让文物用更生活化、功能化、实用化和艺术化的形式进入大众生活，成为继承、发扬和创新传统文化的重要载体，见图 10-55 ～图 10-57。

图10-55　陕西历史博物馆开发的文化IP"唐妞"

图10-56　敦煌博物馆创意滑板

图10-57　故宫口红

第二，品牌跨界频繁。进行跨界合作的两个品牌通常都是消费者认可的较为知名的品牌，而且彼此调性接近。老的国产品牌需要创新、变革，新的国产品牌需要寻求历史的积淀，两者的需求正好契合，从而实现跨界。跨界产品的设计创意通常从合作品牌的共性出发，放大品牌的"符号价值"，新产品兼具双方的基因，令人眼前一亮又无违和感，见图 10-58。

图10-58 大白兔与气味图书馆联合推出的香氛系列产品

第三，以品牌为纽带，以产品为载体表现中国文化和中国独有的精神气质。中国现代的设计师对以产品为载体展现中华民族特有的精神风范或哲学意涵孜孜以求，即使达不到哲学的高度或起到教化的作用，至少也应该能是富有情感的或能讲述打动人心的故事。李宁品牌在坚持其源自国旗的经典"红黄"配色外，发展出汉字版"中国李宁"的标志性玺印式图案，在设计上也突破单一的运动风格，实现了中国文化、潮牌风格和现代运动元素的有机融合。新的产品形象清新帅气、年轻时尚、充满运动活力又洋溢着中国气韵。"溯""悟道""行"等服装鞋履系列承载着中国传统文化的智慧和思考，能够激发消费者心目中的爱国自豪感，满足他们的文化归属感，可以说，实现了产品在精神层面的继往开来，见图 10-59。

图10-59 李宁的"行"系列产品

文化是潮牌的核心竞争力，Supreme 的人气和商业价值持续增长的背后是美国街头文化的兴盛。"国潮"本身有一定的局限性，如何有效地延续这种潮流并使之生生不息地健康发展，值得研究和思考。国潮产品的设计应该把"国"所代表的中国气韵作为产品核心，以"潮"作为载体与传播推动力，围绕产品的反思层面、行为层面、感官层面，多层次地展开创新设计来靠近新时代年轻人的审美取向，见图 10-60。要想成为真正的"国潮"，中国品牌就必须坚持长期主义，坚定不移地持续努力。在"国潮"品牌走向世界的过程中，也能让世界人民了解并认同我们民族的文化和创造力。

图10-60　美的集团与电影《大话西游》跨界合作的电饭煲

将经典IP人物与产品设计结合，运用了唐僧、孙悟空、猪八戒、沙僧师徒四人的专属色和配饰标识，四款电饭煲分别以"佛系：Only You""硬核：至尊宝""真香：二师兄""杠精：沙师弟"等年轻人喜欢的网络热词命名。

 小结

中国制造业正在从产品走向品牌，从中国制造走向中国创造。人们的需求远远比想象的要多，过去我们的发展靠的是努力和性价比，未来我们要靠附加值和个性化服务。品牌仅仅关注产品本身的功能是难以产生高价值的，在功能和价格之外，审美、归属感、身份认同感，甚至于民族自豪感，都是品牌应该真正发力的方向，打造独具个性的品牌文化是品牌建设的关键，在未来更是如此。借助设计的力量，企业可以实现产品创新，构建品牌文化形象，表达品牌文化内涵，凸显品牌的文化差异性，提高品牌的市场竞争力。在技术创新的同时不断提高设计水平，才能让国产品牌真正走上全球化之路，年轻的一代设计师和消费群体在传承优秀的中华文化并保持鲜明的民族文化特质的道路上仍然任重道远。

10.6　以教育提升整个社会的设计文化

工业设计的教育问题包括两个主要方面：一是设计的生产者，也就是工业设计师的教育问题，通过对他们的教育，让他们设计更多、更好的产品满足消费者的需求；二是消费者的教育问题，让他们懂得怎样去理解和欣赏设计师的工作。

教育对提高人的素质至关重要，同样，消费教育对提高消费者的素质也是不可或缺的，而且消费者的素质也是个人素质构成的重要部分。通过对消费者开展工业设计教育，可以提高消费者对好设计的认知水平和审美意识，改善整个社会的消费文化，促进社会文明的进步。

设计的竞争，归根到底是人才的竞争。我国的设计教育，应当进一步转变观念，强调对综合素质与创新能力的培养。在初等教育阶段就普及、推广设计教育，学生在高等教育阶段就能更好地掌握现代设计理论和方法，这是提高一个国家整体设计水平的有效手段。

10.6.1　提升设计师的文化品位

无论是历史还是当下，造物的背后都应该有文化和精神之光。设计不是一种单纯的技能，而是设计者捕捉事物本质的感受能力、洞察能力、知识背景和对文化的理解能力的综合写照。每一位设计师都应该意识到自己对于社会的使命感和责任感，不断思考自己所做的一切将为现在的使用者带来怎样的良性改进，对未来造成怎样的积极影响。做设计不应该只看短期的反应，还要着眼于教育性的理想，是利用设计塑造更加健康文明的生活方式。如果使用者感受到设计师做设计时所融入的绿色设计、人性化设计理念或是产品自身幽默风趣的情感特征，如果他们被触动，就会将这些理念潜移默化地内化到思想与行为中，这就是设计所起到的"润物细无声"的教化作用。这就对设计师提出了更高的要求——他们不仅要掌握设计的工具和专业设计思维，更需要以深厚的文化积淀和非凡的想象力，将生活美学和设计文化融合，用设计的力量影响和改变人们的生活方式，塑造和引领美的生活方式——如果每位设计者都有这样的情怀和追求，那么市场的品味、消费者对设计的感受力就会不断提升，社会大众就会更深刻地理解设计的意义所在，优秀的设计会得到理解和欣赏，设计师才会有更大的发挥。这是一个相互影响的良性的循环。

由于历史的原因，中国的现代设计缺失了几十年，国人的审美也缺失了几十年，因此，当代设计师更要主动地丰富自己的文化素养，提升自己的品位。一方面要以开放的胸怀拥抱全球化和现代文化，博采众长，虚心学习其他国家和民族的优秀文化并将之融会贯通；另一方面要汲取传统文化的精华，发掘提炼我们本国造物文化的精髓，总结一套可行的具有中国特色的造物理念，同时准确把握各种新文化和亚文化进行富有现代精神的设计，满足现代人的精神与物质需求。尤其是在政治、经济形势复杂多变的情况下，设计者尤其要静下心来倾听时代的声音，虔诚地思考和观察，多向内挖掘，坚持做最好的自己，用自己的智慧创造，推动中国设计以开放包容的姿态参与全球市场竞争。在设计过程中要注意方法和手段，不能一提传统文化和中国特色，就对各种传统纹样符号进行贴标签式地生搬硬套，不能总从文物上找灵感作为中国当代的文化形象来展示，而是应该站在如何解决人与物的关系、人与环境的关系、人与人的关系的角度上思考，这样才能使得设计创新达到更高的文化层级。

作为一个工业化历史较短的国家，当中国设计面对现代工业文明的时候，必然会经历一个寻找、学习、模仿、积淀、反思、创新、突破的过程。文化自信才能教育自信，设计教育必须在文化自信的基础上展开，教育理念也要保持足够的文化自觉。创新来源除了灵感，还需要一个稳定的源泉，这就是广泛的文化修养，对设计师而言，文化的修养就是设计的修养。赏析不同领域的设计、博览群书、广泛涉猎歌舞戏剧音乐游戏、旅行、交谈……这些积累不仅是为了激发灵感，而是更多地去奠定对世界普遍性了解的基础，有了这样的基础就能从根本上思考和解决设计问题。人对美最初始体验来源于大自然，"师法自然"是设计师常用的创作方法。因此，投身大自然的怀抱，通过细致的观察发现自然之美，获得心灵的感悟，再将这些美与感悟融汇到自己的设计中，作品就会拥有打动人心的丰沛力量。

深入挖掘文化资源并有效应用，这是我们的社会和商业正在经历的变化。文化竞争是未来世界主要的竞争工具，这一趋势为设计师提供了更为宽广的舞台，也提出了更高的要求。补好传统文化课，建立起面向世界的自信，形成自己的符号体系和设计语言，最终超越具象以中国风格影响世界设计——中国设计和中国的设计师们依然在路上。

10.6.2　消费者的设计教育

包括政治、法律、宗教等在内的社会文化会对消费者的购买行为产生深刻影响，这种影响也包括社会精神文明、个人价值观两个层面。社会精神文明层面的影响包括消费者对环境、生态、公平和公正等问题的关注；消费者的个人价值观决定了他的消费类型，同时，由不同人的消费类型也可以反推他的个人价值观。常见的消费类型包括以下几种：盲目跟随型消费，叛逆消费，以社会角色来定位消费，满足个性化需求的消费，满足精神需求的文化型消费等。随着时代的进步，设计成为消费文化的核心。针对消费者开展的设计教育应该包括两个方面的内容，一是教他们学会如何消费，二是让他们学会理解和欣赏好设计。

10.6.2.1　让消费者学会消费

现代工业在给人们生活带来便利的同时，也带来了环境污染、资源枯竭等一系列严重的问题，要通过教育引导消费者选择功能优良、造型简单，不容易被流行趋势影响的产品，帮助他们提升消费品位，使其树立绿色、简约、环保、朴素、雅致的消费观。不论是政府积极层面的引导，还是借助新媒体手段，对社会大众开展消费理念的教育都势在必行。

根据国际通行的做法，教育部门及学校是开展消费教育的主体。英国工业革命后，德国的设计在短期内赶超过了英国，依靠的就是对工业设计的重视。德国的教育理念认为，教育是改造一个社会最快、最有效，破坏性最小的方式，只需要几十年的周期。这一点很引人深思。在德国的小学、中学里，除了一般课程外，强调发扬每个学生的特点，并根据每个学生的特点，安排艺术修养与艺术基础知识及技能的训练，在大学里，创新意识已成为共识。日本非常注重对民众进行消费教育，消费者教育（同"消费教育"）由政府出面直接推动，并列入了大、中、小学课程。这样做的目的，就是在学校里就开始培养将来步入社会即能适应社会生活的消费者。日本在公共电视媒体上推出一百余集的设计普及文化片《啊！设计》，其良好的播映效果已经可以证明这一将"设计"文明作为民族重要文化素质塑造的战略设想的成功。数年前，日本500家企业联合出资成立了"消费者教育中心"，该中心定期在全日本范围内进行调研，弄清多数消费者最关注的消费问题，并开展有针对性的培训，目的是努力提高消费者的消费能力和消费质量，反过来去推动企业提高生产质量。日本的消费者教育主要有三个课题，分别由三个阶段完成，即培养"聪明的消费者"、培养"自立的消费者"和培养"自觉的消费者"，三个阶段的培养目标逐级提高，培训内容的深度和广度也不断扩展，使民众消费理念和消费行为不断走向成熟和理性，见

图 10-61。培养"自觉的消费者"是消费教育的本质，它强调消费教育应该站在更高的角度，审视其生存的社会，充分考虑从生产—流通—废弃过程的各个阶段对社会、自然环境、国家整体经济带来的影响，在对此进行理解和判断的基础上采取理性的行为，使消费者成为美好生存环境的创造者。日本从小学阶段就开展环保启蒙教育，让环保意识成为一种潮流，孩子们成年后会主动选择环保型的产品。

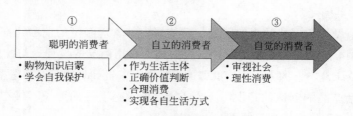

图10-61　日本三个阶段的消费者教育

10.6.2.2　让消费者学会欣赏

任何作品没有理解就没有生命。法国作家马赛尔·普鲁斯特（Marcel Proust，1871—1922 年）曾对读书发表过这样的看法："每个读者只能读到已然存在他内心的东西。"消费者对产品设计的理解亦然。所谓的"艺术的美感"和"不同的个性体验"不是设计成果本身，而是消费者的解读，这种解读的基础是产品本身的表达力和消费者的认知水平，只有当消费者能够领悟产品的意义和美，才会欣赏和喜欢，才会消费。

消费者对设计的理解是工业设计产生附加价值的基础，赋予产品造型、材料、色彩方面的特征，使消费者在使用过程中感到满足和愉悦是工业设计的首要任务。工业设计的生命开始于产品定位和消费需求分析，经过生产制造、销售直到消费者理解和欣赏、购买、使用才算实现它创造的价值。没有解读或不被理解的作品是不完整和没有生命力的，也不会为企业和社会创造真正的价值，因此，消费者教育是设计教育的重要环节。

设计载美，设计载道。设计师本身从事的就是引导并创造美的工作，设计的审美情趣和美学追求在一定程度上代表社会审美的发展方向，应该通过自己的设计引导大众在审美之路上前进，让他们逐渐具备构建自己美好生活的品位。只有当越来越多的消费者能够真正理解、欣赏和喜爱设计之美，真正懂得识别什么是好设计的时候，好设计才不会成为曲高和寡的阳春白雪，才能生生不息地繁衍开去。这将不仅促进设计文化的进步，也能促进整个社会文化的创新和发展，使整个社会的物质文明和精神文明得以提升。提高整个社会的设计修养，不仅是为了使个体具备眼界和高度，更是为了整个社会能够做出更符合长远利益和公众利益的判断，从而更加趋向良善与和谐。因此，提高设计的修养也是整个社会发展方式和生活方式升级的突破口之一，是人们在什么高度上去生活的一种选择，因此，要在公民的整个教育过程中高度重视审美教育并将其贯穿始终。

美国、英国、德国、日本、韩国等设计发达国家注重对普通大众开展设计教育，孩子们往往在 5 ～ 16 岁期间就学习设计、创造的课程，而且这些课程都属于义务教育。通过这些课程，培养孩子的设计思维，训练他们的设计能力，因此国外很多人在家居生活中通常具备一定的 DIY 的能力，成年后也能够理解设计、有意识地选择购买设计优良的产品。

英国政府在推广优良设计、树立品味标杆等方面取得了很多实质性进展。通过其工业设计师委员会（Council of Industrial Designers，COID）举办大量的设计周、展览、讲座、培训课程、研讨会等，并出版主题杂志，为制造商提供了诸多设计咨询服务并建立各个城市的设计中心，展示英国工业设计及其消费文化的既有成绩，同时也向公众普及最新的工业设计及其价值以及"好设计"的品位与生活理想，培养懂得欣赏优良设计的消费者、培养更多有品位的英国受众。

德国是一个设计意识非常强的国家。根据调查，管理经济的前联邦部长格罗斯曾说在德国"2/3 的 14 岁以上的人理解设计，包括基本日用商品的设计，与此同时 18% 的人把它作为新潮设计，16% 的人认为，就普通设计而言，设计是给予产品造型和形态，15% 的人认为它包括产品的创造性开发"。设计社会地位重要性的增长不仅在企业家心中扎根，同时在普通老百姓心中也已扎根。

韩国政府不仅对设计高度重视，对设计普及也非常关注。韩国振兴设计院在提升韩国设计的过程中扮演了非常重要的角色，它是韩国中央政府下辖的官方机构，接受政府预算，其工作目的是推动韩国整体的设计意识和能力，为中小企业提供咨询、分析和帮助，提升产品竞争力，鼓舞企业生产"设计导向"的产品，并且通过推广活动提高韩国民众对设计的总体认识。在它的任务中，不仅是推动产业设计，更要向所有韩国百姓灌输设计的意识，教化国民去分辨什么是好的设计和好的品位，最终以提高人们的生活质量为目的。

新加坡政府在新加坡设计理事会（Design Singapore Council）旗下成立了设计思维与创新研究院（Design Thinking & Innovation Academy，DTIA），该机构设立了专门针对学龄前儿童设计的项目"视野无穷"（Many Way of Seeing），这一项目作为设计教育的补充，通过为老师和学生们提供和设计师一起工作的机会，让他们对设计和设计思维有初步的认知。

在我国，随着经济的发展，"符号消费"一度非常风靡，奢侈品大受欢迎，我国已经连续多年稳居世界奢侈品消费第一大国，2018 年中国人买走了全世界 1/3 的奢侈品，其中年轻消费者成为购买主力。喜欢"符号消费"的消费者通常具有喜欢讲排场、求炫耀、重表面、轻实质的特征，消费能力的强弱成为判断一个人成功与否的标准，商品由此畸变为炫耀金钱和地位的"符号"（如图 10-62 所示的奢华包装在我国深受一部分消费者青睐），这一观念的最终结果就是，人们越来越物质化，导致道德被市场所左右。与豪华月饼盒类似的设计，把文化作为珠翠环绕的装饰，实质却是对各种资源的极大浪费，这正如美国诗

图10-62　中秋月饼的奢华包装

人罗伯特·李·弗罗斯特（Robert Lee Frost，1874—1963 年）说过："其实文化的每一步都险象丛生，因为它最容易成为反文化和伪文化的花衣裳。"意大利米兰理工大学教授埃佐·曼佐尼（Izio Manzini）对数量众多的、无价值、缺乏文化意义、用完即弃的物品进入日常生活中有过这样的评价："这使得我们产生了一种一切都很短暂的感觉，导致了器官感觉的枯竭及人们与产品之间相互关联的缺失，我们势必看到一个用完即弃的世界；一个由不会在脑海里留下痕迹的、没有深度的产品组成的

世界，它给我们留下的只是日益增大的垃圾山。设计师价值偏离，导致设计师失去了对设计文化的合理选择。"

小结

　　审美力是一个人的核心竞争能力之一，良好的审美不仅可以提升消费品位、提升生活品质，也能够转化为生产力，有利于提升企业经营管理艺术，创建文化和审美价值高的著名品牌，审美力的欠缺会导致整个国家软实力的下降。在我国目前的社会舆论中，都还是侧重于将"设计"看作一种经济手段，并没有把它作为"社会美育"的文化构成、创造力构成与思维方式的未来性看待，这也将导致我国未来的文化、经济创造力与发达国家的差距逐渐加大。2020年10月15日，中共中央办公厅、国务院办公厅印发了《关于全面加强和改进新时代学校美育工作的意见》，并要求各地区各部门结合实际认真贯彻落实，该意见强调美育不是艺术考级，而是对审美经验、审美感知、审美素养的教育。从孩子开始抓美育教育，长期来看，这对从宏观层面提升我国软实力以及微观层面提升消费者审美水平都将产生积极而深远的影响。

**复习
思考题**

1.简述文化的定义和特征。
2.简述中国传统文化中哪些思想可以在现代设计中使用。
3.谈谈当代文化对工业设计的影响。
4.结合实际，试论述如何做具有中国特色的设计并列举几个有中国特色的产品设计。
5.举例分析工业设计、品牌、文化之间的关系。
6.什么是"国潮"品牌？如何才能更好地塑造"国潮"品牌？
7.如何通过教育提升整个社会的设计文化？

第11章
工业设计的发展趋势

本章重点：
◀ 设计技术的发展趋势。
◀ 设计思维的发展趋势。
◀ 设计方向的发展趋势。
◀ 我国工业设计发展展望。

学习目的：
通过本章的学习，了解设计技术的发展
趋势、设计思维以及未来工业设计发展
的几个方向，增强对我国未来工业设计
发展的责任感和使命感。

  2001 年，印度作家阿兰达蒂·洛伊（Arundhati Roy，1961—）发表了一段脍炙人口的讲话："另一个世界不仅可能存在，而且已经在路上。在一个宁静的日子，我能听见她的呼吸。"新的世纪，伴随着科技的飞速进步和经济的蓬勃发展，人的需求、欲望和价值观念变得更为复杂化、多样化，产学研的兴趣逐渐转向人工智能、物联网和合成生物学，人类的生存方式、人类社会的发展走向都在被重新定义。未来总会到来，又总会与当下不同，没有人能够左右变化，惟有走在变化之前。立足当下，关注未来，是设计的重要特征，也是设计的使命。它既要将想象力与技术、商业融合为人们创造更好的产品与服务，还要为人类重新定义生产、生活方式，帮助人们塑造新的价值观。企业不论大小强弱，只有着眼于未来，才能在获得长足发展的同时规避麻烦和风险。预测未来的最好方式是创造未来，设计师要在未来人类生活和神奇的科学技术之间搭建"桥梁"，这将是一个伟大的、甚至令人生畏的挑战。

11.1 设计技术快速进步

计算机技术和因特网的迅猛发展和普及使人类社会进入了一个信息爆炸的新时代，以机械化为特征的工业社会正在被以信息化为特色的"后工业社会"取代，而这一全新的历史时期是以数字化生产力为主要标志的。这种巨大的变化不仅激烈地改变了人类社会的技术特征，也对人类的社会、经济、文化各个方面产生了深远的影响。世界主要国家都把数字化作为经济发展和技术创新的重点，能不能适应和引领数字化发展，成为决定大国兴衰的关键性要素之一。作为人类技术与文化融会的结晶，工业设计也经历着这场剧烈变革的冲击和挑战，并产生了前所未有的重大变化，"工业设计"的概念逐渐被内涵更加丰富的"设计"概念所代替，设计的观念、领域、组织正在发生着历史性的变化，设计的方法、手段、技术不断改善和进步，设计的领域发生了巨大的变化，广度和深度不断扩展，由先前主要是为工业企业提供服务扩大到为金融、商业、旅游、保险、娱乐等第三产业甚至政府事务，设计对象从工业产品、企业形象等扩展到信息化产品、公共关系、社会服务等。

11.1.1 VR/AR/MR进一步更新设计手段

激烈的市场竞争使得新产品开发周期不断缩短，但产品开发的技术含量和复杂程度却日益增加，因此，新产品开发要着重解决的问题包括：缩短新产品开发周期、提高新产品开发技术水平、降低新产品开发成本、提高新产品开发成功率，并保证上市后产品的生命周期，计算机技术的发展为解决以上问题提供了新的技术支撑并带来了新的解决思路。可以说，计算机技术的发展与工业设计的关系广泛而深刻，它极大地变革了工业设计的技术手段，改变了工业设计的程序与方法，甚至可以说，从根本上变革了工业设计的方式，由此，设计师的观念和思维方式也有了很大的转变。

数字化浪潮将人们从真实的世界引入了虚拟的世界。大量的跨平台交互设计软件的推出和更新，从 VR、AR、MR（简称"3R"）到全方位、全时段沉浸式设备的应用，都在致力于打通现实和虚拟之间的"墙"，这也将促进工业产品更加具有交互性、开放性和共享性。广义上，可以将与虚拟世界展开互动的三类标志性技术 VR、AR、MR 统称为虚拟现实。

狭义的虚拟现实技术（Virtual Reality，VR）通常来说是一种可以创建和体验虚拟世界的计算机仿真系统，它利用计算机生成一种模拟环境，是一种多源信息融合的、交互式的三维动态视景和实体行为的系统仿真，使用户沉浸到该环境中。虚拟现实技术具有以下四个特征：多感知性（包括视觉、听觉、触压觉、运动等）、沉浸感、交互性和构想性。HMD（Head Mounted Display，头戴式显示器）结合跟踪系统营造出的良好沉浸感刷新了人们先前对网游、3D 电影等的虚拟体验，这也大大推动了虚拟现实的发展，现已在游戏、影视、专业学习和训练、旅游、制造以及军事等领域获得了广泛的应用。随着HMD的普及和远程通信技术的发展，在真实环境中融入虚拟现实获得了人们的青睐，从而诞生了增强现实技术（Augmented Reality，AR）。它是一种实时地计算摄影机影像位置及角度并加上相应的图像、视频、3D模型的技术，这种技术的目标是在屏幕上把虚拟世界叠加在现实世界中展开互动，它是以现实世界为主体，借助数字技术更好地探索现实世界并与之交互。如果说，VR呈献给用户是100%的虚拟世界，那么AR就是在真实的世界中叠加了虚拟的。随后，技术的发展能够做到将现实世界实时并彻底地数字化从而可以与虚拟世界更好地融合，人类可以更灵活地游走于虚、实之间，混合现实（Mix Reality，MR）技术得以实现，它是将虚拟物体和现实物体都进行再次计算，把它们混合到一起，配合全方位、全时段沉浸式设备的应用将虚拟和现实更好地融在一起，将人们的体验提升到新的境界。现在，元宇宙的概念炙手可热，VR、AR技术备受各类资金追捧并在快速产业化，不过传统的VR演化为AR和MR，其关键在于大数据处理和人工智能（Artificial Intelligence，AI）技术，现今的面向AR、MR的算法和技术研究还有待进一步发展。

　　虚拟现实设计系统是凭借计算机的强大能力建立起来的优化、集成的系统，它将设计、工程分析、制造三者集中到一起。设计人员通过计算机系统在虚拟现实环境中进行虚拟设计，用虚拟的人体模型模拟产品使用、维修情况或对产品进行虚拟的加工、装配和评价等，还可以利用数据头盔、数据手套等设备对产品进行身临其境的体验，进而避免设计缺陷，同时降低产品的开发成本和制造成本，在新产品开发中提升设计创新思维能力与产品设计水平，增强科学性、可靠性，减少盲目性、降低成本，及时发现和纠正错误，缩短开发周期，使开发的产品更加符合最终用户的需求，增强产品竞争力，见图11-1。虚拟设计技术能够提供很强的沉浸感和无限的可能性，具有巨大商业价值，符合现代设计技术发展的大趋势，是工业设计发展的主流方向。

图11-1　奥迪的"虚拟装配线校检"技术

利用3D投射和手势控制，可以使流水线工人在三维虚拟空间内完成对实际产品装配工作的预估和校准。

　　虚拟现实技术也为创新设计流程和建立新的设计管理模式提供了可能。随着经济全球化的迅猛发展和国际竞争的日趋激烈，在越来越专业化、全球化的生产经营模式下，一些颇具实力的大型跨国公司为了适应世界市场的复杂性、产品的多样性以及不同国家消费者偏好的差异性需求，一改将本土作为设计研发中心的传统布局，而是根据不同东道国在人才、科技实力以及科研基础设施上的比较优势，在全球范围内有组织地安排科研机构开展新技术、新产品的研发设计，从而促使自身的设计研发活动日益朝着国际化、全球化的方向发展。虚拟现实技术、3D 打印等给设计带来了更大的便利性和可能性，设计师、制造者和客户或使用者可以突破空间局限，通过国际互联网实现数据共享与信息交流，借助虚拟现实技术，信息交互的深度、广度和速度都得到了很大的提高，也为构成跨越全球的设计研发系统提供了必要的基础，大众汽车的 500 多名设计师遍布世界各地，但是，先前由于空间距离远所造成的理解障碍已经不复存在了，大家不论在世界的哪个地方，都会感觉是在一起工作。未来，随着新技术的进一步发展和运用，设计的方式会获得更大的变革，设计的品质和灵活性进一步提高，并为用户带来全新的连接体验。案例 11-1、案例 11-2 是宝马和耐克近些年来运用 VR、AR 技术进行设计研发的实践。

案例11-1　宝马公司BMW运用VR技术开展汽车研发

VR 技术在汽车行业有着广泛的应用，目前世界上各大汽车企业都在积极地将 VR 技术应用到汽车设计的各个方面。宝马公司从 1990 年开始在设计中引入 VR 技术，是 VR 技术的积极践行者。2016 年宝马公司将 HTC Vive 头盔引入汽车研发的前期工作中，使其在车内设计、远程协作、测试评估等方面发挥作用。具体来说，在设计环节可以通过 VR 实现车饰可视化，并且还可以模拟出试驾场景，帮助设计师快速修正草案。另外，身处不同地区的开发设计团队成员，不必要实地相聚，只要戴上 Vive 就能"一起"查看原型车，并交换意见。这既提高了设计效率也节省了大量金钱。此外，其他人员例如物流、系统规划师及生产员工等，在早期阶段就能很容易地发表意见，设计流程在整体上更为透明、灵活和迅捷，这一点对团队来说非常重要。除了 Vive 头盔，还添加了音响、座椅、方向盘等交互设备，方便设计师们对设计原型进行评估。在整个开发阶段，软件系统负责处理复杂的计算，实时呈现虚拟现实眼镜中的所有物体并进行模拟，车辆功能和内饰设计可以通过视觉体验实现快速建模。这样设计师们就可以一边模拟驾驶汽车通过城市的体验，一边测试周围区域的环视图，或者根据视角或座椅位置观察显示器是否清晰易读或难以触及。这将能为研发团队提供一种仿佛在真实的场景中驾驶实车的感觉，见图 11-2。VR 技术的应用大大节约了汽车生产的时间和成本。

图11-2　宝马公司的设计师利用VR技术进行新产品研发

早在 2014 年，耐克就曾经向美国专利商标局提交了增强现实设计系统（Augmented Reality Design System）专利申请，最初的版本聚焦于用 AR 系统设计运动鞋，并于 2015 年 3 月获得授权。2016 年 7 月耐克又获得了一项 AR 技术专利，是此前已获得专利的延续，这次是将设计范围扩大至服装设计。专利摘要里说明使用这个系统时，用户需佩戴头显设备，虚拟图像覆盖在一个实际的物体上，用户使用一个类似于笔的控制器来设计图案，如图 11-3 所示，用户带上头显设备后，在运动鞋上画出星星图案；或进行服装设计时，将虚拟图像覆盖在模特身上后进行设计。此外，设计师还可以将设计出来的衣服覆盖在真人身上观察实际效果，这样会更有利于进行产品细节调整，创造出更好的款式。2017 年，耐克和 W+K 的 The Lodge 团队合作，使得顾客们在零售商店通过 AR 技术自己设计独一无二的运动鞋，并且利用 3D 打印技术可以让顾客在 90 分钟内就能穿上自己设计的鞋，这也是耐克用新技术探索零售业的未来的尝试之一，见图 11-4。

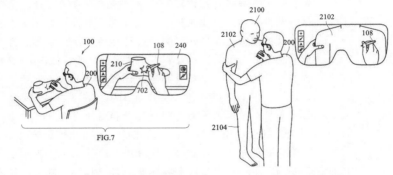

图11-3　2016年，耐克获AR技术专利，将用于运动鞋和服装设计

图11-4　耐克在零售门店用AR定制样鞋

11.1.2　大数据技术改进设计模式

随着物联网、互联网、云计算等新技术的迅速发展，来自于各种智能终端、各类场所和互联网的数据量前所未有地暴涨。"大数据"是指无法在一定时间范围内用常规软件

工具进行捕捉、管理和处理的数据集合。与传统数据不同，大数据具有以下五个核心特征：体量大（Volume）、类型多（Variety）、价值（Value）、速度快（Velocity）和真实性（Veracity）。"大数据"是数据的集合，也是一种新型的信息资产，同时还是一系列前沿技术的组合。也可以说，"大数据"是一种以数据集合为基础，通过数据分析、挖掘和应用等专业技术实现其产品化价值的技术，因此，可以将"大数据"称为"大数据技术"。今天，大数据已经渗透和影响到人们生活的方方面面，并且展示了其巨大的价值。它对人们的行动轨迹、身心状况、人际关系、消费偏好、生活习惯等了如指掌，甚至可能比人们自己对自己的了解还多，这在给人们提供便利的同时也带来了些许烦恼甚至某些潜在的威胁；目前，大数据已经广泛应用于互联网、金融、医疗、交通、制造等多个产业，在为许多行业带来了宝贵机遇的同时也带来了严峻的挑战。

工业设计的目的是满足消费者的需求，其核心是创新的产品和服务，而创新是一个充满风险的过程，前端的调研分析、趋势预测、用户研究、市场洞察对于发展正确的创意创新、快速推进创意执行、产品决策和商业发展十分重要，而大数据为工业设计提供了一种新的思考和解决问题的方式。

一个产品的生命周期是一个复杂的过程，包括从产品的研发、设计，到生产、原材料供应乃至配送、物流、销售各个环节。首先，在新产品研发阶段，企业运用大数据挖掘技术对海量数据进行统计分析，可以更全面快捷地了解业内最新的市场动向、用户需求和喜好，整合消费者、供应商、经销商以及全球创新趋势等各方讯息快速给产品定位，更容易做出正确的设计判断和创新决策，有的放矢地进行设计。与大数据相关的研究报告和数据分析结果能够持续更新，从而激发更多的创意和创新灵感，促使企业对市场快速反应，在提高设计效率的同时降低设计风险。其次，在新产品投放市场后，还可以继续利用大数据获得各个方面真实的评价反馈信息，学会从赞美或是抱怨中找到下一个创新点，从而快速修正迭代产品与服务，真正建立起以用户为中心的设计模式。大数据使得企业更加重视用户，促使他们有意识地加强与用户的互动，鼓励用户积极参与到创新中来，从而进一步构建企业与用户共创产品和体验的新模式。再次，大数据时代的工业设计强调自身的服务特性，由单纯的产品设计向智能服务设计转变，由批量化生产到大规模个性化定制转变，有利于开创全新、多元的市场，这也是大数据时代下涌现出的设计机遇。

11.1.3　人工智能化设计引发新思考

自从工业 3.0 时代（电气化）以来，机器就能够逐步替代人类的体力劳动和部分脑力劳动。人工智能（Artificial Intelligence，AI）是计算机科学的一个分支，是研究、开发用于模拟、延伸和扩展人类智能的理论、方法、技术和应用系统的科学技术，未来几十年最大的浪潮就是人工智能。人工智能的迅速发展将深刻改变人类社会生活、改变世界。微软Microsoft、谷歌 Google、脸书 Facebook 等巨头们纷纷关注人工智能领域。为抢抓人工智能发展的重大战略机遇，构筑我国人工智能发展的先发优势，加快建设创新型国家和世界科技强国，2017 年 7 月，国务院制定并印发了《新一代人工智能发展规划》。如今我们国家所倡导的工业 4.0 开启了以智能制造为基础的新时代，对人工智能的发展起到了积极的推进作用，也正在改变着人类社会生产和协作的方式。

计算机在设计领域的应用，从早期以绘图功能为主的计算机辅助绘图（Computer Aided Drawing），进化到计算机辅助设计（Computer Aided Design），再到围绕 CAD、CAE、CAM、CAPP、MES（Manufacturing Execution System，制造执行系统）、PLA（Program License Agreement，程序许可协议）等工业软件的集成和自动化执行的计算机自动化设计（Computer Automated Design）直至今天的人工智能化设计（Artificial Intelligence Design，AID），这一切都得益于算法的不断进步。

今天，随着人工智能技术的突飞猛进，人工智能化设计也获得了快速发展，它能大大缩短设计周期，减少设计成本，降低设计风险，提高设计的创新性，在大部分具有确定性的简单设计领域，人工智能化设计的水平甚至已经能够与人类设计师媲美（例如 UI、平面、服装、家具、箱包等）。2013 年，微软亚洲研究院计算机专家与清华大学美术学院的艺术家让人工智能接手了繁杂专业的图文排版设计工作，并且开创了"视觉文本版面自动设计"这一新的研究方向，图 11-5 展示的是他们利用算法自动生成的图文排版效果。阿里巴巴在人工智能设计方面做了很多实践并取得了令人瞩目的成绩，"鹿班"（Lubanner）人工智能设计系统（原名"鲁班"）每秒钟能完成 8000 张设计图，2016 年"双 11"期间，完成了 1.7 亿件广告图设计，这相当于 100 个设计师不吃不喝连续做 300 年的工作量；2017 年"双 11"工作量达到了 4 亿张。现在阿里巴巴 40% 的交互设计已经由鹿班系统承担，见图 11-6。此外，阿里巴巴的 AI 文案系统每天产生的文案超过千万条；阿里巴巴和浙江大学共同研发推出的 AI 新物种 Alibaba Wood，能够在 1 分钟内制作 200 个商品展示短视频，并能考虑商品和人之间的情感联系；阿里巴巴自主研发的塔玑 AI 模特自动生成系统，生成的外籍模特肉眼难辨真假，淘宝商家只需要上传一张服装平铺图，就能获得穿在模特身上的效果。2017 年，同济 × 特赞设计与人工智能实验室成立，它专注于数据、算法、网络和人工智能与设计学的交叉学科应用研究，并于同年发布《2017 设计与人工智能报告——人工智能与设计的未来》，旨在探讨人工智能时代，设计师、设计工作和设计相关行业的未来可能发生的变化。

图11-5 利用算法自动产生的图文排版效果
原始输入是一张没有任何文字的纯图片和一段纯文本，输出是图文混排的作品。

欧特克 Autodesk 公司是全球三维设计、工程及娱乐软件的领导者，其产品和解决方案被广泛应用于制造业、工程建设行业和传媒娱乐业，近些年来，它对人工智能设计的探索已经进入汽车等复杂产品领域,见图 11-7。衍生式设计是欧特克利用机器学习和人工智能的算法推出的一个颠覆性设计工具,是人和机器协同进行的创造。设计师只要输入限制条件和其他附属条件,计算机就可以利用云端几乎无限的算力,通过机器学习不断衍生的算法,反馈给设计师近乎无穷的不同方案,最后再由设计师根据项目的实际需求选择最佳方案。在这个过程当中,衍生式设计不但考虑了材料节省的因素,还可以帮助设计师创建从无到有的设计,改变了现在主流设计师在早期概念设计阶段大量手工迭代的设计方式。这对设计师创造力和生产效率有着极大的提升,可以非常好地平衡成本和质量之间的矛盾,给企业提高更大的竞争力。它可以在各个领域中帮助设计师颠覆现有的设计来开拓想象力的边界,同时能够用最好的工程化手段生成符合成本、质量、材料等限制条件的最佳组合的设计结果,把它产品化。2016 年,欧特克衍生式设计这一设计解决方案投入商用,并在 Under Aromour 跑鞋、空客飞机组件、通用汽车轻量化设计等多个不同的设计领域获得了良好的效果。2019 年,法国著名设计师菲利普·斯塔克(Philippe Starck,1949—)与意大利当代家具制造商卡特尔 Kartell 和欧特克科研团队合作,利用人工智能创建了一款座椅,这也是世界上第一款由人工智能和人类合作的能够直接量产的座椅。为了满足 Kartell 的注塑生产要求,斯塔克提供了对这款椅子的总体愿景,人工智能利用先进的衍生式算法提供了大量的设计选项。这把椅子代表了人机协作的一次飞跃,目前已在 Kartell 的陈列室上市,见图 11-8。

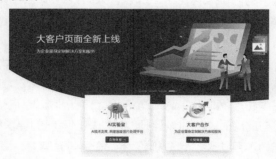

图11-6 阿里巴巴的鲁班Lubanner系统

图11-7 欧特克公司开发的AID原型车Hack Rod,2015年

图11-8 第一款由人工智能与人类合作设计的座椅
人工智能来自卡特尔和斯塔克，软件支持来自欧特克

□ 小结

　　人工智能设计将大大缩短设计的周期，减少设计的成本，降低设计的风险，提高设计的创新性。未来，设计师将不必处理一般性的设计和重复性的设计，普通民众在日常生活中将很方便地借助人工智能设计工具把自己头脑中的创意表达出来。那么，人类设计师还能做些什么呢？对于人类设计师而言，一方面，可以通过学习和借鉴人工智能化产生的大量方案，激发新灵感；另一方面，可以通过不断调整和修改人工智能产生的创意，获得更为满意的设计效果。也就是说，人工智能设计的发展，能够提升设计的效率和速度，让设计师有时间改进系统，解决创造性问题，以及改善整体品牌和产品体验。人工智能设计进一步激发了人类独有的创造力和智慧，但与此同时，也对设计师的能力提出了新的要求和挑战，对他们而言，创意能力、系统架构、分析整合、管理沟通能力、情感与品味将显得更为重要。

11.2　设计思维运用的深度和广度不断扩展

　　设计思维（Design Thinking）起始于对具体产品的设计和改良过程，它是设计的方法论，最经常身体力行这个词汇的自然是设计师。巧妙的设计是很多商品成功的基础，当企业意识到设计的核心价值已不再仅仅囿于创造美的物品，于是开始将设计应用到更多维度上。在新世纪知识经济范式之下，设计的对象已经由单纯的产品转向服务、用户体验、复杂的系统、战略以及社会问题，设计不再是单纯对技术应用的改造，而是一种以人为本创造性解决问题的思维和能力，这种思维力量被称为"设计思维"。很多例子表明，当人们参与并接纳创新性想法、体验等抽象性挑战时，他们需要像设计师一样思考，利用设计师常用的方法来解决问题，这就为设计思维的应用提供了机会。

11.2.1　设计思维的定义和特点

把设计作为一种"思维方式"的观念可以追溯到赫伯特·西蒙（Herbert A. Simon，1916—2001年）在1969年出版的《人工制造的科学》，他提出了"设计是解决问题的过程"这一打破传统边界的观点。在20世纪80～90年代，任教于斯坦福大学的罗尔夫·法斯特（Rolf Faste）把"设计思维"作为创意活动的一种方式，进行了定义和推广。彼特·罗（Peter Rowe）在1987年出版的《设计思维》是首次使用这个词语的设计专著，它为设计师和城市规划者提供了实用的解决问题程序的系统依据。1992年，理查德·布坎南（Richard Buchanan）发表了文章，标题为"设计思维中的难题"，表达了更为宽广的设计思维理念，即设计思维在处理人们在设计中所遇到的棘手问题方面的影响力越来越高。

世界著名设计咨询机构IDEO将设计思维视为一种解决问题的方法论，它提炼于设计师积累的方法和工具，是实现创新的途径和方法。IDEO总裁兼首席执行官蒂姆·布朗（Tim Brown）指出，设计思维是一种以人为本的创新方式，也叫做以人为中心的设计（User-Centered Design），它强调将人放回故事的中心，将人放在首位。它从人的需求出发，把人的需求、技术可能性、对商业成功的需求三者整合在一起，多角度地寻求创新解决方案，并创造更多的可能性。2008年，蒂姆·布朗在《哈佛商业评论》发表文章指出"像设计师一样思考，不只是改变开发产品、服务与流程的做法，而是改变构思策略的方式"。也就是要像设计师那样，从设计的角度进行思考，整合具体的产品、服务、设计流程、商业战略进行设计开发，帮助没有受过专业设计教育的人们整合用户需求、商业的可延续性、科技的可行性，创造性地解决不同类型的问题。图11-9为IDEO公司的创新模式，三个圆圈的交集就是设计思维寻找的创新之路。

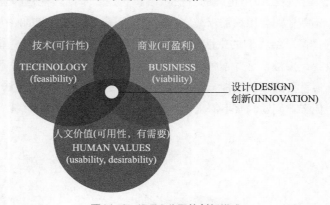

图11-9　IDEO公司的创新模式

2004年，斯坦福大学机械工程学院的教授大卫·凯利（David Kelley），他同时也是IDEO的创始人之一，在商学院创立了D.School（设计学院，全称为哈索普莱特纳设计学院，Hasso Plattner Institute of Design），并将设计思维作为该校讲授的思考和工作的核心思维方法之一。D. School相信设计思维是创新的催化剂，也是支持设计学院跨学科交流的黏合剂，跨领域的课程网罗了来自工学院、医学院、商学院和教育学院等不同领域的斯坦福教授。D .School的设计思维强调同理心（Empathize）、视觉化思考（Visual

Thinking），以及对社会问题的关注，图 11-10 为 D. School 设计思维的步骤。

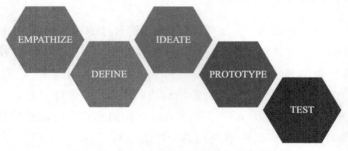

图11-10　斯坦福大学D.School的设计思维的步骤

设计思维具有综合处理问题的能力，理解问题产生的背景，催生洞察力及解决方法，理性分析并找出最合适的解决方案，它超越了各专业之间的壁垒，提炼出学科之间的共性，有较强的包容性和融合性，并具有发散性、循环性、系统性和辩证性等特点。强调以"人"为中心，重视观察、协作、快速学习、想法视觉化、快速原型化以及并行商业分析，目标是使包括设计师在内的相关各方均参与到一个体系当中，便于协调和整合，其本质是以人为中心的创新方法。利用设计思维，可以对定义不清的问题进行调查，获得多种信息，分析各种因素，提出正确的问题，并设定解决方案的方法和处理过程。

利用发散收敛的"双钻模型"（Double Diamond Model）便于找到潜在的、有价值的机会点，这一模型最初是由英国设计协会（Britishi Design Council）提出的，其核心在于：定义正确的问题，寻求问题正确的解，是思考设计构成中问题和解决方案的一种思维方式。它分为四个阶段：发现问题、定义问题、构思方案和交付方案。双钻的构成，钻石一，寻找正确的事；钻石二，用正确的方法做事。这是一个循环往复的过程，在持续的发散、收敛过程中，不断地洞察用户需求，定义真正的问题，设计可能的解决方案，然后交付出用户真正想要的产品，给人们的生活带来积极的正向的影响。"双钻模型"描绘了问题解决的发散与收敛过程。发散，是探索各种可能性，增加选项的过程；收敛是评估与选择，减少选项，从而选择最重要选项的过程，在本质上与 IDEO 的设计思维的方法和流程是相通的，这种方法有效地避免了对问题洞察不深入、对解决方案考虑不周全等问题，见图 11-11。

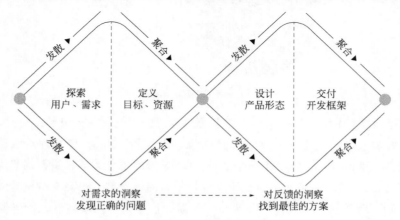

图11-11　双钻模型

11.2.2　设计思维的应用领域

今天，作为一种效用显著的思考工具，设计思维受到了前所未有的重视并被广泛应用。如今，公司、公众、非政府组织和政府已经开始购买设计咨询服务，以期开发出解决包括个人健康管理、商业策略制订、全球变暖、清洁水资源、医疗健康以及国家品牌在内的若干新老问题的创新方案。

11.2.2.1　设计思维对商业模式的作用

商业模式的创新长期以来被视为"技术驱动"的方法，以往大多数从业者从营销学的盈利角度和管理学的价值网络角度展开，缺乏系统性，在当前和未来的社会环境中，已经不能完全实现企业期望的商业目标。商业模式本身与那些促进商业模式取得成功的所有因素一样，都需要设计。尤其是 20 世纪 90 年代以来的资源短缺、产品和技术周期的缩短以及全球化进程的加快，设计思维已经成为一种策略，可以用来深入理解和挖掘用户需求，设计驱动创新的方法逐渐成长起来，企业开始进一步加强对消费者需求的关注，此外，设计驱动的创新还可以与技术和市场驱动的创新形成互补。设计思维需要企业真正站在用户的立场上思考，更加深入地了解用户，关注人群的文化特征，而非定量和统计分析。正是因为设计思维与设计驱动的商业模式创新方法都强调用户（消费者）的因素，所以说，设计一直以自身固有的属性触碰着商业的核心问题，它能够改进公司的商业模式，提升创新性和运营效率，在全球范围内影响着商业领域思想和实践的转变，创造了巨大的商业价值，因此作为一种创新的战略性工具在商界得到快速发展，见图 11-12。以百事可乐公司为例，CEO 卢英达（Indra Nooyi）认为：设计思维正在推动百事的创新，基本上公司做任何重要决定都要考虑设计因素。罗杰·马丁（Roger Martin）教授在其所著的《商业设计：通过设计思维构建公司持续竞争优势》一书中指出，商业领域的设计思维主要包括三个方面：首先，要深入、全面地了解顾客；其次，要将各种可能性形象化、模型化并不断地修订和完善；第三，创建全新的活动体系，将最初的设想转变为实际操作，从而实现持续的盈利运营。进入 21 世纪，针对设计公司发生的并购与日俱增，在市场需求的驱动下，在美国，顶级商学院真正开始认识到设计在处理商业问题中的力量和重要性，纷纷将设计思维纳入课程体系，还有许多大学开设了商业设计（Business Design）课程，旨在将设计的思维方法和原则应用到商业和管理创新活动中去。

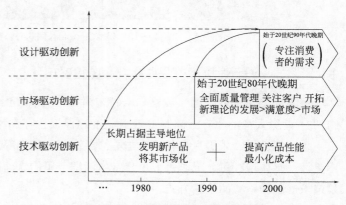

图11-12　商业模式创新方法趋势分析

11.2.2.2　设计思维对企业的作用

作为一种全面、系统、科学的思维方式，设计思维从产品设计领域进入企业管理领域，对企业发挥着巨大的作用。如果管理者像设计师一样思考，企业利用设计思维进行管理，就可以更好地发现问题、更加高效地思考和解决问题，就会更好地化解企业内、外部的各种矛盾，从而获得更好的管理和经济效益，例如，用设计思维改变员工日渐懈怠的工作态度，释放他们的创造力等。图 11-13 所示是谷歌 Google 公司的一些办公室的内景，该公司对办公空间设计在注重功能性的同时强调美观性和娱乐性，从而达到激发员工创造力，促进彼此之间沟通和协作的作用。与资本运作、收购并购等手段相比较，利用设计思维对企业进行优化、转型、生产，提高其应对市场变化的能力，可以为企业创造更多的价值，更有利于企业的发展。设计思维进入企业战略层面，成为企业竞争力的核心财富，任何想把企业做好的企业领导者和工作者都应当把设计思维应用到企业每一个环节中去，并使其成为公司文化的一个重要组成部分。

图11-13　谷歌Google公司的办公空间

11.2.2.3　设计思维对解决社会问题的作用

美国社会学家罗纳德·英格尔哈特曾对 43 个国家和地区的价值观进行了调查，总结为"21 世纪人类的生存战略是'最大限度地保证生存和幸福'"，这一目标与人们日常的衣、食、住、行、乐等息息相关，与心情、情绪、精神等息息相关。所以，人们的生活美不美好，是体现在每一天，每一个日常生活细节里的，而人们所追求的美好生活，本质就是追求健康和幸福的生活方式。

以人为本是设计思维的核心洞察，并以创造积极的社会影响为其导向，从结果上来说，设计思维与社会创新有着共同的目标。人类世界面临着很多紧迫并且复杂的社会问题，诸如人口增长、人口老龄化和城市化等，这些问题与其他社会问题相互牵连，许多挑战都非常复杂，它们被称为"棘手问题（Wicked Problem）"。Wicked problems 这个词是德国设计理论学家 Horst Rittel 和他的同事 Melvin M. Webber 首创的，最初是个设计领域的词，后来被社会学借用，指"无法用简单的方法解决的复杂社会问题"。汉语中有好几个译名：吊诡问题、棘手问题、抗解问题、刁怪问题。这些问题的成因一般都十分复杂、相互关联或者是动态的，通常很难找到全面的、正确的解决方案，而设计思维为社会问题的解决提供了更多选择和更广阔的视野。它所具备的多维度、多方面、易协作、创新性等特点，让社会问题的解决方法变成利益相关方与政府组织的共同协作、灵活分析和处理，减少人力和物力资源的浪费。

设计在解决社会问题中所起到的作用越来越受到重视。我们期待社会向善、向好、向和，远离战乱、瘟疫和不安。尽管随着技术和经济的发展，我们在各个方面都获得了长足的发展，但当下我国社会的主要矛盾仍是人民日益增长对美好生活的需求和社会发展不平衡、不充分之间的矛盾。因此，以设计思维推动社会创新发展，为人民创造美好、健康、安全、安定和有品位的生活，充分发挥设计积极的价值和意义，是设计必须思考和解决的问题。例如，通过互联网技术、数字化技术和服务设计实现流程优化，政府机关以及医院、公共交通等社会服务性质的单位都在改善作风的同时提升了效率；智能手机虽然一度给部分老年人造成了很大的不便和困扰，但是我国工业和信息化部已经关注并于 2020 年 12 月开始着手推进解决这一问题；2020 年全世界受到新冠疫情的严重影响，浙江省率先在省内利用数据可视化技术推出健康通行码和县域疫情风险地图"五色图"，武汉市搭建起的"方舱"医院等，在生产、生活、疾病救治、疫情防控等方面起到了有效的作用。这些都说明设计思维解决社会发展中出现的问题是能够发挥巨大作用的。

进入 21 世纪以来，设计思维在社会创新管理领域逐渐被推广，带领社会创新者跳出思维窠臼，以更加创新的方法解决人类社会面临的诸如降低艾滋病发病率、控制温室效应、教育改革、提高政府效率等一系列紧迫而复杂的社会问题，见案例 11-3、案例 11-4。

案例11-3 芬兰政府免费派送给新生儿家庭的大纸箱

从 20 世纪 30 年代开始，芬兰政府坚持为每个有新生儿的家庭（全国大约 4 万个）免费提供一个大纸箱，这个 70cm×40cm×27cm 的纸箱外表印有可爱的卡通图案，两侧设有把手孔，里面则塞满了新生儿所需要的衣物、睡袋、床单、洗浴用品、奶嘴、温度计、小棉袄还有小玩具和童书，甚至还有给新手爸妈提供的家庭产后相关辅导用品。将这些物品全部取出后，坚固的纸箱还可以充当新生婴儿的第一张床，有效降低窒息和交叉感染的风险。78 年前，政府赠送的条件是领取这个纸箱的准妈妈必须在怀孕四个月内接受过产前检查，纸箱便起到了早发现生产风险、降低婴儿死亡率的作用。1949 年，芬兰政府宣布开始对全国所有准妈妈免费发放婴儿纸箱。婴儿纸箱推广使用后，芬兰的婴儿死亡率迅速降低，现在，芬兰的婴儿死亡率只有不到 0.3%，比推广纸箱前减少了 64% 以上。2013 年芬兰政府将这个纸箱作为"国礼"赠送给英国皇室怀孕的凯特王妃。从那时开始，世界很多国家开始出现婴儿纸箱的身影，在南非，纸箱被换成了可以兼做澡盆的塑料箱；在印度，纸箱里则多了一套生产医疗用品和一个可以防止疟疾感染的蚊帐；在加拿大，纸箱中增加了一本写给新爸爸的手册，教他们如何跟新生儿培养感情；在美国、英国、澳大利亚等国家，婴儿纸箱也获得了推广……孩子是家庭的希望，也是民族的未来，一个小小的纸箱传达了国家对民众的服务意识和科学的方法，难怪人们评价芬兰是世界上生活品质和幸福指数极高的国家，见图11-14。

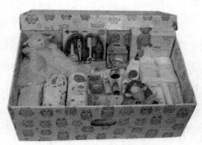

(a) 新生儿所需的用品一应俱全

(b) 可以充当新生儿舒适的睡床

(c) 作为国礼赠送给凯特王妃

(d) 芬兰新生儿死亡率大幅下降

图11-14 芬兰政府免费发送的新生儿纸箱

案例11-4 阿里云以数字化转型设计赋能社会效率提升

　　数字化正在改变世界，成为经济增长的新动能，从红绿灯到健康码，人们的日常生活和商业活动都已成为数字世界的一部分。数字化正在重构和提高我们的社会效率，引领我们进入一个崭新的未来。数字经济的发展也让政府、企业和大众认识到，数字化转型可以为问题提供成本更低、方式更灵活的解决方案。"让群众少跑路，让数据多跑路"，我国政府正在加快数字化转型的步伐，众多企业也在加快自身的数字化建设，但承担政府在线服务平台和企业网站建设的软件服务商，所提供的解决方案多从架构、数据出发，常常存在用户体验不佳的硬伤，因此，政企客户对设计的需求与日俱增。

　　在过去的十年里，阿里云设计中心重视设计思维的应用，强调以人为本，依托强大的技术背景和数字化转型契机，致力于以数字化转型设计赋能政府和企业，开展了大量的设计实践。通过专业化思考，为行业、企业、政府和民众提供了优质的产品和服务体验，为客户提供有效的解决方案并实现价值创造。例如，使用数据可视化设计的"健康码"，通过科技手段助力新冠疫情防控并已取得明显成效；对政府的个人所得税申报系统的服务体验优化升级，为纳税人合理纳税、放心交税、高效办理税务相关业务保驾护航；为中国国际投资贸易洽谈会设计的365天"永不落幕云上投洽会"，可以让人们足不出户就能参展和交流；为一汽集团优化了"数据看板"的设计，为企业实时、灵活、多维度洞察用户提供了更为专业、高效的解决方案，提升了红旗轿车的销量；此外，数字化时代品牌建设和保险金融服务等也是阿里云设计中心致力思考和解决的问题。阿里云的客户交互设计开启了 to B 时代产品设计的新篇章，也为设计思维在数字化时代的应用开拓了新的疆域，见图 11-15。

图11-15　阿里云设计中心的数字化转型设计

11.2.2.4　设计思维对提升国家竞争力的作用

丹麦、芬兰、英国、爱尔兰、新加坡、韩国、新西兰、美国和澳大利亚等国家对把设计思维作为国家创新的新方法的认可度正逐步增长，这些国家都有在政府层面上推进设计思维的方案和举措，见案例 11-5。

在国家层面上，新加坡政府对于设计思维的认知和运用远远走在了世界前列。2010年，新加坡政府邀请IDEO公司的CEO蒂姆·布朗（Tim Brown）为政府及商界企业代表做了一场关于设计思维的主题演讲，探讨设计思维在国家这一层面能够发挥什么样的作用。新加坡政府希望通过创新的基础架构建设以及政策性的扶植来驱动经济增长。愿意从国家层面来思考设计思维实践，显示了新加坡政府更愿意把新加坡视为一个企业而不是一个国家来看待。此后，新加坡政府投入了大量的资源，围绕推动设计思维开展了大量工作，为设计驱动创新构建良好的生态系统并给予政策性支持，希望借助设计思维这一前瞻性理念助力经济发展。新加坡自身文化的多元性、人才的国际化、教育水平的先进性，更是为传播和实践设计思维创造了良好的条件。2010年11月，基于经济战略委员会"通过提升人们的设计思维能力来促进持续的经济增长并维持竞争优势"的建议，在新加坡设计理事会（Design Singapore Council）旗下成立了设计思维与创新研究院（Design Thinking & Innovation Academy，DTIA），推动实现"设计驱动创新"的目标。除了面向企业和公共机构的设计思维课程及工作坊外，DTIA还有专门针对学龄前儿童设计的项目"视野无穷"（Many Ways of Seeing），帮助他们对设计和设计思维建立起初步的认知。此外，新加坡设计理事会还成立了"设计创新援助"小组，专门帮助新加坡的企业将设计思维运用于服务创新。为了鼓励更多的企业参与设计创新，新加坡设计理事会还提供专项的设计投资信贷服务等。在教育领域，2011年新加坡政府与美国麻省理工学院（MIT）以及浙江大学合作创办了一所概念新颖的大学——新加坡科技设计大学（Singapore University of Technology and Design，SUTD）。可见，新加坡政府在推动设计思维方面所扮演的角色恰到好处——为设计驱动创新构建良好的生态系统并给予政策性支持。在新加坡政府的不懈推动下，设计思维逐渐在新加坡扎根。2014年3月，首届新加坡设计周成功举办，企业和民间的社会活动也积极引入设计思维并取得了良好的效果。

例如，在设计思维驱动下，以樟宜机场（Singapore Changi Airport）为代表的企业正塑造着新加坡在新时代的国家特色，见图11-16。

新加坡也涌现出一批优秀的社会化创新项目，其中，基于社区开展的名为"大家喝"的社会化创新项目可圈可点。该项目的使命是将老年人的基本体能训练课程和公共饮食有效结合起来，通过公共饮食和体育锻炼赋能老年人，见图11-17。新加坡社会文化多元、人口老龄化严重，类似"大家喝"的项目属于已启动的全国性行动计划的一部分。2017年，该项目获得iF社会影响力奖和奖金；2019年，获亚洲老年人关怀奖（Asian Elderly Care Awards）。

从当下的发展趋势来看，未来Design Singapore会成为新加坡的国家品牌，这将使新加坡在亚太地区成为耀眼的"设计明星"。

图11-16　新加坡樟宜机场

图11-17　新加坡基于社区的社会化创新公益服务项目"大家喝"

小结

设计改变世界,设计让生活更美好。令人欣喜的是,今天设计思维正在由一种方法变为一种思考和解决问题的方式,将"以人为中心"的思想由产品设计推广至社会和国家层面的创新中,以积极的作用推进着世界的改变。但同时应该看到,随着设计思维在各行各业受重视的程度不断升温,设计在宣称其获得了更为广阔应用领域的同时,也面临着专业边界模糊、日渐失去专业性所带来的困惑和危险。名词满天飞,清晰的产业识别的消失成为当前工作在这一领域的人们共同担心的问题之一。

11.3　未来设计方向的发展趋势

人类总是试图看清蒙着薄纱的事物,总是试图在混沌不清中追求黑白分明,只是它永远若隐若现、飘忽不定,但有一点值得相信,把握住它就等于把握住了成功——或许可以把它叫做"未来"。预测未来最好的方法是去创造未来。设计师应深刻理解技术变化、捕捉消费者内心的需要、发现生活中潜在的趋势，利用未来学、社会科学、文化和设计学进行分析，为人类探索和创造更好的新生活方式。

11.3.1 交互设计大行其道

信息时代，设计的非物质属性得到充分的展示。正如法国著名社会学家马克·第亚尼（Marco Diani）编著的《非物质社会》一书所言："许多后现代的设计，重心已经不再是一种有形的物质产品，而越来越转移到一套抽象的关系，其中最基本的是人与机器之间的对话关系"。今天，市场上充斥着大量同质化的产品，只有能够提供优秀体验的产品才能最终获得用户的青睐。为了给用户提供最好的体验，计算机软件领域交互设计的方法被引入了工业设计领域。

交互设计是一门新兴的交叉学科，其概念最初由美国 IDEO 公司的创始人比尔·摩格里吉（Bill Moggridge）在 1984 年举办的一次国际设计会议上提出，最初的命名为"软面"（Soft Face），但这个名词容易让人联想到当时非常流行的椰菜娃娃，所以，后来改叫"交互设计"（Interaction Design）并沿用至今。

人们在使用任何人造物的过程中都离不开与它们的交互，现在的产品功能越来越多，操作越来越复杂，认知负担越来越重，交互设计为解决这些困难提供了方法和途径。优秀的交互设计，在物质层面上，能够为用户提供安全高效、简单易用、低学习成本的操作模式；在精神层面上，则能让用户在使用过程中获得足够的掌控感、自信、新颖等愉悦的体验。

交互的过程分输入、输出两个过程。《体验与挑战：产品交互设计》（李世田，江苏美术出版社，2008 年 1 月）一书中提出，一个完整的交互系统包括五个基本元素：人、产品、输入输出行为、产品使用的场景以及产品中融入的技术。其中，人和产品是交互的主体，输入输出行为是交互的媒介，技术使交互行为更为顺畅，而使用的场景则决定了交互的感受。

伴随着信息技术和数字化技术的进步，人机交互的方式也越来越多样化和趋于自然化，常用的交互方式包括触控交互、动作交互、声音交互、视觉交互、虚拟现实交互（见图 11-18）、增强现实交互（见图 11-19）、脑机交互等，交互的效率以及产品使用的体验也在不断改进。与此同时，交互设计的应用领域不断扩展，已经由计算机软件设计扩展到信息系统设计、网络设计、产品设计、环境设计、服务设计以及综合性的系统设计等，见案例 11-6。

图11-18　虚拟现实交互

图11-19　增强现实交互

青蛙设计 Frog Design 的作品总是充满对世界细致入微的观察，并满含善意地去改变世界，力求每一次设计都能为人类的日常生活提供更加人性化的解决方案以及更加融洽和谐的产品体验氛围。青蛙的交互设计师曾有过这样的思考："我们手机上有很多 App、很多游戏，孩子们总是通过一个屏幕来理解这个世界，于是我们开始思考，如何帮助孩子们在现实世界中玩耍？"因此，Frog 开发了一款与众不同的 iPad 游戏《YIBU》。游戏中一只北极熊站在正在融化的冰川上，但当孩子们像往常玩 iPad 游戏一样点击屏幕试图帮助这只熊时会发现，点击屏幕的动作没有任何作用，冰川依旧在融化。孩子们不得不使用与游戏配套的带有传感器的红、黄、紫、蓝、绿色的五块实体积木。当他们将内置温度传感器的积木放进冰箱后，北极熊便可获救。这个游戏通过引导孩子们利用这些积木在家庭环境中进行各种交互，解决游戏中北极熊面对的各种难题，特殊的积木成为链接现实世界和游戏故事的桥梁，也将家庭变成了小型游乐场，见图 11-20。

图11-20　Frog（上海）为儿童开发的iPad游戏《YIBU》

11.3.2　智能化产品的设计成为主流

当今人类社会正在从信息化、数字化时代迈向智能化时代，许多人已经享受到智慧交通、智慧医疗、智慧教育、智慧金融、智慧安防以及其他各类智能化的产品和服务给生活带来的更加主动、贴心、便利的生活体验，这一切的幕后推手是由数据、计算力和算法所驱动的智能化。科学技术的高速发展已使智能化成为产品设计的重要发展趋势之一，美国认知心理学家唐纳德·诺曼（Donald Arthur Norman，1935—）博士在其所著《未来产品的设计》的序言中这样写道："我们生活在一个全球化的社会中，每一个国家、每一个人都有机会为构建这个美好的世界做出自己的贡献。在未来，设计越发显得重要，尤其在我们的设计中包含电脑并加入智能特征的时候。"未来智能化产品的"智商"无疑会更高，能力会更强，人们的吃穿住行、学习娱乐都将发生革命性的变化，我们周围将围绕着许许多多能为我们开车、做饭、监控我们健康状况、打扫地板、告诉我们该吃什么、什么时候该怎样运动的智能设备。各个国家都在围绕智能化制定相应的发展战略，中国更是明确了用新一代人工智能来驱动科技跨越发展，产业优化升级和生产力整体跃升的战略，要发挥数据的基础资源作用和创新引擎作用，通过工业互联网与智能化来加速行业的转型升级，以及核心技术的创新突破。国务院于 2017 年 7 月印发并实施的《新一代人工智能发展规划》，有效推动了人工智能产业发展。随着技术的进步，人工智能应用的场景日渐丰富，尽管人类仍行走在对智能化探索的路上，还面临任务定义不够清晰、环境因素不能被有效控制、人机交互不够完善等种种困难和问题，但我们相信科技和设计技术的发展会让智能化产品更加人性化，产品会更加有生命力和亲和力，会变成人们生活中富有情感和生命力的伴侣，更加自然地融入人们的生活，为人们带来便捷、健康和快乐。

智能产品具有以下特征：

① 智能化的产品自己具有一定的思考能力并能做出正确判断和执行任务，例如，日益普及的智能手机、智能音箱、智能扫地机器人、智能宠物饲喂设备等，尽管它们的智能程度有高有低，但都让我们体会到了智慧生活的便利和不可逆转的发展趋势。现在，自动驾驶汽车是宝马、奔驰、特斯拉、丰田、奥迪、通用等世界各大车企以及谷歌、百度、苹果、英特尔等 IT 企业研究的新热点，华为也聚焦 ICT（Information and Communications Technology，信息和通信技术），做智能汽车增量部件供应商，宝马、丰田、沃尔沃均计划在 2021 年正式量产，见图 11-21。2021 年 1 月，我国自主品牌威马汽车与百度 Apollo 联手打造的第三款全新智能纯电动 SUV W6 量产下线，这是国内首款量产的具备自动驾驶功能的智能电动车型，见图 11-22。当前，尽管世界各国对于自动驾驶的法律法规也在不断发展之中，但是技术进步会推动法规不断完善，自动驾驶汽车的普及应用将是最值得期待的大事件之一。

图11-21　宝马与英特尔联手推出的自动驾驶汽车场景示意图

图11-22 威马汽车第三款全新智能纯电动SUV W6

② 智能产品可以通过网络随时和人保持联系。这种联系超越了空间的限制，人可以随时随地控制产品，产品之间也是互相联系的，例如，通过智能家居的 App，主人可以即时掌控和调整家庭中的各种设备；若主人没有特别的设定，借助于大数据、人工智能以及网络技术，智能家居中各种设备也可以彼此之间沟通配合，替主人打理好生活。AI 是 Artificial Intelligence（人工智能）的缩略语，IoT 是 Internet of Things（物联网，即互联网、传统电信网等信息承载体）的缩略语，AIoT=AI+IoT，是人工智能物联网的缩略语。AIoT 是更高形式的智能化生态体系，是人工智能技术与物联网在实际应用中的融合，可以使所有能行使独立功能的普通物体实现互联互通的网络，因此，将打开人工智能真正落地的重要通道。大数据技术不断成熟，5G 技术成为现实，加速了 AIoT 技术向着构建一种更高级形式的智能化生态体系发展，即通过人工智能的方式实现万物数据化、万物智联化，这将影响到各行各业，甚至会进行产业颠覆。从 2017 年起，AIoT 就变成了物联网行业的热词。它正吸引越来越多的巨头公司涉足。这其中，既有苹果 Apple、谷歌 Google、亚马逊 Amazon 这样的科技巨头（见图 11-23），也有像美的、海尔这类寻求跟上时代步伐的传统家电厂商，当然也少不了百度、阿里、腾讯、京东、华为、小米等互联网新贵。家居行业的 AIoT 化只是物联网普及的一个缩影，各种各样与人发生联系的智慧场景，如智慧医疗、智慧办公、自动驾驶等场景正在变得越来越多，对"场景"的想象力是设计师应该努力的新方向。

③ 智能产品和人的主动的交流，形成互动。这种互动是积极的，一方面产品接受人的指令，并做出判断的参考意见；另一方面产品可以觉察人的情绪的变化，主动和人沟通。以智能机器人为例，随着科技的发展，具有人的特征和一定智能的机器人已经被制造出来，并逐渐融入人们的实际生活中，真正实现与人类共生。进入 21 世纪后，随着网络技术、计算机技术、光机电一体化技术、人工智能技术等的发展，机器人的应用领域不断扩大，逐渐从工业领域扩展到农业、军用、服务

图11-23 亚马逊智能音箱Echo Show10
屏幕能够实现人脸跟踪，让用户在腾不出手的时候也依旧能看见屏幕里的内容

等领域，并代替人类在更加危险或者人类难以探知的领域完成各种工作，如航空航天、深海等领域。波士顿动力公司（Boston Dynamics）的机器人已经在全球范围内获得了各种各样的工作，包括在新西兰放羊、扫描福特工厂进行改装、检查伦敦的建筑工地、搬运重物、家庭服务，以及帮助保护一线医护人员免受诸如 COVID-19 之类传染病的伤害等，见图 11-24。随着机器人技术的不断发展，复杂程度更高的智能型机器人必将成为人们生活、工作中不可或缺的助手，见案例 11-7。

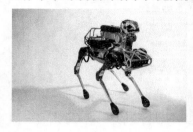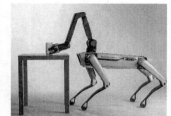

图11-24　波士顿动力的机器人

案例11-7　智能助老机器人

随着人口老龄化的不断加剧，智能助老机器人将使老年人享受到科技发展带来的新体验。日本是最早研发服务机器人和较早使用机器人服务于老年人的国家之一，其助老机器人设计特色多为拟人、仿生。例如，Paro 采用海豹式形态，逼真可爱的外表配合情感的表达，能让老年人产生情感依赖。拟人形态的 AR 保姆型机器人能洗衣、拖地、送餐等；Pepper 机器人能实现情感识别，并可通过表情与动作和用户互动，见图 11-25。护理型机器人 Robear 能辅助老年人行走，或搬运行动不便的老年人，通过装载在机械臂和躯体上的传感器，仅需触摸患者就可以快速地获得服务对象的体质数据，这使得 Robear 在搬运老年人过程中能充分照顾老年人的感受，保障安全性，见图 11-26。美国在助老机器人方面的研究和应用也位居世界前列。麻省理工学院研发的 Jibo 机器人主要用于家庭陪伴，能识别照护对象情感，并做出相应的回应。卡耐基梅隆大学研制的 Herb 机器人能准确识别周围物体或环境，同时能搬运和转移老年人，见图 11-27。德国研发的 Care-o-bot3 机器人，能做家务、帮助老年人行走等，通过和老年人交谈来减轻他们的孤独感，老年人在遇到困难时也可向它求助。法国研发的 Buddy 机器人，能自由移动和控制家用电器，具有社交陪伴和家庭安防的功能，同时它还具有吃药提醒、管理日程、查询天气、分享照片和视频的功能，见图 11-28。我国企业研发的智能心理机器人"静静"，能够通过摄像头识别情绪类型，当发现用户有负面情绪的时候，就会主动发起聊天，提供心理帮助，在聊天的过程中还会不断地进行评估，如果发现使用者需要进行人工的心理干预，还会向使用者推荐一些匹配的心理咨询师进行线下服务，见图 11-29。我国研发的另一款养老机器人 P-Care 内部搭载了 AI 模块，能够通过深度学习和决策系统实现更复杂的操作，多种不同类型的机械手爪能够根据任务的不同进行更换，实现对日常生活中的碗、刀叉勺筷、手机等用品的抓取和握持，见图 11-30。

图11-25　Paro情感陪护机器人　　图11-26　AR 保姆型机器人

图11-27　Ro-bear护理机器人　　　图11-28　Buddy管家机器人

图11-29　Herb家庭机器人　　　图11-30　生活辅助机器人

11.3.3　体验设计内涵日益扩展

苹果公司通过完美的软硬件结合使得产品极简的外观与异常丰富的用户体验相融合，获得了惊人成功，"体验"一词也由此从学界、企业界进入广大消费者的视野。

13.3.3.1　体验设计的定义和主要特征

体验是人们在特定的时间、地点和环境条件下所产生的一种情绪或情感上的感受性，是人们的情绪、体力、智力、经验甚至精神达到某一特定水平时意识层面的一种感觉。用户体验是指用户在使用某种产品或服务的过程中，所产生的纯主观的心理感受。

1998 年著名的《哈佛商业评论》杂志 7/8 月号上刊登了题为"迎接体验经济"的文章，引起关注，哈佛大学出版社出版了该文作者约瑟夫·派恩（Joseph Pine II）和詹姆斯·H·吉尔摩（James H. Gilmore）撰写的《体验经济》（机械工业出版社，2012 年）一书。派恩与吉尔摩认为体验是一种创造难忘经历的活动，是企业以服务为舞台，以商品为道具，以环境为背景，围绕消费者创造出的值得回忆的活动。按照作者的理论，从经济学的意义上来说，体验不再是虚无缥缈的感觉，而是如同货物、服务一样，是一种实实在在的产品，可以买卖。人类历史经历了四个阶段：物品经济时代、商品经济时代、服务经济时代，最后人类将进入体验经济时代。体验来自于个人心境与事件的互动，它是令人难忘的，这种令人难忘的东西能够通过体验设计表达出来。

体验设计是将消费者的参与融入设计中，是企业把服务作为"舞台"，把设计作为"道具"，环境作为"布景"，使消费者在过程中感受美好体验的设计。体验设计是设计概念在信息时代及体验经济形态下的一种升华，是在一种新的经济形态背景中萌生出来的新的设计观与新的设计方法和新的设计理念，更强调设计能够给使用者带来情感上的交融，引发深刻的体验。体验设计是从生活与情境出发，塑造感官体验及思维认同，以此抓住消费者的注意力，改变消费行为，并为产品找到新的生存价值与空间。作为一种新的设计方法，体验设计将会给传统设计带来新的活力，加强设计中的情感化和体验关注，提升产品价值。

体验设计的主要特征包括以下三点：

① 体验设计是个性化的设计。体验设计强调"以人为本"，尊重人性和人的个性，重视满足人精神的、社会的、个性的需要。体验设计的个性化特征验证了心理学家马斯洛的"需求层次"理论，即人类最高的需求层次——自我实现的需求。

② 体验设计是情感和文化的设计。体验设计基于人们情感和文化的需要，致力于抚慰人类迷茫和受伤的心灵，致力于打造人类真、善、美的精神家园。

③ 体验设计是智慧和创新的设计，人的体验各不相同，难以琢磨，满足人们的体验给厂商提出了更高的要求，因此，没有智慧和创新就没有美好的体验设计。

美国经济学家斯坦利·莱波哥特（Stanley Lebergott）曾经说过："消费者在琳琅满目的街边市场采购，他们只是为了最终获得他们所需的各种体验。"随着时代的发展，人们对体验的需求从硬件和功能扩展到软件、情感和文化，企业塑造体验的载体也从孤立的一个个产品扩展到由硬件、软件、环境、流程和人物共同搭建的一个个场景。对用户来讲，体验来自于产品、服务以及场景。

11.3.3.2 产品体验

产品体验设计的目的是唤起产品使用者的美好回忆与生活体验，产品自身是作为"道具"出现的。根据一个时间、一个地点和所构思的一种思想观念状态，重复出现该题目或在该题目上构建各种变化，使之成为一种独特的风格。根据用户的兴趣、态度、嗜好、情趣、知识和教育，通过市场营销工作，使用户在商业或使用活动过程中感觉美好的体验，产品所体现的体验价值仍长期留在脑海中，即创造使顾客拥有美好回忆、值得纪念的设计，被称为产品体验设计。在产品体验设计中，能否让使用者在使用产品的活动过程中拥有美好的回忆、产生值得回味的体验成为衡量产品设计优劣的标准。按照消费者接受和参与的程度，体验可分为四大类：娱乐体验、教育体验、遁世体验和美学体验。通常让人感觉最丰富的体验是同时涵盖这四个方面的，即处于四个方面交叉点的"甜蜜地带"。贴切、恰当地构架其产品与人之间的这种"刺激"与"体验"的互动关系，产生设计预期的某种体验，这也是产品体验设计的方向所在。设计者应充分认识消费者个体的体验是最重要的，而且体验的价值远远大于产品本身，例如，使用阿莱西公司的安娜开瓶器打开红酒的过程，如同拉着安娜的双手翩翩起舞；再如日本设计师坪井浩尚设计的樱花杯，把日常玻璃杯底部令人厌烦的水渍转变成日本国花樱花的印记，惹人怜爱，见图11-31。由此可见，产品的形式是整体的、全方位的，包括视觉、听觉、嗅觉、触觉等。消费者既是理性的，又是感性的，设计师不能孤立地思考一个产品，而是要综合思考消费者在消费前、消费中和消费后的体验，这是研究消费者行为与产品设计的关键，要通过手段和途径创造一种综合的效应以增加消费体验。

图11-31　樱花杯 设计师：坪井浩尚

晶莹剔透的玻璃杯，杯底设计成樱花状，留下的水痕是樱花的样子，把烦恼变为艺术，给平凡的日常生活带来惊喜。

11.3.3.3　场景体验

　　数字化技术的飞速进步加速着万物互联互通的时代的到来，消费者的需求也在不断升级，他们需要的不再仅仅是一台能制冷的冰箱、会洗衣服的洗衣机，他们更注重的是由硬件、软件、环境、流程共同营造的系统性、整体性的场景体验。"场景"原指电影拍摄的场地和布景，后引申到情境、语境乃至传播学中媒介形态。人们生活在各式各样的场景之中，无数的场景叠加起来描摹出人群的生活方式，不同的生活方式也会裂变出不同的场景。场景既有真实的，也有虚构的，舒适和谐的场景搭建会提升人们的生活幸福指数。什么样的客户在什么样的场景下被什么样的产品和服务打动是场景化设计应该思考的。通过用户研究找到痛点，针对痛点进行产品使用场景搭建和气氛渲染，可以为人们提供更舒适、更便捷的产品和服务，提升他们综合性的体验和满意度。物联网时代，技术只是工具和手段，"What to do"远比"How to do"重要，对企业而言，真正的难点在于准确把握用户的"痛点"，为他们构建未来数字社会的愉悦生活和工作协同的场景，这对人类的想象力提出了更高的要求。海尔集团董事局主席张瑞敏以海尔智慧家庭为例，解释了他提出的"产品被场景替代，行业被生态覆盖"的理念：在智慧卧室场景下，躺到床上，窗帘随即缓缓关闭，智能头枕可以记录用户睡眠曲线，联动空调、净化器、新风机等，主动塑造一个舒适、健康的睡眠环境；在智慧厨房里，通过冰箱大屏幕管理食材，食材放入冰箱时自动录入，当食材快过期时会及时提醒，避免浪费。相对于以前一个个孤立的产品，海尔智慧家庭更加注重从用户的情感需求出发，通过打造一个个场景，提升互联网时代用户的综合性体验的满意度，见案例11-8。

在互联网和大数据技术加持下，新的产品属性将是"硬件＋软件＋第三方服务"的平台化的架构，以海尔、美的、小米为代表的企业正在对用户开展深度研究的基础上，构建新的供应链体系、新的核心技术竞争力、更新设计理念及形成新的设计组织，以更好的产品和服务全方位满足用户的需求。

案例11-8　物联网时代，海尔智家从家电品牌向场景品牌的转型

随着5G、AI、IoT等技术对产业及用户日常生活形成广泛的渗透和应用，一个万物互联的时代扑面而来。青岛海尔在智慧家庭方面的布局和沉淀一直领先于行业。2019年7月，青岛海尔股份有限公司正式更名为"海尔智家股份有限公司"，名字的改变体现了海尔业务和思维的转向。

海尔智家聚焦AIoT能力建设，打造了智家"生态云"，上线了海尔智家App，海尔智家App集成设计、建设、服务全流程方案，构筑了亿万家庭的智慧生活云平台。在智慧家庭建设方面，海尔智家已经发布了成套智慧家庭产品、建设运营了智慧场景交互体验中心，全面赋能智慧场景解决方案并实现了线上线下的落地。为了更好地培育生态品牌，现在的海尔智家正在由销售单品转向提供成套智慧家电解决方案、由分销转向零售，从而推进"以场景替代产品、生态覆盖行业"的转型。海尔智家旗下原有的7大品牌都在对智慧家庭进行本土化落地，同时还在海外加速智家体验店的建设。

AIoT带来了生活的便利，但是相较于到处拼凑可以兼容的智能家电产品，用户更渴望能够一次性解决问题。洞察到这个需求，2020年9月，海尔又发布全球首个场景品牌——三翼鸟，这也是海尔旗下的第8个品牌，它的诞生意味着海尔率先开辟出物联网时代全球场景品牌竞争的新赛道。

三翼鸟将为用户提供阳台、厨房、客厅、浴室、卧室等智慧家庭全场景解决方案，推动定制化智慧美好生活的全面普及，开启智慧家庭升级的新时代，实现物联网时代的全面引领。以阳台场景为例，过去用户的阳台只有洗衣机、干衣机，而随着生活品质的提升，用户在阳台生活中产生了休闲、健康、园艺等多种需求。基于此，三翼鸟将晾衣机、健身器材、洗护产品甚至餐饮端资源都聚集起来，把原本的阳台场景裂变出休闲、洗护、健身、亲子、萌宠等多个解决方案，充分满足用户的个性化场景需求。通过为用户打造家庭中衣、食、住、娱的生活场景，满足他们多样的个性化需求，而且一次性购买硬件后，还能持续享受软件定期升级的服务，见图11-32。

图11-32　三翼鸟智慧家庭全场景解决方案示意图

2019 年底，海尔集团开启第六个战略阶段——生态品牌战略，包括卡奥斯、日日顺物流、海尔衣联网、海尔食联网等，这意味着，海尔已经从传统的单纯售卖家电模式进入了生态化、平台化运营阶段，它已经打通了行业界限，建立起多个"生态方"共创共赢的链接。

海尔集团董事局主席张瑞敏表示："从老业务到新物种，每一步变迁都要围绕场景。这意味着，产品与企业不能像以前一样，各自保持孤立状态。产品要转变为场景的组件，企业要转变为生态的组件。产品一定会被场景替代，行业一定会被生态覆盖。场景品牌是体验迭代的新组合。首先，它是自涌现的，不是由谁来牵头组合的；其次，它强调体验迭代，每个产品、平台都要具备跟着用户体验迅速迭代的能力；第三，它要具备足够的想象力，将不同服务组合起来，形成新组合，进而演化出新物种。"目前，海尔已细分出 3 万多个场景，一个全新的生态图景正在海尔徐徐展开，人们将有望享受更加美好的智慧生活。

海尔的领先模式，成为全球企业转型的风向标，它已经连续 11 年稳居欧睿国际全球大型家电第一品牌，并成为 BrandZ 历史上第一个也是唯一一个全球百强物联网生态品牌。物联网时代，海尔正在实现全球引领，被众多全球顶级商学院收录为案例，全球 TOP5 商学院已入选 4 所，TOP10 商学院已入选 9 所。

11.3.4　人机一体化指日可待

人和机器各有各的优缺点，机器功率大、速度快、不会疲劳、精密度高，而人具有智慧、多方面的才能和很强的适应能力，如果将二者的长处相结合，就会使人机系统取得卓著的成效。科幻电影《阿凡达》中，为了工作、战斗和穿越"潘多拉"雨林，人类穿上了"增强机动平台"服（Amplified Mobility Platform，AMP）。身处 AMP 中，人将手臂轻轻摆动几英寸，外面的金属臂就可以摆动 3 米弧长的圆弧。AMP 服还会让操作人员变身"大力神"，对于电影中的太空战士来说，手提庞大的自动炮参加战斗，如同扛步枪般轻松……见图 11-33。电影中的幻想来自于人们现实中对未来的思考和探索。像机器人一样力大无穷、不知疲倦是人们长久以来的梦想，外骨骼机器人技术正是人们基于这种梦想进行的科学创造。它是融合传感、控制、信息、移动计算于一体，为作为操作者的人提供一种可穿戴的机械机构的综合技术，简单来讲，就是套在人体外面的机器人，也称"可穿戴的机器人"。美国雷声公司（Raytheon）从 2000 年起，开始研制实用的重机械外骨骼机器人，虽然到目前为止，还未投入批量生产，但一部全尺寸原型机已进行过多次公开展示。测试结果显示，这套骨架可使穿着者在瞬间获得超过正常人 20 倍的强大力量。虽然这类重机械外骨骼机器人的威力无法与《阿凡达》中的 AMP 相提并论，但其赋予穿着者的强大力量还是让人赞叹不已，见图 11-34。随着这一技术的不断成熟，它将在军事、生产、物流、医疗康复等领域获得广泛应用，见图 11-35。

早在 20 世纪 50 年代，心理学家（J. C. R. Licklider）提出人和机器应该是一种优美自如而又和谐互动的"共生"关系，这种伙伴关系可以提高人们的生活质量。现在科技的发展，已经可以通过将智能芯片植入人体手臂皮下，让消费者在商场购物后不用找钱包，也不用刷信用卡，只要一挥手臂就可以轻松买单；科罗拉多大学研发出将人体自身的热能转化为电能的新技术，未来的可穿戴设计将有希望摆脱掉电池组件。甚至，人和机器可以实现意识层面的互动，让人和机器结合起来，共同完成一项任务。科技的发展，使得人机一体化正由人类的梦想逐渐变为现实。

图11-33 电影《阿凡达》中机器战士剧照

图11-34 重机械外骨骼机器人

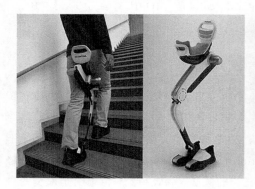
图11-35 日本丰田公司的步行辅助装置

近几年，科学家们利用生物细胞通过3D打印技术来构造人替代骨骼、肌肉、内脏等组织已经成为现实，利用来自受体的细胞培育的组织没有排异性，3D打印的成本也并不太高，这让再生医学看到了充满希望的未来。此外，西班牙科学家利用3D打印制造出用于软体机器人的肌肉组织，这种生物系统可以使机器人的性能更加接近真实的生物性能，是下一步开发能够抓握或行走的软体机器人的关键，将显著提高机器人整体的应用效果。

在未来，人不仅可以借助机器增强自身的机能，还可以用自己的大脑或神经电信号控制机器。日本本田公司已开发出一种通过识别大脑头皮电流变化和血液的流动信息从而实现用人的意念来控制机器人的新技术。美国麻省理工学院计算机科学和人工智能实验室（CSAIL）的研究人员与波士顿大学联合开发出了一个反馈系统，让机器人"可以读取人类思想"，见图11-36。在这个过程中，人类只需依靠一个脑电极帽，然后进行思维活动，就可以控制机器人的行为了。借助这项技术，可能在不久的将来，人们就可以不需要自己动手干活，只需想一想，就可以控制机器人做端菜、给植物浇水等家务了，该技术也有可能帮助肢体残疾或瘫痪人士，见图11-37。

图11-36　麻省理工学院用意念控制的机器人　　　　　图11-37　用意念控制的假肢

11.3.5　服务设计引领潮流

1960 年，美国市场营销协会（AMA）最先给服务下的定义为："用于出售或者是同产品连在一起进行出售的活动、利益或满足感。"这一定义在此后的很多年里一直被人们广泛采用。服务的提供形式可涉及：在为顾客提供的有形产品上所完成的活动；在为顾客提供的无形产品上所完成的活动；无形产品的交付；为顾客创造氛围。

在我们的生活中，服务遍布在生活的每一个角落。比如，政府提供军事、教育、司法、治安等服务。再比如，通信、运输、银行、公用事业等用来支撑其他服务的基础性服务。随着社会的发展，人们越来越关心所接受服务的体验，对服务的消费预期不断提高，现有的一些服务设施与服务系统逐渐不能与消费者的需求相匹配，这为服务设计的发展带来了契机。

11.3.5.1　服务设计的兴起

如今从全球的视角来看，以服务为导向的技术与产品集成正在成为各个产业的发展趋势，服务创新逐步代替产品创新成为企业提升市场竞争力、获得顾客认可的关键。由工业经济向服务经济转型，是世界经济发生的第二次结构性转变。在欧美发达国家，服务业占整个国家 GDP 的比例大约在 70% ～ 80%，世界平均水平大约为 60%。2015 年以来，我国第三产业（即服务业）在国内 GDP 中的占比超过 50%，而在北京这样的大都市，GDP的 80% 是由服务业贡献的，可以说，中国服务经济时代已经到来，见图 11-38。由中国科学院中国现代化研究中心完成的《中国现代化报告 2018：产业结构现代化研究》（2018 年9 月出版）指出，从产业结构角度看，目前中国基本属于工业经济国家，建议实施产业结构现代化路线图。未来 35 年中国经济将完成向服务经济和知识经济的两次转型，将全面建成制造业强国、服务经济强国和知识经济强国。2019 年，国内生产总值（GDP）近百万亿元，人均 GDP 首次突破 10000 美元大关，第三产业（服务业）占 GDP53.9%，中国正式进入以服务业为主导的后工业化社会。

就像产品一样，服务也面临着逐渐被同质化的风险。将设计的对象从产品扩展到服务能够使企业在激烈的竞争中获得更大的成功。服务设计的最早起源可以追溯至 20 世纪80 年代，市场营销学和管理科学等学科首先探究了对复杂服务过程进行可视化的方法。20 世纪 90 年代欧洲开始了对服务设计的研究，英国率先颁布了世界上第一份关于服务设计管理的指标（BS 7000-3—1994 设计管理系统　第 3 部分：管理设备设计指南 Design management systems - Guide to managing service design）。随着世界各国对服务问题的关注，各大高校相继开设服务设计专业。伴随着服务设计意识与应用的提升，服务设计在中国正处于蓬勃发展之中，这为中国服务设计师提供了独特的潜力，在中国经济持续向服务型转化的过程中，服务设计将发挥更为关键的作用。2021年11月，我国第三个证券交易所——北京证券交易所揭牌开始交易。北交所设立的目的是打造服务创新型中心企业的主阵地。这是党中央、国务院立足构建新发展格局，为推动高质量发展做出的重大部署，对于推动创新驱动发展的经济转型升级都具有十分重要的意义。

(a) 阳澄湖高速服务区   (b) 芳茂山恐龙主题服务区

图11-38　我国富有特色的高速服务区设计

11.3.5.2　服务设计的定义、分类及作用

国际设计研究协会（Board of International Research in Design）对服务设计给出了如下定义：服务设计从客户的角度来设置服务，其目的是确保服务界面从用户的角度来讲，有用、可用以及好用；从服务提供者来讲，有效、高效和与众不同。从专业角度来看，服务设计是一门跨领域的学科，是在体验设计、交互设计、产品设计、平面设计等基础上进行的整合设计，通过系统的、有组织的规划和表达，来创造价值，是一种全新的思考方式。

服务可以简单地分为公共服务和商业服务。公共服务是由政府和社会主导，以社会创新为理念的公益性服务；商业服务是指企业通过为消费者提供商品和服务从而使用户消费体验提升的过程。据此，服务设计可以分为公共服务设计和商业服务设计。公共服务设计包括诸如公共医疗服务设计、教育服务设计、社会养老服务设计等；商业服务设计可以分为"围绕实体产品的服务设计"和"单纯的非物质服务设计（如为银行设计新的理财服务）"。

从传统产品设计的角度来说，当一个产品的功能、造型及其他与生产制造相关的设计完成时，设计师的任务就彻底结束了。但如果从全面产品体验设计的角度来看的话，设计师在完成传统的设计工作之后还应参与另一项设计任务——服务设计。服务设计聚焦于对完整服务体验的设计，能够在策略层面上有效策划和组织各种相关因素，提出全局性解决方案，对公共服务和企业转型进行有效的提升和创新。在战略层面上，一个服务设计师是负责协调种种不同工作的人，目的是为了向用户提供最好的体验。21世纪的市场竞争已经由产品竞争转向品牌竞争、服务竞争，各行各业的商业模式正在发生着本质的变化：由"产品是利润来源""服务的目的是销售产品"向今天"产品（包括物质产品和非物质产品）作为提供服务的平台""产品即服务""服务是获取利润的主要来源"转变。现在，产品与服务已融为一体，许多服务是通过产品来完成的。近年来，商业环境下的服务设计发展十分显著，全球性咨询机构如埃森哲 Accenture、德勤 Deloitte、麦肯锡 McKinsey 等纷纷整建制收购设计公司，以便在劳动力中引入专业服务设计师，许多大企业也纷纷建立起自己专业的内部服务设计团队，目的都是为客户提供更好的服务设计方案。服务设计在机构运营中发挥着越来越核心的作用，服务设计意识与活动都逐渐渗透到这些组织的各个层面。

案例11-9　苹果公司产品服务体系铸就的成功

苹果公司当初仅靠一款只有一个外观两种配色的 iPhone 手机就打败了诺基亚构建的庞大产品线，依靠的不仅仅是先进的技术和优越的用户体验，而是率先在手机领域实行的"产品＋服务"的产品服务系统的成功。苹果的这种模式曾在 iPod + iTunes 的组合中大获成功。2007 年 1 月，苹果公司推出第一款 iPhone 智能手机，并将苹果电脑公司正式更名为苹果公司，这标志着它实现了从电脑转变到"移动终端＋内容服务"的战略转型，成为一家彻头彻尾的"产品＋服务"的提供商。iOS 系统，Siri 语音系统，App 产品交互，为用户提供已知问题的解决方案和处理未知问题的可能性。iPhone 手机将 App Store 以及移动互联网装进了人们的口袋，从此也改变了整个世界，见图 11-39。随着技术的进步，苹果的服务内容日益丰富，在具体细分上，苹果的服务业主要包括数字内容（包括苹果各种内容商店的收入，App Store、iTunes 和 Music 等）、iCloud、Care、Pay 和授权，服务业已成为苹果公司内仅次于 iPhone 的第二大收入来源。虽然面临着华为、三星的竞争，但是苹果用户们已经被自己熟悉的苹果的 iOS 操作系统和电脑、手表以及背后系统化的服务"束缚"住了，他们多年的数据资产都是基于苹果这个大生态的，更换到别的平台不仅是重新学习和熟悉一个操作系统那么简单，因此，苹果的产品和服务系统对用户就具备了极大的"黏性"。自库克掌舵苹果以来，积极推进面向服务转型，基于 Apple Watch 和 Apple Fitness+ 向健康和保健领域拓展将是苹果下一个目标。服务板块作为苹果公司第二大业务板块在未来几年的营收有望突破千亿美元大关，从而帮助苹果公司实现更加可持续的增长。

图11-39　苹果App Store丰富的应用程序

服务设计是一种系统的设计思维方式，在这个系统中，产品是作为服务的道具，是服务的重要组成部分，进行服务设计的关键是，将人们想做的事情与他们在前台接触点的体验和后台支持这些活动的业务流程呼应起来。如果企业能够更好地对服务所提供的内容进行控制，将从中获得更多的回报。服务设计的目标是设计出具有可用性、满意性、高效性和有效性的服务，向用户提供更好的整体体验。不论是企业出于增加附加值和利润的目的，还是生态环境的可持续发展需求，以及日益复杂的社会问题，都显示了对服务设计日益紧迫的需求以及越来越高的要求。

在我国，服务设计刚刚起步，巨大的市场需求以及以人为本观念的普及，预示着中国服务设计行业巨大的潜力，而服务设计相关课程也在国内一些高校陆续开设。移动互联技术为服务设计提供了更方便快捷的渠道，以美团、滴滴、百度地图为代表的服务类 App 如雨后春笋，为人们的生活增添了便利。

11.3.5.3　服务设计与共享经济

在对可持续发展的关注和技术的双重驱动下，过去几年内共享经济（Sharing Economy，也译作分享经济）在全球范围内快速增长。"共享经济"也被称为"协同消费"，是在互联网上兴起的一种全新的商业模式。简单地说，消费者可以通过合作的方式来和他人共同享用产品和服务，而无需持有产品与服务的所有权。使用但不拥有，分享替代私有，即"我的就是你的"。

关于共享经济的提法可以追溯到社会学家马库斯·费尔逊（Marcus Felson）和乔·斯佩思（Joe L.Spaeth）在 1978 年发表的一篇学术文章《社区结构与协同消费：一个常规方法》，在文中他们提出了"协同消费（也翻译为合作性消费）"概念，来说明一种群体消费模式，意指许多消费者抱团消费，比个人消费更有议价优势。2011 年，《时代》周刊把"协同消费"列为改变世界的十大观念之一。美国商业顾问雷切尔·博茨曼（Rachel Botsman）认为"共享经济"就是"协同消费"。她跟人合作写了一本书来阐述这个观点，书名是"What's Mine Is Yours: The Rise of Collaborative Consumption"，中文意思是"我的就是你的：协同消费的崛起"，出版后的题目被译为《共享经济时代：互联网思维下的协同消费商业模式》（上海交通大学出版社，2015 年）。书中指出，协同消费是在互联网上兴起的一种全新的商业模式。简单地说，消费者可以通过合作的方式来和他人共同享用产品和服务，而无须持有产品与服务的所有权。这个定义从消费者的角度出发，虽然强调的是协同，其实本质是共享，而且，还着重提出了共享的对象是产品和服务。"共享经济"就是"协同消费"，"我的就是你的"的观点由此成为共享经济的基本理念之一。雷切尔·博茨曼认为"二手交易"也是共享经济的一种典型模式，通过将闲置的二手资源通过转售使其得到再利用，提高了二手资源的使用效率。日本作家三浦展在其所著的《第四消费时代》(东方出版社，2014 年）一书中将日本社会的消费划分为四个阶段：第一阶段（1912—1941 年）：商品生产不足，中层人群是主要消费者，以西洋化和大城市倾向为时尚；第二阶段（1945—1974 年）：大规模机器生产出现，商品价格大幅度降低，普通家庭成为了消费主力军，美式和大城市倾向为主要时尚风格，强调消费数量；第三阶段（1975—2004 年）：强调商品的品质和品牌，单身者和啃老族开始出现，品牌倾向、大城市倾向、欧式风格和具有差异的风格备受喜爱；第四阶段（2005—2034 年）：随着日本社会人口的减少导致消费市场缩小，国民价值观更加区域共享和重视社会，消费取向呈现出无品牌、朴素、休闲、本土倾向，以个人为核心的消费方式出现，人们对物质的需求越来越弱，商品成为了创造人与人之间联系的手段，汽车、住宅等开始分享。如三浦展在书中所言，当下，全球经济正在呈现出这样一种前所未有的趋势：消费者之间的分享、交换、借贷、租赁等共享经济行为正在爆炸式增长。共享经济——因互联网技术发展而崛起的协同式消费——正逐渐取代过时、落伍的传统商业模式。

共享经济有广义和狭义之分。狭义的共享经济是指物质材料在用户与用户之间的有偿共享，这种共享解决了资源闲置等问题。广义的共享经济是一种商业模式，这种商业模式由企业建立共享平台，为顾客提供经济服务，并且负责产品的后期维护以及顾客的消费保障。企业通过这种形式的共享经济更加系统地整合资源，从产品的整个生命周期出发，掌握产品的每一个阶段，从而提高产品的使用效率，提高了用户的生活体验，推动了社会经济更快地发展，加速改变了未来的消费观以及消费模式。共享经济是对过度消费的反思，是一种可持续发展的经济，它有以下三个主要特征：借助网络作为信息平台；以闲置资源使用权的暂时性转移为本质；以物品的重复交易和高效利用为表现形式。

无论在金融业、旅游业，还是教育业与零售业，共享经济都在以方兴未艾之势，快速增长。消费越来越多地发生在共享经济的主流平台上（例如，eBay、Craigslist、Uber、Airbnb、滴滴等），这些平台的增长代表着服务消费方式的根本性转变。不同于直接拥有产品（例如汽车），现在人们转而选择在他们需要时能让他们使用这一产品的服务，例如滴滴出行。同时，人们也在分享自己的资源，在成为服务消费者的同时成为服务的提供者，由此，社会资源得到了充分利用，互联网经济借机蓬勃发展，消费者也从中获得了便利。与此同时，人们也更加注重消费过程中的用户体验与服务品质，无论是在整体服务的规划设想，还是具体产品的推广过程中，工业设计、视觉传达设计、信息设计为代表的一系列设计活动均紧密参与并为其发展和普及做出了建设性的贡献。不仅设计活动会贯彻始终，共享经济及其所促成的共享生活理念，也必将为设计活动提供新的施展空间。共享经济在中国的快速增长，共享汽车、共享单车、共享充电宝、共享雨伞、共享健身房、共享厨房等给人们的生活带来便利的同时也更新了人们的消费理念，这将对社会生活产生更为深广的影响。2020年中国市场的闲置资源规模达到了上万亿，闲鱼、蚂蚁闲置、多抓鱼、孔夫子旧书网等互联网交易平台也为人们盘活二手物资提供了方便。随着消费升级，共享经济作为更加贴近消费者的经济模式正在发挥着更为重要的作用，而在服务设计思维下的共享经济会更加顺应用户需求，更加理想地洞察用户的需求，从而带来更好的用户体验。

案例11-10　爱彼迎Airbnb，创新旅行住宿的民宿共享服务模式

当今世界旅游、出行、住宿行业已占全球经济的10%，共享住宿除了可以提高房屋使用效率，还可以为市场提供更多就业机会和拉动社区经济发展。Airbnb（Air Bed and Breakfast，中文名音译为"爱彼迎"）是一家联系旅游人士和家有可以出租的空房房主的服务型网站，它可以为用户提供多样的住宿信息，是目前全球最大C2C线上短租平台，见图11-40（注：C2C，Consumer to Consumer，指个人与个人之间的消费活动）。2005年，23岁的布莱恩·切斯基（Brian Chesky）和乔·吉比亚（Joe Gebbia）从全球顶尖设计学院罗德岛设计学院（Rhode Island School of Design，RISD）毕业，两人主修的专业都是工业设计，2008年8月他们在美国旧金山联合创立爱彼迎，网站Airbnb.com开始登场。爱彼迎重塑了酒店行业，补充了非酒店市场的

空隙，为民宿主与游客提供了一个方便快捷的预订平台，它的目标是：不论是谁、不论何地，每个人都能找到"家在四方"的归属感。爱彼迎的主要收入来源是基于预订的服务费，平台通常收取14% ～ 16%的住宿预订服务费，或由房客和房东分担，或全部由房东承担。爱彼迎不仅创造了一种创新的住宿商业模式，而且在租客和户主之间建立了一种新式的更加便于分享情感、文化和生活体验的新型连接方式，从而创造出非商业属性的新价值。如今爱彼迎在全球超过220个国家和地区的10万个城市开展业务，它完全颠覆了传统在线旅游公司的商业模式，可以说是共享经济在住宿领域的一次创新。2020年12月，爱彼迎以每股68美元的发行价于纳斯达克敲钟上市，成为2020年规模最大的IPO。市值高于另一在线旅游巨头Booking，也远远超过了几家知名连锁酒店，如万豪和希尔顿。爱彼迎始终坚持设计驱动的战略，2020年10月，开始与苹果公司前设计总监、LoveFrom设计公司创始人乔纳森·艾维（Jonathan Ive，1967—）开展长期合作来开发新产品和服务，从而进一步地提升客户体验。

图11-40　Airbnb中国网站部分内容

案例11-11　产品即服务——滴滴专门定制网约车

2020年，滴滴正式发布与比亚迪共同研发生产的全球第一款基于共享出行场景设计定制的网约车D1。D1是在研究滴滴平台的5.5亿乘客、上千万司机需求、百亿次出行数据的基础上，针对网约车出行场景，对车内人机交互、司乘体验、车联网等多方面进行定制化设计。在数据层面将整车数据与滴滴平台数据打通，实现了线下交通工具与线上运营平台的结合，通过软件的不断迭代使之更为智能。

D1 车型设计包含了三个独特之处：一是"由内而外"的设计；二是产品即服务，为司机和乘客两类客户提供优质的服务；三是利用数据赋能，智能可迭代。采用了不对称式的车门开启方式，车身左侧只有司机一侧有单开门，而乘客的上下只能通过车身右侧的侧滑门，如此可以有效避免因为平开门易造成的碰撞事故。车内乘坐空间宽敞，后排乘客的座椅高度略高于前排乘客，同时为他们配备杯托、纸巾盒等便利性功能，为乘客提供舒适的体验。车身采用清新的"青果色"作为主打色调，与普通车辆形成差异。D1 还是一款"可遥控"的网约车，乘客上车前可以通过滴滴 App 调节车内空调温度、风量等。从人机工程学角度提升司机的舒适性，专门设计的驾驶员座椅能减轻长期驾车的疲劳感，同时为他们设置便于收纳和携带随身物品的移动公文包。司机通过一块 10.1 英寸的大屏实现车网一体操作，通过方向盘上的"滴滴键"一键接单，避免了在行驶过程中用手机接单带来的安全隐患。与定制车相伴而来的是商业模式的变化，甚至于对于出行行业的通盘的思考。D1 对司机采用只租不售的方式，极大地降低了司机的营运成本。在续航方面，D1采用的是比亚迪刀片电池，续航里程能达到 400 千米。D1 已经不止是一款车，它和滴滴出行融合，一切以服务为导向，它使大家都能真正做到"不买车，也能坐上更舒适的好车"。见图 11-41。

图11-41　滴滴和比亚迪共同开发的专用网约车D1

11.3.5.4　服务型制造

随着新一轮科技革命和产业变革的兴起，越来越多的制造企业开始在实物产品的基础上向客户提供各种增值服务，在满足客户高层次服务需求的同时，提供服务的能力成为决定制造企业竞争力和盈利能力的重要因素。

服务型制造，是制造与服务深度融合、协同发展的新型产业形态，是制造业转型升级的重要方向。在这种模式中，制造企业通过优化和创新生产组织形式、运营管理方式和商业模式，由加工制造环节向价值链两端的服务型环节（前端的研发、设计，后端的品牌、销售、维护、运营、售后、回收）延伸或是加强服务型环节，从而实现以加工组装为主向"制造＋服务"的转型，从单纯销售产品向销售"产品＋服务"转变，在提升用户体验的同时，延伸和提升价值链的全要素生产率、产品附加值和市场占有率。

服务型制造是制造业创新发展的重要模式，发展服务型制造，是增强产业竞争力、推动制造业由大变强的必然要求，是顺应新一轮科技革命和产业变革的主动选择，是有效改善供给体系、适应消费结构升级的重要举措。推动服务型制造向专业化、协同化、智能化方向发展，是形成国民经济新增长点、打造中国制造竞争新优势的必经之路。我国政府早在"十三五"规划纲要中就已指出，未来中国制造业的发展重点是努力推动"生产型制造"向"服务型制造"的方向转变。国家先后出台了《发展服务型制造专项行动指南》（2016年7月）、《关于推进先进制造业和现代服务业深度融合的实施意见》（2019年11月）、《关于进一步促进服务型制造发展的指导意见》（2020年6月），为我国企业制造业转型升级指明了方向。

以大数据、云计算、物联网、人工智能、5G通信、区块链为代表的新一代信息通信技术的发展和应用，不仅驱动着商业的创新，也重塑着制造业的竞争优势，提升了创新设计的效率和制造效能，成为推动服务型制造的重要推动力。大数据作为驱动企业快速反应的核心之一，不仅可以为服务设计提供支撑，而且同样在服务型制造中发挥着重要的作用。对于未来制造业而言，工业大数据是在全球市场竞争中发挥和保持竞争优势的关键。无论是美国的工业互联网、德国工业4.0，还是"中国制造2025"，目前世界上各个国家制造业创新战略的实施基础都是建立在工业大数据的搜集、储存、分析和利用的基础之上。企业合理地利用大数据，可以全面洞察客户的信息、提升企业的资源管理、即时感知和控制风险。

智能制造是当前最新信息技术、生产技术在制造上的结合，它具有快速响应、智能化、可协调化、节约成本等特点。智能制造的设备往往具有自动化、精度高、功能多样等特点，与智能化的管理系统配合使用，可以提高数控机床的利用率和自动化程度，这与服务型制造的发展方向不谋而合，因此智能制造也是发展服务型制造的有力支撑。

服务型制造的一个重要方向是个性化定制。早在1970年，美国著名未来学家阿尔文·托夫勒（Alvin Toffler）就预言："未来的社会将要提供的并不是有限的、标准化的产品，而是有史以来最多样化的、非标准化的商品和服务。"美国曾预测"改变未来的十大技术"中，"个性化定制"被排到第4位。"中国制造2025"明确提出："发展基于互联网的个性化定制、众包设计、云制造等新型制造模式，推动形成基于消费需求动态感知的研发、制造和产业组织形式。"国务院关于积极推进"互联网＋"行动的指导意见也明确指出："在重点领域推进智能制造、大规模个性化定制、网络化协同制造和服务型制造。"现在，个性化定制已经从消费者参与产品定义，逐渐发展到整个制造过程可视化，以及包括个性化售后服务的全程服务。消费者正逐渐成为产品全生命周期过程的决策者和参与者，"定制"已成为消费者公认的服务标准之一。制造企业的数字化、智能化程度不断提升，借助于机器人、3D打印机生产线实现高度柔性化，工厂可以成为一个生产能力共享的平台，用户自行设计后下单就可以让工厂为他们制造自己喜欢的个性化产品，工厂的生产线实现了与用户的共享。目前，耐克（见图11-42）、宝马、尚品宅配、酷特智能（红领西服，案例11-12）、大信全屋定制等在个性化定制方面都有较成功的实践。

服务型制造另一明显的趋势是以"能力交付"取代"产品销售"。对顾客而言，产品是某一特定功能的载体，产品本身并非用户的目的，功能才是。对产品功能的使用而非产权的拥有，正在制造业中变得重要起来。相应地，企业关注的视角也需要从关注设备的销售，转移到服务销售和按效果收取费用。制造业共享经济，使得分享产品的功能，成为越来越广泛的一种趋势。以"能力交付"取代"产品销售"还将带来服务主体和服务方式的变化，比如所有的设备将通过租用的模式布局在生产厂家，工厂只是设备的使用方，设备厂家将成为设备管理和维修的主体，见案例11-13。

图11-42　耐克的定制项目Nike By You

全生命周期管理是服务型制造创新发展的又一个重要方向。全生命周期管理要求企业开展从研发设计、生产制造、安装调试、交付使用到状态预警、故障诊断、维护检修、回收利用等全链条服务。建设贯穿产品全生命周期的数字化平台、产品数字孪生体等，提高产品生产数据分析能力，提升全生命周期服务水平，这对交互设计、数据可视化设计、设计管理等提出了较高的要求。企业生产越来越多地以体验为导向、具备升级功能的产品，这些智能产品能够持续性与用户互动，并且帮助企业响应不断变化的需求，用户拥有物理设备（硬件），而企业管理着数字终端，产品所有权正在被企业和消费者共享，而企业管理的软件部分是高价值的部分。企业可以通过控制产品，为用户提供长期的更多、更好的体验，打造全新的企业和用户的合作关系，使智能产品的价值和效用随着时间的延长不断增长。从前，消费者所买即为所得，但如今企业可以持续改善用户的数字体验来进一步提升产品实用性，打造更具价值的产品。例如，卡特彼勒公司（Caterpillar）将 Cat Connect 平台融入新一代工业设备并不断升级更新；基于云计算、大数据和 AI 等技术的徐工集团的工业互联网平台 Xrea 能实时监测设备的运行，提供全生命周期服务以及预测性维修服务，见图 11-43；特斯拉（Tesla）定期推动软件更新，例如自动驾驶以及提升安全特性等新功能；海尔智慧家庭的软件也通过持续不断的迭代为用户提供日益完善的服务。

图11-43　徐工集团的工业互联网平台Xrea

案例11-12　从红领西服到酷特智能，传统服装企业的数字化转型

红领集团自主研发的西装个性化定制系统，建立起人体各项尺寸与西装版式尺寸相对应的数据库。该系统可以对顾客的身型尺寸进行数据建模，通过计算机3D打版形成顾客专属的数据版型。数据信息被传输到备料部门后，在自动裁床上完成裁剪。每套西装所需的全部布片会被挂在一个吊挂上，同时挂上一张附着客户信息的电子磁卡，存储顾客对于西装的驳头、口袋、袖边、纽扣、刺绣等方面的个性化需求。流水线上的电脑识别终端会读取这些信息并提示操作，在流水线上实现个性化定制的工艺传递。已经建起包含20多个子系统的平台数字化运营系统。系统会根据市场一线每天发来的订单，自动排单、裁剪、配里料、配线、配扣、整合版型等，实现了同一产品的不同型号、款式、面料的转换，以及流水线上不同数据、规格、元素的灵活搭配，见图11-44。系统提供了多种版型、工艺、款式和尺寸模板供顾客自由搭配，目前已有超过1000万亿种设计组合和100万亿种款式组合可供选择。2007年，红领集团以及下属企业更名为青岛酷特智能股份有限公司，"红领"将只作为酷特（Cotte）个性化定制平台旗下的一个产品品牌出现。从"红领"到"酷特"，这绝不是简单的名称变化，而是彻底的基因组改变——它颠覆了传统的组织模式、流程模式、盈利模式，由一家传统服装企业变成了平台生态的网络科技企业，为其他需要进行数字化转型的传统制造企业提供"互联网＋工业"的解决方案，进行柔性化和个性化定制的改造，所服务企业涉及服装、鞋帽、建材、家居、电子产品、摩托车、自行车、化妆品等。

图11-44　酷特智能（原红领西服）的智能工厂

案例11-13　罗尔斯·罗伊斯（Rolls-Royce）以服务型制造变革商业模式

根据产品的服务绩效收费，这几乎是罗尔斯·罗伊斯的首创。这家公司最早在行业针对其航空发动机产品，推出了Total Care包修服务，按飞行小时收费，确保航空公司的飞行可靠性和在翼飞行时间。

图11-45　罗尔斯-罗伊斯发动机检修现场

罗尔斯-罗伊斯公司是全球最大的航空发动机制造商。作为波音、空客等飞机制造企业的供货商，罗尔斯-罗伊斯公司并不直接向他们出售发动机，而以"租用服务时间"的形式出售，并承诺在对方的租用时间段内，承担一切保养、维修和服务。发动机一旦出现故障，不是由飞机制造商或航空公司来修理，而是发动机公司在每个大型机场都驻有专人修理，见图11-45。这样，发动机公司得以在发动机市场上精益求精，飞机制造商也落得轻松。也正因如此，廉价航空公司也才有发展的空间，因为它们不用专门聘用和管理一批发动机维修人员。

11.3.6　生态设计任重道远

传统的生产方式侧重于产品本身的属性和市场目标，把生产和消费造成的资源枯竭和环境污染等问题留待以后"末端治理"。进入 21 世纪以来，人类的生存环境面临极大的挑战，极端气候、自然灾害的频繁、能源危机、环境污染等各种自然难题摆在人类的面前。未来的设计必定是基于保护生态、保护人类自身的，产品的生态环境特性将会被视为提高产品市场竞争力的一个重要因素，生态化设计使工业设计在全球范围内成为了势在必行的潮流，从家电设计、卫浴创新、居住空间到公共设施，每个领域都正在发生前所未有的巨大变化。

生态设计，也称绿色设计或生命周期设计、环境设计，是指将环境因素纳入设计中来确定设计的决策方向。生态设计要求将对环境因素的考虑纳入产品开发的所有阶段，从产品的整个生命周期减少对环境的影响，最终引导产生一个更具有可持续性的生产和消费系统。生态设计主要包含两方面的涵义，一是从保护环境角度考虑，减少资源消耗、实现可持续发展战略；二是从商业角度考虑，降低成本、减少潜在的责任风险，以提高竞争能力。

产品生态设计将环境因素融入到产品设计中，旨在改善产品在整个生命周期内的环境性能，降低其环境影响，实现从源头上预防污染的目的。因此，生态设计是一种重要的预防措施，是我们在末端治理的环境对策失败后推行的预防策略的重要组成部分。现在地球资源日益匮乏、生态环境日趋脆弱，建设节约型社会，以尽可能少的资源消耗满足人们日益增长的物质和文化需求，以尽可能小的经济成本保护好生态环境，实现经济社会的可持续发展，已成为重要的战略发展取向。

以控制温室效应为例，我国的目标是努力争取二氧化碳排放在 2030 年前达到峰值，2060 年前实现碳中和，这就需要我们大力优化产业和能源结构。以与人们生产、生活密切相关的汽车行业为例，目前包括美国、德国、英国、荷兰、挪威和我国在内的很多国家都给出了禁售燃油车的时间表，尽管插（电）混车型较受欢迎，氢动力汽车的远景值得期待，但绿色氢能的开发还未成熟，所以纯电智能汽车的发展仍是主要趋势。一是从清洁能源的角度来讲，在过去的 10 年中，风电综合成本降低了 70%，光伏降低了 80%，从未来看，光伏作为曾经相对昂贵的清洁能源有望变成最廉价的能源。据麦肯兹 2019 的研究报告显示，预计包含调峰成本在内的光伏发电成本将于 2026 年低于煤电。二是从技术角度来看，电动车也是未来自动驾驶时代的最佳载体之一。国内车企比亚迪在电动车领域成绩突出，其各类电动商用车包括客车、卡车、叉车、出租车等已出口至全世界 200 多个国家和地区，尤其是其电池技术已经处于世界领先水平，但电池本身的环境友好性还有待于进一步提升，因此特斯拉 Tesla 民用车能源利用的系统性优势值得学习，见案例 11-14 。此外，利用太阳能开发清洁氢能，发展最清洁、最有效、最长久的太阳能光电制取氢能技术，将是在地球化石燃料被消耗殆尽之前，人类在能源领域最值得努力探索的方向，早日实现这一目标，将为未来人类社会的可持续发展提供保障。

特斯拉是一家新能源汽车公司，但如果上游电力的来源不够清洁、可持续，依然会破坏地球环境，所以，特斯拉也一直非常关注可持续能源问题。特斯拉的创始人埃隆·马斯克（Elon Musk）在众多可持续能源中最青睐的是太阳能。2006年，埃隆·马斯克将公司域名由 tesla motors.com 变为 tesla.com；将公司使命由"加速世界向可持续交通的转变"修改为"加速世界向可持续能源的转变"，"交通"改为"能源"，这标志着企业正在向更为宏大的远景转向。2016年，马斯克宣布将光伏发电放在首要位置，第一步即"创造惊人高效的、配备集成储电功能的、美观的太阳能板"。特斯拉规划了一整套以家庭为单位的能源生产、存储、使用方案，从利用太阳能屋顶发电到使用储能存储富余的电力，再到使用新能源汽车出行和家庭其他用电需求。马斯克认为，将这套以家庭为单位的模式扩展到全世界，再辅以集中式的太阳能发电，可以解决整个能源及环境问题，见图11-46、图11-47。2020年，马斯克宣布将屋顶光伏作为其主要业务之一并向全世界推广。正因如此，人们给予特斯拉极高的评价，说它"其实是一家能源公司，电动汽车只是其附属产品"。

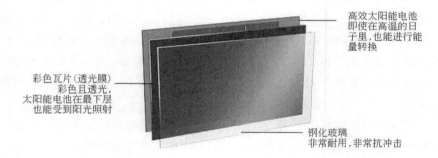

高效太阳能电池
即使在高温的日子里，也能进行能量转换

彩色瓦片(透光膜)
彩色且透光，太阳能电池在最下层也能受到阳光照射

钢化玻璃
非常耐用，非常抗冲击

(a) 太阳能电池板的结构

(b) 四种不同款式的瓦片

(c) 屋顶铺装效果

图11-46   特斯拉推出的太阳能屋顶

图11-47　特斯拉电动汽车和太阳能屋顶Solar Roof的使用场景图

11.3.7　人性化设计——永恒的主题

当下，迅猛发展的科学技术以破竹之势改变着人类生产、生活的每一个角落，各种"黑科技"层出不穷，万物智能、万物互联貌似计日可待，这既展示了人类无与伦比的聪明才智和征服大自然的"洪荒之力"，也给人类带来了新的烦恼和忧虑——天然本性的迷失、人情的孤独、疏远和感情的日益失衡。谷歌公司的技术总监，美国发明家，未来主义者，预言家雷·库兹韦尔（Ray Kurzweil）认为，科技的进步呈指数型上升的趋势，科技在未来100年里的进步，以今天的增长速度来看，像是经历两万年才能达到的水平。但也有人认为21世纪的科技，例如机器人学、基因工程学和纳米科学给这个世界带来了更高级别的威胁。技术的飞速发展推进着人类社会的进步，也促使人不断反思技术的影响力以及生而为人的意义和价值。著名未来学家阿尔温·托夫勒（Alvin Toffler）曾经预言"一个高技术的社会必然是一个高情感的社会"。过去，设计一直被作为新技术转化为产品的手段，但在未来，设计必须承担起新的责任——抵消科技的副作用。向未来学习意味着抛开过去的想法和经验，带着一双好奇的眼睛和足够开放的头脑去发现，带着一颗同理心去认真聆听，只有站在人的角度思考和感受，创新才能真正发生。

步入信息时代后，设计的非物质属性将得到充分的展示。正如马克·第亚尼（Marco Diani）编著的《非物质社会》一书所言："许多后现代的设计，重心已经不再是一种有形的物质产品，而越来越转移到一套抽象的关系，其中最基本的是人与机器之间的对话关系。在智能产品中，传统产品的形式与功能在语音中合并为一体，使产品的范围从一种可见的、有形的东西，延伸到无形的、人与机器的语言对话中。"从物质化设计向非物质化设计的转向，是工业设计从技术到文化的跨越，工业设计师要超越物质性的藩篱，进一步思考人-产品-环境之间的关系，在现实与虚拟结合的基础上，从人性、人的情感和文化的观念出发，凭借未来信息化的设计理论与方法来构建人类未来新的生活形态和方式。

人类社会归根到底是文化和情感的社会，一味追求高科技而忽略人类的本性与自掘坟墓无异。美国未来学家约翰·奈斯比特（John Naisbitt，1929— ）说"21世纪最激动人心的突破，将不会是来自技术，而是源于'对生而为人的意义'更加开阔的理解"。美国设计师A.J.普洛斯（A. J. Poulos）说，"人们总以为设计有三维：美学、技术和经济，然而更重要的是第四维：人性。"不论时代如何变迁，"以人为本"始终是设计的核心诉求，高人性、高情感的设计始终是高科技发展的平衡剂。美国IDEO公司联合创始人比尔·莫格里奇（Bill Moggridge）认为"如果有一个能整合所有事情且简单容易的设计原则，那么它可能就是从人开始。"今天，设计思考者要站在哲学的高度重新反思人性与科技的关系，正确把握和预测未来人们的行为模式和生活方式；设计师也要在高科技前保持一份冷静和超然，在准确把握和满足人们需求的同时还要用自己的设计正确架构和引导人们的生活方式，把人从物的挤压和技术的奴役中解放出来，使物品、环境和服务更符合人性，使人的心理更加健康发展，使人类的感情更加丰富，人性更加完美，真正达到人物和谐的圆融境界。例如，智能手机的出现改变了人们的工作生活方式，层出不穷的服务软件给大多数人提供了更好的生活体验，但是也将一部分老年人拒于各种公共服务的大门之外，给他们的日常生活带来了极大的困扰。为了使得老年人能够更好地适应信息社会，2020年11月，国务院印发《关于切实解决老年人运用智能技术困难的实施方案》，该方案印发后，滴滴、高德地图、百度地图等网约车平台积极研发，很快就推出了老年人专用小程序以及符合老年人认知特征的"一键叫车"功能，在界面设计中也采用了较大的字体；针对新冠疫情期间老人出行问题，腾讯等公司也推出了健康码适老方案，广州市率先启用了刷身份证核验健康码的"健康防疫核验系统"，四川推出了可以下载打印的健康码。苹果公司前设计总监、著名高科技领域的工业设计师罗伯特·布伦纳（Robert Brunner）认为大众对人生意义的追求在于"寻求一种富有生命力的美妙体验"，与之对应，产品和服务的设计就"一定要考虑人文要素"，案例11-15摘录于罗伯特·布伦纳的专著《至关重要的设计》（中国人民大学出版社，2012年4月，原文见第208页）。

案例11-15　罗伯特·布伦纳：人们到底想从生活中获得什么

罗伯特·布伦纳（Robert Brunner），苹果公司前首席设计师，苹果工业设计部门的创立者，对设计的人性和体验，他发表了以下观点：

人们到底想从生活中获得什么？这是我们多年来关心的话题。市场营销人员提出这个问题，并推广他们的答案，心理学家也是如此，神学家们也声称对此有所了解。其他许多人每天也在寻找自己的答案。这是个复杂的问题，许多个人和团体或许比我更有体会，更有建树，却也对此冥思苦想了若干个世纪。

尽管如此，我依然确信，自己已经知道了这个问题的答案：大众在寻求一种富有生命力的美妙体验。

尽管有人会利用一些类似神秘甚至是古怪的方式去寻求答案，但我们却对此深信不疑，并认为：人类的所作所为，都以一种希望从生活中获得更好的体验的期盼为基础。我们努力奋斗，向我们的家人和自己证明自己活得有意义，我们希望有效地利用时间，来完成大大小小的事情，享受生活，放松休憩。我们想尽己所能，让每一天都过得有意义，我们渴望享受当下。

我想你会对此认同。人们努力地去改善现状，就是为了在生活中享受当下的幸福和快乐。我们做的每一件事，无论难易苦乐，都是为了更好地体验生活。这样的追求是为了自己，也是为了所爱之人，从某种程度上来说，也是为了整个人类社会。沿路前行，我们都希望现实中的旅程是最美好的。

因此，对于设计，你应该先在各产品或服务类别中融入丰富的人文关怀理念。这就意味着，你需要将人文因素当作基本要素，由此去认识产品带来的情感影响力。这看起来似乎是显而易见，但实际上却困难重重。因为其中一个普遍存在的矛盾：在商业领域中，我们大多数人已经习惯于回避与情感相关的事情。我们更喜欢理性、均衡、处理和系统化。具有讽刺意味的是，我们总是相信那些不带任何人文色彩的事物：科学、数学以及机械。当事物模糊不清时，我们偏要追求黑白分明。

但若想在设计上出类拔萃，你就必须融入人文元素，也只有当你意识到必须将上述因素融入其中，才能得到最佳产品。让我们回到那个大众关心的问题：我们想从生活中获得什么？你必须明白：我们花时间从事物或地点上获得的体验一定要引人注目。我们希望事物动人有趣，具有个性，实用性强且令人向往。同时，也需要具备情感的价值。

 □ 小结

科学技术的飞速发展使得未来难以预测，但有一点可以坚信，无论科技如何发展，"以人为本"始终是设计的本质和根本出发点，高科技必将通过设计的力量为人们提供更好的产品和服务，为人类创造更加美好的未来——这也正是设计师的责任所在。

11.4　我国工业设计发展展望

进入 21 世纪，我国经济迅猛发展，目前已经成为全球第二大经济体，伴随着经济的发展，整个社会的文明程度和文化水平也日益提升，人们越来越渴望更加美好的生活，这种美好生活不仅仅是获得更优质的产品，同时包括可持续的生态环境和更健全的社会服务体系，这是我国未来工业设计一定会蓬勃发展的原动力。

近些年，我国的制造业也跻身世界前三名，然而我们低端的产业形态、低附加值的国际分工地位与国际先进水平相比较还存在较大差距。改革初期劳动力、土地、资源的溢出效益已经面临困境，环境问题亟待解决，转变发展方式、进行供给侧改革刻不容缓，在我国，大力发展工业设计也是产业转型升级的必经之路。

改革开放以来，工业设计得到我国政府的高度重视并即将其作为创新驱动发展战略的核心内容之一，进入 21 世纪以来，工业设计先后在 2006 年、2011 年、2016 年、2021 年连续 4 次被列入我国的国民经济和社会发展纲要中，将工业设计纳入国家发展的战略高度，足见其在国民经济和社会发展中的作用和重要意义。政府同时出台了一系列相关的政策措施，为推动工业设计加速发展创造了良好的政策环境：

2006 年 3 月，《中华人民共和国国民经济和社会发展第十一个五年规划纲要》中明确提出，要"发展专业化的工业设计"。2007 年，国务院印发的《国务院关于加快发展服务业的若干意见》也提出，要"大力发展面向生产的服务业，建设一批工业设计、研发服务中心，不断形成带动能力强、辐射范围广的新增长极"。2010年，工业和信息化部、教育部、科技部等11个部门联合印发了《关于促进工业设计发展的若干指导意见》，第一次在国家层面出台专门针对工业设计发展的政策文件。

2011年3月，《中华人民共和国国民经济和社会发展第十二个五年规划纲要》提出"促进工业设计从外观设计向高端综合设计服务转变"的发展要求。2011年12月，国务院颁布的《工业转型升级规划（2011—2015年）》中将工业设计作为促进工业转型升级的重要手段，提出要"大力发展以功能设计、结构设计、形态及包装设计等为主要内容的工业设计产业"，并提出工业设计及研发服务发展专项予以重点扶持。2014年国务院发布了《文化创意和设计服务与相关产业融合发展的若干指导意见》，明确了设计与制造业、文旅、乡村、教育等产业融合发展的七大领域，提出了保驾护航的八大举措，为设计在国民经济和社会发展更广泛领域和更深层次发挥作用指明了方向，奠定了基础。

2016年3月，《中华人民共和国国民经济发展和社会发展第十三个五年计划发展纲要》更进一步提出了"以产业升级和提高效率为导向，发展工业设计和创意、工程咨询、商务咨询、法律会计、现代保险、信用评级、售后服务、检验检测认证、人力资源服务等产业。""实施制造业创新中心建设工程，支持工业设计中心建设。设立国家工业设计研究院。""全面推行城市科学设计，推进城市有机更新。"2016年工业和信息化部、国家发展改革委、中国工程院联合颁布《发展服务型制造专项行动指南》；2019年工业和信息化部联合十三个部委办编制印发了《制造业设计能力提升专项行动计划（2019—2022年）》。设计已成为企业创新的主动力，小米、京东、阿里、华为等企业和各地方纷纷成立工业设计中心。多省市建立了工业设计研究院，北京、上海、深圳、武汉成为联合国教科文组织创意城市网络设计之都。

……

2021年3月，《中华人民共和国国民经济和社会发展第十四个五年规划和2035年远景目标纲要》发布，文中多处强调工业设计与设计创新，指出要"聚焦提高产业创新力，加快发展研发设计、工业设计、商务咨询、检验检测认证等服务。""十四五"规划从五个方面七次提到"设计"。"主动设计""研发设计""工业设计""硬件设计""众包设计""城市设计"等，体现了"设计作为集成科学技术、文化艺术、社会经济、法规标准、人文民俗等知识要素，创造满足使用者需求的商品、服务和环境的科学方法论"。经过新中国70多年的发展和政府的不懈推动，设计已成为我国实现社会经济跨越式发展的重要创新方法。

2021年11月，国务院促进中小企业发展工作领导小组办公室印发《提升中小企业竞争力若干措施》，其中对"提升工业设计附加值"提出了两条具体措施：（1）推动工业设计赋能；（2）鼓励设计服务方式创新。

……

我国政府也推出了很多促进品牌建设的政策和措施，例如：

2015年5月，国务院印发《中国制造2025》，要求发挥品牌的引领作用，助推中国经济"结构性改革"一臂之力，"品牌战略"已上升为国家战略。

2016 年 6 月，国务院印发《关于发挥品牌引领作用推动供需结构升级的意见》。

2016 年 11 月中央电视台正式启动"国家品牌计划"，助推"中国产品向中国品牌转变"。旨在寻找、培育、塑造一批能够在未来代表中国参加全球商业竞争和文化交流的国家级品牌，实现"中国造"的伟大复兴。

2017 年 5 月，国务院批准国家发改委的提议，将每年的 5 月 10 日确定为"国家品牌日"。

2019 年 8 月中央广播电视总台启动"品牌强国工程"，通过全媒体传播品牌强国战略，助力培育能代表中国参与全球经济文化交流的新时代国家级品牌。

2021 年 1 月，财政部、工信部联合印发《关于支持"专精特新"中小企业高质量发展的通知》，指出"通过工业设计促进品质和创品牌等"，并提出为国家级专精特新"小巨人"企业提供工业设计等服务。

2021 年 3 月，国家发改委等 13 部门联合发布《关于加快推动制造服务业高质量发展的意见》，该意见多次强调工业设计创新和品牌建设的重要性，提出力争在 2025 年，制造服务业对制造业在若干方面产生显著的提升作用。

……

从历史上看，全球已经有 20 多个国家将工业设计纳入国家战略，将其作为国家软实力的重要组成部分，美国、德国、日本、韩国、新加坡政府都出台过若干政策和措施推进本国的工业设计发展并取得了巨大的成效，其中，美国是世界设计产业规模、设计出口和设计创新第一大国。我国政府近些年密集出台的与工业设计创新和品牌建设相关的政策和措施表明工业设计已经成为我国创新战略体系的重要组成部分，这些政策也为推进我国工业设计发展创造了非常好的发展契机，并提供了巨大的推进力，工业设计得到了前所未有的重视和快速发展。整个社会的设计创新氛围和实力不断提升，在产业界，过去产品设计仅仅只是对优良设计的模仿和跟随，但是现在越来越多的企业已经逐渐认识到要想在激烈的竞争中获胜，必须将工业设计作为核心技术，通过独特的设计，建立或是强化自身的品牌。智能互联时代的工业设计，有力地促进了制造商、消费者、营销商、服务提供商之间的紧密融合与协同创新，将成为推动全球制造业创新方式、组织方式、生产方式变革的重要路径，工业设计将成为引领支撑制造业变革和可持续发展的主要驱动力，设计创新正在成为很多企业有关美学、艺术、思想的动态护城河。制造业的优化升级将不断推动工业设计向着智能化、大数据等方向融合发展，推动工业设计深度赋能产业发展，推动工业设计向设计服务链条延伸，将设计融入制造业战略规划、产品研发、生产制造和商业运营全周期，推动工业设计与制造业全领域的深度融合必将成为工业设计发展的新模式。互联网和人工智能为我国提供了弯道超车的机会，以华为、海尔、小米、格力、美的、飞亚达、三一重工、阿里巴巴、京东、大疆、徐工、中国商飞等为代表的中国企业正引领产业界在设计创新实践中不懈探索。除了企业的工业设计中心以外，以浪尖、洛可可等为代表的工业设计公司的数量、规模和服务水平不断提升。

同时，我国工业设计高等教育快速发展，截至 2019 年，中国普通本科专科院校开展设计教育的基本规模为：在全国近 3000 所教育部及各级政府主管部门所属高等学校中，设置设计及相关专业的高等学校共计 2124 所，其中本科 1122 所，高职高专 1002 所，开设工业／产品设计专业的高校 696 所，设置工业／产品设计专业 980 个，开设设计类相关专业教学点 9747 个，当年新招设计类及相关专业新生 647384 人，工业设计教育完成了从高职专科、高职本科、学士、硕士、博士的全学位段教育。中国工业设计红星奖、中国工业设计十佳大奖以及广东省、山东省的"省长杯"工业设计大赛等奖项和比赛彰显了优良设计，进一步引发了全社会对工业设计的关注。此外，在工业设计方面开展的国际化学术交流、展览等活动日益频繁，世界国际工业设计大会先后在杭州和烟台成功举办，不同级别、不同区域和行业的工业设计研究院纷纷成立，可以说，当前，政、产、学、研、商各界共同积极推动工业设计产业发展的氛围已经形成。设计创新对于产业提升的巨大作用同样引发了基础教育以及资本的高度关注。我国的基础教育开始普遍注重设计思维和设计技能的培养，2017 年，以培养适应未来社会和经济发展需要的具有跨学科素养、创造力、领导力、合作精神和社会使命感的创新型人才为目的，以设计驱动的创新教育为特色的同济黄埔设计创意中学（高中）在上海成立。2020 年高瓴资本计划在上海筹办一所培养 AI 时代设计人才的专门学院，这座设计创新学院的目标是成为能同时综合运用和交叉融合艺术、理工、商科三大学科发展引擎、具有人工智能时代特征的设计学院。

□ 小结

中国正在经历着日新月异的发展改变，对于中国的工业设计而言，不论是欣欣向荣的发展势头还是明显存在的瓶颈和不足，它的总体发展趋势还是非常值得期待的。我国年青一代的企业家和设计师生长在物质丰裕、信息爆炸的年代，拥有丰厚的学识、开阔的视野、良好的品位、创新的思维方式和创造的激情，是推动我国工业设计事业蓬勃发展的生力军。每一位有志于在国家创新设计发展大潮中有所作为的工业设计师，都应该在这个非凡的时代沉静思考、锐意创新，为国家和民族奉献自己的才华和智慧。未来中国的工业设计发展要考虑更加复杂多变的社会、经济、产业、技术变化，更加关注消费者需求的变化，注重产品和服务中对人性和体验的关注，关注生态和可持续发展，弘扬中国本土文化，在产业界以设计思维和设计手段塑造更多的中国名牌、提升设计的领导力，在国际市场上增强中国品牌"国家队"的竞争力、推动整个中国社会向创新型社会迈进——中国工业设计的未来任重道远——依然在前行的路上。

□ 复习
思考题

1.未来工业设计的发展趋势有哪些？
2.解释以下名词：设计思维、体验设计、服务设计。
3.设计思维的作用是什么？
4.智能产品主要有哪些特征？
5.谈谈共享经济与服务设计的关系。
6.谈谈你对大数据、服务型制造和工业设计之间关系的认识。
7.你认为我国工业设计发展的趋势如何？

参考文献

［1］程能林.工业设计手册［M］.北京：化学工业出版社，2008.

［2］王明旨.工业设计概论［M］.北京：高等教育出版社，2007.

［3］［美］马丁·林斯特龙.品牌洗脑：世界著名品牌只做不说的营销秘密［M］.赵萌萌，译.北京：中信出版社，2016.

［4］［英］蒂姆·布朗.IDEO，设计改变一切［M］.侯婷，何瑞青，译.北京：北方联合出版传媒集团股份有限公司，2019.

［5］［美］哈特穆特·艾斯林格.一线之间：设计战略如何决定商业的未来［M］.孙映辉，译.北京：中国人民大学出版社，2012.

［6］［日］黑川雅之.素材与身体［M］.吴俊伸，译.北京：中信出版社，2021.

［7］［美］罗伯特·布伦纳.至关重要的设计［M］.廖芳谊，李玮，译.北京：中国人民大学出版社，2012

［8］［意］埃佐·曼奇尼.设计，在人人设计的时代：社会创新设计导论［M］.钟芳，马谨，译.北京：电子工业出版社，2016.

［9］［法］米歇尔·米罗.完美工业设计——从设计思想到关键步骤［M］.王静怡，译.北京：机械工业出版社，2018.

［10］王晓红，张立群，于炜.2016中国创新设计发展报告［M］.北京：社会科学出版社，2016.

［11］［日］日经设计.无印良品的设计［M］.袁璟、林叶，译.柳州：广西师范大学出版社，2015.

［12］雷军.我的2018两会建议［Z/OL］雷军公众号，2018.03.04.

［13］［日］内繁田.日本设计六十年［M］张钰，译.北京：中信出版社，2018.

［14］殷智贤.设计的修养［M］北京：中信出版社，2019.

［15］［美］林丁·马斯特隆.痛点：挖掘小数据满足用户需求［M］.陈亚萍，译.北京：中信出版社，2017.

［16］蔡新元.数字媒体时代的设计师是创意工作的组织者和联络者——蔡新元谈数字媒体艺术［J］.设计，2020,33(12):32-35.

［17］［澳］乔柯·穆拉托夫斯基：给设计师的研究指南——方法与实践［M］.谢怡华，译.同济大学出版社，2020.

［18］费勇.长物志：做自己生活的设计师［M］.九州出版社，2018.

［19］李砚祖.设计的文化与历史责任——李砚祖谈"设计与文化"［J］.设计，2020,33(02):42-46.

［20］［美］B.约瑟夫·派恩（B.Joseph Pine Ⅱ），詹姆斯 H.吉尔摩（James H.Gilmore）.体验经济［M］.毕崇毅，译.北京：机械工业出版社，2012.

［21］周晓虹.中国式体验［M］.北京：社会科学文献出版社，2017.

［22］殷海光.中国文化展望［M］.北京：商务出版社，2017.

［23］［日］三浦展.第四消费时代［M］.马奈，译.北京：东方出版社，2014.

［24］张夫也.设计，为我们共同的未来——共享经济背景下的设计［N］.中国美术报，2017-4-24（20）.

［25］［美］维克多·帕帕奈克.为真实的世界设计［M］.周博，译.北京：北京日报出版社，2020.

［26］任莹.中国凤凰图像研究［D］.北京：中国艺术研究院，2014.

［27］郑师渠，王永平.中国文化通史.隋唐五代卷［M］.北京：北京师范大学出版社，2009.

［28］曹伟智.工业设计领域下 VR 和 AR 技术的新融合［J］.美术大观，2018(11):90-91.

［29］顾君忠.VR、AR 和 MR——挑战与机遇［J］.计算机应用与软件，2018,35(03):1-7+14.

［30］马兴瑞.加快数字化发展［J］.求是，2021(2):62-66.

［31］杰西·格里姆斯，李怡淙.服务设计与共享经济的挑战［J］.装饰，2017(12):14-17.

［32］贝典徽，周美玉，徐双双.共享经济在服务设计模式下的发展与展望［J］.设计，2018(16):99-100.

［33］李晓华.服务型制造与中国制造业转型升级［J］.当代经济管理，2017,39(12):30-38.

［34］张汝伦.当代中国的文化命运［N］.文汇报.2010-08-28.

［35］杨志波，王中亚.基于工业大数据的个性化定制研究——以河南省大信整体厨房科贸有限公司为例

［J］.经营与管理,2016(10):44-46.

［36］何人可.工业设计史［M］.北京：高等教育出版社，2019.

［37］许江，杭间.包豪斯藏品精选集［M］济南：山东美术出版社，2015.

［38］［英］约翰·沃克，朱迪·阿特菲尔斯.设计史与设计的历史［M］周丹丹，易菲，译.南京：江苏美术出版社，2011.

［39］刘芳，弓民.影响工业设计的心理学因素分析［J］.装饰,2004(10):14-15.

［40］郑建启，李翔.设计方法学［M］.北京：清华大学出版社，2010.

［41］刘宝顺.产品结构设计［M］.北京：中国建筑出版社，2009.

［42］杨晓丹，万莉，卢晓琴.突破性产品的价值机会分析［J］.包装工程,2007,28(1):163-165.

［43］［日］清水吉治，酒井和平.设计草图·制图·模型［M］.张福昌，译，北京：清华大学出版社，2007.

［44］林伟.设计表现技法［M］.北京：化学工业出版社，2005.

［45］［美］汤姆·凯利，乔纳森.利特曼.创新的艺术［M］.李煜萍、谢荣华，译.北京：中信出版社，2013.

［46］田敬，韩元风.设计素描［M］.石家庄：河北美术出版社，2002.

［47］曾宪楷.视觉传达设计［M］.北京：北京理工大学出版社，2003.

［48］刘涛.工业设计概论［M］.北京：冶金工业出版社，2006.

［49］王受之.世界现代设计史［M］.北京：中国青年出版社，2007.

［50］李乐山.工业设计思想基础［M］.北京：中国建筑工业出版社，2007.

［51］张福昌.现代设计概论［M］武汉：华中科技大学出版社，2007.

［52］李艳.设计管理.第2版.［M］.北京：中国电力出版社，2020.

［53］［美］Craig M. Vogel.创新设计——如何打造赢得用户的产品、服务与商业模式［M］.吴卓浩，郑佳熙，译.北京：电子工业出版社，2014.

［54］包铭新.丝绸之路：设计与文化［M］.上海：东华大学出版社，2008.

［55］祝帅.中国设计与中国文化十讲［M］.北京：中国电力出版社，2008.

［56］江湘云.产品模型制作［M］.北京：北京理工大学出版社，2006.

［57］分化与融合——从中国当代文化的发展思考未来设计的趋势 http://emuch.net/fanwen/56/3190.html

［58］王欣铨，于森.发达国家工业设计教育启示［J］.辽宁工程技术大学学报(社会科学版)，2010年7月：423-425.

［59］［荷］艾森，斯特尔.产品设计手绘技法［M］.陈苏宁，译.北京：中国青年出版社，2009.

［60］［英］彭妮·斯帕克.大设计：BBC写给大众的设计史［M］.张朵朵，译.广西：广西师范大学出版社，2012.

［61］徐邦跃，姜范圭，谌涛.韩国工业设计教育纵横谈——访东西大学姜范圭教授［J］.南京艺术学院学报（美术与设计版),2008(1):141-143.

［62］杨焕，陈星海.小设计大思维——移动应用界面的设计方法与实践［M］.北京：机械工业出版社，2015.

［63］黄贤强.交互设计在工业设计中的应用研究［D］.齐鲁工业大学,2014.

［64］［德］雅各布·施耐德，［奥］马克·斯迪克多恩.服务设计思维［M］.南昌：江西美术出版社，2015.

［65］程峰.要更好地关联服务设计的社会价值与商业价值——程峰谈服务设计［J］.设计,2020,33(04):54-56.

［66］习近平.决胜全面建成小康社会 夺取新时代中国特色社会主义伟大胜利——在中国共产党第十九次全国代表大会上的报告［M］.北京：人民出版社，2017.

［67］李艳，刘秀，陆梅."国潮"品牌发展趋势及设计特征研究［J］.设计,2020,33(9):70-73.

［68］臧小影，刘鑫宇，马建伟.大数据技术对服务设计的影响［J］.设计,2018(13):55-57.

［69］谢迪.大数据时代工业设计创新模式探究［J］.信息系统工程,2020(11):25-26.

［70］赵超.人工智能是中国引领新产业革命和文化复兴的机会——赵超谈设计与科技［J］.设计,2020,33(08):63-68.

［71］苏亚轩,程致远.共益设计,商业与社会影响力的"指南针"［J］.设计,2018(24):94-95.

［72］毛溪.中国民族工业设计100年.［M］.北京:人民美术出版社,2015.

［73］李艳.设计管理与设计创新——理论及应用案例［M］.北京:化学工业出版社,2009.

［74］［美］乔治·S·戴伊.沃顿商学院的创新课:凭借创新实力获得加速增长［M］.刘文琴,译.北京:中国青年出版社,2014.

［75］［美］芭芭拉·卡恩.沃顿商学院的品牌课［M］.崔明香,王宇杰,译.北京:中国青年出版社,2014.

［76］［美］朱迪切,爱尔兰.创意型领袖从CEO到DEO［M］.王沛,译.北京:中国青年出版社,2014.

［77］［美］克莱格·佛格尔,乔纳森·卡根.创造突破性产品——从产品策略到项目定案的创新［M］.辛向阳,潘龙,译.北京:机械工业出版社,2004.

［78］张蓓蓓,罗莹奥,岳志鹏.产品设计快速表现技法——手绘与数位绘制［M］.北京:电子工业出版社,2021.

［79］于剑南.走出一条新型绿色低(零)碳发展新路［N］.长春日报,2021-07-20(001).［2021-11-2］.http://www.jl.chinanews.com/cjbd/2021-07-20/165084.html

［80］田爱丽.红旗开启高端战略 全国选建经销店独立营销［N］.第一财经日报,2007-11-09［2021-11-2］.

［81］翁向东.宝马品牌为何能延至衣服［N］.北方经济时报,2006-03-15［2021-11-2］.

［82］张亚丽.长城与宝马联合,改变我国新能源汽车格局［N］,新能源汽车报,［2021-11-2］.

［83］段思瑶.首届慕尼黑车展启幕:奔驰、宝马、大众主场作战 自主品牌"排队"进军欧洲市场［N］.每日经济新闻,2021-09-09［2021-11-2］.http://auto.hexun.com/2021-09-09/204325466.html

［84］魏军民,徐永楠,梁中宝.用创新赢得主动权［N］.中国国防报,2020-09-30［2021-11-2］.

［85］徐留平.扛红旗 做强中国汽车品牌［N］.新能源汽车报,2019-05-20(006).［2021-11-2］.